全国高等院校水利水电类精品规划教材

水资源利用与管理

主编　左其亭　王树谦　刘廷玺
主审　文　俊

黄 河 水 利 出 版 社
·郑州·

内容提要

本书在介绍水资源概念、特点、用途、概况等基本知识的基础上，阐述了水资源的形成过程，水资源数量评价、质量评价、开发利用评价等理论方法及相关知识；详细介绍了地表水资源和地下水资源的开发利用途径及工程，并分别介绍了生活用水、农业用水、工业用水、生态用水的途径、计算方法以及我国用水状况；在以上内容的基础上，以新的治水思想为指导，阐述了水资源配置与规划、水资源保护、水资源管理、建设项目水资源论证的主要工作内容、研究方法以及主要理论和基础知识；根据实践教学需要，简要介绍了课程设计指导书，并附有课程设计案例材料。

本书可作为水利类、土木类、环境与安全类、地质学类等专业本科生、专科生教材，也可供上述专业的研究生和教师以及相关专业的科技工作者使用和参考。

本书配套课件下载地址：http://www.waterscience.cn/xiazai/Jiaocai.htm

图书在版编目(CIP)数据

水资源利用与管理/左其亭，王树谦，刘廷玺主编.—郑州：黄河水利出版社，2009.5

全国高等院校水利水电类精品规划教材

ISBN 978-7-80734-586-2

Ⅰ.水… Ⅱ.①左…②王…③刘… Ⅲ.①水资源-资源利用-高等学校-教材②水资源管理-高等学校-教材 Ⅳ.TV213

中国版本图书馆CIP数据核字(2009)第040340号

策划组稿：马广州　电话：13849108008　E-mail：magz@yahoo.cn

出 版 社：黄河水利出版社

地址：河南省郑州市顺河路黄委会综合楼14层　邮政编码：450003

发行单位：黄河水利出版社

发行部电话：0371-66026940、66020550、66028024、66022620(传真)

E-mail：hhslcbs@126.com

承印单位：黄河水利委员会印刷厂

开本：787 mm×1 092 mm　1/16

印张：25

字数：577千字　　印数：1—3 100

版次：2009年5月第1版　　印次：2009年5月第1次印刷

定价：39.00元

出版者的话

近年来，随着我国对基础设施建设投入的加大，水利水电工程建设也迎来了前所未有的黄金时间。截至2006年，全国已建成堤防28.08万公里，各类水库85 849座，2006年水利工程在建项目4 614个，在建项目投资总规模达6 121亿元（《2006年全国水利发展统计公报》）。据《可再生能源发展“十一五”规划》，到2010年，我国水电总装机容量将达到1.9亿千瓦。水利水电工程的大规模建设对设计、施工、运行管理等水利水电专业人才的需求也更为迫切，如何更好地培养适应现今水利水电事业发展的优秀人才，成为水利水电专业院校共同面临的课题。作为水利水电行业的专业性科技出版社，我社长期关注水利水电学科的建设与发展，并积极组织水利水电类专著与教材的出版。

在对水利水电类本科层次教材的深入了解中，我们发现，以应用型本科教学为主的众多水利水电类专业院校普遍缺乏一套完整构建在校本科生专业知识体系又兼顾实践工作能力的教材。在广泛调研与充分征求各课程主讲老师意见的基础上，按照高等学校水利学科专业教学指导委员会对教材建设的指导精神与要求，并结合教育部实施的多层次建设、打造精品教材的出版战略，我社组织编写了本系列“全国高等院校水利水电类精品规划教材”。

此次规划教材的特点是：

（1）以培养水利水电类应用型人才为目标，充分重视实践教学环节。

（2）在依据现有的专业规范和课程教学大纲的前提下，突出特色，力求创新。

（3）紧扣现行的行业规范与标准。

（4）基本理论与工程实例相结合，易于学生接受与理解。

本系列教材除了涵盖传统专业基础课及专业课外，还补充了多个新开课程的教材，以便于学生扩充知识与技能，填补课堂无合适教材可用的空缺。同时，部分教材由工程技术人员或有工程设计施工从业经历的老师参与编写，也是此次规划教材的创新。

本系列教材的编写与出版得到了全国21所高等院校的鼎力支持，特别是三峡大学党委书记刘德富教授和华北水利水电学院副院长刘汉东教授对系列教材的编写与出版给予了精心指导，有效保证了教材出版的整体水平与质量。在此对推进此次规划教材编写与出版的各院校领导和参编老师致以最诚挚的谢意，是他们在编审过程中的无私奉献与辛勤工作，才使得教材能够按计划出版。

“十年树木，百年树人”，人才的培养需要教育者长期坚持不懈的努力，同样，好的教材也需要经过千锤百炼才能流传百世。本系列教材的出版只是我们打造精品专业教材的开始，希望各院校在对这些教材的使用过程中，提出改进意见与建议，以便日后再版时不断改正与完善。

黄河水利出版社

全国高等院校水利水电类精品规划教材

编审委员会

前　言

水资源是人类赖以生存和发展不可缺少的一种宝贵资源。确保水资源可持续利用，是实现经济社会可持续发展的重要前提条件。然而，随着人口增长、经济社会发展对水资源的需求量不断增加，水资源短缺和水环境污染问题日益突出，严重地困扰着人类的生存和发展。如何应对水资源问题是水利工作者和水科学研究者共同面对的问题，也成为我们编写《水资源利用与管理》的动力。本书系统地阐述了水资源利用与管理方面的基本知识和基本理论，力图向读者展现一个现代的、科学的、完善的水资源利用与管理理论方法体系和教学内容体系。

为了发挥多个高校的各自优势，编写一本高质量的精品教材，本书由国内6所高校11位教师共同参与编写，可以说是集体智慧的结晶。本书内容包括十五章，每章择优挑选相关作者编写，最后由左其亭统稿。本书由左其亭、王树谦、刘廷玺任主编，各章的编写人分别见下表（按章的顺序排列）：

各章名称	编写人（单位）
第一章　概　论	左其亭（郑州大学）
第二章　水资源概况	刘　彬（河北工程大学）
第三章　水资源的形成	李秀丽（华北水利水电学院）
第四章　水资源评价	王树谦（河北工程大学） 李秀丽（华北水利水电学院）
第五章　地表水资源的开发利用途径及工程	张金萍（郑州大学）
第六章　地下水资源的开发利用途径及工程	窦　明（郑州大学）
第七章　生活用水	程冬玲（西北农林科技大学）
第八章　农业用水	张金萍（郑州大学）
第九章　工业用水	王　龙（云南农业大学）
第十章　生态用水	窦　明（郑州大学）
第十一章　水资源配置与规划	马　龙（内蒙古农业大学） 刘廷玺（内蒙古农业大学）
第十二章　水资源保护	程冬玲（西北农林科技大学）
第十三章　水资源管理	左其亭（郑州大学） 赵春霞（郑州大学）
第十四章　建设项目水资源论证	刘　彬（河北工程大学） 王树谦（河北工程大学）
第十五章　课程设计指导书	王　龙（云南农业大学） 左其亭（郑州大学）

本书具有以下特点:①系统性。本书从概念、基本知识介绍开始,系统地介绍了水资源利用与管理的相关知识、基本原理、理论方法和应用实例,非常系统、全面、有条理。②新颖性。本书贯穿新的思想、新的理论、新的应用,以全新的思路和体系编撰本书。③可操作性。本书在介绍大量概念、理论方法的同时,十分注重实践教学环节,在每章后面列有思考题,在本书最后介绍了课程设计指导书,并附有课程设计案例材料,有助于教学和自学。④可读性。本书反复修改多次,特别是考虑本科教学的特点和学生学习的需要,力争用通俗的语言和简明的阐述来表达本书的内容,确保论述详略得当,重点突出,语言通顺。

本书由云南农业大学文俊教授主审,并对本书的初稿提出了宝贵修改意见,特此致谢。感谢出版社同仁为本书出版付出的辛勤劳动。书中部分内容参考了有关单位或个人的研究成果且均已在参考文献中列出,在此一并致谢。在编写过程中,还参考和引用了部分法规、标准及其他技术文件,在文中未能全部列出。

由于本书涉及内容十分广泛,编写人员较多,统稿比较困难,书中错误和缺点在所难免,欢迎广大读者不吝赐教。

编　者

2008 年 10 月

目　录

第一章 概 论

水,是生命之源,是人类赖以生存和发展不可缺少的一种宝贵资源,也是保障经济社会发展必不可少的一种资源。然而,自然界中的水资源是有限的,随着人口增长、经济社会发展对水资源需求量的不断增加,水资源短缺和水环境污染问题日益突出,严重地困扰着人类的生存和发展。

本章将简要阐述水资源的概念和特点、水资源的主要用途及协调问题、水资源利用中面临的主要问题,并详细说明本课程的任务及主要内容,为读者学习本课程作铺垫。

第一节 水资源的概念

水资源(water resources)是自然资源的一种,人们对水资源都有一定的感性认识[1]。但是,水资源一词到底起源于何时,现在很难进行考证。在国外,较早采用这一概念的是美国地质调查局(USGS)。1894年,该局设立了水资源处(WRD),标志着水资源一词正式出现并被广泛接纳。美国地质调查局设立的水资源处一直延续到现在,其主要业务范围是对地表水和地下水进行观测。

在具有权威性的《不列颠百科全书》中对水资源的定义是:"自然界一切形态(液态、固态和气态)的水",这个解释曾在很多地方被引用。在1963年英国国会通过的《水资源法》中将水资源定义为:"具有足够数量的可用水源。"1988年,联合国教科文组织(UNESCO)和世界气象组织(WMO)在其共同制定的《水资源评价活动——国家评价手册》中,对水资源的定义是:"可以利用或有可能被利用的水源,具有足够数量和可用的质量,并能在某一地点为满足某种用途而被利用。"[2]

在中国,对水资源的理解也各不相同。1988年颁布的《中华人民共和国水法》将水资源认定为"地表水和地下水"。1994年《环境科学词典》将水资源定义为:"特定时空下可利用的水,是可再利用资源,不论其质与量,水的可利用性是有限制条件的。"在具有权威性的《中国大百科全书》不同卷中出现了对水资源一词的不同解释[3]。在"大气科学·海洋科学·水文科学"卷中对水资源的定义是:"地球表层可供人类利用的水,包括水量(水质)、水域和水能资源,一般指每年可更新的水量资源。"在"水利"卷中对水资源的定义是:"自然界各种形态(气态、液态或固态)的天然水。"在"地理"卷中将水资源定义为:"地球上目前和近期人类可以直接或间接利用的水,是自然资源的一个组成部分。"

可以说到目前为止,对水资源概念的界定也没有达成共识,最主要是因为水资源的含义十分丰富,导致了对其概念的界定也是多种多样。一般对水资源的定义有广义和狭义之分。广义的水资源,是指地球上水的总体,包括大气中的降水、河湖中的地表水、浅层和深层的地下水、冰川、海水等[4]。如前述的《不列颠百科全书》和《中国大百科全书》(水利卷)对水资源的定义。

狭义的水资源,是指与生态系统保护和人类生存与发展密切相关的、可以利用而又逐年能够得到恢复和更新的淡水,其补给来源为大气降水。该定义反映了水资源具有下列性质:①水资源是生态系统存在的基本要素,是人类生存与发展不可替代的自然资源;②水资源是在现有技术、经济条件下通过工程措施可以利用的水,且水质应符合人类利用的要求;③水资源是大气降水补给的地表、地下产水量;④水资源是可以通过水循环得到恢复和更新的资源。

对于某一流域或局部地区而言,水资源的含义则更为具体。广义的水资源就是大气降水;狭义的水资源就是河川径流,包括地表径流、壤中流和地下径流。因为河川径流与人类的关系最为直接、最为密切,故常将它作为研究对象。

第二节 水资源的特点

水资源是一种特殊的自然资源,它不仅是人类及其他一切生物赖以生存的自然资源,也是人类经济、社会发展必需的生产资料,它是具有自然属性和社会属性的综合体。

一、水资源的自然属性

(一)流动性

自然界中所有的水都是流动的,地表水、地下水、大气水之间可以互相转化,这种转化也是永无止境的,没有开始也没有结束。特别是地表水资源,在常温下是一种流体,可以在地心引力的作用下,从高处向低处流动,由此形成河川径流,最终流入海洋(或内陆湖泊)。也正是由于水资源这一不断循环、不断流动的特性,才使水资源可以再生和恢复,为水资源的可持续利用奠定物质基础[1]。

(二)可再生性

由于自然界中的水处于不断流动、不断循环的过程之中,使得水资源得以不断的更新,这就是水资源的可再生性,也称可更新性。具体来讲,水资源的可再生性是指水资源在水量上损失(如蒸发、流失、取用等)后和(或)水体被污染后,通过大气降水和水体自净(或其他途径)可以得到恢复和更新的一种自我调节能力。这是水资源可供永续开发利用的本质特性[1]。不同水体更新一次所需要的时间不同,如大气水平均每8 d可更新一次,河水平均每16 d更新一次,海洋更新周期较长,大约是2 500年,而极地冰川的更新速度则更为缓慢,更替周期可长达万年。

(三)有限性

从全球情况来看,地球水圈内全部水体总存储量达到13.86亿 km^3,绝大多数储存在海洋、冰川、多年积雪、两极和多年冻土中,现有的技术条件很难利用。便于人类利用的水只有0.106 5亿 km^3,仅占地球总储存水量的0.77%。也就是说,地球上可被人类利用的水量是有限的。从我国情况来看,中国国土面积960万 km^2,多年平均河川径流量为27 115亿 m^3。在河川径流总量上仅次于巴西、俄罗斯、加拿大、美国、印度尼西亚。再加上不重复计算的地下水资源量,我国水资源总量大约为28 124亿 m^3。总而言之,人类每年从自然界可获取的水资源量是有限的,这一特性对我们认识水资源极其重要。以前,人们认为“世界上的水是无限的”,从而导致人类无序开发利用水资源,并引起水资源短缺、水环境破坏的后果。事实说明,人类必须保护有限的水资源[1]。

(四)时空分布的不均匀性

由于受气候和地理条件的影响,在地球表面不同地区水资源的数量差别很大,即使在同一地区也存在年内和年际变化较大、时空分布不均匀的现象。这一特性给水资源的开发利用带来了困难。如北非和中东很多国家(埃及、沙特阿拉伯等)降雨量少、蒸发量大,因此径流量很小,人均及单位面积土地的淡水占有量都极少。相反,冰岛、厄瓜多尔、印度尼西亚等国,以每公顷土地计的径流量比贫水国高出1 000倍以上。在我国,水资源时空分布不均匀这一特性也特别明显。由于受地形及季风气候的影响,我国水资源分布南多北少,且降水大多集中在夏秋季节的三四个月里,水资源时空分布很不均匀。

(五)多态性

自然界的水资源呈现多个相态,包括液态水、气态水和固态水。不同形态的水可以相互转化,形成水循环的过程,也使得水出现了多种存在形式,在自然界中无处不在,最终在地表形成了一个大体连续的圈层——水圈。

(六)不可替代性

水本身具有很多非常优异的特性,如无色透明、热容量大、良好的介质等,无论是对人类及其他生物的生存,还是对于人类经济社会的发展来说,水都是其他任何物质所不能够替代的一种自然资源。

(七)环境资源属性

自然界中的水并不是化学上的纯水,而是含有很多溶解性物质和非溶解性物质的一个极其复杂的综合体,这一综合体实质上就是一个完整的生态系统,使得水不仅可以满足生物生存及人类经济社会发展的需要,同时也为很多生物提供了赖以生存的环境,是一种环境资源。

二、水资源的社会属性

(一)社会共享性

水是自然界赋予人类的一种宝贵资源,它是属于整个社会、属于全人类的。社会的进步、经济的发展离不开水资源,同时人类的生存更离不开水。获得水的权利是人的一项基本权利。2002年10月1日起施行的《中华人民共和国水法》第三条明确规定,“水资源属于国家所有,水资源的所有权由国务院代表国家行使”;第二十八条规定,“任何单位和个人引水、截(蓄)水、排水,不得损害公共利益和他人的合法权益”。

(二)利与害的两重性

水是极其珍贵的资源,给人类带来很多利益。但是,人类在开发利用水资源的过程中,由于各种原因也会深受其害。比如,水过多会带来水灾、洪灾,水过少会出现旱灾,人类对水的污染又会破坏生态环境、危害人体健康、影响人类社会发展等。人们常说,水是一把双刃剑,比金珍贵,又凶猛于虎。这就是水的利与害的两重性。人类在开发利用水资源的过程中,一定要“用其利,避其害”。

(三)多用途性

水是一切生物不可缺少的资源,同时也是人类社会、经济发展不可缺少的一种资源,它可以满足人类的各种需要。比如,工业生产、农业生产、水力发电、航运、水产养殖、旅游娱乐等都需要用水。人们对水的多用途性的认识随着其对水资源依赖性的增强而日益加深,特别是在缺水地区,为争水而引发的矛盾或冲突时有发生。这是人类开发利用水资源的动力,也是水被看作一种极其珍贵资源的缘由,同时也是人水矛盾产生的外在因素。因此,对水资源应进行综合开发、综合利用、水尽其用,满足人类对水资源的各种需求,同时尽可能减轻对水资源的破坏和影响。

(四)商品性

长久以来,人们一直认为水是自然界提供给人类的一种取之不尽、用之不竭的自然资源。但是随着人口的急剧膨胀,经济社会的不断发展,人们对水资源的需求日益增加,水对人类生存、经济发展的制约作用逐渐显露出来。人们需要为各种形式的用水支付一定的费用,水成了商品。水资源在一定情况下表现出了消费的竞争性和排他性(如生产用水),具有私人商品的特性。但是当水资源作为水源地、生态用水时,仍具有公共商品的特点,所以它是一种混合商品[3]。

第三节　水资源的主要用途及协调

水是生命存在的基础,同时也是经济社会发展的支撑条件,在人类社会发展过程中,水资源的用途多种多样,这里简单介绍水资源的主要利用途径及多用途之间的协调问题。

一、水资源的主要用途

水资源利用,是指通过水资源开发为各类用户提供符合质量要求的地表水和地下水可用水源以及各个用户使用水的过程。地表水源包括河流、湖泊、水库等中的水;地下水源包括泉水、潜水、承压水等[5]。

水资源利用涉及国民经济各部门,按其利用方式可分为河道内用水和河道外用水两类。河道内用水有水力发电、航运、渔业、水上娱乐和水生生态等用水;河道外用水如农业、工业、城乡生活和植被生态等用水。此外,根据用水消耗状况可分为消耗性用水和非消耗性用水两类;按用途又可分为生活、农业、工业、水力发电、航运、生态等用水[5]。

(一)生活用水

生活用水是人类日常生活及其相关活动用水的总称。生活用水分为城镇生活用水和农村生活用水。现行的城镇生活用水包括居民住宅用水、市政公共用水、环境卫生用水等,常称为城镇大生活用水。农村生活用水包括农村居民用水、牲畜用水。生活用水涉及千家万户,与人民的生活关系最为密切。《中华人民共和国水法》规定,“开发、利用水资源,应当首先满足城乡居民生活用水”。因此,要把保障人民生活用水放在优先位置。这是生活用水的一个显著特征,即生活用水保证率高,放在所有供水先后顺序中的第一位。也就是说,在供水紧张的情况下优先保证生活用水[1]。

(二)农业用水

农业用水是农、林、牧、副、渔业等各部门和乡镇、农场企事业单位以及农村居民生产用水的总称。在农业用水中,农田灌溉用水占主要地位。灌溉的主要任务是在干旱缺水地区或在旱季雨水稀少时,用人工措施向田间补充水分,以满足农作物生长需要。林业、牧业用水,也是由于土壤中水分不能满足树、草的用水之需,从而依靠人工灌溉的措施来补充树、草生长必需的水分。渔业用水,主要用于水域(如水库、湖泊、河道等)水面蒸发、水体循环、渗漏、维持水体水质和最小水深等。在农村,养猪、养鸡、养鸭、食品加工、蔬菜加工等副业以及乡镇、农场、企事业单位在从事生产经营活动时,也会引用一部分水量[1]。

(三)工业用水

工业用水是工矿企业用于制造、加工、冷却、空调、净化、洗涤等方面的水。在工业生产过程中,一般需要有一定量的水的参与,如用于冷凝、稀释、溶剂等方面。一方面,在水的利用过程中通过不同途径进行消耗(如蒸发、渗漏);另一方面,以废水的形式排入自然界[1]。

(四)水力发电

水力发电是利用河流中流动的水流所蕴藏的水能生产电能,为人类用电服务。河流从高处向低处流动,水流蕴藏着一定的势能和动能,即会产生一定能量,称为水能。将具有一定水能的水流去冲击和转动水轮发动机组,在机组转动过程中,将水能转化为机械能,再转化为电能。在水力发电过程中,只是能量形式从水能转变成电能,而水流本身并没有消耗,仍能为下游用水部门利用。因此,仅从资源消耗的角度来说,水能是一种清洁能源,既不会消耗水资源也不会污染水资源。它是目前各国大力推广的能源开发方式[1]。

(五)生态用水

生态用水是生态系统维持自身需求所利用水的总称。在现实生活中,由于主观上对生态用水不够重视,在水资源分配上几乎将100%的可利用水资源用于工业、农业和生活,于是就出现了河流缩短或断流、湖泊干涸、湿地萎缩、土壤盐碱化、草场退化、森林破坏、土地荒漠化等生态退化问题,威胁着人类的生存环境。因此,要想从根本上保护生态系统,确保生态用水是至关重要的。因为缺水是很多情况下生态系统遭受威胁的主要因素,合理配置水资源、确保生态用水,对保护生态系统、促进经济社会可持续发展具有重要的意义[1]。

二、水资源多种用途之间的协调

上述已经介绍了生活、农业、工业、水力发电、生态等用水类型。此外,水资源还有航运、景观娱乐等多种利用途径。由此可见,水资源的用途是多方面的。但是,可以利用的水资源量却是有限的,必然会出现用水部门之间为争水而引发的矛盾以及需求与供给之间的矛盾[1]。一方面,由于各用水部门对水资源条件的要求不同、使用功能上的相互排斥,导致用水部门之间存在一定的矛盾。比如,发电、灌溉、养鱼等需要拦河筑坝以抬高水位,但是筑坝后会影响船、筏、鱼通行,影响航运和某些生物生长。另一方面,由于水资源量是有限的,而需水量是不断增加的,导致需水与供水之间存在一定的矛盾,不同部门之间、不同地区之间、上下游之间、人类生产生活用水与生态用水之间为争夺有限水资源而产生的矛盾[1]。

由此可见,出现用水矛盾是不可避免的,但关键在于如何妥善解决这些矛盾。这是关系着国计民生、社会稳定和人类长远发展的一件大事。水行政主管部门一定要给予高度的重视,在力所能及的范围内,尽可能充分考虑经济社会发展、水资源充分利用、生态系统保护之间的协调;尽可能充分考虑人与自然的和谐发展;尽可能满足各方面的需求,以最小的投入获取最满意的社会效益、经济效益和环境效益[1]。

第四节 水资源利用面临的主要问题

由于水资源本身固有的属性再加上人类活动的影响,带来了一些水问题,公认的有三大水问题,即水资源短缺、洪涝灾害、水环境污染,概括起来主要是“水少”、“水多”、“水脏”这三个问题。

一、水资源短缺

水资源短缺是当今社会和未来社会面临的主要水问题之一。一方面,由于自然因素的制约,如降水时空分布不均和自然条件差异等,导致某些地区降雨稀少、水资源紧缺,如南非、中东地区以及我国的西北干旱地区等;另一方面,随着人口增长和经济发展对水资源的需求也在不断增加,从而出现“水资源需大于供”的现象,导致水量供应不足,出现水资源短缺。此外,由于人类活动污染水源,从而造成可利用水量减少,最终使得水资源短缺,这是“水质型缺水”。

在我国,水资源短缺主要表现为农业缺水、城市缺水和生态缺水。首先是农业缺水,由于中国水资源空间分布不均匀,南多北少,而耕地资源的分布却是南少北多,导致北方大面积耕地缺乏灌溉。水资源短缺已经成为我国农业稳定发展和粮食安全供给的主要制约因素。其次是城市缺水,全国 670 个城市中有 400 多个城市不同程度地缺水,其中严重缺水的有 100 多个城市,预计到 21 世纪中叶我国人均水资源占有量将降到 1 750 m^3 左右,届时,全国大部分地区将面临水资源更加紧张、缺水甚至严重缺水的局面。此外,生态缺水现象也十分严重,缺水造成了一些自然生态系统的退化、演变甚至消亡,给生态带来一些不良影响。干旱也可能造成草原退化、沙漠面积增大,也会使河流湖泊面积缩小[6]。

二、洪涝灾害

洪涝灾害是某些地区的又一大水问题。由于水资源的时空分布不均匀,在世界上许多地区或某一地区的某一时期干旱缺水的同时,另一些地区或某一地区的其他时期,又会出现突发性的降水过多而形成的洪涝灾害。由于全球气候变化加上人类活动对环境的影响加剧,致使世界上洪涝灾害频繁发生,强度也在增加,洪水类型也多种多样。河流洪水是一种基本形式,每年都有暴雨引发洪涝灾害的报道。突发洪水也是一种常见洪涝灾害形式。另外,随着城市化的迅速发展,城市洪涝灾害问题将成为某些地区经济社会发展的潜在威胁[6]。

在我国,洪涝灾害频繁,对经济发展和社会稳定的威胁较大。目前存在的突出问题是防洪标准偏低。主要江河标准只有20~50年一遇,中小河流的防洪标准更低,只有5~10年一遇。70%左右的城市没有达到国家规定的防洪标准,甚至还有部分城市基本没有设防。随着人口增加,经济快速发展,以及河道、湖泊淤积等,防洪问题会越来越突出。这对我国经济、社会的可持续发展构成了严重威胁[6]。

三、水环境污染

水环境污染也是一个非常严峻的水问题。随着经济社会的发展、城市化进程的加快,排放到环境中的污水、废水量日益增多。大量的含有各种污染物质的废水进入天然水体,造成了水环境质量的急剧恶化,一方面,会对人们的身体健康和工农业利用带来不利影响;另一方面,由于水资源被污染,原本可以利用的水资源失去了利用价值,使得可利用的水资源量越来越少,造成"水质型缺水",加剧了水资源短缺的矛盾[6]。

在我国,由于人口的增加、经济的发展,工农业生产和城市生活对水资源需求量不断增加,同时废水的排放量也相应增加。2005年对全国14.05万km评价河长的水质监测资料显示,符合《地面水环境质量标准》(GB 3828—88)Ⅰ类水河长占5.1%,Ⅱ类水河长占28.7%,Ⅲ类水河长占27.1%,Ⅳ类水河长占11.8%,Ⅴ类水河长占6.0%,劣Ⅴ类水河长占21.3%。黄河片、松花江片、辽河片、淮河片水质较差,符合和优于Ⅲ类水的河长分别占40.0%、38.6%、36.0%、31.0%。此外,还存在水土流失、河流干枯断流、湖泊萎缩、草原退化、土地沙化、湿地干涸、灌区次生盐渍化、部分地区地下水超量开采等问题,造成局部地区水环境恶化,生态失衡。

随着人口的增加和经济社会的发展,水资源问题将更加突出,成为制约人类社会可持续发展的关键性问题。水资源问题不仅是中国的问题,也是世界经济社会发展亟待解决的问题之一。造成这一问题出现的有自然原因,但更多的是人类不合理地开发、利用和管理水资源的活动所导致的。要解决这些问题,需要人类共同的努力,加强对水资源的开发、利用、治理、配置、节约和保护等工作,实现水资源的可持续利用[6]。

第五节 本课程的任务及主要内容

我们组织编写的《水资源利用与管理》一书,可以作为水利水电工程、水文与水资源工程、地质工程、环境工程、给排水工程等相关专业的一门专业课或专业基础课教材。它的任务是让学生在了解水资源基本概念和知识的基础上,学习水资源利用与管理的基本理论、基本知识,初步掌握水资源评价、水资源开发利用、水资源合理配置与规划、水资源保护、水资源管理、建设项目水资源论证等方面的分析方法、计算方法以及实际工作方法,以使学生毕业后,经过一段时间的生产实践锻炼能胜任这方面的工作。对于从事水利工程、环境工程、给排水工程的设计、施工和管理的工程技术人员来说,掌握一定的水资源利用与管理知识也是十分必要的。

本书的主要内容是根据国民经济发展对水资源开发利用所提出的实际要求以及水资

源本身的特点和客观情况,并根据《中华人民共和国水法》的规定,研究如何科学合理地开发利用水资源、保护水资源,进行有效的水资源管理,制定适应现代水资源管理要求的政策、法规、经济和技术措施。

《水资源利用与管理》这本书主要围绕水资源利用与管理这一主题展开,系统地介绍水资源开发利用的途径和工程、水资源配置与规划、水资源保护、水资源管理、建设项目水资源论证等内容。本书各章关系如图 1-1 所示。

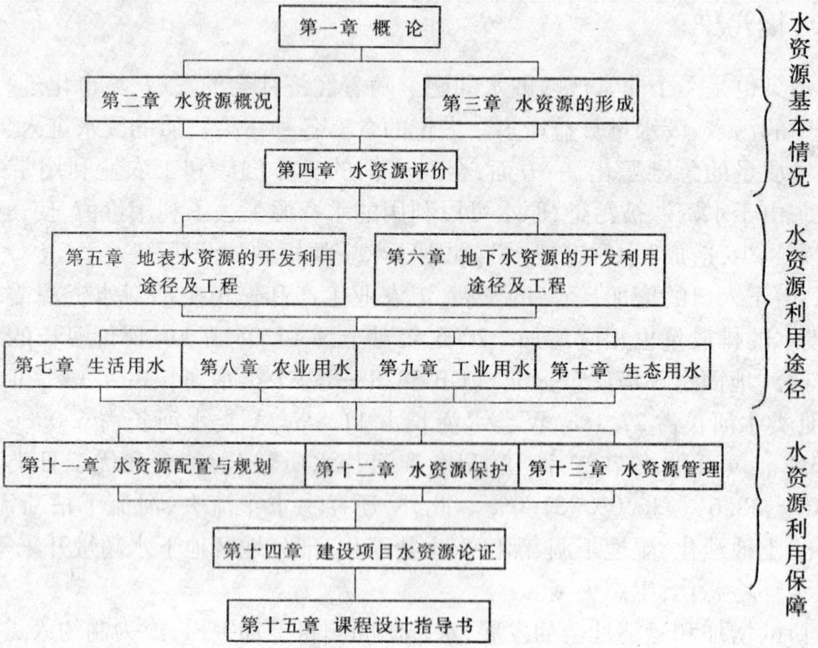

图 1-1 本书各章关系图

思考题

1-1 水资源是一种可再生资源,但是为什么又说水资源是有限的?

1-2 从水资源的特点来分析,为什么要保护水资源?

1-3 列举实例,分析如何协调水资源多种用途之间的矛盾?

1-4 分析造成三大水问题的主要原因,阐述如何避免这些问题带来的危害。

第二章　水资源概况

本章引用大量的资料，阐述世界水资源量及分布状况、中国水资源量及分布状况、世界水资源的开发利用状况、中国水资源的开发利用状况，让读者对中国乃至世界水资源概况有一个初步的了解。

第一节　世界水资源量及分布状况

一、地球系统中水的储量

地球是一个由岩石圈、水圈、大气圈和生物圈构成的巨大系统。水在这个系统中起着重要作用，有了水，地球各圈层之间的相互关系就变得十分密切。

存在于地球各圈层中的水可分为地表水、地下水、大气水和生物水等四部分。地表水主要指存储于海洋、湖泊(水库)、河流、冰川、沼泽等水体中的水。地下水指存储于土壤和岩石孔隙、裂隙、洞穴、溶穴中的水，这里包括土壤水。大气水主要指悬浮于大气中的水汽，也包括以液态和固态形式悬浮于大气中的水。生物水指含在生物体内的水分。

地球上的水数量巨大，据水文地理学家的估算，地球上的总水量约为13.86亿km^3(见表2-1)，但地球为人类提供的“大水缸”里，能直接被人们生产和生活利用的却少得可怜。地球有70.8%的面积为水所覆盖，但其中96.5%的水是海水。海水又咸又苦，不能饮用，不能浇地，也难以用于工业。而淡水资源仅占地球总水量的2.5%，在这极少的淡水资源中，又有69.56%被冻结在南极和北极的冰盖以及高山冰川、永久积雪中，难以利用。同时深层地下水补充缓慢，开采后难以恢复，通常不作为可利用水资源。人类真正能够直接利用的淡水资源是江河湖泊水(约占淡水总量的0.27%)和地下水中的一部分。

尽管地球上淡水资源有限，但是全球的江河湖泊水每年可以全部或部分得到更新。据联合国世界观察研究所(World Watch Institute)估计，太阳的能量使地球表面上每年有577×10^3 km^3的水升入天空。同一数量的水，化为雨雪又降回地球，降到陆面的水为119×10^3 km^3，其中72×10^3 km^3的水被蒸发掉，而降在陆面的降水又只有39%成为河川径流，成为可被利用的水资源。全球水量循环每年将47×10^3 km^3经过蒸馏的水，由海洋运至陆地，水作为“径流”又重新流回海洋，如此循环往复不止。所以说，淡水是一种可再生资源，在地球目前气候条件下，每年这一淡水资源的数量大致相等。

二、世界水资源分布状况

鉴于对水资源量概念的不同解释，水资源量的计算在全球范围内不尽相同。当前多数国家以多年平均河川径流量作为年水资源量的代表。根据全球水循环可知，全球水资源量为47×10^3 km^3。而我国除了计算年河川径流量外，还考虑了部分浅层地下水的资源量。这样我国的计算结果要偏大于其他国家的计算结果。

表 2-1　地球水圈水储量

水体	总水量		咸水		淡水	
	$\times 10^3\ km^3$	%	$\times 10^3\ km^3$	%	$\times 10^3\ km^3$	%
海洋水	1 338 000	96. 537 87	1 338 000	99. 04		
冰川与永久积雪	24 064	1. 736 24			24 064	68. 697
地下水	23 400	1. 688 33	12 870	0. 95	10 530	30. 061
永冻层中冰	300. 0	0. 021 65			300. 0	0. 856
湖泊水	176. 4	0. 012 73	85. 4	0. 006	91. 0	0. 260
土壤水	16. 5	0. 001 19			16. 5	0. 047
大气水	12. 9	0. 000 93			12. 9	0. 037
沼泽水	11. 5	0. 000 83			11. 5	0. 033
河流水	2. 12	0. 000 15			2. 12	0. 006
生物水	1. 12	0. 000 08			1. 12	0. 003
总计	1 385 984. 6	100	1 350 955. 4	100	35 029. 2	100

注：资料来源于《世界水发展报告》(联合国教科文组织,2003),略有改动。

世界各大洲的自然条件不同,降水和径流的差异也较大。以年降水和年径流的厚度计,大洋洲各岛(除澳大利亚外)水量最丰富,多年平均年降水深达 2 170 mm,年径流深达 1 500 mm 以上。但大洋洲的澳大利亚大陆却是水量最少的地区,其年降水深只有 460 mm,年径流深只有 40 mm,有 2/3 的面积为荒漠和半荒漠。南美洲水量也较丰富,年降水深和年径流深均为全球陆面平均值的 2 倍。欧洲、亚洲和北美洲的年降水深和年径流深都接近全球陆面平均值,而非洲大陆则有大面积的大沙漠,气候炎热,虽年降水深接近全球陆面平均值,但年径流深却不及全球陆面平均值的 1/2。南极洲降水深虽然不多,只有全球陆面平均降水深的 20%,但全部降水以冰川的形态存储,总存储量相当于全球淡水总量的 62%。总体而言,世界上水资源量是够用的,但全球淡水资源分布极不平衡,约 65% 的水资源集中在不到 10 个国家。世界上年径流总量超过 1 万亿 m^3 的国家有巴西 6. 95 万亿 m^3,俄罗斯 4. 27 万亿 m^3,加拿大 3. 12 万亿 m^3,美国 3. 06 万亿 m^3,印度尼西亚 2. 81 万亿 m^3,中国 2. 81 万亿 m^3,印度 2. 09 万亿 m^3 等 10 个国家。而约占世界人口总数 40% 的 80 多个国家和地区却严重缺水,其中有近 30 个国家为严重缺水国,非洲占有 19 个,其中卡塔尔人均占有水量仅有 91 m^3,科威特为 95 m^3,利比亚为 111 m^3,马尔他为 82 m^3,成为世界上四大缺水国。而几个富水国,水资源消费急剧上升,贫富相差极为悬殊。世界各大洲年降水及年径流分布如表 2-2 所示。

表2-2　世界各大洲年降水及年径流分布[7]

洲名	面积（万 km^2）	年降水		年径流		径流系数
		mm	$\times 10^3\ km^3$	mm	$\times 10^3\ km^3$	
亚 洲	4 347.5	741	32.2	332	14.41	0.45
非 洲	3 012.0	740	22.3	151	4.57	0.20
北美洲	2 420.0	756	18.3	339	8.20	0.45
南美洲	1 780.0	1 596	28.4	661	11.76	0.41
南极洲	1 398.0	165	2.31	165	2.31	1.00
欧 洲	1 050.0	790	8.29	306	3.21	0.39
澳大利亚	761.5	456	3.47	39	0.30	0.09
大洋洲（各岛）	133.5	2 704	3.61	1 566	2.09	0.58
全球内陆	14 902.5	798	118.88	314	46.85	0.39

注：资料来源于《中国大百科全书》（水利卷，1992）。

第二节　中国水资源量及分布状况

一、我国水资源总量

我国水资源总量虽然较多，但人均占有量并不丰富。水资源的特点是地区分布不均，水土资源组合不平衡；年内分配集中，年际变化大；连丰连枯年份比较突出；河流的泥沙淤积严重。这些特点造成了我国容易发生水旱灾害，产生水的供需矛盾，这也决定了我国对水资源的开发利用、江河整治的任务十分艰巨。

我国平均年水资源总量28 124亿 m^3，其中河川平均年径流量27 115亿 m^3，地下水量8 840亿 m^3，重复计算量7 831亿 m^3。我国还有年平均融水量近500亿 m^3 的冰川以及近500万 km^3 的近海海水。我国河川平均年径流量相当于全球陆面年径流总量的5.7%，居世界第6位，低于巴西、俄罗斯、加拿大、美国和印度尼西亚。但由于我国国土辽阔、人口众多，耕地面积也较多，平均径流深（284 mm）低于全球平均径流深（314 mm），人均、亩（1亩 = 1/15 hm^2，下同）均占有水量都相当低。2000年我国人均占有河川径流量为2 086 m^3，仅为世界人均占有量的1/4，是美国的1/5、印度尼西亚的1/6、加拿大的1/50。日本河川径流量仅有我国的1/5，但人均占有量却为我国的2倍。我国亩均占有河川径流量为1 800 m^3，是世界亩均占有量的76%，远低于印度尼西亚、巴西、日本和加拿大，我国被联合国列为13个贫水国家之一。从我国人均、亩均占有水资源量来看，我国水资源并不丰富，水资源在我国是十分珍贵的自然资源。因此，有效保护和节约使用水资源应作为我国长期坚持的方针。

二、我国水资源分布状况

雨热同期是我国水资源最突出的优点，较高的气温、充足的雨水是许多作物生长需要同时具备的自然条件。我国各地6、7、8月高温期，一般也是全年降水最多的时期，这就具备了作物生长的良好条件，因此有可能在有限的土地上经过辛勤耕耘取得丰硕的成果。我国国土面积占世界陆地面积的6%，却养育着占世界22%的人口。同时，我国水资源也存在一些不能完全适应人类生活、生产活动的矛盾，即空间分布和时程分配的不均匀。

(一)我国水资源地区分布不均，有余有缺

我国水资源的地区分布很不均匀，南多北少，相差悬殊。长江流域及其以南的珠江流域、东南诸河和西南诸河等南方四片，平均年径流深都在500 mm以上，其中东南诸河片平均年径流深超过1 000 mm。北方六片中，淮河流域片225 mm，略低于全国均值，黄河、海河、辽河、松花江四片平均年径流深仅有100 mm左右，西北内陆河流域平均年径流深仅有32 mm。全国分区水资源总量变化如表2-3所示。

表2-3　中国分区水资源总量变化　　（单位：亿 m^3）

编号	分区	1997年	1998年	1999年	2000年	2001年	2002年	2003年	2004年	2005年	平均值
(A)	松花江	1 682.8	2 881.1	1 377.1	1 395.1	1 420.3	1 373.0	1 424.0	1 189.9	1 525.0	1 281.9
(B)	辽河							345.2	419.0	549.7	406.9
(C)	海河	212.1	353.8	192.5	269.6	200.2	159.0	321.1	299.6	267.1	251.0
(D)	黄河	481.5	677.2	625.9	565.9	513.3	473.4	827.3	628.0	756.3	599.1
(E)	淮河	625.3	1 403.4	587.4	1 232.9	592.1	695.0	1 851.7	752.2	1 399.6	967.5
(F)	长江	9 274.2	13 127.1	11 264.9	10 032.4	8 887.0	10 890.8	10 064.8	8 734.6	9 887.0	10 240.3
(G)	东南诸河	2 433.3	2 580.8	2 252.0	2 128.9	2 104.4	2 314.4	1 312.4	1 323.8	2 261.7	2 056.3
(H)	珠江	6 478.2	5 155.1	4 403.9	4 429.4	5 817.6	5 251.1	4 172.2	3 512.9	4 391.3	4 902.6
(I)	西南诸河	5 356.1	6 286.5	5 927.7	6 123.3	5 700.8	5 640.5	5 771.6	5 969.3	5 561.8	5 815.3
(J)	西北诸河	1 311.3	1 552.1	1 564.4	1 523.5	1 632.2	1 457.3	1 369.9	1 300.4	1 453.5	1 462.7
全国合计		27 854.8	34 017.1	28 195.7	27 700.8	26 867.8	28 254.5	27 460.2	24 129.6	28 053.1	28 059.3

注：资料来源于《中国水资源公报》(1997～2005)。

我国水资源的地区分布与人口和耕地的分布很不相应。南方四片面积占全国总面积的36.5%，耕地面积占全国总耕地面积的36.0%，人口占全国总人口的54.4%，但水资源总量却占全国水资源总量的81%，人均占有量为4 180 m^3，约为全国均值的2倍，亩均占有水量为4 130 m^3，约为全国均值的2.3倍。其中西南诸河片水资源丰富，但多高山峻岭，人烟稀少，耕地也很少，人均占有水资源量达38 400 m^3，约为全国均值的15倍，亩均占有量达21 800 m^3，约为全国均值的12倍。辽河、海河、黄河、淮河4个流域片，总面积占全国面积的18.7%，相当于南方四片面积的1/2，但水资源总量仅有2 702亿 m^3，仅相当于南方四片水资源总量的12%。而且这四片多为大平原，耕地很多，占全国总耕地面积的45.2%，人口密度也较高，人口占全国总人口的38.4%。其中以海河流域最为突出，人均占有水量仅有430 m^3，为全国均值的16%，亩均占有水量仅有251 m^3，为全国均值的14%。

与水资源的空间分布一样，我国的水能资源在地区分布上也很不均匀。西南地区人口只有全国人口的15.1%，而水能资源量却为全国水能资源总量的70%，尤其是云南、贵州、西藏三省(区)，人口为全国总人口的6.9%，而水能资源量为全国水能资源总量的48%，将近全国水能资源总量的1/2。其他地区与全国相比，东北地区，人口占9.0%，水能资源量只占1.8%；华北地区，人口占11.4%，水能资源量只占1.8%；华东地区，人口占29.2%，水能资源量只占4.4%；中南地区，人口占27.1%，水能资源量只占9.5%。由此可见，我国水能资源只在少数地区比较丰富，而在人口较多、工农业生产占重要地位又需要大量能源的多数地区，水能资源并不丰富。水资源的分布对国民经济的布局影响很大，但又不能完全决定国民经济布局。海河、辽河、淮河流域和黄河中下游在土地、矿产量（特别是煤炭）等天然资源以及经济社会基础等方面都具有进一步发展经济的巨大潜力，这些流域缺水的矛盾将更加突出。广大内陆河地区水资源贫乏，在经济有较大发展后，水资源也会成为突出矛盾。解决缺水地区的水资源问题，将是保证我国国民经济长期稳定发展的基本措施。

（二）我国水资源量的年际和季节变化很大，水旱灾害频繁

我国大部分地区季风影响明显，降水量的年际变化和季节变化都很大，而且贫水地区的变化一般大于丰水地区。我国南部地区最大年降水量一般是最小年降水量的2~4倍，北部地区一般是3~6倍。南部地区最大年径流量一般是最小年径流量的2~4倍，北部地区一般是3~8倍，有的站高达10多倍。我国历年汛期最大降水量都为同年最小月降水量的10倍以上，有的站高达100倍。我国多数地区雨季为4个月左右，南方有的地区雨季可长达6~7个月，北方干旱地区仅有2~3个月。全国大部分地区连续最大4个月降水量占全年降水量的70%左右。南方大部分地区连续最大4个月径流量占全年径流量的60%左右，华北平原和辽宁沿海可达80%以上。

据统计，1950~2003年的54年中，平均每年受旱面积约3亿亩，其中成灾面积约1亿亩。平均约每4年发生一次受旱面积超过4亿亩的严重旱灾。全国各地几乎都有可能发生旱灾，旱灾出现次数较多、灾情比较严重的有5个地区，自北向南是松辽平原、黄淮海平原、黄土高原、四川盆地东部和北部以及云贵高原至广东省湛江一带。全国约有70%以上的受旱面积是在这些地区，其中以黄淮海地区旱灾最严重，受旱面积占全国受旱面积的1/2以上。北方各地多春旱，其次为夏旱，长江中下游及珠江流域以伏旱为主，其次为秋旱。对国民经济影响最大的是连年出现旱灾，如1959~1961年连续3年干旱，每年受旱面积都在5亿亩以上。

新中国成立后，我国尽管在抗旱、防洪涝斗争中取得了卓越的成绩，但降水量的年际变化和季节变化剧烈这一自然特性决定了水旱灾害将是长期威胁国民经济稳定发展的主要自然灾害。兴修水利，治理江河，抗干旱防洪涝将始终是我国人民的一项艰巨任务。

第三节　世界水资源的开发利用状况

20世纪50年代以后，全球人口急剧增长，工业发展迅速。一方面，人类对水资源的需求以惊人的速度扩大；另一方面，日益严重的水污染蚕食大量可供消费的水资源。世界上许多国家正面临水资源危机。每年有400万~500万人死于与水有关的疾病。水资源危机带来的生态系统恶化和生物多样性破坏，也将严重威胁人类生存。水资源危机既阻碍世界可持续发展，也威胁世界和平。在过去50年中，由水引发的冲突达507起，其中37起有暴力性质，21起演变为军事冲突。专家警告说，水的争夺战随着水资源日益紧缺将愈演愈烈[8]。

据2003年联合国《世界水发展报告》对180个国家和地区的水资源利用状况进行排序,可以看出许多国家已处在水资源的危机状态之中。按年用水量统计,用水量最多的5个国家是:中国(5 198亿m^3)、美国(4 673.4亿m^3)、印度(2 800亿m^3)、巴基斯坦(1 534亿m^3)、俄罗斯(117亿m^3)。人均用水量排序倒数后5位的国家(地区)是:科威特、加沙地带、阿拉伯联合酋长国、巴哈马和卡塔尔,我国排在第121位。

对122个国家水质指标排序,最差的5个国家是:比利时、摩洛哥、印度、约旦和苏丹,主要是因为工业污染、污水处理能力不够等。最好的前5个国家是:芬兰、加拿大、新西兰、英国和日本,我国排在第84位。亚洲的河流是世界上污染最严重的,这些河流中的铅污染是工业化国家的20倍。21世纪初,每天有大约200万t的废物倾倒于河流、湖泊和溪流中,每升废水会污染8倍的淡水。总体来说,世界水的质量在不断恶化。

统计数据表明,人类的现有水资源与对它的使用之间存在严重的不协调,主要表现在以下几个方面[9]:

(1)健康方面。每年有超过220万人因为使用污染和不卫生的饮用水而死亡。

(2)农业方面。每天有大约2.5万人因饥饿而死亡;有8.15亿人受到营养不良的折磨,其中发展中国家有7.77亿人,转型国家有2 700万人,工业化国家有1 100万人。

(3)生态学方面。靠内陆水生存的24%的哺乳动物和12%的鸟类的生命受到威胁。19世纪末,已有24~80个鱼种灭绝。世界上内陆水的鱼种仅占所有鱼种的10%,但其中1/3的鱼种正处于危险之中。

(4)工业方面。世界工业用水占用水总量的22%,其中高收入国家占59%,低收入国家占8%。每年因工业用水,有3亿~5亿t的重金属、溶剂、有毒淤泥和其他废物沉积到水资源中,其中80%的有害物质产生于美国和其他工业国家。

(5)自然灾害方面。在过去10年中,66.5万人死于自然灾害,其中90%死于洪水和干旱,35%的灾难发生在亚洲,29%发生在非洲,20%发生在美洲,13%发生在欧洲和大洋洲等其他地方。

(6)能源方面。在再生能源中,水力发电是最重要和得到最广泛使用的能源。它占2001年总电力的19%。在工业化国家水力发电占总电力的70%,在发展中国家仅占15%。加拿大、美国和巴西是最大的水力发电国。仍未开发的但具有丰富水能资源的地区和国家有拉丁美洲、印度和中国。

第四节　中国水资源的开发利用状况

我国水资源南多北少,地区分布差异很大。黄河流域的年径流量约占全国年径流总量的2%,为长江水量的6%左右。在全国年径流总量中,淮河、海河及辽河三流域仅分别约占2%、1%及0.6%。黄河、淮河、海河和辽河四流域的人均水量分别仅为我国人均值的26%、15%、11.5%和21%。由于北方各区水资源量少,导致开发利用率远大于全国平均水平,其中海河流域水资源开发利用率达到惊人的178%,黄河流域达到70%,淮河现状耗水量已相当于其水资源可利用量的67%,辽河已超过94%。

新中国成立以来,在水资源的开发利用、江河整治及防治水害等方面都做了大量的工作,取得了较大的成绩。2006 年全国总供水量 5 795 亿 m^3,占当年水资源总量的 23%。其中,地表水源供水量占 81.2%,地下水源供水量占 18.4%,其他水源供水量占 0.4%。在 4 707 亿 m^3 地表水源供水量中,蓄水工程占 34.5%,引水工程占 37.1%,提水工程占 25.9%,水资源一级区间调水占 2.5%。在 1 066 亿 m^3 地下水供水量中,浅层地下水占 80.5%,深层承压水占 19.0%,微咸水占 0.5%。北方六片供水量 2 602 亿 m^3,占全国总供水量的 44.9%;南方四片供水量 3 193 亿 m^3,占全国总供水量的 55.1%。南方各省级行政区以地表水源供水为主,大多占其总供水量的 90% 以上;北方各省级行政区地下水源供水占有较大比例,其中河北、北京、山西、河南 4 个省(直辖市)的供水量占总供水量的 50% 以上。

2006 年全国总用水量 5 795 亿 m^3,其中生活用水量占 12.0%,工业用水量占 23.2%,农业用水量占 63.2%,生态与环境补水量(仅包括人为措施供给的城镇环境用水和部分河湖、湿地补水)占 1.6%。在各省级行政区中,用水量大于 400 亿 m^3 的有江苏、新疆、广东 3 个省(自治区),用水量少于 50 亿 m^3 的有天津、青海、北京、西藏、海南 5 个省(自治区、直辖市)。农业用水占总用水量 75% 以上的有宁夏、新疆、西藏、内蒙古、海南、甘肃 6 个省(自治区),大多位于西部地区;工业用水占总用水量 30% 以上的有上海、重庆、江苏、福建、湖北、安徽、浙江 7 个省(直辖市);生活用水占总用水量 20% 以上的有北京、重庆、广东和天津 4 个省(直辖市)。

2006 年全国用水消耗总量 3 042 亿 m^3,其中农业耗水量占 75.7%,工业耗水量占 10.2%,生活耗水量占 12.2%,生态与环境补水耗水量占 1.9%。全国综合耗水率(消耗量占用水量的百分比)为 53%,干旱地区耗水率普遍大于湿润地区。各类用户耗水率差别较大,农田灌溉耗水率为 62%,工业耗水率为 23%,城镇生活耗水率为 29%。

2006 年全国污废水排放总量 731 亿 t,其中工业废水占 2/3,第三产业和城镇居民生活污水占 1/3。

2006 年,全国人均用水量为 442 m^3,万元国内生产总值(当年价格)用水量为 272 m^3,城镇人均生活用水量为 212 L/d(含公共用水),农村居民人均生活用水量为 69 L/d。农田实灌面积亩均用水量为 449 m^3。按可比价计算,2006 年全国万元国内生产总值用水量和万元工业增加值用水量均比 2005 年下降了 7%。

各省级行政区的用水指标值差别很大。从人均用水量看,大于 600 m^3 的有新疆、宁夏、西藏、黑龙江、内蒙古、江苏、广西、上海 8 个省(自治区、直辖市),其中新疆、宁夏、西藏分别达 2 529 m^3、1 294 m^3、1 255m^3;小于 300 m^3 的有山西、天津、北京、陕西、河南、山东、重庆、四川、贵州、河北 10 个省(直辖市),其中山西最低,仅 176 m^3。从万元国内生产总值用水量看,大于 1 000 m^3 的有新疆、西藏、宁夏 3 个自治区,均位于西部地区;小于 200 m^3 的有北京、天津、山东、上海、山西、浙江、辽宁、河北、广东、河南、陕西 11 个省(直辖市),大多位于东部地区,其中北京、天津分别为 42 m^3、52 m^3。

由于受所处地理位置和气候的影响,我国是一个水旱灾害频繁发生的国家,尤其是洪涝灾害长期困扰着经济的发展。据统计,从公元前 206 年到 1949 年的 2 155 年间,共发生较大洪水 1 062 次,平均两年就有一次。黄河在 2 000 多年中,平均三年两决口,百年一改道,仅1887年的一场大水就死亡93万人,全国在1931年的大洪水中丧生370万人。新中国成立以后,洪涝灾害仍不断发生,造成了很大的损失。因此,兴修水利、整治江河、防治水害实为国家的一项治国安邦的大计,也是十分重要的战略任务。

我国50多年来共整修江河堤防20余万km,保护了5亿亩耕地,建成各类水库8万多座,配套机电井263万眼,拥有6 600多万kW的排灌机械。机电排灌面积4.6亿亩,除涝面积约2.9亿亩,改良盐碱地面积0.72亿亩,治理水土流失面积51万km^2。这些水利工程建设,不仅每年为农业、工业和城市生活提供5 000亿m^3的用水,解决了山区、牧区1.23亿人口和7 300万头牲畜的饮水困难,而且在防御洪涝灾害上发挥了巨大的效益。除了自然因素外,造成洪涝灾害的主要原因有以下几点:

(1)不合理利用自然资源。尤其是滥伐森林,破坏水土平衡,生态环境恶化。如前所述,我国水土流失严重,河流带走大量的泥沙,淤积在河道、水库、湖泊中。湖泊不合理的围垦,面积日益缩小,使其调洪能力下降。据中科院南京地理与湖泊研究所调查,20世纪70年代后期,我国面积1 km^2以上的湖泊约有2 300多个,总面积达7.1万km^2,占国土总面积的0.8%,湖泊水资源量为7 077亿m^3,其中淡水资源量2 250亿m^3,占我国陆地水资源总量的8%。新中国成立以后的50多年来,我国的湖泊已减少了500多个,面积缩小约1.86万km^2,占现有湖泊面积的26.3%,湖泊蓄水量减少513亿m^3。长江中下游水系和天然水面减少,1954年以来,湖北、安徽、江苏以及洞庭、鄱阳等湖泊水面因围湖造田等缩小了约1.2万km^2,大大削弱了防洪抗涝的能力。另外,河道因淤塞和被侵占,行洪能力降低;大量泥沙淤积河道,使许多河流的河床抬高,减少了过洪能力,增加了洪水泛滥的机会。此外,河道被挤占,过水断面变窄,也减少了行洪、调洪能力,加大了洪水危害程度。

(2)水利工程防洪标准偏低。我国大江大河的防洪标准普遍偏低,目前除黄河下游可预防60年一遇洪水外,其余长江、淮河等6条江河只能预防10~20年一遇洪水标准。许多大中城市防洪排涝设施差,经常处于一般洪水的威胁之下。广大江河中下游地区处于洪水威胁范围的面积达73.8万km^2,占国土陆地总面积的7.7%,其中有耕地5亿亩,人口4.2亿,均占全国总数的1/3以上,工农业总产值约占全国的60%。此外,各条江河中下游的广大农村地区排涝标准更低,随着农村经济的发展,远不能满足目前防洪排涝的要求。

(3)人口增长和经济发展使受灾程度加深。一方面抵御洪涝灾害的能力受到削弱,另一方面由于经济社会发展使受灾程度大幅度增加。新中国成立以后人口增加了1倍多,尤其是东部地区人口密集,长江三角洲的人口密度为全国平均密度的10倍。全国1949年工农业总产值仅466亿元,至1988年已达24 089亿元,增加了51倍。近20年来,我国经济不断得到发展,在相同频率洪水情况下所造成的各种损失却成倍增加。例如,1991年太湖流域地区5~7月降雨量为600~900 mm,不及50年一遇,并没有超过1954年大水,但所造成的灾害和经济损失都比1954年严重得多。此外,各江河的中下游地区一般农业发达,建有众多的商品粮棉油的生产基地,一旦受灾,农业损失也相当严重。

水资源危机将会导致生态环境的进一步恶化。为了取得足够的水资源供给社会,必将加大水资源开发力度。水资源过度开发,可能导致一系列的生态环境问题。水污染严重，既是水资源过度开发的结果，也是进一步加大水资源开发力度的原因，两者相互影响，形成恶性循环。通常认为，当径流量利用率超过20%时就会对水环境产生很大影响，超过50%时则会产生严重影响。目前，我国水资源开发利用率已达49%，接近世界平均水平的3倍，个别地区更高。此外，过度开采地下水会引起地面沉降、海水入侵、海水倒灌等环境问题。因此，集中力量解决供水需求增长及抓节水措施，是我国今后一定时期内水资源面临的最迫切任务之一。

思考题

2-1　论述世界水资源开发利用中所面临的严峻问题。

2-2　试述我国如何面对水资源开发利用中的严峻挑战。

2-3　试述我国水资源时空分布特点。

2-4　结合自己熟悉的地区，阐述其所在的水资源区情况，说明主要水资源特点及可能存在的水问题。

第三章　水资源的形成

本章从介绍水循环概念开始,详细阐述了地表水、地下水的形成及特性。通过本章的学习,让读者了解水资源的形成过程和相关知识。

第一节　水循环

一、水循环的概念

地球上的水以液态、固态和气态的形式分布于海洋、陆地、大气和生物机体中,这些水体构成了地球的水圈。水圈中的各种水体在太阳的辐射下不断地蒸发变成水汽进入大气,并随气流的运动输送到各地,在一定条件下凝结形成降水。降落的雨水,一部分被植物截留并蒸发,一部分渗入地下,另一部分形成地表径流沿江河回归大海。渗入地下的水,有的被土壤或植物根系吸收,然后通过蒸发或散发返回大气;有的渗入到更深的土层形成地下水,并以泉水或地下水的形式注入河流回归大海。水圈中的各种水体通过蒸发、水汽输送、凝结、降落、下渗、地表径流和地下径流的往复循环过程,称为水循环。

二、水循环的种类

按照水循环的规模与过程可分为大循环、小循环和内陆水循环。

从海洋蒸发的水汽被气流输送到大陆上空,冷凝形成降水后落到陆面,其中一部分以地表径流和地下径流的形式从河流回归海洋;另一部分重新蒸发返回大气。这种海陆间的水分交换过程,称为大循环。

海洋上蒸发的水汽在海洋上空凝结后,以降水的形式降落到海洋里,或陆地上的水经蒸发凝结又降落到陆地上,这种局部的水循环称为小循环。前者称为海洋小循环,后者称为内陆小循环。

水汽从海洋向内陆输送的过程中,在陆地上空一部分冷凝降落,形成径流向海洋流动,同时也有一部分再蒸发成水汽继续向更远的内陆输送。愈向内陆水汽愈少,循环逐渐减弱,直到不再能成为降水为止。这种局部的循环也叫做内陆水循环。内陆水循环对内陆地区降水有着重要作用。

实际上,一个大循环包含着多个小循环,多个小循环组成一个大循环。水循环过程中的蒸发、输送、降水和径流称为水循环的四个基本环节。水循环中的各种现象如图 3-1 所示。

三、水循环的实质

水循环是地球上最重要、最活跃的物质循环之一,它实现了地球系统水量、能量和地球生物化学物质的迁移与转换,构成了全球性的连续有序的动态大系统。水循环把海陆

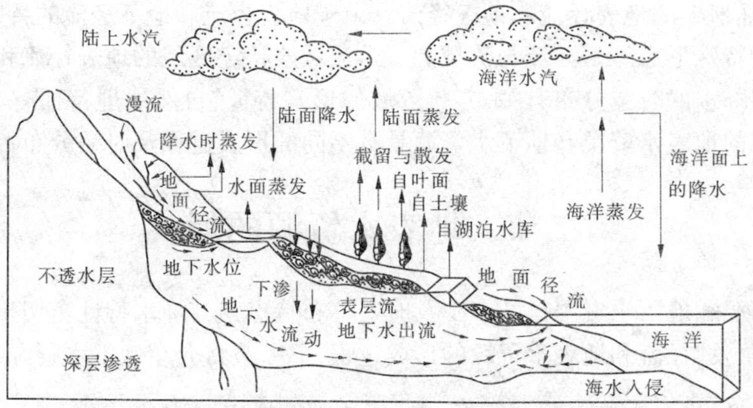

图 3-1 水循环示意图(据文献[10],略有修改)

有机地连接起来,塑造着地表形态,制约着地球生态环境的平衡与协调,不断提供再生的淡水资源。因此,水循环对于地球表层结构的演化和人类社会可持续发展都具有重要意义。

(一)水循环深刻地影响着地球表层结构的形成、演化和发展

水循环不仅将地球上各种水体组合成连续、统一的水圈,而且在循环过程中进入大气圈、岩石圈与生物圈,将地球上的四大圈层紧密地联系起来。水循环在地质构造的基底上重新塑造了全球的地貌形态,同时影响着全球的气候变迁和生物群类。

(二)水循环是海陆间联系的纽带

水循环的大气过程实现了海陆上空的水汽交换,海洋通过蒸发源源不断地向陆地输送水汽,进而影响着陆地上一系列的物理、化学和生物过程;陆面通过径流归还海洋损失的水量,并源源不断地向海洋输送大量的泥沙、有机质和各种营养盐类,从而影响着海水的性质、海洋沉积及海洋生物等。虽然陆地有时也向海洋输送水汽,但总体上是海洋向陆地输送水汽,陆地向海洋输送径流。

(三)水循环使大气水、地表水、土壤水、地下水相互转换

水循环的过程中,大气以降水的形式补给地表;地表水以下渗的形式补给土壤或通过岩石裂隙直接补给地下水;土壤以下渗的形式补给地下水,在一定条件下,土壤水也可以壤中流的形式补给地表,地下水以地下径流的形式补给地表;土壤水和地下水又以蒸发或植物散发的形式补给大气。从而形成大气水、地表水、土壤水、地下水的相互转换。

(四)水循环使得水成为可再生资源

水循环的实质就是物质与能量的传输过程,水循环改变了地表太阳辐射能的纬度地带性,在全球尺度下进行高低纬、海陆间的热量和水量再分配。水是一种良好的溶剂,同时具有搬运能力,水循环负载着众多物质不断迁移和聚集。通过水循环,地球系统中各种水体的部分或全部逐年得以恢复和更新,这使得水成为可再生资源。水循环与人类关系密切,水循环强弱的时空变化导致水资源的时空分布不均,是制约一个地区生态平衡和可持续发展的关键[11]。

由于在水循环过程中,海陆之间的水汽交换以及大气水、地表水、地下水之间的相互转换,形成了陆地上的地表径流和地下径流。由于地表径流和地下径流的特殊运动,塑造了陆地的一种特殊形态——河流与流域。一个流域或特定区域的地表径流和地下径流的时空分布既与降水的时空分布有关,亦与流域的形态特征、自然地理特征有关。因此,不同流域或区域的地表水资源和地下水资源具有不同的形成过程及时空分布特性。

第二节　地表水资源的形成

地表水资源和地下水资源量的多少及时空分布特点与其降水特性密切相关。本节主要介绍降水、蒸发、径流和地表水资源的形成过程,下一节将介绍地下水资源的形成过程。

一、降水

(一)降水及其特征

降水是指液态或固态的水汽凝结物从云中降落到地表的现象,如雨、雪、霰、雹、露、霜等,其中以雨、雪为主。在我国大部分地区,一年内降水以雨水为主,雪仅占少部分。所以,这里降水主要指降雨。

降水特征常用几个基本要素来表示,如降水量、降水历时、降水强度、降水面积及暴雨中心等。降水量是指一定时段内降落在某一点或某一面积上的总水量,用深度表示,以mm计。如一场降水的降水量是指该次降水全过程的总降水量。日降水量是指一日内的降水总量。降水量一般分为7级,如表3-1所示。凡日降水量达到和超过50 mm的降水称为暴雨。暴雨又分为暴雨、大暴雨和特大暴雨3个等级。降水持续的时间称为降水历时,以min、h或d计。单位时间的降水量称为降水强度,以mm/min或mm/h计。降水笼罩的平面面积称为降水面积,以km^2计。暴雨集中的较小的局部地区,称为暴雨中心,一场降水可能有几个暴雨中心,暴雨中心在降水过程中也可能是移动的。

降水历时和降水强度反映了降水的时程分配,降水面积和暴雨中心反映了降水的空间分布。

表3-1　降水量等级

24 h雨量(mm)	<0.1	0.1~10	10~25	25~50	50~100	100~200	>200
等级	微量	小雨	中雨	大雨	暴雨	大暴雨	特大暴雨

(二)降水的成因与类型

当水平方向物理属性(温度、湿度等)较均匀的大块空气即气团受到某种外力的作用向上抬升时,气压降低,空气膨胀,为克服分子间引力需消耗自身的能量,在上升过程中发生动力冷却使气团降温。当温度下降到使原来未饱和的空气达到了过饱和状态时,大量多余的水汽便凝结成云。云中水滴不断增大,直到不能被上升气流所托时,便在重力作用下形成降雨。因此,空气的垂直上升运动和空气中水汽含量超过饱和水汽含量是产生降雨的基本条件。

按空气上升的原因,降水的成因可分为锋面抬升、地形抬升、局地热力对流和动力辐合上升;降水的类型可相应分为锋面雨、地形雨、对流雨和气旋雨。

1. 锋面抬升与锋面雨

冷暖气团相遇,其交界面叫锋面,锋面与地面的相交地带叫锋,锋面随冷暖气团的移动而移动。当冷气团向暖气团推进时,因冷空气较重,冷气团楔进暖气团下方,把暖气团挤向上方,发生动力冷却而致雨。这种空气上升称为锋面抬升,这种雨称为冷锋雨,如图3-2(a)所示。由于冷空气与地面的摩擦作用使锋面接近地面部分坡度很大,暖空气几乎被迫垂直上升,在冷锋前形成积雨云。因此,冷锋雨一般强度大、历时短、雨区面积较小。当暖气团向冷气团移动时,由于地面的摩擦作用,上层移动较快,底层较慢,使锋面坡度较小。暖空气沿着这个平缓的坡面在冷气团上爬升,在锋面上形成了一系列云系并冷却致雨。这种空气上升也称为锋面抬升,这种雨称为暖锋雨,如图3-2(b)所示。由于暖锋面比较平缓,故暖锋雨一般强度小,历时长,雨区广,长江中下游春夏交替时期的梅雨就属于这种情况。

我国大部分地区在温带,属南北气流交绥区域,因此锋面雨的影响很大,常造成河流的洪水。我国夏季受季风影响,东南地区多暖锋雨,北方地区多冷锋雨。

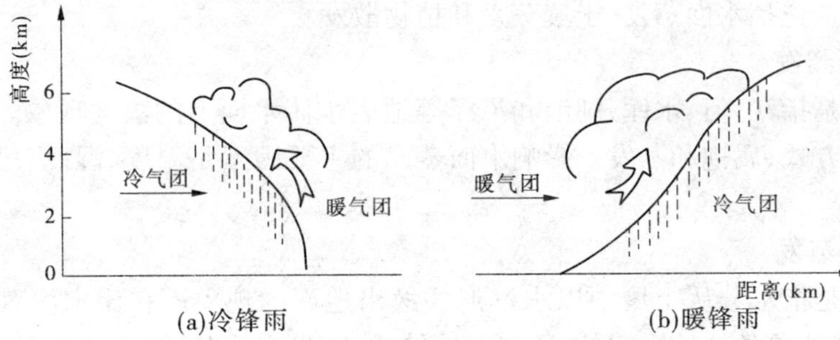

图3-2 锋面雨示意图

2. 地形抬升与地形雨

暖湿气流遇到丘陵、高原、山脉等阻挡,被迫沿坡面上升而冷却致雨。这种空气上升称为地形抬升,这种雨称为地形雨。地形雨大部分降落在山地的迎风坡。在背风坡,因气流下沉增温,且大部分水汽已在迎风坡降落,故降雨稀少。

3. 局地热力对流与对流雨

当暖湿空气笼罩一个地区时,因下垫面局部受热增温,与上层温度较低的空气产生强烈对流作用,使暖空气上升冷却而降雨。这种空气上升称为局地热力对流,这种雨称为对流雨。对流雨一般强度大,但雨区小,历时也较短,并常伴有雷电,又称雷阵雨。

4. 动力辐合上升与气旋雨

气旋是中心气压低于四周的大气旋涡。在北半球,气旋内的空气作逆时针旋转,并向中心辐合,引起大规模的上升运动,水汽因动力冷却而致雨。这种空气上升称为动力辐合上升,这种雨称为气旋雨。

在低纬度的海洋上形成的气旋,称为热带气旋。我国气象部门过去曾根据气旋地面中心附近风速大小,将其分为3类:热带低压(近中心最大风速为6~7级);台风(近中心最大风速为8~11级);强台风(近中心最大风速大于12级)。1988年我国气象部门正式采用热带气旋名称,共分5级:①低压区,气旋中心位置不能精确测定,平均最大风力小于8级;②热带低压,气旋中心位置能确定,但中心附近平均最大风力小于8级;③热带风暴,中心附近平均最大风力8~9级;④强热带风暴,气旋中心附近平均最大风力10~11级;⑤台风,气旋中心附近平均最大风力在12级以上。台风中心附近由于气流抬升剧烈,水汽供应充分,常发展成为浓厚的云区,降水多属阵性暴雨,强度很大,分布不均。因为气旋是运动的,所以气旋雨区总是呈带状分布。

二、蒸发

蒸发是自然界水循环的基本环节之一,它是地表或地下的水由液态或固态转化为水汽,并返回大气的物理过程,也是重要的水量平衡要素,对径流有直接影响。降水是流域水资源的补给,蒸发则是流域水资源的耗散。据估计,我国南方地区年降水量的30%~50%,北方地区年降水量的80%~95%都消耗于蒸发,余下的部分才形成径流。蒸发的大小可用蒸发量或蒸发率表示,蒸发量是指某一时段如日、月、年内总蒸发掉的水层深度,以mm计。蒸发率是指单位时间的蒸发量,也称蒸发速度,以mm/min或mm/h计。流域或区域上的蒸发包括水面蒸发、土壤蒸发和植物散发。

(一)水面蒸发

水面蒸发是指江、河、水库、湖泊和沼泽等地表水体水面上的蒸发现象。水面蒸发是最简单的蒸发方式,属饱和蒸发。影响水面蒸发的主要因素是温度、湿度、风速和气压等气象条件。

(二)土壤蒸发

土壤蒸发是指水分从土壤中以水汽形式逸出地面的现象。它比水面蒸发要复杂得多,除了受上述气象条件的影响外,还与土壤结构、土壤含水量、地下水位的高低、地势和植被等因素密切相关。

蒸发面在一定气象条件下充分供水时的最大蒸发量或蒸发率称为蒸发能力。水面蒸发自始至终在充分供水条件下进行,所以它一直按蒸发能力蒸发。而土壤含水量可能是饱和的,也可能是非饱和的,情况复杂。

对于完全饱和并且无后继水量加入的土壤,其蒸发过程大体上可分为三个阶段。第一阶段,土壤完全饱和,供水充分,蒸发在表层土壤进行,此时的蒸发率等于或接近土壤蒸发能力,蒸发量大而稳定。第二阶段,由于水分逐渐蒸发消耗,土壤含水量转为非饱和状态,局部表土开始干化,土壤蒸发一部分仍在地表进行,另一部分发生在土壤内部。在这一阶段中,随着土壤含水量的减少,供水条件越来越差,故其蒸发率随时间也就逐渐减小。第三阶段,表层土壤干涸,且向深层扩展,土壤水分蒸发主要发生在土壤内部。蒸发形成的水汽由分子扩散作用通过表面干涸层逸入大气,其速度极为缓慢,蒸发量小而稳定,直至基本终止。由此可见,土壤蒸发过程实质上是土壤失去水分或干化的过程。

(三)植物散发

土壤中的水分经植物根系吸收,输送到叶面,散发到大气中去,称为植物散发。土壤水分消耗于植物散发的部分数量很大,根据实验得知,有些植物的蒸散发量比水面蒸发量还大。由于植物本身参加了这个过程,并能利用特殊的气孔进行调节,故植物散发过程是一种生物物理过程，它比水面蒸发和土壤蒸发更为复杂。

由于植物生长在土壤中，植物散发与植物覆盖下的土壤蒸发实际上是并存的。因此，研究植物散发往往和土壤蒸发合并进行，两者总称为陆面蒸发。

（四）流域总蒸发

流域总蒸发包括流域水面蒸发、土壤蒸发、植物截留蒸发和植物散发。一个流域的下垫面极其复杂，从现有技术条件看，要精确求出各项蒸发量是有困难的。通常是先对全流域进行综合研究，再用流域水量平衡法或模型计算法分析求出。

我国许多省区利用中小流域的降水量与径流量观测资料，用水量平衡公式推算出各地的流域总蒸发量，并绘制了多年平均蒸发量等值线图可供使用。

三、径流

径流是指由降水所形成的，沿着流域地表和地下向河川、湖泊、水库、洼地等流动的水流。其中，沿着地面流动的水流称为地面径流，或地表径流；沿着土壤岩石孔隙流动的水流称为地下径流；汇集到河流后，在重力作用下沿河床流动的水流称为河川径流。径流因降水形式和补给来源的不同，可分为降雨径流和融雪径流，我国大部分河流以降雨径流为主。

径流过程是地球上水循环中的重要一环。在水循环过程中，大陆上降水的34%转化为地表径流和地下径流汇入海洋。径流过程又是一个复杂多变的过程，与人类同洪旱灾害进行斗争，以及水资源的开发利用和水环境保护等生产经济活动密切相关。

（一）径流形成过程

流域内，自降雨开始至水流汇集到流域出口断面的整个物理过程，称为径流形成过程。径流的形成是一个相当复杂的过程，为了便于分析，一般把它概括为产流过程和汇流过程两个阶段。

1. 产流过程

降落到流域表面的雨水，除去损失，剩余的部分形成径流，也称为净雨。通常把降雨扣除损失成为净雨的过程称为产流过程，净雨量称为产流量，降雨不能形成径流的部分雨量称为损失量。径流形成过程如图 3-3 所示。

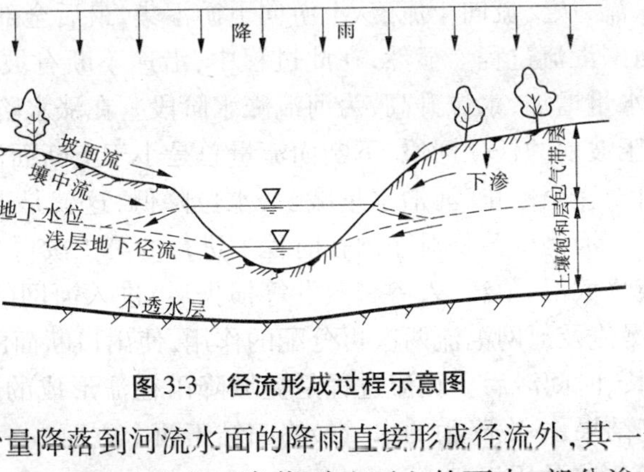

图 3-3　径流形成过程示意图

降雨开始后，除少量降落到河流水面的降雨直接形成径流外，其一部分被植物枝叶所拦截，称为植物截留，并耗于雨后蒸发。降落到地面上的雨水，部分渗入土壤。当降雨强度小于下渗强度时，雨水全部下渗。当降雨强度大于下渗强度时，雨水按下渗能力下渗，超出下渗能力的雨水称为超渗雨。超渗雨会形成地面积水,先填满地面的洼坑,称为填洼量。填洼的雨量最终耗于下渗和蒸发。随着降雨的持续,满足了填洼的地方开始产生地表径流。下渗到土壤中的雨水,除补充土壤含水量外,还逐步向下层渗透。当土壤含水量达到田间持水量后,下渗趋于稳定。继续下渗的雨水,一部分从坡侧土壤空隙流出,注入河槽,形成表层流或壤中流。另一部分继续向深层下渗,到达地下水面后,以地下水的形式汇入河流,形成地下径流。位于第一个不透水层之上的冲积层地下水,称为潜水或浅层地下水。在两个不透水层之间的地下水,称为承压水或深层地下水。

流域产流过程对降雨进行了一次再分配。在这个过程中有水量损失,产流量(净雨量)小于降雨量。对整个径流而言,植物截留、蒸发、土壤蓄存的水量以及填洼的部分水量是损失水量;对地表径流而言,植物截留、蒸发、全部填洼量、除形成壤中流的全部地表下渗量均为损失水量。

2. 汇流过程

净雨沿坡面汇入河网,然后经河网汇集到流域出口断面,这一过程称为流域汇流过程。为了便于分析,将全过程分为坡地汇流和河网汇流两个阶段。

1)坡地汇流

地面净雨沿坡面流到附近河网,称为坡面漫流。坡面漫流由无数股彼此时分时合的细小水流所组成,通常无明显固定沟槽,雨强很大时形成片流。坡面漫流的流程一般不长,约为数米至数百米。地面净雨经坡面漫流注入河网,形成地表径流。大雨时地表径流形成河流洪水。表层流净雨注入河网,形成表层流径流。表层流与坡面漫流互相转化,常并入地表径流。地下净雨下渗到潜水或深层地下水体后,沿水力坡降最大方向汇入河网,称为地下汇流。深层地下水流动缓慢,降雨后地下水流可以维持很长时间,较大河流终年不断流,是河川基本径流,常称为基流。

在径流形成过程中,坡地汇流过程对净雨在时程上进行第一次再分配。降雨结束后,坡地汇流仍将持续一定的时间。在这个过程中,没有水量损失,只是净雨在时程上的再分配。

2)河网汇流

进入河网的水流,从支流向干流、从上游向下游汇集,最后全部流出流域出口断面,这个汇流过程称为河网汇流过程。显然,在此过程中,沿途不断有坡面漫流、表层流及地下径流汇入,使河槽水量增加,水位升高,为河流涨水阶段。在涨水阶段,由于河槽贮存一部分水量,所以对处于波前的任一河段,下断面流量总是小于上断面流量。随降雨量和坡面漫流量逐渐减少直至完全停止,河槽水量减少,水位降低,这就是退水阶段。这种现象称为河槽的调蓄作用。河槽调蓄是对净雨在时程上进行的第二次再分配。

一次降雨经植物截留、填洼、入渗和蒸发等损失后,进入河网的水量自然比降雨总量小,而且经过坡面漫流及河网汇流两次再分配的作用,使出口断面的径流过程比降雨过程变化缓慢、历时增长、时间滞后。径流过程是流域降雨径流形成的最终效应,是流域上许多因素综合作用的结果,一次降雨的水量最终归结于两个方面——蒸发与径流。

(二)影响径流形成的因素

影响径流形成的因素可分三大类,即流域的气候因素、地理因素和人类活动因素。

1. 流域的气候因素

1) 降雨

降雨是径流形成的必要条件,降雨特性对径流的形成和变化起着重要作用。在其他条件相同时,降雨量大,降雨历时长,降雨笼罩面积大,则产生的径流量也大。降雨强度愈大,所产生的洪峰流量也愈大,流量过程线多呈尖瘦状。暴雨中心在下游,洪峰流量则较大,暴雨中心在上游,洪峰流量就小些。暴雨中心若由流域上游向下游移动,各支流洪峰流量相互叠加,使干流洪峰流量加大,反之则较小。故同一流域,雨型不同,形成的径流过程也不同。

2) 蒸发

蒸发是直接影响径流量的因素,蒸发量大,降雨的损失量就大,形成的径流量就小。对于一次暴雨形成的径流来说,虽然在径流形成过程中蒸发量的数值相对不大,甚至可忽略不计,但流域在降雨开始时的土壤含水量直接影响着本次降雨的损失量,即影响着径流。而土壤含水量与流域蒸发有密切关系。

2. 流域的地理因素

1) 流域地形

流域地形特征包括地面高程、坡面倾斜方向及流域坡度等。流域地形一方面是通过影响气候间接影响径流的特性,如山地迎风坡降雨量较大,背风坡是气流下沉区,降雨量小;同时,山地高程较高时,气温较低,蒸发量较小,所以降雨损失量较小。另一方面,流域地形还直接影响汇流条件,从而影响径流过程。例如,地形陡峭,河道比降大,则水流速度快,河槽汇流时间较短,洪水陡涨陡落,流量过程线多呈尖瘦形;反之则较平缓。故同一雨型,不同流域,形成的径流过程也不同。

2) 流域的大小和形状

流域本身具有调节水流的作用,流域面积愈大,地表与地下蓄水容积愈大,调节能力也愈强。流域面积较大的河流,河槽下切较深,得到的地下水补给就较多;而流域面积小的河流,河槽下切往往较浅,因此地下水补给也较少。

流域长度决定了流域上的径流到达出口断面所需要的汇流时间。汇流时间愈长,流量过程线愈平缓。流域形状与河系排列有密切关系。扇形排列的河系,各支流洪水较集中地汇入干流,流量过程线往往较陡峻;羽形排列的河系,各支流洪水可顺序而下,遭遇的机会少,流量过程线较矮平;平行状排列的河系,其影响与扇形排列的河系类似。

3) 河道特性

若河道短、坡度大、糙率小,则水流流速大,河道输送水流能力大,径流容易排泄,流量过程线尖瘦;反之则较平缓。

4) 土壤、岩石和地质构造

流域土壤、岩石性质和地质构造与下渗量的大小有直接关系,从而影响产流量和径流过程特性,同时也影响地表径流和地下径流的产流比例关系。

5) 植被

植被能阻滞地表水流,增加下渗。森林地区表层土壤容易透水,有利于雨水渗入地下,从而增大地下径流,减少地表径流,使径流趋于均匀。对于融雪补给的河流,由于森林内温度较低,能延长融雪时间,使春汛径流历时增长。

6)湖泊和沼泽

湖泊和沼泽对洪水能起一定的调节作用,在涨水期,它能拦蓄部分洪水到退水期再逐渐放出,因此它对削减洪峰起很大作用,使径流过程变得平缓。一般情况下水面蒸发较陆面蒸发大,湖泊、沼泽将使径流有所减少。

3.人类活动因素

影响径流的人类活动,主要指人们为开发利用和保护水资源,以及为战胜水旱灾害所采用的工程措施及农林措施等。通过这些措施改变了流域的自然面貌,从而也就改变了径流的形成和变化条件,并改变了蒸发与径流的比例、地表径流和地下径流的比例,以及径流在时间和空间上的分布等。例如,水库和引水工程,能明显地改变径流的时空分布;植树造林、兴修梯田、水土保持等措施能增加下渗水量,既改变了地表与地下水的比例及径流的时程分配,还可影响蒸发;水库和灌区的建成,增加了蒸发,减少了径流。

综上所述,降雨径流的形成和变化过程是极其复杂的,很难单独分出某种影响因素的作用,因为它是气候、自然地理各因素和人类改造自然活动综合作用的结果[10]。

四、地表水资源

流域或特定区域的地表水资源指的是流域出口断面的河川径流,上述降雨径流的形成过程基本反映了地表水资源的形成过程,地表径流的时程分配和空间分布体现了地表水资源的时空变化规律。应该注意的是,流域出口断面的河川径流既有地表径流,也包括壤中流以及部分地下径流。不同的流域几何形态及自然地理特征、不同的河槽形态及下切深度,流域出口断面所汇集的地下径流在组成上和数量上均不相同。也就是说,一个流域或特定区域的地表水资源既包括被称之为雨洪的地表径流和部分浅层地下径流,也包括被称之为基流的浅层地下径流和深层地下径流。地表水资源的形成过程既有地表径流的形成特征,也有地下径流的形成特征;影响径流形成的诸多因素同样是地表水资源形成的影响因素,地表水资源的形成和时空变化过程也是极其复杂的,是流域上许多因素及人类活动综合作用的结果。我国地表水资源的时程分配和空间分布特点与降水量的时程分配和空间分布特点基本一致。

第三节　地下水资源的形成

一、基本概念

广义上的地下水指埋藏在地表以下各种状态的水。按埋藏条件,地下水可划分为包气带水(土壤水)、上层滞水、潜水和承压水四个基本类型。

在地下水面以上,土壤含水量未达饱和,是土壤颗粒、水分和空气同时存在的三相系统,称为包气带。在地下水面以下,土壤处于饱和含水状态,是土粒和水分组成的二相系统,称为饱和带或饱水带。

饱水带岩层按其透过和给出水的能力,可分为含水层和隔水层。含水层是指能够透过并给出相当数量水的岩层。隔水层则是不能或基本不能透过并给出水的岩层。划分含水层与隔水层的关键在于岩层所含水的性质,空隙细小的岩层(如致密黏土、裂隙闭合的页岩),含的几乎全是不能移动的结合水,实际上起着阻隔水透过的作用,所以是隔水层。而空隙较大的岩层(如砂砾石、发育溶穴的可溶岩),主要含有重力水,在重力作用下,能够透过和给出水,就构成了含水层。

土壤水是指吸附于土壤颗粒和存在于土壤空隙中的水。上层滞水是指包气带中局部隔水层或弱透水层上积聚的具有自由水面的重力水。潜水是指饱水带中第一个具有自由表面的含水层中的水。承压水是指充满于两个隔水层之间的含水层中的水。

组成地壳的岩石,无论是松散的沉积物还是坚硬的基岩,都存在数量及大小不等、形状各异的空隙。岩石的空隙为地下水的赋存提供了必要的空间条件,空隙的多少、大小、形状、连通情况与分布规律,对地下水的分布、运动及赋存规律有重要影响[12]。

按照空隙特征可将其分为松散岩石中的孔隙、坚硬岩石中的裂隙和可溶岩中的溶隙三大类。松散岩石由大小不等、形状各异的颗粒组成,颗粒或颗粒集合体之间的空隙称为孔隙。固结的坚硬岩石,包括沉积岩、岩浆岩和变质岩,受地壳运动及其他内外地质应力作用,破裂变形产生的空隙称为裂隙。可溶岩石中的各种裂隙被水流溶蚀扩大成为各种形态的溶隙,甚至形成巨大溶洞,这是岩溶地下水的赋存空间。

二、地下水的循环过程

地下水循环是自然界水循环的一个重要组成部分,地下水自身又有独立的补给、径流、排泄小循环。

地下水经常不断地参与自然界的循环。含水层或含水系统通过补给从外界获得水量,径流过程中水由补给处输送到排泄处,然后向外界排出。在水的交换运移过程中,往往伴随着盐分的交换与运移。补给、径流与排泄决定着含水层或含水系统的水量与水质在空间和时间上的变化,同时,这种补给、径流、排泄无限往复进行,构成了地下水的循环。

(一)地下水的补给

含水层自外界获得水量的过程称为补给。地下水的补给来源主要有:大气降水入渗补给、地表水的入渗补给、凝结水入渗补给、含水层之间的补给和人工补给。

1. 大气降水入渗补给

当大气降水降落到地表后,一部分变为地表径流,一部分蒸发重新回到大气,剩余一部分渗入地下形成地下水。在很多情况下,大气降水是地下水的主要补给方式。大气降水补给地下水的数量受到很多因素的影响,与降水强度、降水形式、植被、包气带岩性、地下水的埋深等有关。一般当降水量大、降水过程长、地形平坦、植被茂盛、上部岩层透水性好、地下水埋藏深度不大时,大气降水才能大量入渗补给地下水。

2. 地表水入渗补给

地表水对地下水的补给强度主要受岩层透水性的影响,同时也取决于地表水水位与地下水水位的高差、洪水的延续时间、河水流量、河水的含泥量、地表水体与地下水联系范围的大小等因素。

3. 凝结水入渗补给

凝结水的补给是指大气中过饱和水分凝结成液态水渗入地下补给地下水。在干旱区，凝结水的补给备受关注，由于干旱区大气降水较少，大气降水和地表水补给量均较少，因此凝结水是其主要补给来源。

4. 含水层之间的补给

当两个含水层之间存在水头差且有水力联系时，则水头较高的含水层将水补给水头较低的含水层。其补给途径可以通过含水层之间的“天窗”发生水力联系，也可以通过含水层之间的越流方式补给。

5. 人工补给

地下水的人工补给就是借助某些工程设施，人为地使地表水自流或用压力将其引入含水层，以增加地下水的渗入量。人工补给地下水具有占地少、造价低、易管理、蒸发少等优点，不仅可以增加地下水资源，而且可以改善地下水的水质，调节地下水的温度，阻拦海水入侵，减小地面沉降。

（二）地下水的径流

地下水在岩石空隙中的流动过程称为径流。地下水的径流过程是整个地球水循环的一部分。大气降水或地表水通过包气带向下渗漏，补给含水层成为地下水，地下水又在重力作用下，由水位高处向水位低处流动，最后在地形低洼处以泉的形式排出地表或直接排入地表水体，如此循环过程就是地下水的径流过程。影响地下水径流的主要因素有：含水层的空隙特性、地下水的埋藏条件、补给量、地形状况、地下水化学成分、人类活动因素等。

（三）地下水的排泄

含水层失去水量的作用过程称为地下水的排泄。在排泄过程中，地下水的水量、水质及水位都会随之发生变化。

地下水通过泉（点状排泄）、向河流泄流（线状排泄）及蒸发（面状排泄）等形式向外界排泄。此外，一个含水层中的水可向另一个含水层排泄，也可以由人工进行排泄，如用井开发地下水，或用钻孔、渠道排泄地下水都属于地下水的人工排泄。

在地下水的排泄方式中，蒸发排泄仅耗失水量，盐分仍留在地下水中。其他种类的排泄都属于径流排泄，盐分随水分同时排走。

（四）地下水运动的特点

地下水存储并运动于岩石颗粒间像串珠管状的孔隙和岩石内纵横交错的裂隙之中。由于这些孔隙的形状、大小和连通程度等的变化，导致地下水运动的复杂性和特殊性：①地下水运动比较迟缓，一般流速较小。在实际计算中，常忽略地下水的流速水头，认为地下水的水头就等于测压管水头。②由于地下水是在曲折的通道中进行缓慢渗流，故地下水流大多数都呈层流运动。只有当地下水流通过漂石、卵石的特大孔隙或岩石的大裂隙及可溶岩的大溶洞时，才会出现紊流状态。③地下水在自然界的绝大多数情况下呈非稳定流运动。但当地下水的运动要素在某一时间内变化不大，或地下水的补给、排泄条件随时间变化不大时，人们常常把地下水的运动近似看成是稳定流，这给地下水运动规律研究带来很大方便。④人们在研究地下水运动规律时，并不是去研究每个实际通道中复杂的水流运动特征，而是研究岩层内平均直线水流通道中的水流特征，假想水流充满含水层。

三、地下水资源

地下水资源是指埋藏于地表以下的、能够被人类生产或生活直接利用的、逐年可以得以恢复和更新的地下水体。上述的上层滞水、潜水(或称浅层地下水)、补给条件良好的承压水均为地下水资源;而埋藏数百米甚至上千米的深层地下水,因开采后恢复和更新缓慢,目前不列入地下水资源。

地下水资源的补给来源是天然降水、地表水体及人工补给等,由于水文地质条件不同,经包气带(土壤)入渗后,形成不同的地下水体——上层滞水、潜水(或称浅层地下水)、承压水。各种水体有着各自的运动规律,并可在一定条件下相互转化。

思考题

3-1　论述水循环的实质及其对水资源时空分布的影响。

3-2　阐述水资源的形成过程及水分运行机制。

3-3　分析地表水与地下水的相互转换关系。

第四章　水资源评价

尽管水是循环的、可恢复的自然资源，但就某一地区而言，在一定时间内可供人们使用的水量总是有一定限度的。目前，世界上不少国家和地区水资源的供需矛盾日益严重，水资源问题已成为对经济发展起制约作用的重要因素之一。为了摸清水资源状况，需要对水资源进行科学评价。本章专门介绍水资源评价相关内容，其目的是为合理利用和管理水资源提供基础资料和科学依据。

第一节　概　述

1988 年，在由联合国教科文组织和世界气象组织共同提出的文件中，对水资源评价定义为："水资源评价是指对于水资源的源头、数量范围及其可依赖程度、水的质量等方面的确定，并在其基础上评估水资源利用和控制的可能性。"

目前，人们比较认同的水资源评价的概念可以表达为：水资源评价一般是针对某一特定区域而言，在水资源调查的基础上，研究特定区域内的降水、蒸发、径流诸要素的变化规律和转化关系，阐明地表水、地下水资源的数量、质量及其时空分布特点，开展供水量调查和水资源开发利用评价，计算水资源可利用量，为寻求水资源可持续利用最优方案提供基础资料，为区域经济、社会发展和国民经济各部门提供服务。

一、水资源评价的意义

（一）水资源评价是水资源合理开发利用的前提

一个国家或地区，要合理地开发利用水资源，首先必须对本国或本地区水资源的状况有全面了解，包括水源、水资源量、开采利用量、水质和水环境状况等。所以，科学评价水资源状况，是水资源合理开发利用的前提。

（二）水资源评价是科学规划水资源的基础

为了充分发挥水资源作用，最大可能地减少水害，需要在详细调查的基础上，科学规划水资源的分配、使用等（这将在第十一章"水资源配置与规划"中介绍）。这其中非常重要的基础条件是摸清水资源状况，用到水资源评价的成果。

（三）水资源评价是保护和管理水资源的依据

水是人类不可缺少而又有限的自然资源，因此必须保护好、管理好才能兴利除害，持久受益。水资源保护和管理的政策、法规、措施、具体实施方案的制定等，其根本依据就是水资源评价成果。

二、水资源评价的原则

水资源评价工作要求客观、科学、系统、实用，并遵循以下技术原则：①地表水与地下水统一评价；②水量、水质并重；③全面评价与重点区域评价相结合。

三、水资源评价的一般要求

进行水资源评价时需要制定评价工作大纲，包括明确评价目的、评价范围、评价项目、资料收集、评价方法、预期成果等。

(1)水资源评价应以调查、收集、整理、分析利用已有资料为主，辅以必要的观测和实验工作。分析评价中应注意水资源量评价、水资源质量评价及水资源开发利用评价之间的资料衔接。

(2)水资源评价使用的各项基础资料应具有可靠性、一致性和代表性。

(3)水资源评价应分区进行。各单项评价工作在统一分区的基础上，可根据该项评价的特点与具体要求，再划分计算区域评价单元。

(4)水资源评价成果应能够充分反映各评价水体的时程分配和空间分布规律。

(5)全国及区域水资源评价应采用日历年，专项工作中的水资源评价可根据需要采用水文年。计算时段应根据评价目的和要求选取。

(6)应根据经济社会发展需要及环境变化情况，每间隔一定时期对前次水资源评价成果进行一次全面补充修订或再评价。

四、水资源分区

为了反映水资源量地区间的差异，分析各地区水资源的数量、质量及其年际、年内变化规律，提高水资源量的计算精度，在水资源评价中应对所研究的区域依据一定的原则和计算要求进行分区，即划分出计算和汇总的基本单元。

(一)水资源分区的原则

(1)水文气象特征和自然地理条件相近，基本上能反映水资源的地区差别。

(2)尽可能保持河流水系的完整性。为便于水资源量的计算及应用，大江大河进行分段，自然地理条件相近的小河可适当合并。

(3)结合流域规划、水资源合理利用和供需平衡分析及总水资源量的估算要求，兼顾水资源开发利用方向，保持供排水系统的连贯性。

(二)水资源分区的方法

水资源分区有按流域水系分区和行政分区两种方法。采用哪种方法分区，应根据水资源评价成果汇总要求和水资源量分析计算条件及要求而定。

1. 成果汇总分区

1) 流域水系分区

为了便于计算总水资源量，满足水资源规划和开发利用的基本要求，评价成果要求按流域水系汇总，即水资源分区按流域水系划分。划分的基本单元的大小视所研究总区域范围酌情而定。举例说明如下。

(1)全国按主要流域水系划分为10大流域片，称为一级区。在一级区内进一步划分为若干次级区，称为二级区，全国共划分出77个二级区作为全国成果汇总的基本单元。有的江河需要分别计算出上、中、下游或特定大支流的水资源量，在一、二级之间设亚区。

(2)海河流域划分为滦河(包括冀东沿海诸河)、海河北系、海河南系和徒骇、马颊河4个二级区,其中海河北系、海河南系和徒骇、马颊河同属于海河亚区。全流域又进一步将山丘区按水系划分为10个三级区;将平原区原则上按排水系统划分为12个三级区;全流域共划分22个成果汇总基本单元,详见表4-1。

(3)淮河流域共划分为4个二级区28个三级区,详见表4-2。

表4-1　海河流域片地表水资源分区名称

<table>
<tr><th>一级区</th><th>亚区</th><th>二级区</th><th>三级区</th></tr>
<tr><td rowspan="4">海河流域片</td><td></td><td>滦河(包括冀东沿海诸河)</td><td>滦河山区、冀东沿海诸山区、滦河冀东沿海平原</td></tr>
<tr><td rowspan="3">海河</td><td>海河北系</td><td>潮白河山区、蓟运河山区、北运河山区、永定河山区、海河北系平原</td></tr>
<tr><td>海河南系</td><td>大清河山区、滹沱河山区、滏阳河山区、漳卫河山区、淀西清北平原、淀西清东平原、淀西清南平原、淀东清南平原、滹滏平原、滏西平原、黑龙港平原、漳卫平原、远东平原</td></tr>
<tr><td>徒骇、马颊河</td><td>徒骇—马颊平原</td></tr>
</table>

表4-2　淮河流域片地表水资源分区名称

<table>
<tr><th>一级区</th><th>亚区</th><th>二级区</th><th>三级区</th></tr>
<tr><td rowspan="4">淮河流域片</td><td rowspan="2">淮河</td><td>淮河上中游区
(洪泽湖以上)</td><td>洪汝河区、淮洪区间区、桐大山丘区、谷润河区、史淠河区、沙颍河区、涡河区、西肥河区、瓦埠湖区、涡东诸河区、定风嘉区</td></tr>
<tr><td>淮河下游平原区</td><td>天长区、高宝湖区、里下河区、斗南垦区、渠北区</td></tr>
<tr><td rowspan="2"></td><td>沂沭泗河区</td><td>南四湖湖西区、南四湖湖东区、沂河区(临沂以上)、沭河区(山东境内)、邳苍地区、沂沭河下游平原区、独流入海日照区</td></tr>
<tr><td>山东沿海诸河区</td><td>小清河区、潍弥白浪区、胶莱大沽区、胶东半岛区、独流入海胶南区</td></tr>
</table>

各流域片,是否需要在以上流域分区基础上再进一步划分若干小区(如供需平衡区)由各地酌情而定。

2)行政分区

为了评价计算各省(自治区、直辖市)的水资源量,评价成果要求按行政分区汇总,即按行政分区划分水资源汇总基本单元。全国按现行行政区划,划分到省(自治区、直辖市)一级。各省(自治区、直辖市)和流域片可根据实际需要,划分次一级行政区。

2. 计算分区

成果汇总分区便于水资源总量计算,能够满足水资源规划及开发利用的基本要求,但也存在着两个问题,第一,有些基本单元不能完全满足水资源分区的原则(尤其是行政分区);第二,基本单元一般较大,单元面积内产汇流条件差异较大,影响水资源量的计算精度。为了提高分区水资源量的计算精度,需要在成果汇总分区的基础上进一步划分计算小区,或称计算单元。

计算单元的划分主要考虑产汇流条件的差异。在气象要素变化较大,地形、地貌、土壤变化较复杂的地区,即使在同一个三级区内,降水、蒸发、下垫面等条件也不尽相同,产汇流条件差异较大。此时,应按河流及水文站位置、河川径流特征、水文地质条件和开发利用情况等进一步划分计算小区即计算单元,计算单元越小,单元面积内产汇流条件差异越小,但单元面积上水文资料的完整性、代表性、系统性有可能降低。所以,计算单元的划分还要充分考虑水文资料情况,既满足产汇流条件一致又兼顾水文资料符合精度要求。

计算单元的划分,在山丘区应按流域水系分区,平原区可按排水系统结合供需平衡情况分区。各省(自治区、直辖市)、地(市)、县水资源评价,也可结合供需平衡兼顾水资源开发利用按行政区划划分。

例如,海河流域在三级区基础上划分出46个计算单元;淮河流域在28个三级区基础上划分出127个计算单元。

在水资源分区的基础上,分别进行降水量、地表水资源量、地下水资源量、水资源总量、水资源质量、水资源可利用量以及水资源开发利用的评价[13]。

第二节 降水量评价

一、分析内容

水资源分区确定之后,需对分区内年降水量特征值、地区分布、降水量的年内分配和多年变化进行分析研究,寻求区域降水的时空分布规律,为区域地表水资源、地下水资源评价奠定基础。一般要求编制下列图表:①雨量站分布图;②选用雨量站观测年限、站网密度表;③选用站降水量统计表;④多年平均年降水量等值线图;⑤多年降水量变差系数 C_v 等值线图;⑥多年降水量偏差系数 C_s 与变差系数 C_v 比值分区图;⑦同步期降水量等值线图;⑧多年平均连续最大4个月降水量占全年降水量百分率图;⑨主要测站典型年降水量月分配表。

二、资料的收集和审查

(一)资料的收集

(1)根据资料可靠、系列较长、面上分布均匀、能反映地形及气候变化等原则,在所研究区域内选用适当数目的测站资料(包括水文站、雨量站、气象台(站)的降水资料),以此作为分析的依据。注意各站资料的同步性。

(2)为了正确绘制边界地区的等值线,为地区间计算结果协调创造条件,需要收集部分系列较长的区域外围站资料,以供分析。

(3)对选用资料应认真校对,资料来源和质量应加以注明,如站址迁移、合并和审查意见等。

(4)选用适当比例尺的地形图作为工作底图,并要求底图清晰、准确,以便考虑地形对降水的影响,从而较易勾绘等值线图。

(5)收集以往有关分析研究成果,如水文手册、图集、水文气象研究文献等,作为统计、分析、编制和审查等值线图时的重要参考资料。

(二)资料的审查

(1)降水量特征值的精度取决于降水资料的可靠程度。为保证质量,对选用资料应进行真实性和一致性审查,将特大值和特小值及新中国成立前资料作为审查的重点。

(2)审查方法通常可以通过本站历年和各站同年资料对照分析,视其有无规律可循,对特大、特小值要注意分析原因,是否在合理范围内;对突出的数值,要深入对照其汛期、月、日的有关数据后方能定论。此外,对测站位置和地形影响也要进行审查、分析。

对资料的审查和合理性检查,应贯穿整个工作的各个环节,如资料抄录、插补延长、分析计算和等值线绘制等环节。

三、单站统计分析

单站统计分析的主要内容是对已被选用各站的降水资料分别进行插补延长、系列代表性分析和统计参数分析。

(一)资料的插补延长

为了减少样本的抽样误差,提高统计参数的精度,对缺测年份的资料应当插补,对较短的资料系列应适当延长,但展延资料的年数不宜过长,最多不超过实测年数,相关线无实测点据控制的外延部分的使用应特别慎重,一般不宜超过实测点数变幅的50%。资料的插补延长主要有以下途径。

1. 直接移用

两站距离很近,并具有小气候、地形的一致性时,可以合并进行统计或将缺测的月、年资料直接移用。

2. 相关分析

相关分析是资料插补延长方法中适用范围较广、效果较好的一种方法,这种方法的关键是选择适当的参证站或参证变量。在实际工作中,通常利用年降水量和汛期雨量作为参证变量来插补展延设计站变量。

3. 汛期雨量与年降水量相关关系移置法

当设计站年降水量资料很少(年数 $n<10$)或没有年降水量资料,只有长期汛期降水量资料(如汛期雨量站)情况时,不能直接采用上述两种方法。为了充分利用现有雨量资料,更合理、更准确地推求汛期雨量站的年降水量,可采用汛期雨量与年降水量相关关系移置法。

4. 等值线图内插

利用设计站附近雨量站降水资料,绘制局部次、月、汛期、非汛期降水量和年降水量等值线图,用来插补制图范围内设计站点的降水量。

5. 取邻站均值

在地形、气候条件一致的地区,移用同期邻近几个站的算术平均值代替缺测站点的资料。此法一般用在非汛期，因为非汛期降水在面上变化较小。

6. 同月多年平均

对缺测个别非汛期月份的站，因非汛期各月降水量不大，占年降水量比重又很小，且年际变化不大，亦可采用同月降水量的多年平均值进行插补。

7. 水文比拟法

在地理相似区，可将插补站与参证站同步观测降水量均值的比值，作为缺测期间两站降水量的比值，以插补缺测的年（或月）降水量。

（二）资料的代表性分析

1. 资料的代表性分析目的

资料的代表性，指样本资料的统计特性（如参数）能否很好地反映总体的统计特性，若样本的代表性好，则抽样误差就小，年降水成果精度就高。如果实测年降水样本系列是总体中的一个平均样本，那么这个实测样本系列对总体而言有较好的代表性，据此计算的统计参数接近总体实际情况；如果实测样本系列处于总体的偏丰或偏枯时期，则实测样本系列对总体就缺乏代表性，用这样的样本进行计算会产生较大的误差。

因降水系列总体的分布是未知的，若仅有几年样本系列，是无法由样本自身来评定其代表性的。但据统计数学的原理可知，样本容量愈大，抽样误差愈小，但也不排除短期样本的代表性高于长期样本的可能性，只不过这种可能性较小而已。因此，样本资料的代表性好坏，通常通过其他长系列的参证资料来分析推断。那么，对特定区域而言，年降水样本系列究竟取多长年限才能代表总体？样本和总体统计参数的差别如何？这些就是系列代表性分析所要解决的问题。

2. 系列代表性分析方法

系列代表性分析方法有：①长短系列统计参数对比；②年降水量模比系数累积平均过程线分析；③年降水量模比系数差积曲线分析。

（三）统计参数的分析确定

降水量一般按日历年统计，在计算分区内各站的降水统计参数时，通常分两种情况，一是分析计算各站同步期系列的统计参数，二是计算各站多年系列的统计参数。需确定的统计参数是降水系列的均值 X，变差系数 C_v，偏差（偏态）系数 C_s。目前，我国普遍采用适线法分析确定统计参数（可参阅《工程水文学》教材）。

四、降水量的地区分布

分区内各站降水资料，经过资料审查、插补展延、代表性分析和统计参数分析，获得各站点以及各站点所代表附近区域的降水这一水文要素的变化规律，利用各站降水特征分析研究分区整体范围降水特性，称为降水量地区分布。其表征方法主要包括：①多年平均年降水量等值线图；②多年降水量变差系数 C_v 等值线图；③多年降水量偏差系数 C_s 与变差系数 C_v 比值分区图；④同步期平均年降水量等值线图。此项内容根据水资源评价要求而定。如评价估算起止期年平均降水量等值线图以及相应的 C_v 等值线图、多年平均汛期降水量等值线图，多年平均各月降水量等值线图等。

五、降水量年内分配和多年变化

(一)降水量的年内分配

1. 多年平均连续最大4个月降水量占全年降水量百分率及其出现月份分区图

选择资料质量较好,实测系列长且分布比较均匀的代表站,统计分析多年平均连续最大4个月降水量占多年平均年降水量的百分率及其出现时间,从而绘制降水量百分率图及其出现月份分区图,以反映降水量集中程度和相应出现的季节。

2. 代表站不同保证率年降水量月分配过程

对不同降水类型的区域,分区选择代表站,统计分析各代表站不同保证率年降水的月分配过程,列出“主要测站不同保证率年降水量逐月分配表”和“代表站分时段平均降水量统计表”,以示年内分配及其在地区上的变化。不同保证率年降水的月分配过程根据典型年内分配过程按同倍比缩放法推求。典型年的选择原则是:①年降水量接近设计频率的年降水量;②降水量年内分配具有代表性;③月分配过程对径流调节不利。

(二)降水量的多年变化

1. 统计各代表站年降水量变差系数 C_v 值或绘制 C_v 等值线图

年降水量变差系数 C_v 值反映年降水量的年际变化。C_v 值大,说明年降水系列比较离散,即年降水量的相对变化幅度大,该处水资源的开发利用也就不利。

2. 年降水量丰枯分级统计

选择一定数量具有长系列降水资料的代表站,分析旱涝周期变化,连涝连旱出现时间及变化规律,结合频率分析计算,可将年降水量划分为5级:丰水年($P<12.5\%$),偏丰水年($12.5\%<P<37.5\%$),平水年($37.5\%<P<62.5\%$),偏枯水年($62.5\%<P<87.5\%$),枯水年($P>87.5\%$)。由此对年降水量进行统计,以分析多年丰枯变化规律。

第三节 地表水资源量评价

一、径流分析计算

天然水资源是指在径流形成过程中,基本上未受到人类活动,特别是水利设施影响的地表径流量,它近似地保持径流的天然状态。

由于人类活动的影响,使流域自然地理条件发生变化,影响地表水的产流、汇流过程,从而影响径流在空间和时间上的变化,使水文测站实测水文资料不能真实地反映地表径流的固有规律。因此,为全面、准确地估算各河系、地区的河川径流量,需对流域内各选用测站实测水文资料分别进行还原计算,得出天然径流量,然后进行评价。

(一)分析内容

要求对年径流特征值、地区分布、年内分配和多年变化进行研究。需编制下列图表:①水文站分布图;②多年平均径流深、变差系数 C_v 等值线图;③年径流量偏差系数 C_s 与变差系数 C_v 比值分区图;④同步期年径流深和 C_v 等值线图;⑤多年平均最大4个月径流量占全年径流量的百分率图;⑥选用测站天然年径流量特征值统计表;⑦主要测站年径流量年内分配表。

(二)资料的收集和审查

1. 资料的收集

收集径流资料的要求与收集降水资料的要求基本相同,主要内容有:

(1)摘录研究区域及其外围有关水文站历年流量资料,尽量选用正式刊印的水文年鉴资料;其次是专门站、临时站的资料。

(2)收集流域自然地理资料,如地质、土壤、植被和气象资料等。

(3)收集流域水利工程(包括水库工程)指标、水库蓄水变量、蒸发和渗漏资料,以及工农业用水资料。

(4)审查水文资料,包括测站沿革、断面控制条件和测验方法、精度以及集水面积等。

(5)选择适当比例尺地形图,以此作为工作底图(与降水量部分相同)。

2. 资料的审查

径流资料的审查原则和方法与上节介绍的降水资料审查相同。

(三)径流资料的还原计算

1. 还原计算的目的及要求

为使河川径流计算成果基本上反映天然状态,并使资料系列具有一致性,对水文测站以上受水利工程等影响而减少或增加的水量应进行还原计算。

还原计算应采用调查和分析计算相结合的方法,并尽量收集历年逐月用水资料,如确有困难,可按用水的不同发展阶段,选择丰、平、枯典型年份,调查其年用水量和年内变化情势。

2. 还原计算内容

测站以上大、中型水库蓄变量,大、中型灌区耗水量,大、中型城市工业及生活用水量,跨流域引水量,河道分洪水量等,应直接采用实测或调查资料,并尽量按年逐月还原计算。小型灌区耗水量可按典型调查分析估算。

3. 还原计算方法

1)分项调查法

还原项目包括工农业用水(地表水部分)、水库蓄水变量、水库蒸发损失、水库渗漏、跨流域引水及河道(决口)分洪等。还原计算所用的水量平衡方程式为

$$W_n = W_m + W_{irr} + W_{ind} + W_{ret} + W_{ree} + W_{div} + W_{fd} + W_{res} \tag{4-1}$$

式中　W_n——还原后的天然水量;

W_m——水文站实测水量;

W_{irr}——灌溉耗水量;

W_{ind}——工业耗水量;

W_{ret}——计算时段始末水库蓄水变量;

W_{ree}——库水面蒸发量和相应陆地蒸发量的差值;

W_{div}——跨流域引水增加或减少的测站控制水量;

W_{fd}——河道分洪水量;

W_{res}——水库渗漏量。

在估算还原水量时,水库蓄水变量、水库蒸发损失、跨流域引水量、大型灌区引水量等,一般可应用实测资料进行计算;中、小型灌区引水量和一些跨流域引水量,由于缺乏资料,可通过调查实灌面积和净定额进行估算;河道(决口)分洪水量,应通过洪水调查或洪水分析计算来估算;关于水库渗漏量,包括坝身渗漏、坝基渗漏和库区渗漏三部分,在有坝下反滤沟的实测资料的水库,可以此作为计算坝身渗漏的依据,但坝基和库区渗漏难以直接观测,只能用间接方法粗略估算。如利用多次观测的水库水量平衡资料,建立水库水位与潜水流量关系曲线,然后由库水位求得潜流,即坝基和库区渗漏量。

在山丘区,如果地下水开采量增加很快,减少了泉水涌出量和河川基流量,亦应进行泉水还原。还原的方法有:①当泉水流量比较稳定时,直接用多年平均泉水量与现状泉水量之差作为还原量;②用降水量和泉水量滞后相关法,即以若干年(如5年,具体年数依据泉水运动规律而定)滑动平均泉域降水量和泉水量建立滞后相关关系进行还原。

在平原区,由于河网化、提(引)水灌溉、决口积涝等直接改变了平原测站断面以上河川径流;而汇水范围内井灌和渠灌却改变了流域内潜水位的天然状况和下垫面的产流条件,使产流量减少或增加。若分项调查统计的资料精度差,必然影响还原成果的可靠性。所以,平原区还可采用分析切割法和降雨径流相关法。

2)分析切割法

在同一图纸上对照绘制降雨、径流逐日过程线,选取降雨径流相应的洪水过程,将非降雨形成的径流部分,如灌溉退水、城市排污水等从洪水过程中切掉,使之成为与降雨相应的洪水过程,将全年几次降雨形成的径流量累加,即为全年的天然径流量。由于平原区在非汛期一般不产流,所以一般只需绘制汛期降雨、径流过程线。

3)降雨径流相关法

在大量开采地下水的年份,地下水埋深急剧下降,造成降雨大量补给地下水,使产流量减少,破坏了径流系列的一致性;在大量引外流域水量灌溉的年份,使地下水位急剧上升,产流量增加,同样影响径流系列的一致性。此种情况的区域,可利用井灌较少及未受外流域引水影响年份的资料,绘制降雨径流相关图,将此降雨径流关系用于大量开采地下水和大量外域引水的年份,由降水量推求径流量,把受人类活动影响的径流资料进行修正,保证系列的一致性。

4)模型计算法

利用流域模型生成径流系列。假定人类活动只影响径流,其他水文气象因子不受影响,就可以先根据实际资料研制出合适的流域模型。然后,假定没有受人类活动影响,将水文气象因子资料输入模型,从而计算得到的径流系列就认为是天然径流系列。

4.还原计算水量的合理性检查

(1)对于工农业、城市用水定额和实耗水量的计算,要结合工农业特点、发展情况、气候、土壤、灌溉方式等因素,进行部门之间、地区之间和年际之间的比较,以检查其合理性。

(2)还原计算后的年径流量应进行上下游、干支流、地区之间的综合平衡,以分析其合理性。

(3)对还原计算前后的降雨径流关系进行对比分析。

(四)径流系列插补延长

当选用站只有短期实测径流资料,或资料虽长而代表性不足,或资料年限不符合评价要求年限,若直接根据这些资料进行计算,求得的成果可能有很大误差。为了提高计算精度,保证成果质量,必须设法插补展延年、月径流系列。通常采用相关分析法展延径流系列,选择合适的参证资料是该方法的关键。参证资料应符合以下条件:

(1)参证资料要与选用站的年、月径流资料在成因上有密切联系,这样才能保证相关关系展延的成果有足够的精度。

(2)参证资料与选用站年、月径流资料有一段相当长的平行观测期(同步系列、$n \geqslant$ 10年),以便建立可靠的相关关系(相关系数 $r \geqslant 0.8$)。

(3)参证资料必须具有足够长的实测系列且代表性较好,除用以建立相关关系的同步期资料外,还要有用来展延选用站缺测年份的年、月径流资料。

在实际工作中,通常利用径流量或降水量作为参证资料来展延选用站的年、月径流系列。

1. 利用径流量资料展延系列

1)建立邻近站年径流量相关关系

由于影响年径流量的主要因素是降水和蒸发,它们在一定的地区范围内都具有较好的同步性,因而各站年径流量之间也具有相同的变化趋势,可以建立上述测站的相关关系,用长系列实测年径流量资料展延设计系列。

2)建立邻近站月径流量相关关系

当设计站实测年径流量系列短,难以建立年径流量相关关系,或水资源评价要求提供历年逐月径流量资料时,可以考虑建立月径流量相关关系来展延设计站年、月径流量系列。但因影响月径流量的因素复杂,月径流量相关关系也就不如年径流量相关关系那样密切。因此,用月径流量关系来插补延长径流量系列时,一般精度较低。

2. 利用降水资料展延系列

1)建立年降水径流相关关系

当不能利用径流量资料展延系列时,可以利用流域平均降水量作为参证资料来展延年径流量资料,在中小流域常会遇到这种情况。这种年降水量与年径流量的相关关系在我国南方湿润地区效果较好。

2)建立汛期雨量与年径流量相关关系

在干旱地区,年径流量主要由汛期降雨形成,枯季径流量也主要是汛期雨量补给地下水后再转化为地表径流。因此,在我国北方干旱地区,汛期雨量与年降水量的相关关系优于年降水量与年径流量的相关关系,可以利用流域汛期降雨量作为参证资料展延流域年径流量。

3)建立月降雨径流相关关系

在不能利用上述参证资料展延系列时,可利用月降雨与月径流相关关系,这种关系一般效果较差。

3. 等值线图内插法和水文比拟法

用等值线图内插法和水文比拟法插补展延年径流量系列,可参考降水量插补方法。

（五）年径流量系列代表性分析

年径流量系列代表性分析方法有：①长短系列统计参数对比；②年径流量模比系数累积平均过程线分析；③年径流量模比系数差积曲线分析。

在区域水资源评价中，为便于进行水文三要素（指降水、蒸发、径流）的平衡分析和较大范围内水资源量的计算，一般要求所采用的系列同步，因为区域径流主要由降水形成，所以在同期系列中，年径流量的变化趋势与年降水量的变化趋势应基本一致。

（六）年径流量统计参数的分析计算及其合理性审查

1. 统计参数分析计算

年径流量资料的统计方法有两种：①按日历年统计系列；②按水文年统计系列。采用何种统计系列可按评价要求而定。

年径流量系列的统计参数包括均值、C_v 值、C_s 值，一般要求分别分析计算同步期系列和多年系列两套统计参数。年径流量统计参数的确定方法类同于年降水量的统计参数确定。

需要指出的是，在岩溶较发育的山丘区，一些地区地表径流可能渗入地下，而另一些地区又可能以泉水形态溢出地面，致使流域不闭合，使年径流量统计参数出现异常。在汇水范围内有漏水区的测站，均值偏小，C_v 值偏大；而流域内有泉水出露的测站，均值偏大，C_v 值偏小。为使这类地区的分析成果较好地反映产流特性，应当分别计算包括泉水和扣除泉水的年径流量统计参数，以便于同周围站点成果比较和衔接。

2. 统计参数的合理性审查

1）均值

要符合水量平衡原理，即下游站均值 W 为上游站与区间之和。一般情况下，以径流总量和平均流量表示时，均值随汇水面积增加而增大；以径流深表示时，均值随汇水面积增加而减小。

2）C_v 值

下游站的 C_v 值小于上游站和区间的 C_v 值，或介于两者之间。一般情况下，C_v 值随汇水面积的增大而减小；湿润地区 C_v 值小，干旱地区 C_v 值大；高山冰雪补给型河流 C_v 值小，黄土高原及其他土层厚、地下潜水位低（地下水补给量小）的地区 C_v 值大。

3）设计值

在设计丰水年（一般 $P \leqslant 20\%$），上游站与区间站设计值之和大于下游站的设计值。在设计枯水年（一般 $P \geqslant 50\%$），上游站与区间站设计值之和小于下游站的设计值。同一频率 P 的设计值，应随着汇水区域的增加而增大。

（七）径流量年内分配和多年变化

1. 径流量的年内分配

径流量的年内分配表示方法有：①绘制多年平均最大 4 个月占全年径流量的百分率图；②统计代表站各种典型年径流量月分配过程。

2. 径流量的年际变化

（1）统计各代表站年径流量变差系数 C_v 值和偏差系数 C_s 与变差系数 C_v 的比值（C_s/C_v）；并绘制 C_v 等值线图和 C_s/C_v 分区图。

（2）统计丰、平、枯水年年径流量的特征值。年径流量的多年变化通常包括变化幅度和变化过程。以降雨补给为主的河流，年径流量的多年变化除受降雨年际变化的影响外，还受流域的地质地貌、流域面积大小、山丘区和平原区面积相对比重的影响。由于流域面积越大，流域降雨径流的不均匀性越大，从而各支流之间的丰枯补偿作用也越大，使年际变化减小；同时，面积越大的河流，一般基流量也越大，也起减缓多年变化的作用；而面积太小，流域往往不闭合。所以，年径流量 C_v 等值线图及年径流量 C_s/C_v 分区图，主要依据中等面积站点绘制。

区域内年径流的多年变化应呈现与降雨相类似的地带性差异，不同的是径流同时受下垫面因素的影响，比降雨变化幅度应更大，地区之间的差异也应更悬殊。

(八)年径流的地区分布

降水在地区分布的不均匀性决定了径流在地区分布的不均匀性。对于较大研究范围，假如根据总径流量判断，全区域是平水年，各河或各分区不一定都是平水年，而一般是丰、平、枯水年各类都有；全区域是丰水年，往往是由部分河系或分区特大洪水造成的，其他区域有可能是平水年或枯水年；全区域同时发生大水的机遇是存在的，但机遇较小；全区域同时发生干旱的年份对某些地区则可能较常见。年径流的地区分布研究，就是力图全面、准确地反映年径流的上述特性。依据各个径流站的分析计算成果，综合地区分布规律。

1. 年径流地区分布的表征方法

年径流地区分布的表征方法有：①多年平均年径流深等值线图；②同步期平均年径流深等值线图；③多年平均和同步期平均年径流量 C_s/C_v 分区图；④选用测站天然年径流量特征值统计表。

年径流量等值线图的绘制方法及原则与年降水量的基本相同。应特别注意的是，对泉水补给较丰富的测站，要按扣除泉水以后计算的统计参数值勾绘等值线图，同时在图上标注泉水出露点及其流量；在汇水范围内有漏水区时，也应在图上圈出漏水区，以反映年径流的实际情况。

2. 等值线图的合理性检查

(1)用等值线计算控制站以上水量，并与控制站实测水量对照，要求误差不超过±5%，如不合格，应修改等值线，直到合格为止。

(2)用降雨与径流深等值线比较，主要线条走向应一致，高低值区要对应，避免线条斜交。

(3)用降雨量、径流量、陆面蒸发量三张图互相协调检查。

通过以上合理性检查，最后确定天然年径流量等值线图，此时，该图就能比较确切地反映天然年径流量在地区分布上的规律和特征。

二、区域地表水资源量计算

区域地表水资源量是指设计区域内降水形成的地表水体的动态水量，不包括过境水量，用天然河川径流量表示。以上所述的单站径流量分析计算成果，代表了径流站以上汇水区域的地表水资源量，而设计区域往往不是一个径流站的汇水区域，即设计区域是非完整流域，一般是包含一个或几个不完整水系的特定行政区。所以，区域地表水资源量的计算方法与单站径流量的分析计算方法有所不同，但前者以后者为基础。

(一)区域地表水资源量的计算内容

区域地表水资源量的计算即区域内河川径流量的计算,主要内容包括:①区域多年平均年径流量;②不同设计保证率的区域年径流量;③不同设计典型年区域年径流量的年内分配;④区域年径流的空间分布。

为了避开局部与整体频率组合的困难,当区域内有多个计算单元时,在分析计算中可先估算各计算单元的逐年年径流量,再计算区域的逐年年径流量,然后利用区域年径流量系列进行频率分析,推求区域地表水资源的年内、年际变化规律和空间分布规律。

(二)区域地表水资源量的计算方法

根据区域的气候及下垫面条件,综合考虑气象、水文站点的分布、实测资料年限及质量等情况,选择合适的方法。常用的方法有代表站法、等值线图法、年降水径流关系法和水文比拟法。

1. 代表站法

在设计区域内,选择一个或几个代表站(或称控制站),实测或计算天然径流量,根据代表站逐年天然径流量系列,按面积比或综合修正的方法计算设计区域的天然年径流量系列,在此基础上进行频率计算,推求区域多年平均及不同保证率的年径流量,这种方法称做代表站法。

此法适用于有实测径流资料的区域。所选代表站实测径流资料系列较长并具有足够精度。代表站法依据所选代表站个数和区域下垫面条件的不同而采取不同的计算形式。

1)单一代表站

(1)区域内能选择一个代表站,该站控制流域(称代表流域)面积与设计区域相差不大,产流条件基本相同,如图 4-1(a)所示。可用式(14-2)计算设计区域的逐年径流量

$$W_d = \frac{F_d}{F_r} W_r \tag{4-2}$$

式中　W_d、W_r——设计区域、代表站年径流量,亿 m^3;

F_d、F_r——设计区域、代表流域面积,km^2。

(2)若区域内不能选择一个控制流域面积与设计区域面积相差不大的代表站,且上下游产汇流条件亦有较大差别时,可选用与设计区域相似的部分代表流域,如图 4-1(b)所示。这种情况采用的计算公式为

$$W_d = \frac{F_d}{F_r}(W_{ru} - W_{rd}) \tag{4-3}$$

式中　W_{ru}、W_{rd}——代表流域入境、出境年径流量,亿 m^3;

其他符号意义同前。

2)多个代表站

区域内可选择两个或两个以上代表站,如图 4-2 所示。将设计区域按气候、地形、地貌等条件划分为若干个分区,一个分区对应着一个代表站,先计算各分区逐年径流量,再相加得到全区的逐年径流量。计算公式为

$$W_d = \frac{F_{d1}}{F_{r1}} W_{r1} + \frac{F_{d2}}{F_{r2}} W_{r2} + \cdots + \frac{F_{dn}}{F_{rn}} W_{rn} \tag{4-4}$$

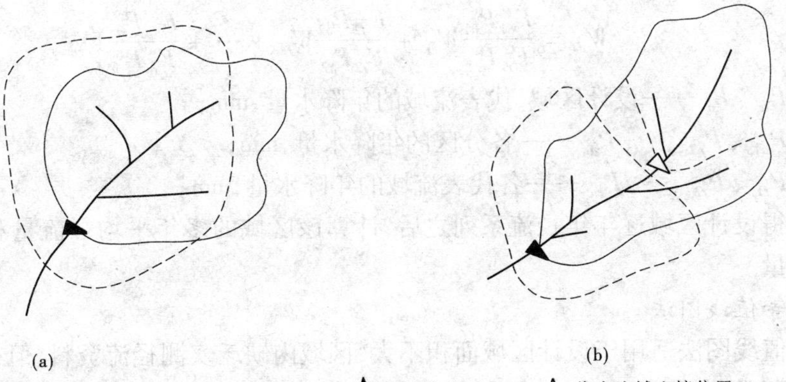

—— 代表流域界；　------ 设计区域界；　▲ 代表站位置；　△ 代表流域入境位置

图 4-1　单一代表站控制流域与设计区域示意图

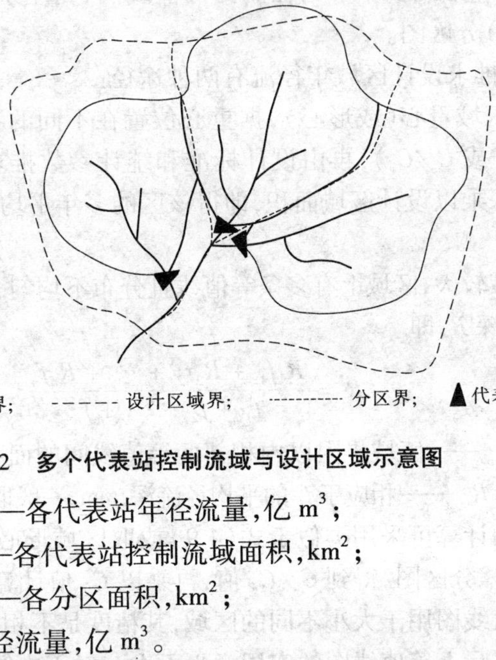

—— 代表流域界；　------ 设计区域界；　---------- 分区界；　▲ 代表站位置

图 4-2　多个代表站控制流域与设计区域示意图

式中　W_{r1}、W_{r2}、…、W_{rn} ——各代表站年径流量，亿 m^3；

F_{r1}、F_{r2}、…、F_{rn} ——各代表站控制流域面积，km^2；

F_{d1}、F_{d2}、…、F_{dn} ——各分区面积，km^2；

W_d ——设计区域年径流量，亿 m^3。

若设计区域内气候及下垫面条件相差不大，产汇流条件相似，式(4-4)可改写为如下形式，即

$$W_d = \frac{F_d}{F_{r1} + F_{r2} + \cdots + F_{rn}}(W_{r1} + W_{r2} + \cdots + W_{rn}) \tag{4-5}$$

无论是单一代表站还是多个代表站，上述计算公式只反映面积对年径流量的影响，为了提高精度，应考虑年降水量对年径流量的影响，特别是当设计区域与代表流域的下垫面条件有显著差别时，不宜采用简单的面积比法。代表站法的上述公式应改写成下列形式

$$W_d = \frac{F_d P_a}{F_r P_r} W_r \tag{4-6}$$

$$W_d = \frac{F_d P_a}{F_r P_r}(W_{ru} - W_{rd}) \tag{4-7}$$

$$W_d = \frac{F_{d1}P_{a1}}{F_{r1}P_{r1}}W_{r1} + \frac{F_{d2}P_{a2}}{F_{r2}P_{r2}}W_{r2} + \cdots + \frac{F_{dn}P_{an}}{F_{rn}P_{rn}}W_{rn} \tag{4-8}$$

式中 P_a、P_r——设计区域、代表流域的年降水量，mm；

P_{a1}、P_{a2}、…、P_{an}——各分区的年降水量，mm；

P_{r1}、P_{r2}、…、P_{rn}——各代表流域的年降水量，mm。

求得设计区域逐年年径流系列之后，计算该区域的多年平均径流量和不同保证率的年径流量。

2. 等值线图法

等值线图法适用于设计区域面积不大，区域内缺乏实测径流资料，但在包括该区在内的较大面积（气候一致区）上具有多个长期实测年径流资料控制站的情况。

根据中等流域面积的控制站资料，计算各站的统计参数：多年平均径流深 R、变差系数 C_v 和偏差系数 C_s，绘制多年平均径流深等值线图、变差系数等值线图、偏差系数与变差系数比值（C_s/C_v）分区图。

利用等值线图推求设计区域年径流有两种途径：

（1）确定设计区域重心（或形心），据重心位置在不同的参数等值线图上求得该区的统计参数 R、C_v、C_s（或 C_s/C_v），再由设计标准和统计参数推求不同保证率的径流深。然后，将不同的径流深乘以设计区域面积，即得该区的多年平均径流量和不同保证率的年径流量。

（2）若设计区域较大，区域上有多条等值线且分布不均匀，如图 4-3 所示，采用式(4-9)计算多年平均径流深 R，即

$$R = \frac{R_1 f_1 + R_2 f_2 + \cdots + R_n f_n}{f_1 + f_2 + \cdots + f_n} \tag{4-9}$$

式中 f_1、f_2、…、f_n——区域界限以内相邻两等值线间的面积，km^2；

R_1、R_2、…、R_n——相应于 f_i 的平均径流深，mm，一般取两条等值线的算术平均值。

变差系数 C_v 的计算可采用类似于式(4-9)或取区域形心值的方法。偏差系数 C_s 值的计算一般查 C_s/C_v 分区图，得到 C_s/C_v 值，再乘以 C_v 值计算得到。

应当指出，等值线图用于大小不同的区域，其精度是不相同的。一般较大区域内有长期实测径流资料，实际上等值线图的实用意义不大。对于中等面积区域，等值线图有较大的实用意义，其精度一般也较高。对于小面积区域（300 ~ 500 km^2），等值线图的误差可能较大。因此，小面积区域应用等值线图推求年径流时，应进行实地调查，结合具体条件加以适当修正。

3. 年降水径流关系法

年降水径流关系法适用于设计区域内具有长期年降水资料，但缺乏实测年径流资料的情况。此法推求年径流的过程如下：

（1）在设计区域所在的气候一致区内，选择与设计区域的下垫面条件比较接近的代表流域。代表流域具有充分实测降水资料和径流资料。

（2）分析计算代表流域的逐年降水量 P(mm)和逐年径流深 R(mm)。

（3）建立代表流域年降水径流关系图。

(4)分析计算设计区域的逐年降水量。

(5)依据设计区域逐年降水量在代表流域的年降水径流关系图上查得逐年径流深。

(6)用查得的逐年径流深乘以设计区域面积得该区的逐年年径流量。

(7)通过频率分析计算可求得设计区域的多年平均年径流量和不同保证率的年径流量。

在年降水径流关系点据比较散乱时，可选择适当参数加以改善。如在干旱、半干旱地区，建立以汛期雨量集中程度为参数的年降水径流关系图。

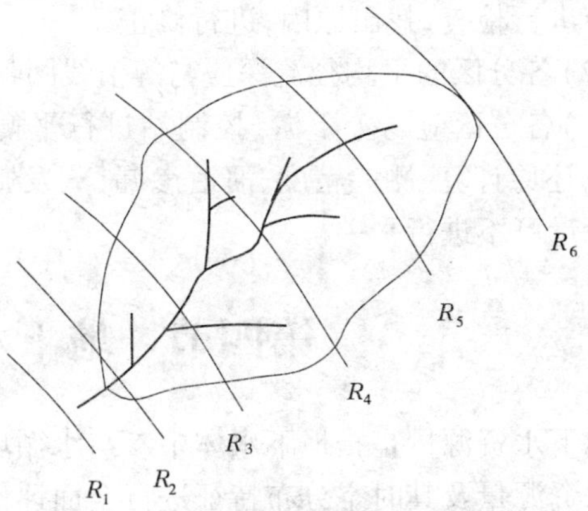

图 4-3　多年平均径流深等值线图

4.水文比拟法

水文比拟法适用于设计区域无实测径流资料的情况。此法的关键是选择恰当的参证流域(或称代表流域)。参证流域与设计流域在气候一致区内，两者的面积相差不大(一般在10%～15%)，影响产汇流的下垫面条件相似，且参证流域具有长期实测径流资料。

水文比拟法就是将参证流域的年径流资料移置到设计区域上的一种方法。为了提高精度，可以用两者的面积比及降水量比(设计区域有降水资料时)对多年平均年径流量加以修正，即

$$W_d = \frac{F_d P_d}{F_r P_r} W_r \tag{4-10}$$

式中　W_d、W_r——设计区域、参证流域多年平均年径流量，亿 m^3；

F_d、F_r——设计区域、参证流域面积，km^2；

P_d、P_r——设计区域、参证流域多年平均降水量，mm。

年径流量的 C_v 值和 C_s/C_v 值，可直接移用参证流域的相应数值，有条件时，可根据流域特性的差异略加修正。确定设计区域年径流量的统计参数，依据设计标准，可推求不同保证率的设计年径流量。

(三)区域地表水资源的计算成果

(1)年径流的年际变化特征描述，主要内容包括：①区域年径流系列的统计参数有均值、C_v 值和 C_s/C_v 值；②相应于不同保证率的设计年径流量。

(2)年径流的年内分配特征描述，主要内容包括：①多年平均最大4个月径流量占全年径流量的百分率；②各种典型年(多年平均、不同保证率)径流量月分配过程统计表；③年径流的空间分布。

当设计区域范围较大时，应绘制多年平均径流深 R、变差系数 C_v 等值线图和 C_s/C_v 分区图，亦可制作各分区年径流特征值表。

(四)区域地表水资源计算成果的合理性审查

(1)特征值在地区分布上应有一定的规律性，上下游、干支流应取得平衡。对个别突

出点应进行检查，找出原因，进行修正。

(2)各分区的平均径流深应与等值线图量算结果接近，要求误差在±5%之内。

(3)各分区应与上下游、控制站进行平衡分析，如出现负值，偏大偏小，应检查原因(比如，还原计算、测验精度、河道渗漏、蒸发影响等)。当误差在±3%范围内，对各分区水资源量可不进行平差。

第四节 地下水资源量评价

地下水资源量是指地下水体中参与水循环且可以逐年更新的动态水量。要求对浅层地下水资源量及其时空分布特征进行全面评价。地下水资源量评价内容包括：补给量、排泄量、可开采量的计算和时空分布特征分析，以及人类活动对地下水资源的影响分析。

一、地下水资源量评价的内容

(一)资料的收集

在地下水资源量评价之前，应获取评价区以下资料：

(1)地形地貌、区域地质、地质构造及水文地质条件。

(2)降水量、蒸发量、河川径流量。

(3)灌溉引水量、灌溉定额、灌溉面积、开采井数、单井出水量、地下水实际开采量、地下水动态、地下水水质。

(4)包气带及含水层的岩性、层位、厚度及水文地质参数，对岩溶地下水分布区还应搞清楚岩溶分布范围、岩溶发育程度。

(二)地下水资源量评价的主要内容

(1)根据水文气象条件、地下水埋深、含水层和隔水层的岩性、灌溉定额等资料的综合分析，正确确定地下水资源量评价中所必需的水文地质参数，主要包括：给水度、降水入渗补给系数、潜水蒸发系数、河道渗漏补给系数、渠系渗漏补给系数、渠灌入渗补给系数、井灌回归系数、渗透系数、导水系数、越流补给系数。

(2)地下水资源量评价的计算系列尽可能与地表水资源量评价的计算系列同步，应进行多年平均地下水资源量评价。

(3)地下水的补给、径流、排泄情势受地形地貌、地质构造及水文地质条件制约，要求按地形地貌及水文地质条件划分为3级类型区。①Ⅰ级类型区：将评价区划分为平原区和山丘区2个Ⅰ级类型区；②Ⅱ级类型区：将平原区划分为一般、内陆盆地、山间平原区和沙漠区4个Ⅱ级类型区；将山丘区划分为一般和岩溶山丘区2个Ⅱ级类型区(各地可根据实际需要将一般山丘区进一步划分为一般山区和一般丘陵区)；③Ⅲ级类型区：根据水文地质条件，将各Ⅱ级类型区分别划分为若干均衡计算区，称Ⅲ级类型区。

(4)根据水文气象、地下水动态、包气带及含水层与隔水层岩性和厚度、灌溉定额以及抽水实验等资料，考虑降水、地表水与地下水间的转化关系，采用多种方法进行综合分析，确定相应的水文地质参数选用值。

(5)要求评价反映近期(10～20年)下垫面条件下的地下水资源量，并要求计算长系列(40～50年)与水资源总量有关项目的系列成果。平原区地下水资源量采用补给量法计算,同时计算各项排泄量,地下水补给量包括降水入渗补给量、河道渗漏补给量、水库(湖泊、塘坝)渗漏补给量、渠系渗漏补给量、侧向补给量、渠灌入渗补给量、越流补给量、人工回灌补给量及井灌回归量,沙漠区还应包括凝结水补给量。各项补给量之和为总补给量,总补给量扣除井灌回归补给量为地下水资源量。地下水排泄量包括潜水蒸发量、河道排泄量、侧向流出量、越流排泄量、地下水实际开采量,各项排泄量之和为总排泄量。山丘区地下水资源量采用排泄量法计算;山丘区地下水排泄量包括河川基流量、山前泉水出流量、山前侧向流出量、河床潜流量、潜水蒸发量和地下水实际开采净消耗量,各项排泄量之和为总排泄量,即为地下水资源量[13]。

(6)根据地下水矿化度(M)分区成果,对平原区 $M \leqslant 1$ g/L、1 g/L $< M \leqslant 2$ g/L、2 g/L $< M \leqslant 3$ g/L(称"微咸水")、3 g/L $< M \leqslant 5$ g/L 和 $M > 5$ g/L 等矿化度的地下水资源量分别进行评价和统计。其中,$M \leqslant 1$ g/L、1 g/L $< M \leqslant 2$ g/L 两个矿化度范围,要求计算地下水蓄变量和进行水均衡分析,评价的地下水资源量参与水资源总量评价;$M > 2$ g/L 的各矿化度范围,可根据近期10～20年期间接近平水年年份的有关资料,计算平均地下水资源量,但不参与水资源总量评价。

(7)根据水资源分区中平原区多年平均地下水资源量与山丘区的地下水资源量年均值相加,再扣除两者之间的重复计算量(重复计算量为平原区中多年平均山前侧向补给量与由河川基流量形成的地表水体补给量之和),即为该水资源分区多年平均地下水资源量。

(8)南方四片(长江、东南诸河、珠江及西南诸河)中尚未开发利用浅层地下水的地区,地下水资源量评价可适当简化。

(9)要求对大型、特大型地下水水源地逐一进行多年平均地下水资源量核算,并调查统计各大型、特大型地下水水源地近期10～20年期间年均地下水实际开采量,并核定超采区面积、超采量以及引发的主要生态环境灾害状况。

(10)平原区中深层承压水开发利用程度较高的地区,要求进行多年平均深层承压水资源量计算,评价成果单列。

二、地下水资源量计算

(一)平原区地下水补给量的计算

平原区地下水总补给量包括降雨入渗补给量,山前侧向补给量,河道、渠系渗漏补给量,田间回归补给量和越流补给量等项。

1. 降雨入渗补给量

降雨入渗补给是地下水最主要的补给来源。降雨初期土壤干燥,雨量几乎全部由包气带土层吸收,当包气带土层含水量达到一定限度后,入渗的雨水在重力作用下,由土层上部逐渐渗到土层下部,直至地下水面。入渗补给量可按下式计算,即

$$W_P = FP\alpha \tag{4-11}$$

式中　W_P——降雨入渗补给量;

F——计算区面积;

P——年降雨量；

α——降雨入渗系数。

2. 山前侧向补给量

山前侧向补给量是指山丘区的产水通过地下水径流补给平原地下水的水量。计算时，首先要有沿补给边界的切割剖面，为了避免补给量之间的重复，剖面要尽量靠近山前位置，然后按达西公式分段选取参数进行计算，即

$$W_f = KAI \tag{4-12}$$

式中 W_f——山前侧向补给量；

K——含水层的渗透系数；

A——过水断面面积；

I——垂直于剖面方向上的水力坡度。

3. 河道渗漏补给量

当河水位高于两岸地下水位时，河水渗漏补给地下水。首先分析计算区内骨干河流的水文特征和地下水位变化的关系，以确定河水补给地下水的地段，然后根据资料情况选择计算方法。

1）水文分析法

该法的计算公式为

$$W_r = (Q_U - Q_d)(1 - \lambda)L/L' \tag{4-13}$$

式中 W_r——河道渗漏补给量；

Q_U、Q_d——上、下游水文站实测流量；

L'——两水文站间河段长；

L——计算河道或河段长度；

λ——修正系数。

λ 值为两测站间水面蒸发量与两岸浸润带蒸发量之和占（$Q_U - Q_d$）的比率，对间歇性河流及黏性土为主的河道，λ 值取 0.45；对常年流水且砂性土为主的河道，λ 值取 0.10～0.15。

计算中，对径流量大、观测系列长的河流，可以按不同的河床岩性，建立上游站入流量和单位河长损失量的相关曲线。对于河床岩性相似的河流，则可以根据上游水文站实测水量推算河流补给地下水的水量。

2）非稳定流方法

当河水与地下水有直接水力联系时，可用非稳定流理论计算补给量，计算公式为

$$W_r = 1.128\mu h_0 \sqrt{\alpha t} L \tag{4-14}$$

式中 W_r——t 时段内，河道向一侧渗漏补给地下水的水量；

μ——给水度；

h_0——t 时段内河道水位上涨高出地下水位值；

α——压力传导系数；

t——水位起涨持续时间；

L——河道长度。

如果两岸的水文地质条件相同，则 W_r 的两倍即为河道渗漏总补给量。

4. 渠系渗漏补给量

渠系渗漏补给量指灌溉渠道进入田间以前，各级渠道对地下水的渗漏补给量。一般情况下，渠系水位均高于地下水位，多数以补给为主。当输水量大，水位上升明显时，可以采用河流非稳定流方法计算。在一般输水情况下，则采用入渗补给系数法来计算，即

$$W_c = W_d m \tag{4-15}$$

$$m = \gamma(1 - \eta)$$

式中　W_c ——渠系渗漏补给量；

W_d ——渠首引水量；

m ——渠系渗漏补给系数；

γ ——修正系数；

η ——渠系有效利用系数。

渠首引水量要根据灌区实际供水情况进行调查统计，主要渠系的有效利用系数 η 可以选择有代表性的地段实测得到。

5. 田间回归补给量

此项是指地表水和地下水进入田间以后，即在灌溉过程中补给地下水的量，其有渠灌回归和井灌回归补给两类。常用回归系数法计算，即

$$\left.\begin{aligned} W_c &= \beta_c Q_{ci} \\ W_w &= \beta_w Q_{wi} \end{aligned}\right\} \tag{4-16}$$

式中　W_c、W_w ——渠灌、井灌回归补给量；

β_c、β_w ——渠灌、井灌回归补给系数；

Q_{ci}、Q_{wi} ——渠灌、井灌用水量。

灌溉回归补给系数 β 是指田间灌水入渗补给地下水的水量与灌溉水量的比值。β 值随灌水定额、土质和地下水埋深的不同而发生变化，一般取值范围为 0.1 ~ 0.2。

6. 越流补给量

当上下含水层有足够的水头差，且隔水层是弱透水时，则水头高的含水层中的地下水可以通过弱透水层补给水头较低的含水层。其补给量通常可用下式计算

$$W_0 = \Delta H F t K_e \tag{4-17}$$

式中　W_0 ——越流补给量；

ΔH ——水头差；

F ——计算面积；

t ——计算时段；

K_e ——越流系数，是表示弱透水层在垂直方向上导水性能的参数，可用下式求得

$$K_e = k'/m' \tag{4-18}$$

其中　k' ——弱透水层的渗透系数；

m' ——弱透水层的厚度。

以上 6 项补给量加起来，即为平原地区地下水总补给量，也就是地下水在计算时段内的总收入量。

(二)平原区地下水排泄量的计算

平原区地下水排泄量包括泉水出露、侧向流出、河道排泄、人工开采和潜水蒸发等。在大量开采情况下,泉水出露很少,可通过实测求得。向区外的侧向流出量可用达西公式计算。这里重点介绍后两个量的计算。

1. 人工开采量

人工开采量包括工业、生活和农业用水 3 个方面。前两者一般管理比较好,多数都装有水表计量;农业机井数量多而且十分分散,一般通过调查、统计来估算。常用的方法有以下两种。

1)单井实测流量法

该方法的计算式为

$$Q_m = (n_1q_1 + n_2q_2 + \cdots + n_iq_i)\eta \tag{4-19}$$

式中 Q_m ——年总开采量;

n_1、n_2、…、n_i ——不同泵型年末配套井数;

q_1、q_2、…、q_i ——不同泵型单井年开采量;

η ——机井利用率。

2)井灌定额估算法

该方法的计算式为

$$Q_m = f_1m_1 + f_2m_2 + \cdots + f_im_i \tag{4-20}$$

式中 Q_m ——年总开采量;

f_1、f_2、…、f_i ——不同作物的种植面积;

m_1、m_2、…、m_i ——不同作物的井灌定额。

m 值一般通过典型调查或实测资料确定。用此法计算的结果,应与单井实测流量法的结果相互验证,使结果更加合理、准确。

2. 潜水蒸发量

浅层地下水受土壤毛细管的作用,不断地沿毛细管上升,一部分受气候的影响,蒸发量散失;一部分湿润土壤,供植物吸收。潜水蒸发量的大小主要决定于气候条件、埋藏深度和包气带岩性,其量可用下式计算,即

$$E = FE_0C \tag{4-21}$$

式中 E ——潜水蒸发量;

F ——蒸发面积;

E_0 ——水面蒸发量,一般采用 E-601 蒸发器观测资料;

C ——潜水蒸发系数。

(三)山丘区地下水补给量的计算

山丘区地下水主要靠降雨入渗补给,由于山丘区水文地质条件复杂,观测孔少和观测资料有限,很难较正确地估算补给量。通常根据均衡原理计算总排泄量来代替总补给量。

山丘区地下水总排泄量包括山前侧向流出量、河床潜流量、河川基流量、山前泉水出露量和人工开采量。

(1)山前侧向流出量,实际上就是平原区的山前侧向补给量。

(2)河床潜流量,是指出山口的河流通过松散沉积物的径流量,当河床沉积物较厚时,用达西公式计算;当沉积物厚度较薄时,潜流量可以忽略不计。

(3)河川基流量,是山丘区地下水主要排泄量,可以通过分割流量过程线的方法求得。

(4)山前泉水出露量,主要通过调查统计和实测获得。

(5)人工开采量,同样包括工业用水、农业用水和生活用水3个方面,通常用实测和调查统计获得。

(四)地下水重复计算量

重复计算量包括地下水内部、地下水与地表水之间两部分,在评价计算时要扣除重复计算量。

(1)地下水内部重复计算量包括井灌回归补给量和山前侧向补给量。井灌回归实际上是重复利用水量。山前侧向补给量是重复计算二次的量。山丘区水量平衡计算时,它被作为排泄项计入山丘区总排泄量;平原区水量平衡计算时,则以收入项计入平原总补给量之中。所以,当需要评价山丘区和平原区的总水资源量时,此项必须从山丘区或平原区中扣掉一次。

(2)地下水与地表水之间的重复计算量包括山丘区河川基流、河道渗漏、渠系渗漏和渠灌田间回归4项。河川基流量属山丘区和平原区重复计算量,在山丘区计算时作为山丘区排泄量计入其中,在平原区计算时又作为平原径流量计入地表水之中,因此在计算地表、地下总水资源时应扣掉一次。后3项属平原区地表水、地下水之间的重复量,在计算地表、地下总水资源时也应从中扣掉一次。

(五)地下水资源量

地下水补给、排泄资料往往不完整、不系统,难以取得较完整的、长系列的逐年地下水补给量或排泄量资料,在这种情况下,可只推求多年平均的地下水补给量或排泄量作为多年平均地下水资源量。但在资料充分时,应分别计算逐年地下水补给量或排泄量,然后采用统计分析方法推求多年平均地下水资源量以及不同保证率下的地下水资源量。

当研究区域范围较大,按地形地貌及水文地质条件可划分为多个Ⅲ级类型区时,应分区计算、统计地下水资源量,以充分反映地下水资源的空间分布,并结合后述水质评价,进行水质功能区的划分。

第五节　水资源总量评价

一、天然状态下的水资源总量

在一个区域内,如果把地表水、土壤水、地下水作为一个整体看待,则天然状态下的水资源总量可广义地定义为大气降水量。大气降水是水资源的总补给源。地表水包括河流、水库、湖泊等水体中的水,它的补给源除大气降水外还有地下水、冰雪融水;土壤水为包气带的含水量,它主要由大气降水补给,亦有特殊区域的河流水入渗补给;地下水包括河川基流、地下水潜流和地下水储蓄,它主要由降水和地表水体通过包气带下渗补给。

水资源的总排泄量可分为河川径流量、总蒸散发量和地下潜流量。但水资源中三种水体的排泄方式各不相同。地表水由河川径流、水面蒸发和土壤入渗三种途径进行排泄；土壤水消耗于土壤蒸发、植物散发和下渗补给地下水或以壤中流形式流入河道；地下水的排泄方式有河川基流、地下潜流（包括周边流出量）与潜水蒸发3种。土壤水既可供植物吸用也有连通地表水和地下水的作用。由此可见，降水、地表水、土壤水、地下水之间存在着一定的转化关系，尤其是地表水和地下水间的相互补排更是水循环的重要部分。

三种水体中的地表径流、壤中流及河川基流构成河川径流，是水资源中的动态水量；植物截留、填洼、包气带含水量和地下存蓄的一部分水量转化为有效蒸发，是农作物需水量的天然来源，另一部分水量蒸腾回到大气中成为无效蒸发，是目前未被利用的潜在水资源。上述关系可以用区域水循环概念模型表示，如图4-4所示。

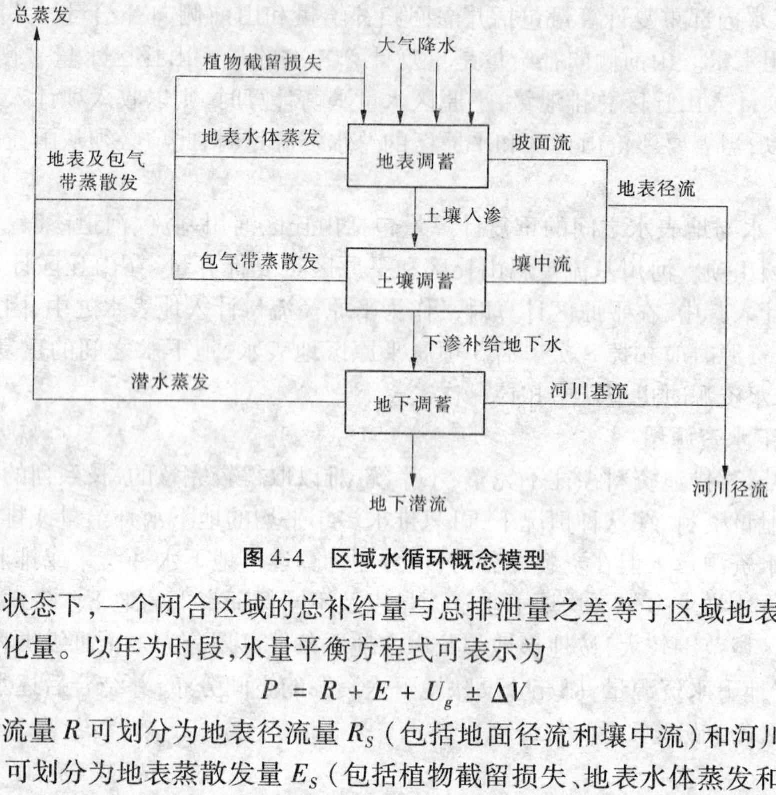

图4-4　区域水循环概念模型

在天然状态下，一个闭合区域的总补给量与总排泄量之差等于区域地表、土壤、地下水的蓄水变化量。以年为时段，水量平衡方程式可表示为

$$P = R + E + U_g \pm \Delta V \tag{4-22}$$

河川径流量 R 可划分为地表径流量 R_S（包括地面径流和壤中流）和河川基流量 R_g；总蒸发量 E 可划分为地表蒸散发量 E_S（包括植物截留损失、地表水体蒸发和包气带蒸散发）和潜水蒸发量 E_g；蓄水变量 ΔV 可划分为地表水蓄水变量 ΔS_R、包气带蓄水变量 ΔS_S 和地下水蓄水变量 ΔS_g（增加为+，减少为−）；即分别为

$$R = R_S + R_g$$

$$E = E_S + E_g$$

$$\Delta V = \Delta S_R + \Delta S_S + \Delta S_g$$

于是，式(4-22)可改为

$$P = R_S + R_g + E_S + E_g + U_g \pm \Delta S_R + \Delta S_S + \Delta S_g \tag{4-23}$$

降水入渗补给地下水量，可根据下述水量平衡方程式计算

$$P_r = R_g + E_g + U_g + \Delta S_g \tag{4-24}$$

上述各式中　P——年降水量；

R——年河川径流量；
R_S——年地表径流量；
R_g——年河川基流量；
E——年总蒸发量；
E_S——年地表蒸散发量；
E_g——年潜水蒸发量；
U_g——年地下潜流量(包括周边流出量)；
ΔV——地表、土壤、地下水的年蓄水量；
ΔS_R——地表年蓄水量；
ΔS_S——包气带年蓄水量；
ΔS_g——地下水年蓄水量；
P_r——年降水入渗补给量。

在多年平均情况下，地表、土壤、地下水蓄水变量可忽略不计，多年平均补给量与多年平均排泄量相等。式(4-24)可改为

$$\overline{P} = \overline{R}_S + \overline{R}_g + \overline{E}_S + \overline{E}_g + \overline{U}_g \tag{4-25}$$

式(4-25)可改为

$$\overline{P}_r = \overline{R}_g + \overline{E}_g + \overline{U}_g \tag{4-26}$$

式(4-26)代入式(4-25)得

$$\overline{P} = \overline{R}_S + \overline{E}_S + \overline{P}_r \tag{4-27}$$

式(4-27)表明，多年平均情况下，闭合区域内大气降水等于地表径流量、地表蒸散发量、降水入渗补给量之和。式中符号上面的横线表示多年平均之意。

在水资源评价中，通常将区域水资源总量 W 定义为当地降水形成的地表和地下的产水量，则有

$$\overline{W} = \overline{P} - \overline{E}_S = \overline{R}_S + \overline{P}_r \tag{4-28}$$

或

$$\overline{W} = \overline{R} + \overline{E}_g + \overline{U}_g \tag{4-29}$$

式(4-28)、式(4-29)是将地表水和地下水统一考虑的区域水资源总量，有两种表达方式，前者把河川基流量归并于地下水降水入渗补给量中，后者把基流量归并于河川径流量中。从式(4-29)看出，水资源总量中比河川径流量多了潜水蒸发量和地下潜流量两项，对闭合流域而言，地下潜流量为零，则只多了潜水蒸发量一项。由于潜水蒸发量可随着地下水开采水平的提高而逐渐被“夺取”，使之成为可开发利用的潜在水资源量，故把它作为水资源总量的组成部分。

二、水资源总量的计算方法

水资源总量的计算方法可以按照水资源分区，利用式(4-28)或式(4-29)进行计算，也可以在地表水资源总量和地下水资源总量计算的基础上，用扣除重复水量的方法计算。在水资源评价中，地表水和地下水是分别进行估算的。由于地表水和地下水之间存在着相互补排、转化、循环的因素，河川径流中包含一部分地下水排泄量，地下水补给量中有一

部分来源于地表水体入渗,两者之间存在相互重复的部分。因此,在计算水资源总量时,不能直接将地表水资源量和地下水资源量相加作为水资源总量,必须扣除相互转化的重复水量,计算公式为

$$W = W_r + U - D \tag{4-30}$$

式中 W——多年平均水资源总量;

W_r——多年平均河川径流量,即地表水资源量;

U——多年平均地下水补给量,即地下水资源量;

D——多年平均河川径流量与多年平均地下水补给量之间的重复量。

在分析计算降水量、河川径流量和地下水资源量之后,实际工作中普遍采用扣除重复水量法计算水资源总量。此法的关键是正确估算地表水、地下水互相转化的重复量。不同类型区,其转化关系各有差异。因此,应划分水资源类型区,并在各类型区内按照评价具体要求,分别计算各项水资源总量。

在大多数情况下,水资源总量的评价内容包括各类型区和总评价区的下列计算项目:①多年平均水资源总量;②不同频率(或保证率)的水资源总量;③地下水开采条件下的水资源总量;④水资源总量的典型年内分配。

(一)单一山丘区多年平均水资源总量计算

在单一山丘区,地表水资源量为当地河川径流量,地下水资源量按总排泄量计算,相当于当地降水入渗补给量,这两种水量之间的重复计算水量是河川基流量。水资源总量计算公式为

$$W_h = W_{hr} + U_h - D_h \tag{4-31}$$

式中 W_h——一般山丘区多年平均水资源总量;

W_{hr}——一般山丘区多年平均河川径流量;

U_h——一般山丘区多年平均地下水补给量;

D_h——一般山丘区多年平均重复水量。

如前所述,一般山丘区地下水补给量难以直接计算,目前只能以地下水的排泄量近似作为补给量,计算公式为

$$U_h = W_{hrd} + U_U + U_f + U_S + E_{hu} + q_m \tag{4-32}$$

式中 W_{hrd}——多年平均河川基流量;

U_U——多年平均河床潜流量;

U_f——多年平均山前侧向流出量;

U_S——未计入河川径流的多年平均山前泉出露量;

E_{hu}——多年平均潜水蒸发量;

q_m——多年平均实际开采的净消耗量。

据分析,U_U、U_f、U_S、E_{hu}、q_m一般所占比重很小,如我国北方山丘区,以上5项之和仅占山丘区地下水总补给量U_h的8.5%左右,W_{hrd}则占91.5%左右。

$$D_h = W_{hrd} \tag{4-33}$$

由式(4-31)~式(4-33)可得一般山丘区多年平均水资源总量计算公式为

$$W_h = W_{hr} + U_U + U_f + U_S + E_{hu} + q_m \tag{4-34}$$

(二)单一平原区多年平均水资源总量计算

平原区地表水资源量为当地河川径流量。地下水资源量为当地降水入渗补给量与地表水体渗漏(包括流域外引水和区域周边侧向渗漏补给)补给量之和,再减去井灌回归补给量与平原区河川基流的引、提水灌溉后对地下水的补给量。

平原区地下水补给量可按下式计算

$$U_P = U_{PP} + U_{ris} + U_f + U_{cs} + U_{res} + U_{cir} + U_o + U_a \tag{4-35}$$

式中 U_P——平原区多年平均地下水总补给量;

U_{PP}——平原区多年平均降水入渗补给量;

U_{ris}——多年平均河道渗漏补给量;

U_f——多年平均山前侧向流入补给量;

U_{cs}——多年平均渠系渗漏补给量;

U_{res}——多年平均水库(湖泊、闸坝)蓄水渗漏补给量;

U_{cir}——多年平均渠灌田间入渗补给量(包括井灌);

U_o——多年平均越流补给量;

U_a——多年平均人工回灌补给量。

平原区多年降水入渗补给量 U_{PP} 是平原区地下水的重要来源,主要取决于降水量、包气带岩性和地下水埋深等因素。U_{ris}、U_{cs}、U_{res}、U_{cir} 和 U_a 分别为山丘区河川径流流经或引入平原时(有时也包括平原区河川径流本身)的入渗补给量和人工回灌补给量。U_f 也为山丘区山前侧向流出量。U_o 为深层地下水的越流补给量。

据统计分析,我国北方平原区多年降水入渗补给量 U_{PP} 占平原区多年平均地下水总补给量 U_P 的53%左右,山丘区河川径流流经平原时的补给量(包括 U_{ris}、U_{cs}、U_{res}、U_{cir}、U_a)占43%左右,山前侧向流入补给量只占4%左右(U_o 忽略未计)。

上述各项中,井灌回归补给量系地下水重复利用量。平原区河川基流引、提水灌溉后对地下水的补给量系平原区地下水自身重复计算量。平原区的重复水量由两部分组成:①地表水体补给量(包括河道入渗,渠系及渠灌入渗,人工回灌);②平原区河道排泄量中的降水入渗补给部分。即

$$D = U_{ris} + U_{cs} + U_{cir} + U_{res} + U_a + W_{Pd}\left(\frac{U_{PP}}{U_P}\right) \tag{4-36}$$

因此,单一平原区多年平均水资源总量计算公式为

$$\begin{aligned} W &= W_{Pr} + U_P - D \\ &= W_{Pr} + U_{PP} + U_f + U_o - W_{Pd}\left(\frac{U_{PP}}{U_P}\right) \end{aligned} \tag{4-37}$$

式中 W——平原区多年平均水资源总量;

W_{Pr}——平原区多年平均地表水资源量(河川径流量);

W_{Pd}——平原区多年平均河川基流量;

其他符号意义同前。

(三)多种地貌类型混合区的多年平均水资源总量计算

对既有山丘区又有平原区两种地貌单元的区域,如果分别计算山丘区和平原区的河

川径流量与地下水补给量,再根据式(4-30)计算全区域(山丘区加上平原区)的水资源总量时,须扣除山丘区水资源量与平原区水资源量之间、山丘区水资源量本身及平原区水资源量本身的重复计算量。重复水量包括以下几项:

(1)山丘区河川径流量与地下水补给量之间的重复量,即山丘区河川基流量 W_{hd} 。

(2)平原区河川径流量与地下水补给量之间的重复量,即平原区河川基流量 W_{Pd} ,有时还包括来自平原区河川径流量的 U_{ris} 、U_{cs} 、U_{res} 、U_{cir} 和 U_a 。

(3)山丘区河川径流量与平原区地下水补给量之间的重复量,即山丘区河川径流流经平原时对地下水的补给量,包括 U_{ris} 、U_{cs} 、U_{res} 、U_{cir} 和 U_a 。

(4)山前侧向补给量 U_f ,是山丘区流入平原区的地下径流量,属于山丘区、平原区地下水本身的重复量。

(5)河床潜流量 U_U ,亦属于山丘区、平原区地下水本身的重复量。

包括山丘区和平原区两大地貌类型的计算区域,式(4-30)可改写为

$$W = (W_{Pr} + W_{hr}) + (U_P + U_h) - W_{cf} \tag{4-38}$$

重复水量 W_{cf} 等于 W_{hd} 、W_{Pd} 、U_{ris} 、U_{cs} 、U_{res} 、U_{cir} 、U_a 与 U_f 各项之和,将其代入式(4-38)并整理得

$$W = W_{Pr} + W_{hr} + U_U + U_f + U_S + E_{hu} + q_m + U_{PP} + U_o - W_{Pd} \tag{4-39}$$

在山丘区、平原区多年平均河川径流量及地下水补给量各项分量算得的基础上,即可根据式(4-39)推求全区域多年平均水资源总量。

由式(4-32)得

$$U_h - W_{hrd} = U_U + U_f + U_S + E_{hu} + q_m \tag{4-40}$$

将式(4-40)代入式(4-39)并整理得

$$W = W_{hs} + W_{Ps} + U_h + U_{PP} + U_o \tag{4-41}$$

式中　W_{hs} ——山丘区多年平均地表径流量;

W_{Ps} ——平原区多年平均地表径流量;

其他符号意义同前。

式(4-41)表明,多种地貌类型混合区域多年平均水资源总量也等于山丘区、平原区多年平均地表径流量与山丘区地下水补给量、平原区降水入渗补给量、平原区地下水越流补给量之和。

(四)不同保证率水资源总量的计算

在地表水资源量、地下水资源量的计算过程中,已推求出组成地表、地下水资源的各分项水量,在不同年份或多年平均水资源总量分析计算中,也确定了组成特定流域(或区域)水资源总量的分项水量。利用上述分项水量推求设计流域(或区域)不同保证率水资源总量时,不能采用相应同一保证率的各分项水量相加的方法(此法简称同频率相加法)。同频率相加法推求的水资源总量与相应频率的实际水资源总量相比往往不等,当频率 $P < 50\%$ 时,一般偏大;当 $P > 50\%$ 时,一般偏小。因为在整个区域内,水资源的各分量不可能同时出现同一频率的偏丰、偏枯状况。这里存在着整体概率与部分概率的组合问题。

设计流域(或区域)不同保证率水资源总量计算的正确途径,是按地貌类型区采用相

应的水资源总量计算公式，依据区域内逐年的各分项水量，先求出逐年的水资源总量，然后对水资源总量系列进行频率分析，推求多年平均和不同保证率的水资源总量。

我国大多数地区，均具有较充分（长期）的河川径流资料和降水资料，即使只有短期的径流、降水资料，也便于插补延长。而地下水资料往往不充分，且难以插补延长。采用上述方法推求不同频率水资源总量时受到资料限制，组成区域水资源总量的部分分量不能逐年求出。在这种情况下，可利用逐年河川径流量和逐年降水量近似估算逐年水资源总量。

1. 山丘区逐年水资源总量估算

(1)计算设计区的逐年河川径流量 $W_{hr,i}$ 和多年平均河川径流量 $\overline{W}_{hr}$。

(2)计算设计区的多年平均水资源总量 $\overline{W}_h$，其方法可参照本节相关内容。

(3)计算设计区的逐年水资源总量 W_{hi}

$$W_{hi} = \frac{\overline{W}_h}{\overline{W}_{hr}} W_{hr,i} \tag{4-42}$$

2. 平原区逐年水资源总量计算

(1)计算设计区的逐年河川径流量 $W_{Pr,i}$。

(2)计算设计区的逐年降水入渗补给量 $U_{PP,i}$。

(3)将设计区逐年的河川径流量与降水入渗补给量相加，$W_{Pr,i} + U_{PP,i}$，记为 $W'_{P,i}$，并计算多年平均值 $\overline{W}'_P$。

(4)计算设计区多年平均水资源总量 $\overline{W}_P$。

(5)计算设计区的逐年水资源总量 $W_{P,i}$

$$W_{P,i} = \frac{\overline{W}_P}{\overline{W}'_P} W'_{P,i} \tag{4-43}$$

3. 多种地貌类型区逐年水资源总量计算

如果设计区域包含山丘和平原两种地貌类型区，按上述方法，先分别计算山丘区和平原区的逐年水资源总量系列，然后将两系列对应年份的数值相加，扣除重复计算部分，求得全区域逐年水资源总量系列。

推求出设计区域的逐年水资源总量系列之后，即可对其进行频率分析计算，进而求得多年平均和不同保证率的水资源总量。

三、入境、出境水量计算

入境、出境水量是针对特定区域边界而言的。入境水量是指天然河流经区域边界流入区内的河川径流量；出境水量则是指天然河流经区域边界流出区外的河川径流量。

在实测河川径流资料进行还原计算之后，可用于推求入境、出境水量。入境、出境水量的计算内容包括：①多年平均年入境、出境水量及年内分配；②不同保证率年入境、出境水量及年内分配；③入境、出境水量的空间分布。

(一)多年平均及不同保证率年入境、出境水量的计算

不同区域过境河流的分布往往是千差万别的,有时只有一条河流过境,有时则有几条河流同时过境,过境河流的水文测站又可能位于区域不同位置上。因此,计算区域多年平均及不同保证率年入境、出境水量时,应当根据过境河流的特点和水文测站分布情况采用不同的计算方法。

1. 代表站法

1)代表站在入境(或出境)处

(1)当区域内只有一条河流过境时,若其入境(或出境)处恰有径流资料年限较长且具有足够精度的代表站,该站多年平均及不同保证率的年径流量,即为计算区域相应的入境(或出境)水量。

(2)若入境(或出境)处的代表站径流资料年限较短,或代表性不好,应采用相关分析的方法插补展延其年径流系列,使其具有足够代表性,然后依据展延后的年径流系列计算该站多年平均及不同频率的年径流,亦可采用其他方法展延。

2)代表站不在入境(或出境)处

在多数情况下,代表站并不恰好处于区域边界上,代表站位置有以下两种情况。

(1)入境代表站位于区域内,其集水区域面积与本区面积有一部分重复。这种情况,应首先计算重复面积上的逐年产水量,然后从代表站相应年份的水量中予以扣除,组成入境逐年水量系列,利用该系列进行频率分析计算便可求得多年平均及不同频率的年入境水量。

(2)入境代表站位于区域的上游,代表站的集水区域小于实际入境边界处的集水区域。此时,应先求出代表站至实际入境边界的区间面积上的逐年产水量,将该区间的年水量加在代表站相应年水量上,组成入境逐年水量系列,然后按同样方法推求多年平均及不同频率的年入境水量。

当出境代表站位于区域之内或区域边界下游时,可按同样方法求出相应重复面积或区间面积的逐年产水量,并从代表站对应年水量中加上或扣除相应水量,组成出境年水量系列,然后进行频率分析计算,求得多年平均及不同频率的出境水量。

重复面积和区间面积产水量计算,应根据不同产流条件、水文资料情况和面积大小采用不同的方法,如水量面积比法、降水径流关系法、水文比拟法、径流深等值线图法等。

3)区域内有几条河流入境,一条以上河流出境

对于较大区域,可能有几条河流过境,形成多处入境水量和出境水量;也可能是几条河流入境,在区域内汇成一条河流出境,形成多处入境水量、一处出境水量。这种情况,需在各入(出)境河流上选择代表站,按上述代表站在、不在入境(或出境)处介绍的方法分别计算各河流逐年入(出)境水量,然后将各河流逐年入(出)境水量相加,组成区域逐年总入(出)境水量系列,经频率分析计算后求得多年平均及不同频率的入(出)境水量。

2. 水量平衡法

根据水量平衡原理,河流上、下断面的年径流水量平衡方程式可表示为

$$W_{rd} = W_{ru} + W_{rq} - W_{re} - W_{rL} + W_{rg} - W_{ry} + W_{rh} \pm \Delta W_{rx} \tag{4-44}$$

式中　W_{ru}、W_{rd}——上、下断面的年水量;

W_{rq} ——区间产水量；

W_{re} ——上、下断面间河道水面年蒸发量；

W_{rL} ——上、下断面间河道年渗漏量；

W_{rg} ——区间河段地下水年补给量；

W_{ry} ——区间河段年引、提水量；

W_{rh} ——区间河段年回归水量；

ΔW_{rx} ——区间河段河槽年蓄水变量。

(二)入境、出境水量的时空分布

入境水量是特定区域可利用地表水资源的组成部分，出境水量是下游区域可利用地表水资源的组成部分，是区域水资源开发利用和供需平衡分析中需要考虑的重要水量。因此，对这些水量的时空分布的研究需要满足水资源评估、开发利用和供需平衡的要求。当推求得到入境、出境设计年径流量后，还需分析其年内分配、年际变化及空间变化规律。分析方法基本类同地表水资源的时空分布研究方法。主要评价成果有以下几方面。

1. 年内变化

年内变化主要表征方法有：①多年平均及不同保证率年径流量的月分配过程；②连续最大4个月、枯水期水量占年总水量的百分率；③典型年份不同时段的最大入(出)境水量。

2. 年际变化

年际变化主要表征形式有：①丰、平、枯水年的设计径流总量；②连续丰水、连续枯水的年份及径流总量；③年径流量的多年平均值、变差系数 C_v 和偏差系数 C_s。

3. 空间分布

设计区域范围较大时，将整个区域划分为几个分区，分别统计各分区的径流特征值。

四、入海水量计算

因为各流域片的入海水量并非集中在流域某一处入海，而是有众多的入海水道，如海河流域具有实测资料的入海河道就达20条，还有无实测资料的入海小河多条。为了提高成果精度和便于分析研究，通常需要分区计算。分区的原则和方法可参照本章第一节地表水资源分区。

(一)年入海水量计算方法

1. 水量平衡法

水量平衡法适用于有水量观测站的入海河道。

(1)若河道观测站离入海口较远，入海的实际水量一般还应考虑测站到入海口区间的产水、用水、河道输水损失以及有挡闸河流的槽蓄量等。计算公式为

$$W_S = W_m + W_{rq} - W_{ry} - W_{rL} - \Delta W_{rx} \tag{4-45}$$

式中 W_S ——入海水量；

W_m ——入海河道观测站实测水量；

W_{rq} ——测站至入海口区间面积产水量；

W_{ry} ——测站至入海口区间提、引出水量；

W_{rL} ——测站至入海口区间河道损失水量；

ΔW_{rx} ——测站至入海口河槽蓄水变化量,增加为正,减少为负。

其中,区间提、引出水量及河槽蓄水变化量等,在无观测资料时可采用调查数值。河道输出损失可按测站实测径流量乘以损失系数推求。损失系数应依据河道特征及长短估计。

区间产流量可采用面积比计算,即

$$W_{rq} = \frac{F_a}{F_m} W_m \tag{4-46}$$

式中 F_a、F_m ——区间面积和测站汇水面积;

其他符号意义同前。

但计算时,应将测站集水区域(计算单元)外的来水量扣除,并注意把测站径流还原成天然径流。当区间面积较大,且区间降水量(P_a)与测站以上平均降水量(P_m)相差较大时,应乘以降水不均匀系数 ψ 加以修正,即

$$\psi = \frac{P_a}{P_m}$$

(2)若河道测站距海口较近,测站以下无蓄、引、提水工程时,可用下式计算,即

$$W_S = \frac{F_S}{F_m} W_m \tag{4-47}$$

式中 F_S ——入海口以上的集水面积;

其他符号意义同前。

2. 入海水量模数法

入海水量模数法适用于无径流观测站的入海河道。$M = \frac{W}{F}$ 称为入海水量模数。在气候一致区内,选择下垫面条件相似的参证流域,利用参证流域的入海水量推求,即

$$W_{dv} = \frac{F_{dv}}{F_{cv}} W_{cv} = \frac{W_{cv}}{F_{cv}} F_{dv} = M_{cv} F_{dv} \tag{4-48}$$

式中 W_{dv}、W_{cv} ——设计流域和参证流域水量;

F_{dv}、F_{cv} ——设计流域和参证流域的集水面积。

(二)年入海水量系列插补延长

当入海测站有缺测年份或系列较短时,可以插补延长,主要方法有:①相邻站,上、下游站入海水量相关法;②年降水与年入海水量相关法;③各支流来水量平衡计算。

(三)分区年入海水量统计计算

将区内各计算小区的年入海水量相加即得分区年入海水量系列。由上述计算所得入海水量系列可对分区或单站入海水量进行频率分析计算,从而研究其年内分配、多年变化及空间分布规律。

第六节 水资源质量评价

水的质量简称水质,是指水体中所含物理成分、化学成分、生物成分的总和。天然的水质是自然界水循环过程中各种自然因素综合作用的结果,人类活动对现代水质有着重

要的影响。水的质量决定着水的用途和水的利用价值,可根据不同的供水目的,为人们提供满足生活饮用、工业和农业生产等水质要求的且具有一定质量保证的水源。

水资源质量评价(又称水质评价、水质量评价)是根据水体的用途,按照一定的评价指标、质量标准和评价方法,对水域的水质或水体质量进行定性或定量评定的过程。

一、水质评价的目的及分类

(一)水质评价的目的

水质评价的目的是查明特定区域的污染源、主要污染物及其污染过程,了解水体污染程度及其时空变化规律,预测水质污染变化的趋势,为水资源开发利用、水资源保护和水污染防治提供科学依据。

(二)水质评价的分类

(1)按评价阶段分,有回顾评价、现状评价和预断评价三种类型。回顾评价系根据历年积累的资料进行评价,揭示区域水质污染的发展变化过程。现状评价系根据近期水质监测资料,对区域水体现状进行评价。预断评价则根据特定区域的发展规划或工程开发计划,预测该地区未来的水质状况。本章主要介绍现状评价内容。

(2)按评价水体分,有江河水质评价、湖泊(水库)水质评价、潮汐河口水质评价和地下水水质评价等。

(3)按评价水体用途分,有饮用水评价、渔业用水评价、游览用水评价、工业用水评价、农业(灌溉)用水评价等。

(4)按评价指标分,有单项评价和综合评价(或多项评价)。

(5)按评价指标性质分,有物理性评价、生物性评价和化学性评价。

(三)水质评价的一般程序

(1)收集、整理、分析水质监测的数据及有关调查资料,包括污染源调查的资料和数据。

(2)根据评价目标,确定水质评价的要素,选择足以表征水体质量的评价指标和确定指标取值方法。

(3)选择评价方法,建立水质评价模型。

(4)确定评价准则,并根据有关方面所发布的水质标准,设计出适合本评价的水质判别标准。

(5)作出水质评价,绘制水质图,列出水质评价成果表。

(6)提出评价结论。

二、水质评价标准

水质评价中,首先要解决评价指标的选择和评价标准的确定,并在此基础上选定相应的评价方法。

水质评价指标通常可分为感官性因素,包括色、味、嗅、透明度、浑浊度、悬浮物、总固体等;氧平衡因子类,包括溶解氧、化学需氧量、生化需氧量等;营养盐因子类,如硝酸盐、铵盐和硫酸盐等;毒物因子类,包括挥发酸、氰化物、汞、铬、砷、镉、铅、有机氯等,以及微生物因子类,如大肠杆菌。在评价中应依据评价的目的,水体类型及具体水域的水质监测现状、环境特点及水质特征，选用不同指标来评价水资源质量。

根据目的要求选择评价标准是水质评价的基本工作之一。随着经济社会的发展，我国已先后颁布了许多与水质有关的标准，如《生活饮用水卫生标准》、《农田灌溉水质标准》、《渔业水质标准》、《地表水环境质量标准》、《景观娱乐用水水质标准》、《地下水质量标准》等。在评价时，要以国家标准为评价依据。如果标准未定，可参考当地环境背景值制定评价标准[12]。

三、水质评价方法

以上介绍了为不同水体及不同使用目的所制定的水质标准，这些标准规范了不同水质的适用范围。在多数情况下，需要对水体环境质量给予综合评价，以便了解其综合质量状况，这就需要研究和选定合适的水质评价方法。因此，只有选择或构建了正确的评价方法，才能对水体质量作出有效评判，确定其水质状况和应用价值，从而为防治水体污染及合理开发利用、保护与管理水资源提供科学依据。

虽然，从不同角度和目的出发提出的方法各异，但水质评价方法本身应具有科学性、正确性和可比性，满足实际使用要求，以利于查清影响水质的各种因素，以便于水环境的保护与水污染的治理。下面介绍在水质评价中应用比较广泛的几种方法[12]。

（一）单要素污染指数法

单要素污染指数计算公式如下

$$I_i = \frac{c_i}{c_0} \tag{4-49}$$

式中 I_i ——单要素污染指数；

c_i ——水中某组分的实测浓度；

c_0 ——某组分的背景值或对照值（标准值）。

当背景值为一含量区间时

$$I_i = \frac{|c_i - \overline{c_0}|}{|c_{0\max} - \overline{c_0}|} \quad 或 \quad I_i = \frac{|c_i - \overline{c_0}|}{|\overline{c_0} - c_{0\min}|} \tag{4-50}$$

式中 $\overline{c_0}$ ——背景（或对照）含量区间中值；

$c_{0\max}$、$c_{0\min}$ ——背景（或对照）含量区间最大、最小值；

其他符号意义同前。

利用这种方法可对各种污染组分分别进行评价，是多要素污染指数评价的基础。当 $I_i \leqslant 1$ 时，为未污染；$I_i > 1$ 时，为污染。其优点是直观、简便，缺点是不能反映水体整体污染情况。

（二）内梅罗（N. L. Nemerow）指数

内梅罗（N. L. Nemerow）于 1974 年发表了一种计算河流水污染指数的方法，该方法与其他方法不同之处在于其不仅考虑了影响水质的一般水质指标，还考虑了对水质污染影响最严重的水质指标状况。其计算公式为

$$P_{ij}=\sqrt{\frac{\left(\frac{c_i}{L_{ij}}\right)_{\max}^2+\left(\frac{c_i}{L_{ij}}\right)_{\mathrm{av}}^2}{2}} \tag{4-51}$$

当 $\frac{c_i}{L_{ij}}>1$ 时，$\frac{c_i}{L_{ij}}=1+P'\lg\left(\frac{c_i}{L_{ij}}\right)$；当 $\frac{c_i}{L_{ij}}\leqslant 1$ 时，用 $\frac{c_i}{L_{ij}}$ 的实际值。

$$P_i=\sum_{j=1}^{m}W_jP_{ij} \tag{4-52}$$

式中　i——水质项目数($i=1,2,\cdots,n$)；

j——水质用途数($j=1,2,\cdots,m$)；

P_{ij}——j 用途 i 项目的内梅罗指数；

c_i——水中 i 项目的检测浓度；

L_{ij}——j 用途 i 项目的最大允许浓度；

P'——常数，采用5；

P_i——几种用途的总指数，取不同用途的加权平均值；

W_j——不同用途的权重，$\sum_{j=1}^{m}W_j=1$。

内梅罗指数法将水体用途分为三类：①人类直接接触($j=1$)，包括饮用、游泳、饮料制造用水等；②间接接触($j=2$)，养鱼、农业用水等；③不接触($j=3$)，工业用水、冷却水、航运等。内梅罗将第一类和第二类用途的权重各定为0.4，第三类为0.2，$\sum_{j=1}^{m}W_j=1.0$。

上述公式表明了一个函数关系

$$P_{ij}=f\left[\left(\frac{c_i}{L_{ij}}\right)_{\max},\left(\frac{c_i}{L_{ij}}\right)_{\mathrm{av}}\right] \tag{4-53}$$

以上式中用下角 max 表示最大，用 av 表示平均。$\left(\frac{c_i}{L_{ij}}\right)_{\max}$ 或 $\left(\frac{c_i}{L_{ij}}\right)_{\mathrm{av}}$ 值越大，水质质量状况越差。

根据上述公式计算结果，将水质分为三类：① $P_{ij}>1$，水质污染较重；② $0.5\leqslant P_{ij}\leqslant 1$，水质已受到污染；③ $P_{ij}<0.5$，水质未受到污染。

内梅罗指数反映了水体中多项污染物的污染规律，兼顾了污染影响最高的一个水质指标，综合考虑了水体的多种用途，具有一定的使用价值。存在的主要问题是忽略了次高值，评价结果偏高。

(三)多项水质指标综合评价方法

多项水质指标综合评价的方法很多，根据《环境影响评价技术导则》(HJ/T 2.1～2.3—93)，可采用下述几种方法进行水质综合评价。

1. 幂指数法

此法所求的 j 点综合评价指数 S_j 的表达式为

$$S_j=\prod_{i=1}^{m}I_{i,j}^{W_i}\qquad 0<I_{i,j}\leqslant 1\qquad \sum_{i=1}^{m}W_i=1 \tag{4-54}$$

首先,根据实际情况和各类功能水质标准绘制 $I_i \sim c_i$ 关系曲线。然后,由 c_{ij} 在曲线上找到相应的 $I_{i,j}$ 值。c_{ij} 为 j 点 i 项目的检测浓度;$I_{i,j}$ 为 j 点 i 项目的水质污染程度指标;W_i 为权重。

2. 加权平均法

此法所求的 j 点综合评价指数 S_j,可表达为

$$S_j = \sum_{i=1}^{m} W_i S_{i,j} \qquad \sum_{i=1}^{m} W_i = 1 \tag{4-55}$$

式中 $S_{i,j}$——j 点 i 项目的水质污染程度指标,$0 < S_{i,j} \leqslant 1$。

3. 向量模法

此法所求的 j 点综合评价指数 S_j,可表达为

$$S_j = \left(\sum_{i=1}^{m} S_{i,j}^2\right)^{\frac{1}{2}} \tag{4-56}$$

4. 算术平均法

此法所求的 j 点综合评价指数 S_j,可表达为

$$S_j = \frac{1}{m}\sum_{i=1}^{m} S_{i,j} \tag{4-57}$$

四、地表水水质评价

(一)污染源评价

1. 点污染源评价

这里主要说明点污染源排污口处污水的评价内容与方法。排污口包括污水口、雨污口、排污明渠、排污暗管、排污泵站等。

1)评价内容

排污口污水评价的主要内容通常有下列各项:

(1)调查统计特定区域各污染源全部入河(库)排污口总数,调查主要排污口的位置。调查成果经过汇总后,实测入水体排污口的污水量应占实际入水体污水量的85%以上。

(2)查清主要排污口污水量,进行代表性分析,求出全年排放总量和日均排放量。

(3)查清主要排污口污水中主要污染物含量,进行代表性分析,求出年排放总量和日均排放量,计算排放浓度和排放率。

(4)结合水质常规监测,对水体水质进行评价,查明排污口对河流水质的影响。

(5)确定城镇的主要排污企业及排污量,对工业产值和人口进行统计。

(6)调查排污口污水造成的污染危害,主要调查构成事故的污染事件,以及历来重大污染事故(包括时间、损失、处理意见等),并估算由于水污染造成水体功能下降引起的损失。

2)计算方法

(1)污水量的测定。污水量大且集中的点污染源,可采用流速仪法或浮标法测定污水排放的流速,然后按式(4-58)计算其污水量,即

$$q = Av \tag{4-58}$$

式中 q——污水流量,m^3/s;

A ——排污口过水断面面积,m^2;

v ——排污口断面平均流速,m/s。

上式适用于比较稳定的排污情况,若排污不稳定,则采用时间加权平均求平均排污流量,即

$$q = \frac{q_1 t_1 + q_2 t_2 + \cdots + q_n t_n}{\sum_{i=1}^{n} t_i} \tag{4-59}$$

式中 t_1、t_2、…、t_n ——各测次的时间距,h;

q_1、q_2、…、q_n ——各测次的污水流量,m^3/s。

由以上求得的排污平均流量即可推求日排放污水量和年排放污水总量,进而分析区域内各排污口废污水的排放强度。

(2)污水中污染物浓度的测定。对于较稳定的排污口,可按相同间距测定污染物的浓度,取其平均值作为该处排放污水的平均浓度。若排污不稳定,可按其变化周期规律分别测定,用式(4-60)加权平均求得其平均浓度,即

$$C = \frac{q_1 C_1 + q_2 C_2 + \cdots + q_n C_n}{\sum_{i=1}^{n} q_i} \tag{4-60}$$

式中 C ——排污口的平均浓度,mg/L;

C_1、C_2、…、C_n ——各测次污水排放浓度,mg/L;

其他符号意义同前。

间歇排放的排污口,要详细查清排放规律,按排放规律取样测定。

(3)污染物排放量计算。根据测定的污水量和污水浓度,便可计算排污口各污染物的排放量,计算公式如下

$$M_i = 86.4 q C_i \tag{4-61}$$

式中 M_i —— i 污染物排放的数量,kg/d;

C_i——i 污染物的平均浓度,mg/L;

q ——污水排放量,m^3/s。

(4)污径比计算。污径比是指单位时间内排入河流水体中污水总量与河川径流量的比值,即

$$\alpha = \frac{q}{Q} \tag{4-62}$$

式中 α ——污径比;

q ——日排污量,m^3/d 或万 t/d;

Q——河川日径流量,m^3/d 或万 t/d。

3)点污染源评价成果

(1)点污染源的空间分布。绘制点污染源或排污口分布图,图上应标明左、右岸入河排污口位置,注明暗管或明渠;制作入河排污口位置调查表;制作入河排污口污水量与水质调查表。

(2)点污染源的强度分布。制作入河排污口污废水量分级统计表。

(3)点污染源污径比。河流水质除与污废水排放量有关外，与河流径流量及其年内分配也有关。要正确评价污废水对水域的影响，还需考虑径流的稀释作用。污径比虽不能准确地反映河流的污染状况，但也能粗略地反映河流受污染的相对程度。

2. 面污染源评价

面污染源具有面广、分散、间歇排放等特点，随降雨(扣除下渗与截留之后能形成地表径流的雨水)而变化。因此，面污染源的监测和评价是比较困难的。国内外虽然从20世纪70年代开始就注意到面污染源的污染问题，但至今尚未找到比较合理、适用面广的评价方法。面污染源的主要污染物是农药、化肥等，其中有机氯、有机磷等化学性质稳定，不易在自然界中降解，可在生物体中积累，对环境影响较大，是目前突出的面源污染物。

在一般情况下，可调查统计计算农药5年平均使用量、当年使用量和单位耕地面积使用量。若调查实际使用量比较困难，亦可采用5年销售量的平均值代替使用量。然后，以小区为单位，在全区域耕地范围内标绘农药使用量图例(见表4-3)，分析、评述其地区分布特点和危害程度。

(二)河流水质评价

地表水的主要存在形式是河流、湖泊(水库)、高山积雪及冰川。而在人类频繁活动并对水域有显著影响的区域，地表水的主要存在形式是河流(渠道)、湖泊(水库)。因此，地表水质评价的主要对象是河流和湖库。

在水质监测的基础上，根据不同评价目的和要求可采用不同的评价方法和评价指标。目前，我国各大流域所进行的水质评价，是以水资源开发利用及水源保护为目的的多目标水质评价，评价方法一般采用分级评价法。

表4-3　农药使用量分级图例

农药使用量(kg/亩)	图例	线条颜色
<0.5	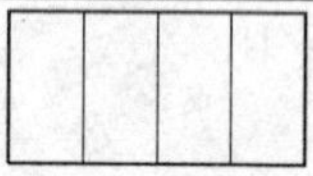	蓝
0.5~1.0		绿
1.0~2.0	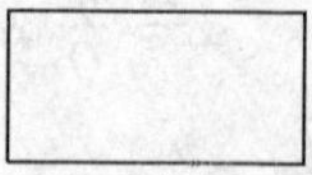	黄
>2.0	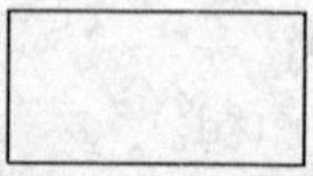	红

地表水质分级评价方法，系指根据国家所颁布的《地表水环境质量标准》(GB 3838—2002)以及特定行业水质标准，如饮用水、渔业用水、灌溉用水、工业废水排放标准等，将水质划分为5个等级，并分项定出各级指标和相应水域功能。依据地表水水域环境功能

和保护目标,按功能高低依次划分的5类水如下:

Ⅰ级:清洁水　符合生活饮用水标准。主要适用于源头水、国家自然保护区。

Ⅱ级:轻度污染　符合渔业用水标准。主要适用于集中式生活饮用地表水源地一级保护区、珍稀水生生物栖息地、鱼虾类产卵场、仔稚幼鱼的索饵场等。

Ⅲ级:较重污染　符合农业灌溉用水标准。主要适用于集中式生活饮用水地表水源地二级保护区、鱼虾类越冬场、洄游通道、水产养殖区等渔业水域及游泳区。

Ⅳ级:重污染　不符合各部门用水水质要求,本级在pH、五毒(酚、氰化物、汞、砷、六价铬为有毒化学物质,称为五项毒物)满足农灌水质标准时,可作灌溉用水。主要适用于一般工业用水区及人体非直接接触的娱乐用水区。

Ⅴ级:严重污染　超过工业废水最高允许排放浓度,基本为"死水",本级在pH、五毒满足农灌水质标准时,可作灌溉用水。主要适用于农业用水区及一般景观要求水域。

主要评价指标包括:pH、溶解氧(DO)、化学耗氧量(COD)、生化需氧量、高锰酸盐指数、氨氮、总磷、总氮、氯化物、总硬度、酚、氰化物、汞、砷、六价铬等。溶解氧、化学耗氧量、氨氮是判断水体是否受到有机物污染的3个重要指标。五毒是判断水体是否受有毒化学物质污染的水质指标。

1. 河段水质单项评价

对河流进行水质评价时,先把河流划分为若干段,计算出河段各项指标的断面代表值,对选定的评价指标按照各级标准,逐项进行定级,确定各项指标断面代表值所代表的河段水质级别。

河流分段应根据河道自然地理特征、污染源分布和水质监测断面的分布情况,将水文情势比较一致的水域划分为若干段,作为水质评价的基本单元,对单断面的河段,可直接以断面代表值评价所代表的河段水质,用式(4-63)计算;对多断面的河段,则须通过断面代表值计算河段代表值,用式(4-64)计算。

断面代表值计算式

$$\overline{C_j} = \frac{1}{n}\sum_{j=1}^{n} C_j \tag{4-63}$$

式中　$\overline{C_j}$——断面平均浓度;

C_j——断面内各测点实测浓度;

n——断面内实测点数。

河段代表值计算式

$$C_L = \frac{1}{m}\sum_{j=1}^{n} \overline{C_j} \tag{4-64}$$

式中　C_L——河段水质代表值;

$\overline{C_j}$——河段内各断面平均浓度;

m——断面个数。

2. 河段水质综合评价

在各河段水质单项评价基础上,对三项有机物污染指标(溶解氧、耗氧量、氨氮)和五毒分两组进行综合定级。由于pH、氯化物和总硬度与自然地理因素关系密切,故不参加综合评价。综合定级的方法是以有机物污染、五毒两组中各自最高单项指标级别，分别定为各河段有机物、五毒综合级别（即地图重叠法）。分级标准、相应的污染程度和可利用情况与单项指标评价相同。

对于Ⅳ、Ⅴ级水，五毒不超过标准时，仍可作农业灌溉用水。把超过地表水水质标准的Ⅲ、Ⅳ、Ⅴ级河流称为受污染河流，其长度为污染河长。

3. 河流水质总体评价

在监测断面布设合理和资料完整的河流进行河流水质总体评价，便于河流之间对比。其方法是在河流各河段水质综合定级的基础上，采用河段长加权平均法，计算公式为

$$K = \frac{\sum_{j=1}^{n} K_j L_j}{\sum_{j=1}^{n} L_j} \tag{4-65}$$

式中 K——河流水质总体评价有机物或五毒污染级别；

K_j——各河段有机物或五毒综合评价级别；

L_j——各评价河段的长度，km；

n——河段个数。

4. 河流水质评价成果汇总

在进行了水质单项评价和综合评价之后，应对评价成果进行整理和汇总，用文字和图表等形式说明评价河流的污染源、主要污染物及其污染过程、水体污染程度及其时空变化规律。以下几种表征方式供水质评价时参考。

（1）水质评价报告，包括：①评价河流（水系）的自然环境特征、经济社会概况、水资源特性；②评价分区（段）、评价方法；③点、面污染源的地区分布和强度分布；④河流水质现状的地区分布及污染趋势；⑤河流水质及水资源可利用现状。

（2）附表，包括：①评价河流水质监测及评价统计表；②河流分区（段）污废水量统计表；③河流单项评价各级统计表；④河流综合评价各级统计表。

（3）附图，包括：①评价流域地表水资源分布图；②评价水系地表水水质监测断面分布图；③地表水水的类型分布图；④流域主要城镇污染源分布图；⑤河流水有机污染综合评价分布图；⑥河流水五毒污染综合评价分布图；⑦河流水各单项污染分布图，包括河流水的总硬度、氯化物、溶解氧、化学耗氧量、氨氮、酚、氰化物、砷、汞和六价铬等各单项污染分布图，分别绘制。

五、地下水水质调查评价

地下水水质调查评价的范围是平原及山丘区浅层地下水和作为大中型城市生活饮用水源的深层地下水。

地下水水质调查评价的内容是结合水资源分区，在区域范围内普遍进行地下水水质现状调查评价，初步查明地下水水质状况及氰化物、硝酸盐、硫酸盐、总硬度等水质指标分布状况。工作内容包括调查收集资料、进行站点布设、水质监测、水质评价、图表整理、编制成果报告等。地表水污染突出的城市要求进行重点调查和评价，分析污染地下水水质

的主要来源、污染变化规律和趋势。

(一)调查收集基本资料

(1)区域的自然地理、经济社会发展状况。

(2)水文地质、地下水流向、地下水观测井分布。地下水埋深和开发利用情况,以图表形式进行整理附以文字分析。

(3)调查区域内地面污染源分布情况,查清污废水量及主要污染物排放量。

(4)调查了解城市污灌区的分布、面积、污水量及污染物等。

(5)调查由于地下水开发利用引起的地面沉降、地面塌陷、海水入侵、泉水断流、土壤盐碱化、地方病等环境生态问题,要调查其发生时间、地点、区域范围及经济损失、已采取什么防治措施等。

(二)水质评价

1. 水化学类型分类

按照阿列金分类法,对各测点地下水类型进行分类,编制区域地下水化学类型分布图、pH、总硬度、矿化度、氯化物、硫酸根、硝酸盐及氟化物分布图。

2. 水质功能评价及一般统计

根据地下水资源的用途,采用《生活饮用水卫生标准》(GB 5749—2006)作为评价标准,以单项指标地图叠加法对照进行单站井枯、平、丰三期水质指标评价,并统计超标率、检出率。

主要评价指标包括:pH、总硬度、矿化度、硫酸盐、硝酸盐氮、氯化物、氟化物、酚、氰、砷、汞、六价铬、铅、镉、铁、锰共16项。

3. 地下水质量评价

《地下水水质标准》(GB/T 14848—93)将地下水质量划分为如下5类。

Ⅰ类:主要反映地下水化学组分的天然底背景含量,适用于各种用途。

Ⅱ类:主要反映地下水化学组分的天然背景含量,适用于各种用途。

Ⅲ类:以人体健康基准值为依据,主要适于集中式生活饮用水源及工农业用水。

Ⅳ类:以农业和工业用水要求为依据,除适用于农业和部分工业用水外,适当处理后,可作生活饮用水。

Ⅴ类:不宜饮用,其他用水可根据使用目的选用。

主要评价指标包括:pH、总硬度、矿化度(溶解性固体)、硫酸盐、硝酸盐氮、亚硝酸盐氮、氨氮、氯化物、氟化物、高锰酸盐指数、酚、氰、砷、汞、六价铬、铅、镉、铁、锰共19项。城镇饮用水源评价增加细菌总数、大肠菌群。

地下水水质综合评价步骤如下:

(1)首先进行单项组分评价。将地下水水质监测结果与地下水水质标准进行比较,确定其所属水质类别(注意:当不同类别标准值相同时,从优不从劣),再根据类别与 F_i 的换算关系(见表4-4)确定各单项指标的 F_i 值。

例如,若有一井水的氯化物、氨氮的年平均值分别为160 mg/L和0.02 mg/L,则与地下水质量标准比较,其单项分类分别为Ⅲ类与Ⅰ类(当不同类别标准值相同时,从优不从劣,故属于Ⅰ类而不属于Ⅱ类),再根据表4-4确定它们单项指标的 F_i 值分别为3和0。

(2)计算各项组分评价值 F_i 的平均值 $\overline{F}$,即

$$\overline{F} = \frac{1}{n}\sum_{i=1}^{n} F_i \tag{4-66}$$

(3)按下式计算综合评价分值 F,即

$$F = \sqrt{\frac{\overline{F}^2 + F_{\max}^2}{2}} \tag{4-67}$$

式中 $F_{\max}$ ——各单项组分评价分值 F_i 中的最大值;

n ——进行评价的单项类目。

若已知 $\overline{F}=1.5$,$F_{\max}=3$,则按公式算得 $F=2.37$。

(4)根据 F 值,按表4-5确定该站井地下水质量级别为"良好"。

表4-4 地下水水质类别与 F_i 换算关系

类 别	Ⅰ	Ⅱ	Ⅲ	Ⅳ	Ⅴ
F_i	0	1	3	6	10

表4-5 地下水水质类别与 F 换算关系

F	<0.80	0.80~2.50	2.50~4.25	4.25~7.20	>7.20
级 别	优良	良好	较好	较差	极差

当使用两组以上的水质分析资料进行评价时,可分别进行地下水质量评价。也可根据具体情况,使用全年平均值、多年平均值或分别使用多年的枯水期、丰水期平均值进行评价。

(三)水质评价成果汇总

地下水水质评价提交的成果一般包括下列各项内容:

(1)成果报告,包括:①单元评价区的地下水水质调查评价成果报告;②整个评价区的地下水水质调查评价总结报告。

(2)附表,包括:①地下水水质监测站井一览表;②地下水水质分析成果表;③地下水水质功能评价表;④地下水水质功能评价统计表;⑤地下水质量综合评价表;⑥地下水开发利用引起的环境问题调查表;⑦污染区调查表。

(3)附图,包括:①地下水水质监测、评价单元分区及站井分布图;②地下水水资源模数分布图(浅层淡水);③pH、矿化物、总硬度、总碱度、硫酸根、氯化物、硝酸盐氮、氟化物分布图(枯、平、丰期及年平均图各一幅);④地下水埋藏深度图(枯、平、丰期及年平均图各一幅);⑤地下水水化学类型分布图;⑥地下水开发利用功能分区图;⑦重点城市深层水水质评价图。各地市级评价区工作图,比例尺应采用1:20万;各省级评价区工作图比例尺应采用1:50万。

第七节　水资源可利用量计算

水资源可利用量,是指在可预见的时期内,在统筹考虑生活、生产和生态用水的基础上,通过经济合理、技术可行的措施在当地水资源量中可一次性利用的最大水量。

一、地表水资源可利用量的计算方法

地表水资源可利用量可用地表水资源量减去河道内最小生态需水量和汛期下泄洪水量计算得到,如式(4-68)所示,即

$$W_{su} = W_q - W_e - W_f \tag{4-68}$$

式中　W_{su}——地表水资源可利用量;

W_q——地表水资源量;

W_e——河道内最小生态需水量;

W_f——汛期洪水弃水量。

二、地下水资源可开采量的计算方法

地下水资源可开采量计算方法很多,但一般不宜采用单一方法,而应同时采用多种方法并将其计算成果进行综合比较,从而合理地确定地下水资源可开采量。分析确定地下水资源可开采量的方法有:实际开采量调查法、开采系数法、平均布井法等[14]。

(一)实际开采量调查法

该法适用于浅层地下水开发利用程度较高、开采量调查统计较准、潜水蒸发量较小、水位动态处于相对稳定的地区。若平水年年初、年末浅层地下水位基本相等,则该年浅层地下水实际开采量便可近似地代表多年平均浅层地下水可开采量。

(二)开采系数法

在浅层地下水有一定开发利用水平的地区,通过对多年平均实际开采量、水位动态特征、现状条件下总补给量等因素的综合分析,确定出合理的开采系数值,则地下水多年平均可开采量等于开采系数与多年平均条件下地下水总补给量的乘积。在确定地下水开采系数时,应综合考虑浅层地下水含水层岩性及厚度、单井单位降深出水量、平水年地下水埋深、年变幅、实际开采模数和多年平均总补给模数等因素。

(三)平均布井法

根据当地地下水开采条件,确定单井出水量、影响半径、年开采时间,在计算区内进行平均布井,用这些井的年内开采量代表该区地下水的可开采量,计算公式为

$$W_{gu} = q_s N t \tag{4-69}$$

$$N = \frac{F}{F_s} = \frac{F}{\pi R^2} \tag{4-70}$$

式中　W_{gu}——地下水资源可开采量;

q_s——单井出水量;

N——计算区内平均布井数;

t——机井多年平均开采时间；

F——计算区布井面积；

F_s——单井控制面积；

R——单井影响半径。

单井出水量的计算，必须在广泛收集野外抽水实验资料的基础上进行。采用该法计算时，应注意与该地区现状条件下多年平均浅层地下水总补给量相验证（一般应小于现状条件下多年平均浅层地下水总补给量）。

三、水资源可利用总量的计算方法

根据前面对地表水与地下水水量转化关系分析结果，采用式(4-71)来估算水资源可利用总量，即

$$W_u = W_{su} + W_{gu} - Q_{gr} - Q_c \tag{4-71}$$

式中 W_u——水资源可利用总量；

W_{su}——地表水资源可利用量；

W_{gu}——地下水资源可开采量；

Q_{gr}——地下水可开采量本身的重复利用量；

Q_c——地表水资源可利用量与地下水资源可开采量之间的重复利用量。

四、水资源可利用量分析内容

在区域水资源量调查成果的基础上，根据水利工程现状及今后若干年水利开发利用规划，分析计算各分区可利用水资源量。在分析计算中，对过境水量应按有关协议、惯例及已用情况统计计算，遇有矛盾之处，由上一级水资源管理部门协调解决；计划兴建工程按设计供水量资料确定，并加以说明。

可利用水资源量的分析计算内容主要包括下列4种情况：①多年平均水资源可利用量；②保证率 $P=50\%$ 的水资源可利用量；③保证率 $P=75\%$ 的水资源可利用量；④保证率 $P=95\%$ 的水资源可利用量。保证率原则上以供水保证率为准，缺乏资料地区也可以用降水保证率替代。

第八节 水资源开发利用及其影响评价

一、水资源开发利用

（一）水资源开发利用问题

人类开发利用水资源已有数千年的历史，在长期实践中，人们通过不断探索，已越来越多地掌握了水资源开发利用的各种技术，并使之日臻完善。与之相比，合理开发利用水资源理念的形成在时间上则晚得多，即使在水资源短缺、环境恶化问题已成为现代社会人们所关注的焦点时，如何实现水资源的可持续利用，仍存在许多实际问题有待探索。

在过去相当长的历史时期内，社会生产力较低，人口少且居住分散，开发利用水资源

的技术水平不高,水资源的社会需求量和开发利用规模都较小。尽管当时各种水事活动基本处于无组织状态,一般仍不会对一个大型流域或地下水系统的水资源天然分布格局造成过大冲击。人类可通过被动地顺应自然条件的生产、生活方式——迁徙,解决水资源短缺问题。然而在经济高速发展、人口不断增加和城市化进程不断加快的今天,特别是水资源与人口配置不适当的国家,已不能再采取古人的做法。当现代科学技术使人们拥有大规模开发利用水资源的能力而且经济实力允许的情况下,为满足社会用水的需求,通常做法就是不断加大开发利用力度,导致可再生的水资源难以得到充足的更新,使水资源状况进一步恶化。与此同时,过量开采造成的区域地下水位持续大幅度下降,又在一定程度上破坏了各种自然平衡(如水热平衡、水沙平衡、水盐平衡、生态平衡等),从而引发各种环境问题。实践使人们认识到,地球上的淡水资源量是有限的,而不是"取之不尽,用之不竭"的。水资源的开发只有在不超过其循环、更新速度的前提下才能持久。此外,水作为一种活跃的环境因子,在自然界中发挥着维持地球四大圈层物能平衡的重要作用。水资源开发利用得当,可以改善环境,而过量无序的开发则会引发各种环境问题,使人类反受其害。因此,在当今条件下,水资源的开发利用一定要谨慎,做到合理、科学。

(二)水资源合理开发利用的涵义

合理开发利用水资源是人类可持续发展概念在水资源问题上的体现。它是指在兼顾经济社会用水需求和环境保护的同时,充分有效地开发利用水资源,并能使这种活动得以永续进行。具体地说,包括以下几个方面:

(1)水资源的开发力度必须加以限定。在当今技术条件下,人类还做不到完全按人的意志调控整个水资源系统使其不产生不良后果。因此,开发利用量不得超过当地水资源系统的可再生水量,方可使水资源利用得以持久。

(2)水资源的开发利用应尽可能满足经济社会发展的需要。各种开发利用方案的制定应紧密结合经济社会发展规划,不仅应与现时的需水结构、用水结构相协调,而且应为今后的发展和需水结构的调整保留一定的余地。

(3)尽可能避免水资源开发利用所造成的各种环境问题。大规模的水资源开发利用是天然水资源系统结构调整,水量、水位在空间上重新分配的过程。这一过程会使环境发生变化,特别是地下水位的变化往往可以引发地面沉降、海水入侵、土壤盐渍化和生态退化等问题。因此,应综合考虑,尽可能避免水资源开发利用所造成的各种环境问题。

(4)本着经济合理、技术可行的原则开发利用水资源。水资源的开发利用既要考虑供水的需要,又要考虑经济效益问题。尽可能做到以最小的投入换取最大的经济回报。水资源的利用应在经济条件允许的前提下,尽可能做到"物尽其用",充分发挥水资源的潜力,提高水的重复利用率,节约用水。

(三)水资源合理开发利用的途径

对水资源的开发利用,不仅仅是水资源本身质与量的重新分配,而且涉及到技术条件、经济效益和环境保护等诸多问题。所以,一个合理的或者说可以被采纳的水资源开发利用方案必定是在权衡各种利弊关系之后,得到的可使"经济—社会—水资源—环境"协调发展的一种模式。这种运筹过程通常反映在水资源规划制定和水资源管理方案之中。

水资源规划和水资源管理是实现水资源合理开发利用的重要途径。为了使规划合理、科学,管理工作有的放矢,《中华人民共和国水法》及一些水资源法规均明确指出,开发利用水资源必须事先进行综合考察和调查研究,根据水资源勘察、评价结果制定开发利用规划。水资源规划是对水资源实行综合开发、合理利用、科学调度的基础和依据。水资源管理是组织、协调、监督和调度水资源开发利用的重要工作。

二、水资源开发利用影响评价

水资源开发利用影响评价是对如何合理进行水资源的综合开发利用和保护规划的基础性前期工作,其目的是增强在进行具体的流域或区域水资源规划时的全局观念和宏观指导思想,是水资源评价工作中的重要组成部分。主要包括以下几方面内容[15]。

(一)水资源开发程度调查分析

水资源开发程度调查分析是指对评价区域内已有的各类水利工程及措施情况进行调查了解,包括各种类型及功能的水库、塘坝、引水渠首及渠系、水泵站、水厂、水井等,包括其数量和分布。对水库要调查其设立的防洪库容、兴利库容、泄洪能力、设计年供水能力及正常或不能正常运转情况,对各类供水工程措施要了解其设计供水能力和有效供水能力,对于有调节能力的蓄水工程,应调查其对天然河川径流经调节后的改变情况。供水能力是指现状条件下相应供水保证率的可供水量。有效供水能力是指当天然来水条件不能适应工程设计要求时实际供水量比设计条件有所降低的实际运行情况,也包括因地下水位下降而导致水井出水能力降低的情况。

各种工程的开发程度常指其现有的供水能力与其可能提供能力的比值。如供水开发程度是指当地通过各种取水引水措施可能提供的水量和当地天然水资源总量的比值,水力发电的开发程度是指区域内已建的各种类型水电站的总装机容量和年发电量,与这个区域内的可能开发的水电装机容量和可能的水电年发电量之比等。

通过水资源开发情况的现状调查,可以对评价区域范围内未来可能安排的工程布局中重要工程的位置大致心中有数,为进一步开发利用水资源奠定基础。

(二)用水量调查统计及用水效率分析

用水量是指分配给用水户包括输水损失在内的毛用水量。按照农业、工业、生活三大类进行统计,并把城(镇)乡分开。

在用水调查统计的基础上,计算农业用水指标、工业用水指标、生活用水指标以及综合用水指标,以评价用水效率。

农业用水指标包括净灌溉定额、综合毛灌溉定额、灌溉水利用系数等。工业用水指标包括水的重复利用率、万元产值用水量、单位产品用水量。生活用水指标包括城镇生活用水指标和农村生活用水指标,城镇生活用水指标用“人均日用水量”表示,农村生活用水指标分别按农村居民“人均日用水量”和牲畜“标准头日用水量”计算。

(三)水资源开发利用引起不良后果的调查与分析

天然状态的水资源系统是未经污染、未受人类破坏影响的天然系统。人类活动或多或少对水资源系统产生一定影响,这种影响可能是负面的,也可能是正面的,影响的程度也有大有小。如果人类对水资源的开发不当或过度开发,必然导致一定的不良后果。例如,污废水的排放导致水体污染,地下水过度开发导致水位下降、地面沉降、海水入侵,生产生活用水挤占生态用水导致生态破坏等。因此,在水资源开发利用现状分析过程中,要对水资源开发利用导致的不良后果进行全面的调查与分析。

(四)水资源开发利用程度综合评价

在上述分析评价的基础上,需要对区域水资源的开发利用程度作一个综合评价。具体计算指标包括:地表水资源开发率、平原区浅层地下水开采率、水资源利用消耗率。其中,地表水资源开发率是指地表水源供水量占地表水资源量的百分比;平原区浅层地下水开采率是指地下水开采量占地下水资源量的百分比;水资源利用消耗率是指用水消耗量占水资源总量的百分比。

在这些指标计算的基础上,综合水资源利用现状,分析评价水资源开发利用程度,说明水资源开发利用程度是较高、中等还是较低。

思考题

4-1 简述水资源评价的意义及原则。

4-2 分述降水量、地表水资源、地下水资源评价的主要内容。

4-3 在具有不同类型地貌的地区,地表水资源与地下水资源之间的重复计算量有哪些?

4-4 阐述水资源量与水资源可利用量的关系,如何确定水资源可利用量?

4-5 阐述单站径流量评价与区域水资源评价的区别与联系。

4-6 简述水体污染的主要来源。

4-7 叙述水质评价的主要内容及方法。

第五章　地表水资源的开发利用途径及工程

地表水资源是人类开发利用最早、最多的一类水资源，由于地表水具有分布广、径流量大、矿化度和硬度低等特点，自古以来开发利用最为广泛。本章将详细介绍有关地表水资源的开发利用途径、地表水取水构筑物特点、地表水输水工程的选择及设计等相关知识。

第一节　地表水资源的利用途径

一、地表水资源的特点

地表水源包括江、河、湖泊、水库和海水。大部分地区的地表水源流量较大，由于受地面各种因素的影响，地表水资源表现出以下特点[16]：

(1)地表水多为河川径流，因此径流量大，矿化度和硬度低。

(2)地表水资源受季节性影响较大，水量时空分布不均。

(3)地表水水量一般较为充沛，能满足大流量的需水要求，因此城市、工业企业常利用地表水作为供水水源。

(4)地表水水质容易受到污染，浊度相对较高，有机物和细菌含量高，一般均须常规处理后才能使用。

(5)采用地表水源时，在地形、地质、水文、卫生防护等方面均较复杂。

二、地表水资源开发利用途径及主要工程

为满足经济社会用水要求，人们需要从地表水体取水，并通过各种输水措施传送给用户。除在地表水附近，大多数地表水体无法直接供给人类使用，需修建相应的水资源开发利用工程对水进行利用，也就是说，一般的地表水开发利用途径是通过一定的水利工程，从地表取水再输送到用户。常见的地表水资源开发利用工程主要有河岸引水工程、蓄水工程、扬水工程和输水工程[17~20]。

(一)河岸引水工程

由于河流的种类、性质和取水条件各不相同，从河道中引水通常有两种方式：一是自流引水；二是提水引水。自流引水可采用有坝与无坝两种方式。

1. 无坝引水

当小城镇或农业灌区附近的河流水位、流量在一定的设计保证率条件下，能够满足用水要求时，即可选择适宜的位置作为引水口，直接从河道侧面引水，这种引水方式就是无坝引水。

在丘陵山区，若灌区和城镇位置较高，水源水位不能满足灌溉要求时，亦可从河流上

游水位较高地点筑渠引水(见图5-1)。这种引水方式的主要优点是可以取得自流水头;主要缺点是引水口一般距用水地较远,渗漏损失较大,且引水渠通常有可能遇到施工较难地段。

无坝引水渠首一般由进水闸、冲沙闸和导流堤三部分组成。进水闸的主要作用是控制入渠流量,冲沙闸的主要作用为冲走淤积在进水闸前的泥沙,而导流堤一般修建在中小河流上,平时发挥导流引水和防沙作用,枯水期可以截断河流,保证引水。总之,渠首工程各部分的位置应统一考虑,以利于防沙取水为原则。

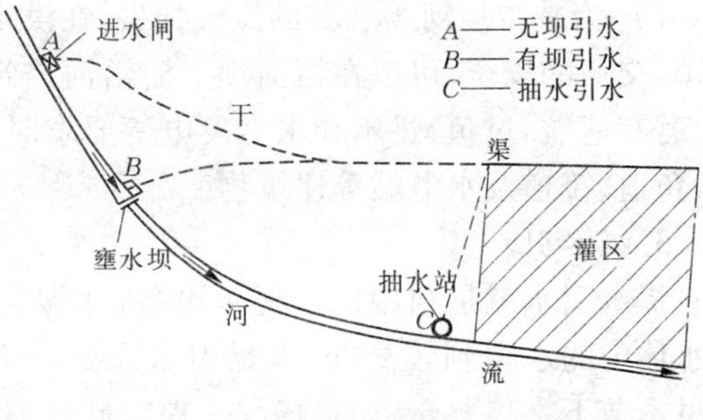

图5-1　灌溉三种取水方式平面示意图

2. 有坝引水

当天然河道的水位、流量不能满足自流引水要求时,须在河道上修建壅水建筑物(坝或闸),抬高水位以便自流引水,保证所需的水量,这种取水形式就是有坝引水(见图5-1)。有坝引水枢纽主要由拦河坝(闸)、进水闸、冲沙闸及防洪堤等建筑物组成,图5-2所示为某工程平面布置图。

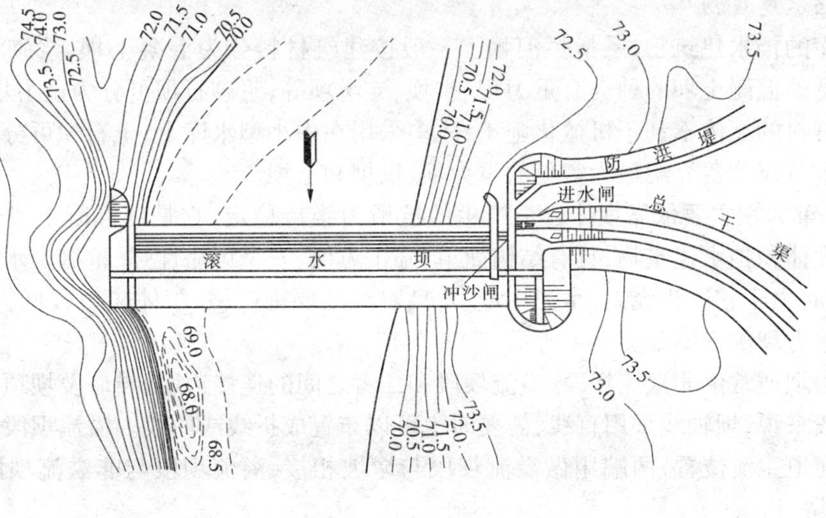

图5-2　某有坝引水渠首工程平面布置示意图[17]

(1)拦河坝的作用为横拦河道、抬高水位,以满足自流引水对水位的要求,汛期则在溢流坝顶溢流,泄流河道洪水。因此,坝顶应有足够的溢流宽度,在宽度受到限制或上游不允许壅水过高时,可降低坝顶高程,改为带闸门的溢流坝或拦河闸,以增加泄洪能力。

(2)进水闸的作用是控制引水流量。其平面布置主要有两种形式,一是正面排沙,侧面引水。这种布置形式防止泥沙进入渠道的效果较差,一般只用于清水河道。二是正面引水,侧面排沙。采用这种取水方式,能在引水口前激起横向环流,促进水流分层,表面清水进入进水闸,而底层含沙水流则涌向冲沙闸排除(见图5-3)。

(3)冲沙闸的过水能力一般应大于进水闸的过水能力,能将取水口前的淤沙冲往下游河道。冲沙闸底板高程应低于进水闸底板高程,以保证较好的冲沙效果。

(4)为减少拦河坝上游的淹没损失,在洪水期保护上游城镇、交通的安全,可以在拦河坝上游沿河修筑防洪堤。此外,若有通航、过鱼、过木和水力发电等要求时,尚要设置船闸、鱼道、筏道及水电站等建筑物。

3. 提水引水

提水引水就是利用机电提水设备(水泵)等,将水位较低水体中的水提到较高处,满足引水需要。这部分内容可参见本节下文将要介绍的"扬水工程",此处不再赘述。

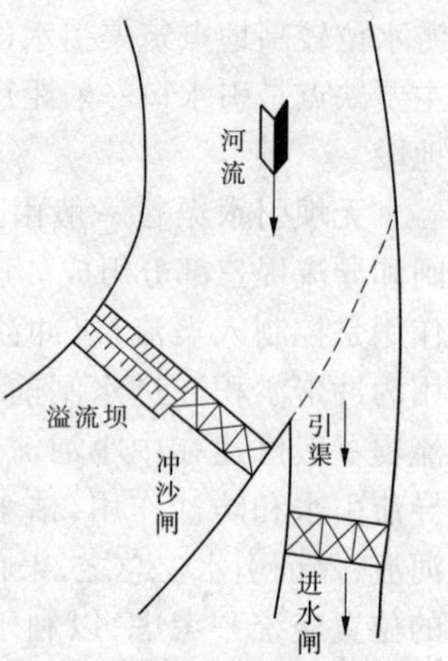

图 5-3　正面引水、侧面排沙工程示意图

(二)蓄水工程

这里主要介绍水库蓄水工程。当河道的年径流量能满足人们用水要求,但其流量过程与人们所需的水量不相适应时,则需修筑拦河大坝,形成水库。水库具有径流调节作用,可根据年内或多年河道径流量,对河道内水量进行科学调节,以满足灌溉、发电或城市生活、生产用水等的要求。水库枢纽由以下三类基本建筑物组成。

1. 挡水建筑物

水库的挡水建筑物,系指拦河坝。一般按建筑材料分为混凝土坝、浆砌石坝和土石坝。常见的混凝土坝的种类有重力坝、拱坝、支墩坝等;浆砌石坝可分为重力坝和拱坝等,因这种材料的坝体不利于机械化施工,故多采用在中小型水库上;土石坝可分为土坝和堆石坝。本节仅简要介绍最为常见的重力坝、拱坝和土坝。

(1)重力坝主要依靠坝体自重产生的抗滑力维持稳定,它是用混凝土或浆砌石修筑而成的大体积挡水建筑物,具有结构简单、施工方便、安全可靠性强、抗御洪水能力强等特点,但同时由于它体积庞大,水泥用量多,且对温度要求严格,坝体应力较低,受扬压力作用大。重力坝剖视图如图 5-4 所示。

重力坝通常由非溢流坝段、溢流坝段和二者之间的连接边墩、导墙及坝顶建筑物等组成。一般来说,坝轴线采用直线,需要时也可以布置成折线或曲线。溢流坝段一般布置在中部原河道主流位置,两端用做溢流坝段与岸坡相接,溢流坝段与非溢流坝段之间用边墩、导墙隔开。

(2)拱坝是坝体向上游凸出,在平面上呈现拱形,拱端支承于两岸山体上的混凝土坝或浆砌石坝。拱的两端支承于两岸山坡岩体上,作用于迎水面的荷载,大部分依靠拱的作用传递到两岸岩体上,只有少部分通过梁的作用传至坝基。拱坝具有体积小、超载能力和抗震性好的特点,但由于拱坝坝体单薄、孔口应力复杂,因此坝身泄流布置复杂,同时施工技术要求高,尤其对地基的处理要求十分严格。修筑拱坝的理想地形条件是左右对称的"V"形和"U"形狭窄河段。理想的地质条件是岩石均匀单一,透水性小,基岩坚固完整,无大的断裂构造和软弱夹层。图 5-5 为拱坝作用力示意图。

(3)土坝是历史最悠久也是最普遍的坝型。它具有可就地取材、构造简单、施工方

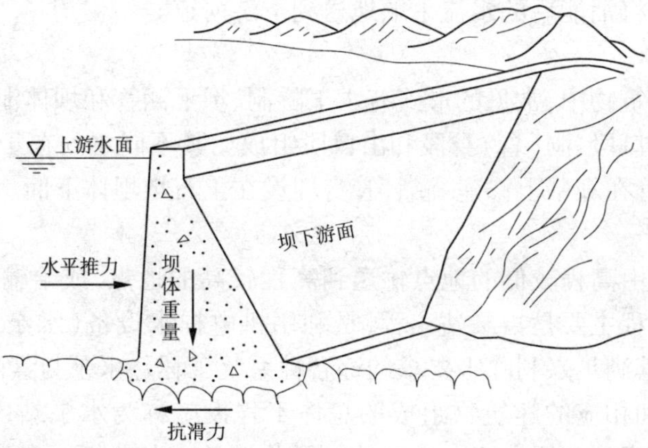

图 5-4　重力坝剖视图

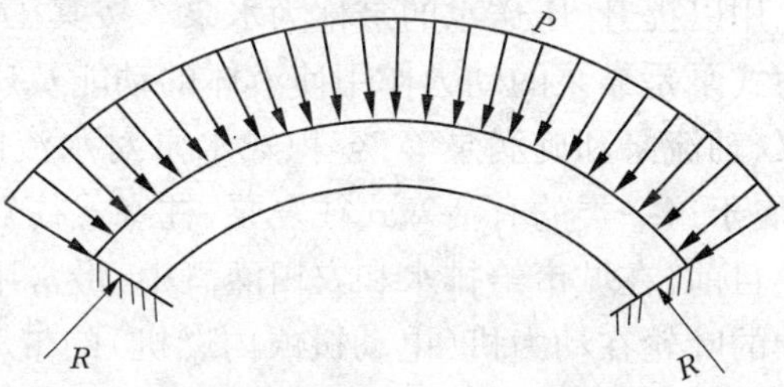

图 5-5　拱坝作用力示意图

便，适应地基的变形能力强等特点，但缺点是坝顶身不能溢流，工程造价较高，坝体填筑工程量大。土坝的剖面一般是梯形，主要考虑渗流、冲刷、沉陷等对土坝的影响。土坝主要由坝体、防渗设备、排水设备和护坡四部分组成。坝体是土坝的主要组成部分，其作用是维持土坝的稳定。防渗设备的主要作用是减小坝体和坝基的渗透水量，要求用透水性小的土料或其他不透水材料筑成。排水设备的主要作用是尽量排出已渗入坝身的渗水，增强背水坡的稳定，可采用透水性大的材料，如砂、砾石、卵石和块石等。护坡的主要作用是防止波浪、冰凌、温度变化、雨水径流等的破坏，一般采用块石护坡。

2. 泄水建筑物

泄水建筑物主要用以宣泄多余水量，防止洪水漫溢坝顶，保证大坝安全。泄水建筑物有溢洪道和深式泄水建筑物两类。

深式泄水建筑物有坝身泄水孔、水工隧洞和坝下涵管等。一般仅作为辅助的泄洪建筑物。

溢洪道可分为河床式和河岸式两种形式。河岸溢洪道根据泄水槽与溢流堰的相对位置的不同可分为正槽式溢洪道和侧槽式溢洪道两种形式。正槽式溢洪道的溢流堰上的水流方向与泄水槽的轴线方向保持一致；而侧槽式溢洪道的溢流堰上的水流方向与泄水槽轴线方向斜交或正交。在实际中，主要根据库区地形条件选择溢洪道的形式。

溢洪道通常由引水段、控制段、泄水槽、消能设备和尾水渠五部分组成。控制段、泄水槽和消能设备是溢洪道的主体部分；引水段和尾水渠分别是主体部分同上游水及下游河道的连接部分。引水段的作用是将水流平顺、对称地引向控制段。控制段主要控制溢洪道泄流能力，是溢洪道的关键部位。泄水槽的作用是宣泄通过控制段的水流。消能设备用于消除下泄水流所具有的破坏作用的动能，防止下游河床和岸坡及相邻建筑物受水流的冲刷。尾水渠是将消能后的水流平顺地送到下游河道。

3. 引水建筑物

在水库引水建筑物中,常见的形式有水工隧洞、坝下涵管和坝体泄水孔等。水工涵洞和坝下涵管均由进口段、洞(管)身段和出口段组成。其不同之处在于水工隧洞开凿在河岸岩体内,坝下涵管在坝基上修建、涵管管身埋设在土石坝坝体下面。

(三)扬水工程

扬水是指将水由高程较低的地点输送到高程较高的地点,或给输水管道增加工作压力的过程。扬水工程主要是指泵站工程,是利用机电提水设备(水泵)及其配套建筑物,给水增加能量,使其满足兴利除害要求的综合性系统工程。水泵与其配套的动力设备、附属设备、管路系统和相应的建筑物组成的总体工程设施称为水泵站,亦称扬水站或抽水站。扬水的工作程序为高压电流→变电站→开关设备→电动机→水泵→吸水(从水井或水池吸水)→扬水。

用以提升、压送水的泵称为水泵。按其工作原理可分为两类:动力式泵和容积式泵。动力式泵是靠泵的动力作用使液体的动能及压能增加和转换完成的,属于这一类的有离心泵、轴流泵和旋涡泵等;容积式水泵对水流的压送是靠泵体工作室容积的变动来完成的,属于这一类的有活塞式往复泵、柱塞式往复泵等。

目前,在城市给排水和农田灌溉中,最常用的是离心泵。离心泵的工作原理是利用泵体中的叶轮在动力机(电动机或内燃机)的带动下高速旋转,由于水的内聚力和叶片与水之间的摩擦力不足以形成维持水流旋转运动的向心力,使泵内的水不断地被叶轮甩向水泵出口处,而在水泵进口处造成负压,进水池中的水在大气压的作用下经过底阀(见图5-6)、进水管流向水泵进口。离心泵按其转轴的立卧可分为卧式离心泵和立式离心泵;按其轴上叶轮数目多少可分为单级离心泵和多级离心泵两类;按水流进入叶轮的方式可分为单侧进水式泵和双侧进水式泵。离心泵的技术性能有流量(输水量)、扬程(总扬程)、轴功率、效率、转速、允许吸上真空高度6个工作参数表示。

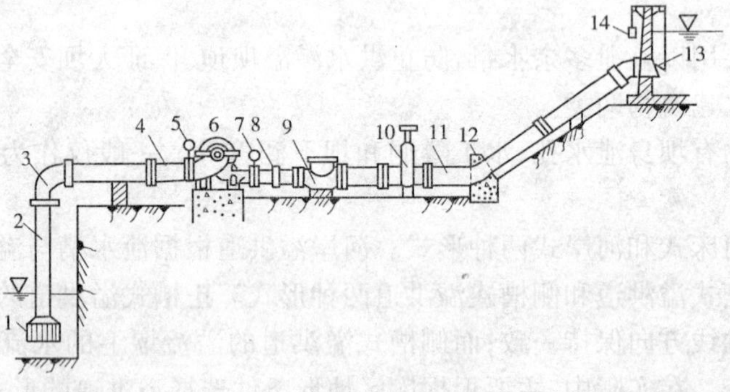

1—滤网和底阀;2—进水管;3—90°弯头;4—偏心异径接头;5—真空表;6—离心泵;7—压力表;8—渐扩接头;9—逆止阀;10—阀门;11—出水管;12—45°弯头;13—拍门;14—平衡锤

图5-6　离心泵抽水装置示意图[17]

泵站主要由设有机组的吸水井、泵房和配电设备三部分组成:①吸水井的作用是保证水泵有良好的吸水条件,同时也可以当做水量调节建筑物。②设有机组的泵房包括吸水管路、管路、控制闸门及计量设备等。低压配电与控制起动设备一般也设在泵房内。各水管之间的联络管可根据具体情况设置在室内或室外。③配电设备包括高压配电、变压器、低压配电及控制起动设备。变压器可以设在室外，但应有防护设施。除此之外，泵房内还应有起重等附属设备。

根据泵站在给水系统中的作用，泵站可以分为取水泵站、送水泵站、加压泵站和循环泵站四类。取水泵站也称一级泵站，它直接从水源处取水，将水输送到净化建筑物或配水管网、水塔等建筑物中。送水泵站设在净水厂内，将净化后的水输送给用户，又叫清水泵站。加压泵站也称中途泵站，主要用于某一地区对水压要求较高或输水距离过长、供水对象所在地势较高的用户。循环泵站是将处理过的生产排水抽升后，再输入车间加以重复使用。

（四）输水工程

在开发利用地表水的实践活动中，水源与用水户之间往往存在着一定的距离，这就需要修建输水工程。输水工程主要采用渠道输水和管道输水两种方式。其中，渠道输水主要应用于农田灌溉，可参见第八章中第二节"农业用水途径"；管道输水主要用于城市生产和生活用水，详见本章第四节"地表水输水工程的选择与设计"。

第二节　地表水取水构筑物介绍

由于地表水水源的种类、性质和取水条件各不相同，因而地表水取水构筑物有多种形式。按水源的种类分，地表水取水构筑物可分为河流、湖泊、水库、海水取水构筑物；按取水构筑物的构造形式分[21~25]，地表水取水构筑物可分为固定式（岸边式、河床式、斗槽式）和移动式（浮船式、缆车式）两种。在山区河流上，则有带低坝的取水构筑物和底栏栅式取水构筑物。

一、固定式取水构筑物

固定式取水构筑物是地表水取水构筑物中较常用的类型，它包含种类较多，与移动式取水构筑物相比，它具有取水可靠、维护方便、管理简单以及适用范围广的优点，但其有投资较大、水下工程量较大、施工期长等缺点。

固定式取水构筑物有多种分类方式，按位置分岸边式、河床式和斗槽式。其中，岸边式和河床式应用较为普遍，而斗槽式目前使用较少，下面重点介绍岸边式和河床式两类。

（一）岸边式取水构筑物

直接从岸边进水口取水的构筑物称为岸边式取水构筑物，它由进水间和泵房两部分组成。岸边式取水构筑物无需在江河上建坝，适用于当河岸较陡，主流近岸，岸边水深足够，水质和地质条件都较好，且水位变幅较稳定的情况，但水下施工工程量较大，且须在枯水期或冰冻期施工完毕。根据进水间与泵房是否合建，岸边式取水构筑物可分为合建式和分建式两种。

1. 合建式岸边取水构筑物

合建式岸边取水构筑物的进水间和泵房合建在一起，设在岸边，如图 5-7 所示。水经进水孔进入进水室，再经格网进入吸水室，然后由水泵抽送至水厂或用户。进水孔上的格栅用以拦截水中粗大的漂浮物。进水间中的格网用以拦截水中细小的漂浮物。

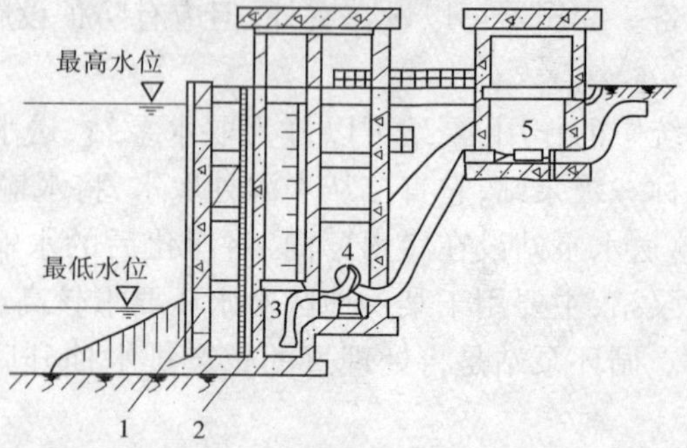

1—进水口；2—格网；3—集水井；4—泵房；5—阀门井

图 5-7 合建式岸边取水构筑物(阶梯式布置图)

合建式岸边取水构筑物的特点是设备布置紧凑，总建筑面积较小，水泵吸水管路短，运行安全、管理和维护方便，应用范围较广。但合建式土建结构复杂，施工较为困难，只有在岸边水深较大、河岸较陡、河岸地质条件良好、水位变幅和流速较大的河流才采用。

合建式岸边取水构筑物的结构类型通常有以下几种：

(1)进水间与泵房基础处于不同的标高上，呈阶梯式布置。这种布置形式的合建式岸边取水构筑物适用于河岸地质条件较好的地方。

(2)进水间与泵房基础处于相同的标高上，呈水平式布置。当岸边地质条件较差，为避免不均匀沉降，或供水安全性要求较高，水泵需自灌启动时，宜采用此布置形式。这种形式的取水构筑物多用卧式泵。

(3)将(2)中的卧式泵改为立式泵或轴流泵，且吸水间在泵房下面。

2. 分建式岸边取水构筑物

当岸边地质条件较差，进水间不宜与泵房合建时，或者分建对结构和施工有利时，宜采用分建式，如图 5-8 所示。分建式进水间设于岸边，泵房建于岸内地质条件较好的地点，但不宜距进水间太远，以免吸水管过长。分建式取水构筑物土建结构简单，易于施工，但水泵吸水管路长，水头损失大，运行安全性较差，且对吸水管及吸水底阀的检修较困难。

(二)河床式取水构筑物

从河心进水口取水的构筑物称为河床式取水构筑物。河床式取水构筑物与岸边式基本相同，但用伸入江河中的进水管(其末端设有取水头部)来代替岸边式进水间的进水孔，它主要由泵房、集水间、进水管和取水头部组成。其中，泵房和集水间的构造与岸边式取水构筑物的泵房和进水间基本相同。当主流离岸边较远，河床稳定、河岸较缓、岸边水深不足或水质较差，但河心有足够水深或较好水质时，适宜采用河床式取水构筑物。

河床式取水构筑物根据集水井与泵房间的联系，可分为合建式与分建式，如图 5-9 所示。河床式取水构筑物按照进水管形式的不同，可以分为四种基本形式，即自流管取水式、虹吸管取水式、水泵直接取水式和江心桥墩取水式。

1. 自流管取水式

河水在重力作用下，从取水头部流入集水井，经格网后进入水泵吸水间。图 5-9 分别

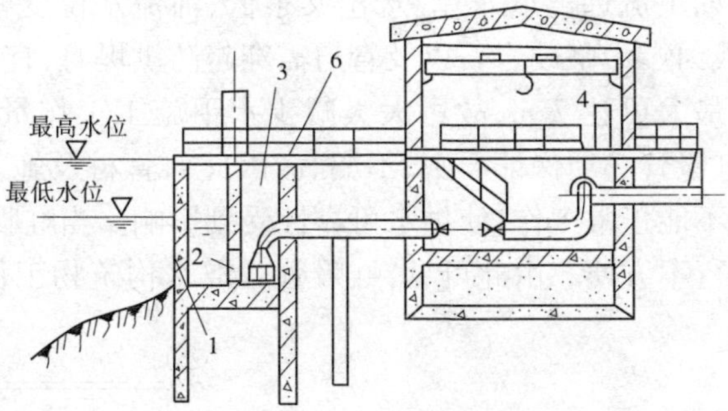

1—进水口;2—格网;3—集水井;4—泵房;5—阀门井;6—引桥

图 5-8　分建式岸边取水构筑物

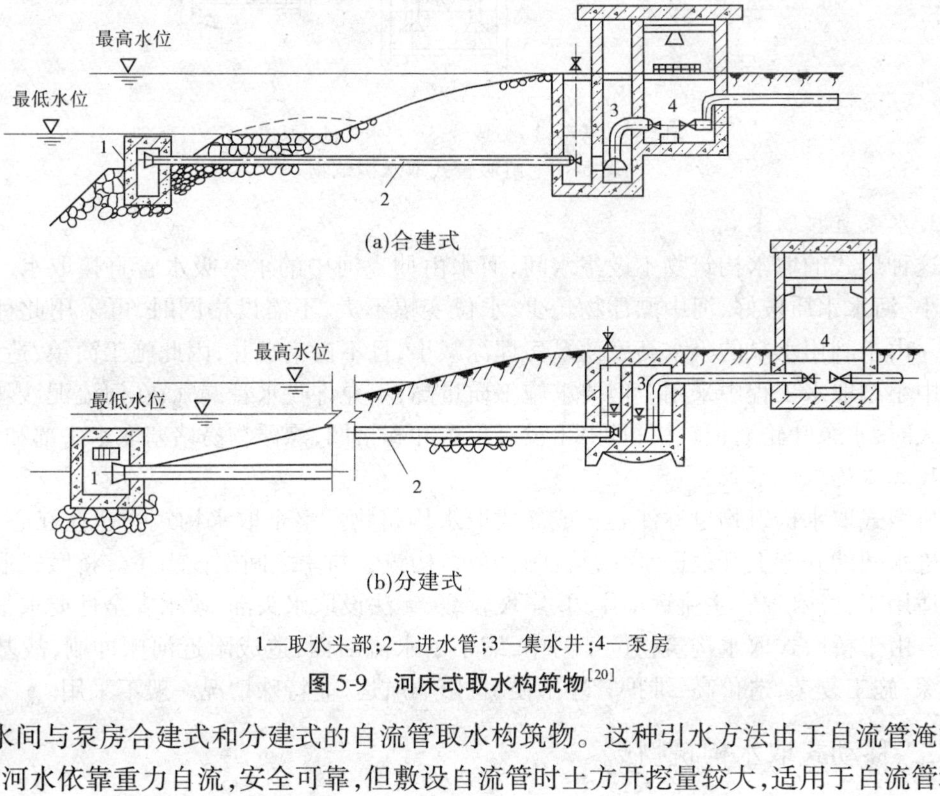

(a)合建式

(b)分建式

1—取水头部;2—进水管;3—集水井;4—泵房

图 5-9　河床式取水构筑物[20]

为集水间与泵房合建式和分建式的自流管取水构筑物。这种引水方法由于自流管淹没在水中,河水依靠重力自流,安全可靠,但敷设自流管时土方开挖量较大,适用于自流管埋深不大或在河岸可以开挖隧道时的情况。淤积、河水主流游荡不定等情况下,最好不用自流管引水。

在水位变幅较大、洪水期历时较长、水中含沙量较高的河流取水时,集水井中常沉积大量的泥沙,不易清除,影响取水水质,因此可在集水井进水间前壁上开设高位进水孔,或设置高位自流管实现分层取水。正常水位时利用下层自流管取得主流区的河水,洪水期则可利用上层进水口或自流管取得含沙量较小的表层水。

2. 虹吸管取水式

如图 5-10 所示,河水进入取水头部后经虹吸管流入集水井的取水构筑物称虹吸管式取水构筑物。当枯水期主流远离取水岸、水位又很低、河流水位变幅大，河滩宽阔、河岸高、自流管埋深很大或河岸为坚硬岩石以及管道需穿越防洪堤时，宜采用虹吸管式取水构筑物。由于虹吸高度最大可达 7 m，故可大大减少水下施工工作量和土石方量，缩短工期，节约投资。但是虹吸管必须保证严密、不漏气，因此对管材及施工质量要求较高。否则，一旦渗漏，虹吸管不能正常工作，使供水可靠性受到影响。当虹吸管管径较大、管路较长时，启动时间长，运行不方便。由此可见，虹吸管式取水构筑物工作的可靠性比自流管式差。

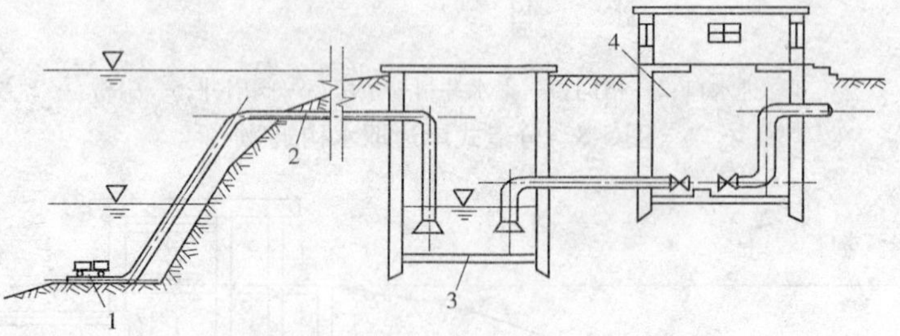

1—取水头部；2—虹吸管；3—集水井；4—泵房

图 5-10　虹吸管式取水构筑物

3. 水泵直接取水式

这种形式的取水构筑物不设集水间，河水由伸入河中的水泵吸水管直接取水。在取水量小、河水水质较好、河中漂浮物较少、水位变幅不大、不需设格网时，可采用此种引水方式。由于利用水泵的吸水高度使泵房埋深减小，且不设集水井，因此施工简单，造价低，可在中小型取水工程中采用。但要求施工质量高，不允许吸水管漏气；在河流泥沙颗粒粒径较大时，水泵叶轮磨损较快；且由于没有集水井和格网，漂浮物易堵塞取水头部和水泵。

4. 江心桥墩取水式

桥墩式取水构筑物也称江心式或岛式取水构筑物。整个取水构筑物建在江心，在集水井进水间的井壁上开设进水孔，从江心取水，构筑物与岸之间架设引桥。桥墩式取水构筑物适用于含沙量高、主流远离岸边、岸坡较缓、无法设取水头部、取水安全性要求很高的情况。由于桥墩式取水构筑物位于河中，缩小了水流断面，造成附近河床冲刷，故基础埋设较深，施工复杂，造价高，维护管理不便，且影响航运，非特殊情况一般不采用。

二、移动式取水构筑物

在水源水位变幅大、供水要求急和取水量不大时，可考虑采用移动式取水构筑物，其分为浮船式和缆车式。

（一）浮船式取水构筑物

浮船式取水构筑物是将取水设备直接安置在浮船上，由浮船、锚固设备、连络管及输水斜管等部分组成。它的特点是构造简单，便于移动，适应性强，灵活性大，能经常取得含沙量较小的表层水，且无水下工程，投资省，上马快，浮船式取水需随水位的涨落拆换接头，移动船位，紧固缆绳，收放电线电缆，尤其水位变化幅度大的洪水期，操作管理更为频繁。浮船必须定期维护，且工作量大。浮船在改换接头时，也需暂时停止供水，且船体怕碰撞,受风浪、航运、漂木及浮筏、河流流量、水位的急剧变化影响大,安全可靠性较差。

浮船式取水构筑物的适用条件为河床稳定,岸坡适宜,有适当倾角,河流水位变幅在10～35 m或更大,水位变化速度不大于2 m/h,枯水期水深不小于1.5 m,水流平稳、流速和风浪较小、停泊条件好的河段。在我国西南、中南等地区应用较广泛。

(二)缆车式取水构筑物

缆车式取水构筑物由泵车、坡道或斜桥、输水管和牵引设备等部分组成,如图5-11所示。缆车式取水构筑物是用卷扬机绞动钢丝绳牵引泵车,使其沿坡道上升或下降,以适应河水的涨落,因此受风浪的影响小,能取得较好水质的水。

缆车式取水构筑物具有施工简单、水下工程量小、基建费用低、供水安全可靠等优点,适用于河流水位变幅为10～15 m,枯水位时能保证一定的水深,涨落速度小于2 m/h,无冰凌和漂浮物较少的情况。其位置宜选择在河岸岸坡稳定、地质条件好、岸坡倾角适宜的地段,如果河岸太陡,所需牵引设备过大,移车较困难;如果河岸太缓,则吸水管架太长,容易发生事故。

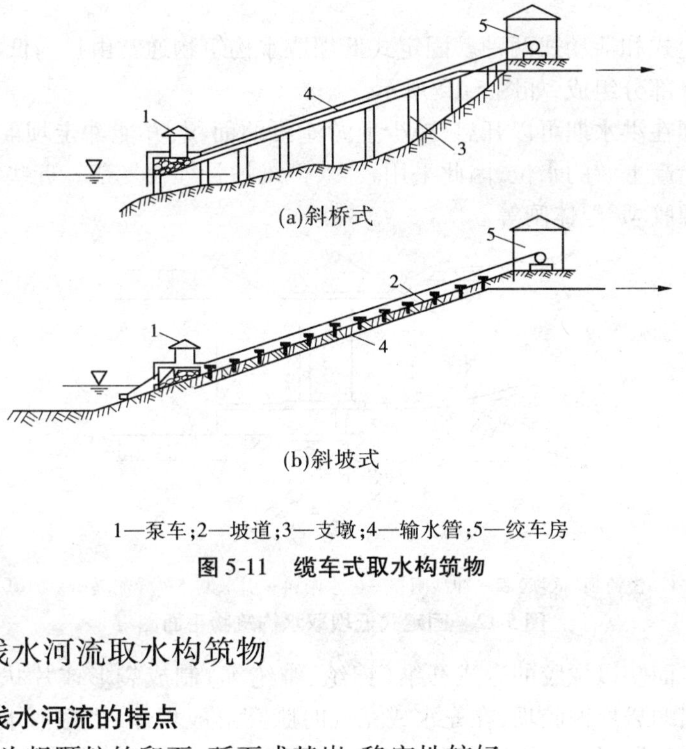

1—泵车;2—坡道;3—支墩;4—输水管;5—绞车房

图5-11　缆车式取水构筑物

三、山区浅水河流取水构筑物

(一)山区浅水河流的特点

(1)河床多为粗颗粒的卵石、砾石或基岩,稳定性较好。

(2)河床坡降大、河狭流急,洪水期流速大,洪水期推移质多,有时可挟带直径1 m以上的大滚石。

(3)水位和流量变化幅度大。雨后水位猛涨、流量猛增,但历时很短。枯水期的径流量和水位均较小,甚至出现多股细流和局部地表断流现象。洪、枯水期径流量之比常达数十倍、数百倍甚至更大。

(4)水质变化剧烈。枯水期水质较好,清澈见底;洪水期水质变浑,含沙量大,漂浮物多。

(5)北方某些山区河流潜冰(水内冰)期较长。

(二)取水的特点

山区河流枯水期河流流量很小,因此取水量常常占河水枯水径流量的比重很大,有时高达70% ~90%;平枯水期水层浅薄,不能满足取水深度要求,需要修筑低坝抬高水位或采用底部进水的方式解决;洪水期推移质多,粒径大,因此在山区浅水河流的开发利用中,既要考虑到使河水中的推移质能顺利排除,不致大量堆积,又要考虑到使取水构筑物不被大颗粒推移质损坏。适合于山区浅水河流的取水构筑物形式有低坝取水、底栏栅取水、渗渠取水以及开渠引水等。这里只对低坝取水和底栏栅取水构筑物作简要介绍。

(三)低坝取水构筑物

当山区河流水量特别小、取水深度不足时,或者取水量占枯水流量的比重较大(30% ~50%)时,在不通航、不放筏、推移质不多的情况下,可在河流上修筑低坝以抬高水位和拦截足够的水量。低坝位置应选择在稳定河段上,坝的设置不应影响原河床的稳定性,取水口宜布置在坝前河床凹岸处。当无天然稳定的凹岸时,可通过修建弧形引水渠造成类似的水流条件。

低坝有固定式和活动式两种。固定式低坝取水构筑物通常由拦河低坝、冲沙闸、进水闸或取水泵站等部分组成,如图5-12所示。

活动式低坝在洪水期可以开启,减少上游淹没的面积,并能冲走坝前沉积的泥沙,枯水期能挡水和抬高上游的水位,因此采用较多,但维护管理较复杂。近些年来广泛采用的新型活动坝有橡胶坝、浮体闸等。

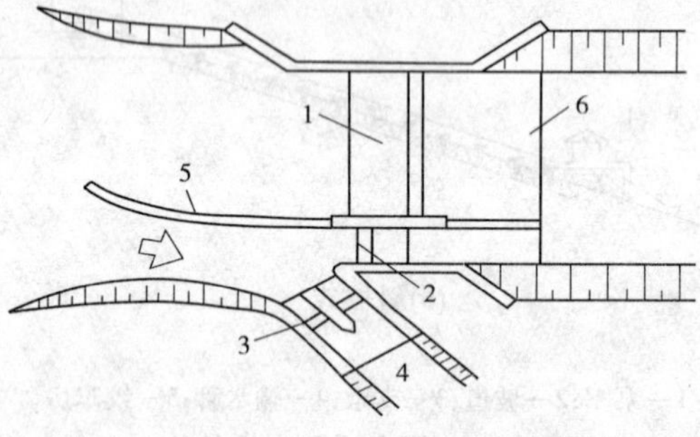

1—溢流坝(低坝);2—冲沙闸;3—进水闸;4—引水渠;5—导流堤;6—护坦

图5-12　固定式低坝取水构筑物平面图

橡胶坝用表面塑以橡胶的合成纤维(锦纶、维纶等)制成袋形或片状,锚固在闸底板和闸墙上。封闭的袋形橡胶坝,在充水或充气时胀高形成坝体,拦截河水而使水位升高。当需泄水时,只要排出气体或水即可。橡胶坝坝体重量轻,施工安装方便,工期短,投资省,止水效果好,操作灵活简便,可根据需要随时调节坝高,抗震性能好。但其坚固性及耐久性差,易损坏,寿命短。

浮体闸有一块可以绕底部固定铰旋转的空心主闸板,在水的浮力作用下可以上浮一定高度起到拦水作用。另外,还有两块副闸板相互铰接,可以折叠,并同时与主闸板铰接起来。当闸腔内充水时,主闸板上浮,低坝形成;当闸腔内的水放出时,主闸板回落,以便泄水。

(四)底栏栅取水构筑物

通过坝顶带栏栅的引水廊道取水，称为底栏栅取水构筑物，它由拦河低坝、底栏栅、引水廊道、沉沙池、取水泵站等部分组成(见图5-13)。在河床较窄、水深较浅、河床纵坡降较大、大颗粒推移质特别多的山溪河流，且取水量占河水总量比例较大时采用。

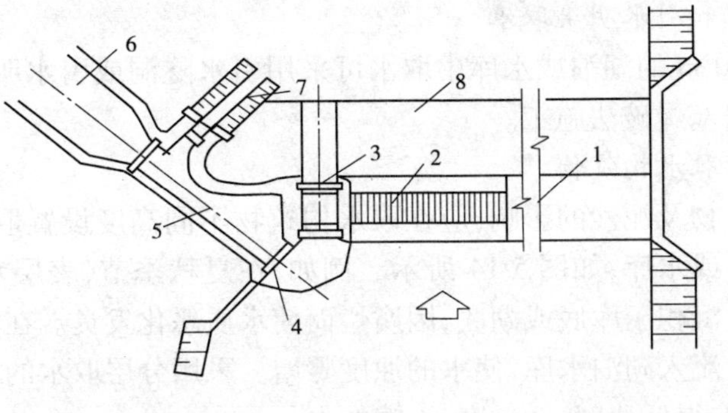

1—溢流坝(低坝)；2—底栏栅；3—冲沙室；4—进水闸；
5—第二冲沙室；6—沉沙池；7—排沙渠；8—防洪护坦

图5-13　底栏栅式取水构筑物平面图

四、湖泊和水库取水构筑物

(一)湖泊和水库特征

(1)湖泊和水库的水位与其蓄水量和来水量有关，其年变化规律基本上属于周期性变化。以地表径流为主要补给来源的湖泊或水库，夏秋季节出现最高水位，冬末春初则为最低水位。水位变化除与蓄水量有关外，还会受风向与风速的影响。在风的作用下，向风岸水位上升，而背风岸水位下降。

(2)湖泊和水库具有良好的沉淀作用，水中泥沙含量较低，浊度变化不大。但在河流入口处，由于水流突然变缓，易形成大量淤积。

(3)不同的湖泊或水库，水的化学成分不同。对同一湖泊或水库，位置不同，水的化学成分和含盐量也不一样。湖泊、水库的水质与补给水水源的水质、水量流入和流出的平衡关系、蒸发量的大小、蓄水构造的岩性等有关。

(4)湖泊、水库中的水流动缓慢，浮游生物较多，多分布于水体上层10 m深度以内的水域；浮游生物的种类和数量，近岸处比湖中心多，浅水处比深水处多，无水草处比有水草处多。

(二)取水构筑物位置选择

(1)不宜选择在湖岸芦苇丛生处附近。一般在这些湖区有机物丰富，水生物较多，水质较差，尤其是水底动物较多。螺丝等软体动物吸附力强，若被水泵吸入后将会产生堵塞现象。

(2)夏季主风向的向风面的凹岸处有大量的浮游生物集聚并死亡，腐烂后产生异味，水质恶化，且一旦藻类被吸入水泵提升至水厂后，会在沉淀池和滤池的滤料内滋生，增大滤料阻力，因此应避免选择在该处修建取水构筑物。

(3)应选择靠近大坝或远离支流的汇入口,这样可以防止泥沙淤积取水头部。

(4)应建在稳定的湖岸或库岸处,可以避免大风浪和水流对湖岸、库岸的冲击和冲刷,减少对取水构筑物的危害。

(三)取水构筑物类型

1. 隧洞式取水和引水明渠取水

在水深大于 10 m 的湖泊或水库中取水可采用引水隧洞或引水明渠。隧洞式取水构筑物可采用水下岩塞爆破法施工。

2. 分层取水的取水构筑物

为避免水生生物及泥沙的影响,应在取水构筑物不同高度设置取水窗。这种取水方式适宜于深水湖泊或水库,如图 5-14 所示。例如,在夏秋季节,表层水藻类较多,在秋末这些漂浮生物死亡沉积于库底或湖底,因腐烂而使水质恶化发臭。在汛期,暴雨后的地表径流带有大量泥沙流入湖泊水库,使水的浊度骤增。采用分层取水的方式,可以根据不同水深的水质情况,取得低浊度、低色度、无嗅的水。

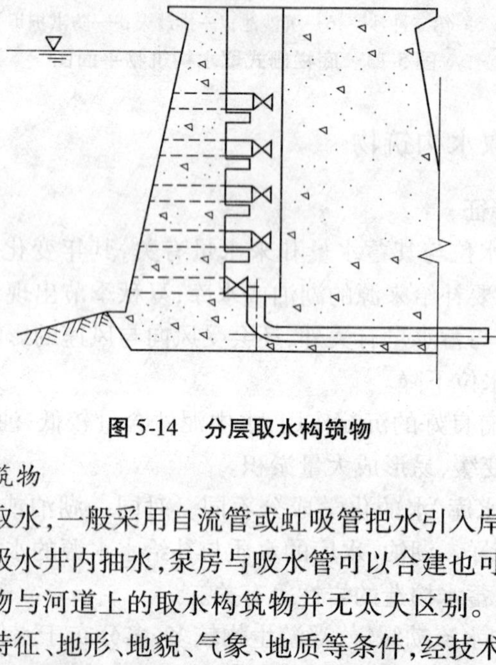

图 5-14　分层取水构筑物

3. 自流管式取水构筑物

在浅水湖泊和水库取水,一般采用自流管或虹吸管把水引入岸边深挖的吸水井内,然后水泵的吸水管直接从吸水井内抽水,泵房与吸水管可以合建也可分建。

上述几种取水构筑物与河道上的取水构筑物并无太大区别。在选用时,应综合考虑湖泊或水库具体的水文特征、地形、地貌、气象、地质等条件,经技术经济比较后确定,力求取水安全可靠,水量充沛,水质良好及施工、运行、管理、维修方便。

五、海水取水构筑物

(一)海水取水特点

1. 海水含盐量高,腐蚀性强

海水含有较高的盐分,一般为 3.5%,如不经处理,一般只宜作为工业冷却水。海水中主要含有氯化钠、氯化镁和少量的硫酸钠、硫酸钙,具有较强的腐蚀性和较高的硬度。

防止海水腐蚀的主要措施有:

(1)采用耐腐蚀的材料及设备,如采用青铜、镍铜、铸铁、钛合金以及非金属材料制作的管道、管件、阀件、泵体、叶轮等；

(2)表面涂敷防护，如管内壁涂防腐涂料，采用有内衬防腐材料的管件、阀件等；

(3)采用阴极保护；

(4)宜采用标号较高的抗硫酸盐水泥及制品，或采用混凝土表面涂敷防腐技术。

2. 海生生物的影响与防治

海生生物的大量繁殖常堵塞取水头部、格网和管道，且不易清除，对取水安全可靠性构成极大危胁。

防治和清除的方法有加氯法、加碱法、加热法、机械刮除、密封窒息、含毒涂料、电极保护等，其中以加氯法采用较多，效果较好。

3. 潮汐和波浪

潮汐现象是指海水在天体(主要是月球和太阳)引潮力作用下所产生的周期性运动，习惯上把海面铅直向涨落称为潮汐，而海水在水平方向的流动称为潮流。潮汐平均每隔12 h 25 min 出现一次高潮，在高潮之后 6 h12 min 出现一次低潮。

海浪则是由于风力引起的。当风力大、历时长时，往往会产生巨浪，且具有很大的冲击力和破坏力。取水构筑物应设在避风的位置，对潮汐和海浪的破坏力给予充分考虑。

4. 泥沙淤积

在海滨地区，潮汐运动往往使泥沙移动和淤积，在泥质海滩地区，这种现象更为明显。因此，取水口应避开泥沙可能淤积的地方，最好设在岩石海岸、海湾或防波堤内。

(二)海水取水构筑物分类

1. 引水管渠取水

当海滩比较平缓时，可采用自流管或引水管渠取水，如图 5-15 所示。

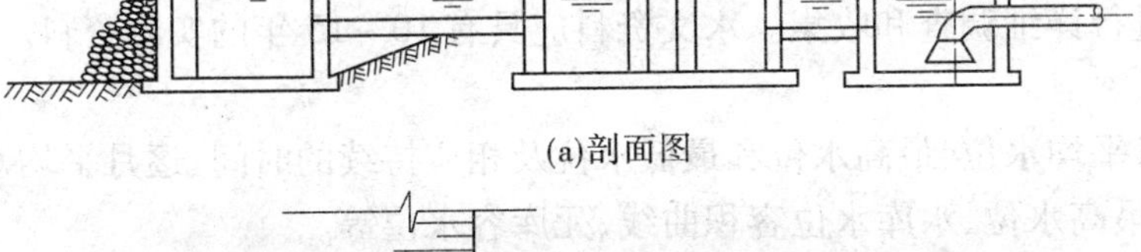

(a)剖面图

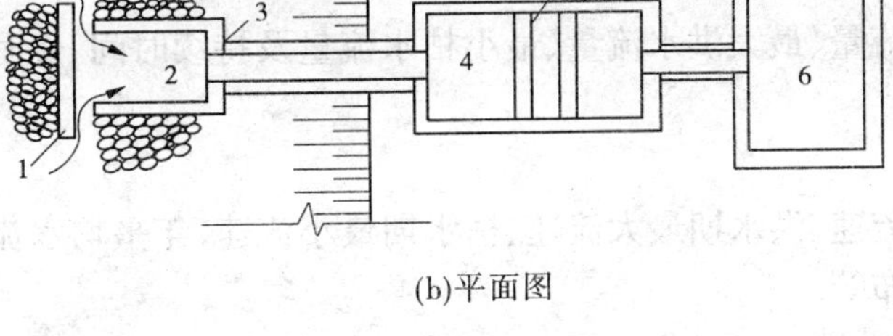

(b)平面图

1—防浪墙；2—进水斗；3—引水渠；4—沉淀池；5—滤网；6—泵房

图 5-15　引水管渠取水构筑物

2. 岸边式取水

在深水海岸，若地质条件及水质良好，可考虑设置岸边式取水，直接从岸边取水。

3. 潮汐式取水

如图 5-16 所示在海边围堤修建蓄水池,在靠海岸的池壁上设置若干潮门。涨潮时,海水推开潮门,进入蓄水池。退潮时,潮门自动关闭,泵站从蓄水池取水。利用潮汐蓄水,可以节省投资和电耗。

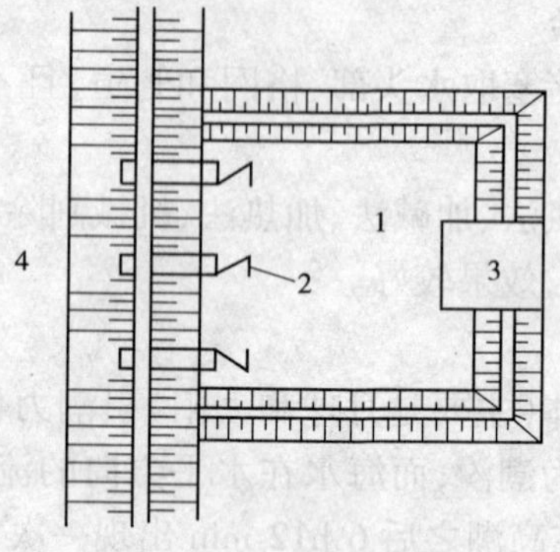

1—蓄水池;2—潮门;3—取水泵房;4—海湾

图 5-16　潮汐式取水构筑物

第三节　地表水取水构筑物的设计

一、地表水水源资料及其收集

在进行地表水取水构筑物设计之前,应调查和收集有关水源资料。

(一)水文资料

水位、流量、流速等是江河径流的重要水文特征,是取水构筑物设计的重要依据,必须对这些资料进行详细调查和收集。水文资料应具有 10 ~ 15 年的实测资料。

1. 水位

历年逐日平均水位、最高水位和最低水位及相应持续的时间、逐月平均水位和年平均水位、潮汐时最高水位、水库水位容积曲线、死库容水位等。

2. 流量

历年逐日平均流量、最大洪水流量、最小枯水流量及持续时间、逐月平均流量和年平均流量等。

3. 流速

历年逐日平均流速、洪水期最大流速、枯水期最小流速、年平均水流速度以及各种情况下的河流流速分布等。

4. 波浪

波浪高、波长及相应的风向、风速、吹程等。

(二)水质资料

(1)历年逐月水质分析资料。

(2)泥沙颗粒组成及运动规律。

（3）河流断面含沙量分布，包括沿水深分布和水流的挟沙能力。

（4）历年逐日平均含沙量及含沙量特征值统计资料。

（5）洪水期杂物及平时河流中漂浮物情况，包括漂浮物的种类、数量和分布等。

（6）河流冰冻期阶段及持续时间，冰冻种类及分布、变化规律。

（三）河床资料

（1）工程所在河段的河道纵横剖面图。

（2）河段来沙量及组成和冲淤变化、河床变形情况及河道弯曲度。

（3）取水地区流域地形图。

（4）取水点上、下游一定范围内的河道地形图和河床断面图。

（5）取水口水下地形图。

（四）人类活动影响资料

该资料包括河流综合规划、水土保持措施、城镇化建设、水库蓄建等对取水构筑物设计有较大影响的人类活动。

（五）其他资料

（1）流域地质构造和水位地质资料。

（2）年降水、蒸发和暴雨统计资料；风速、风向及其频率统计资料。

（3）流域内土壤和植被的类型、发育及地区分布。

二、地表水取水位置的选择

地表水取水位置选择的是否恰当，直接影响取水的水质和水量、取水的安全可靠性、投资、运行和管理，以及整个河流的综合利用。因此，在选择地表水取水位置的时候，应根据取水河段的水位、地形、地质、水质及卫生防护、河流规划及综合利用、施工管理等条件进行全面分析，综合考虑。

（一）取水点应设在水质较好的地段

生活污水和生产废水的排放常常是河流污染的主要原因，因此供生活用水的取水构筑物应设在城市和工业企业的上游，距离污水排放口上游 100～150 m 以上。

取水点应避开河流中的回流区和死水区，以减少水中泥沙、漂浮物。

在沿海地区受潮汐影响的河流上设置取水构筑物时，应考虑咸潮的影响。

避免农田污水灌溉、果园杀虫剂等有害物质污染水源。

避开河流中含沙量较多的河段。

电厂冷却水要求取得温度尽可能低的河水，应从底层（含沙少时）和河心取水。

（二）取水点应设在具有稳定的河床、靠近主流和有足够水深的地段

1. 弯曲河段

取水口宜设置在凹岸，但取水点应避开凹岸主流的顶冲点（即主流最初靠近凹岸的部位），一般可设在顶冲点下游同时冰水分层的河段。

2. 顺直河段

取水点应选在主流靠近岸边、河床稳定、水深较大、流速较快的地段，通常也就是河流较窄处。在取水口处的水深一般要求不小于 2.5～3.0 m。

3. 有边滩、沙洲的河段

不宜将取水点设在可移动的边滩、沙洲的下游附近,以免被泥沙堵塞。一般应将取水点设在上游距沙洲 500 m 以上远处。

4. 有支流入口的河段

取水口应离开支流入口处上、下游有足够的距离,一般取水口多设在汇入口干流的上游河段。

(三)取水点应具有良好的地质、地形及施工条件

取水构筑物应尽量设在地质构造稳定、承载力高的地基上,断层、流沙层、滑坡、风化严重的岩层、岩溶发育地段及有地震影响地区的陡坡或山脚下,不宜修建取水构筑物。

取水口应考虑选在对施工有利的地段,不仅要交通运输方便,有足够的施工场地,而且要有较少的土石方量和水下工程量。水下施工不仅困难,而且费用甚高,所以应充分利用地形,尽量减少水下施工量,以节省投资、缩短工期。

(四)取水点应靠近主要用水地区

取水点位置应与工业布局和城市规划相适应,为保证取水安全,应尽可能靠近主要用水地区,且输水管的铺设应尽量减少穿过天然或人工障碍物。

(五)取水点应避开人工构筑物和天然障碍物的影响

河流上的人工构筑物和天然障碍物会改变河流的水流条件,使河床产生冲刷或淤积,必须对此注意。具体要求有以下几个方面。

1. 桥梁

避开桥前水流滞缓段和桥后冲刷、落淤段。取水构筑物一般设在桥前 0.5 ~ 1.0 km 或桥后 1.0 km 以外的地方。

2. 丁坝

取水口应设在本岸丁坝的上游或对岸,在丁坝同岸的下游不宜设取水口。

3. 码头

应将取水口设在距码头边缘至少 100 m 处,并应征求航运部门的意见。

4. 拦河闸坝

当取水口设在上游时,应选在闸坝附近、距坝底防渗铺砌起点 100 ~ 200 m 处。当取水口设在闸坝下游时,取水口不宜与闸坝靠得太近,应设在其影响范围以外。

5. 陡崖、石嘴

其上、下游附近容易出现泥沙沉积区,因此在此区内不宜设置取水口。

(六)取水点应避免冰凌的影响

取水口应设在不受冰凌直接冲击的河段,并应使冰凌能顺畅地顺流而下。

在冰冻严重的地区,取水口应选在急流、冰穴、冰洞及支流入口的上游河段。

有流冰的河道,应避免将取水口设在流冰易于堆积的浅滩、沙洲、回流区和桥孔的上游附近。

在流冰较多的河流中取水,取水口宜设在冰水分层的河段,从冰层下取水。

(七)取水点应与河流的综合利用相适应

选择取水地点时,应注意河流的综合利用,如航运、灌溉、排灌等。

应了解在取水点的上、下游附近近期内拟建的各种水工构筑物（堤坝、丁坝及码头等）和整治河道的规划以及对取水构筑物可能产生的影响。

三、地表水取水构筑物设计原则

在地表水取水构筑物的设计中，应遵守以下原则：

（1）从江河取水的大型取水构筑物，在下列情况下应在设计前进行水工模型实验：①当大型取水构筑物的取水量占河道最枯流量的比例较大时；②由于河道及水文条件复杂，需采取复杂的河道整治措施时；③设置壅水构筑物的情况复杂时；④拟建的取水构筑物对河道会产生影响，需采取相应的有效措施时。

（2）城市供水水源的设计枯水流量保证率一般可采用90% ~97%；设计最高水位一般按1%的频率确定，设计枯水位的保证率一般可采用90% ~99%。

（3）取水构筑物应根据水源情况，采取防止和清除漂浮物、泥沙、冰凌、冰絮和水生生物的阻塞的措施，以及采取防止冰凌、木筏和船只的撞击的保护措施，同时还要防止洪水冲刷、淤积、冰冻层挤压和雷击的破坏。

（4）江河取水构筑物的防洪标准不应低于城市防洪标准，其设计洪水重现期不得低于100年。

（5）取水构筑物的冲刷深度应通过调查与计算确定，并应考虑汛期高含沙水流对河床的局部冲刷和“揭底”问题。

（6）在通航河道上，应根据航运部门的要求在取水构筑物处设置标志。

（7）在高含沙河流下游淤积河段设置的取水构筑物，应预留设计使用年限内的总淤积高度，并考虑淤积引起的水位变化。

（8）水源、取水点和取水量的确定，应取得有关部门（如河务管理部门）的同意。

四、固定式取水构筑物的构造和设计

（一）岸边式取水构筑物

岸边式取水构筑物一般采用钢筋混凝土结构，其平面结构形式应视取水规模、地质条件、施工条件、机组规模、供水要求、平面布置等因素综合考虑而定[26~31]。

1. 进水间

进水间一般由进水室和吸水室两部分组成。进水间可与泵房分建或合建。分建时进水间的平面形状有圆形、矩形和椭圆形等。圆形平面结构性能较好，水流阻力较小，便于施工，但水泵、设备等不好布置，面积利用率不高；矩形构筑物结构性能不及圆形，但便于机组、设备布置；椭圆形平面介于两者之间，兼有两者的优点，可用于大型取水。

进水室的平面尺寸应根据进水孔、格网和闸板的尺寸及安装、检修和清洗等要求确定，吸水室的设计要求一般与泵房吸水井基本相同。吸水室的平面尺寸按水泵吸水管的直径、数目和布置要求确定。

2. 进水孔

岸边式取水构筑物应能在洪水位、常水位、枯水位都能取到含沙量较小的水，所以岸边式取水构筑物往往采用在不同高程处分层设置进水孔的方法取水。当河流水位变幅在

6 m 以上时,一般设置两层进水孔,洪水位时采用较高位置的进水孔取水,枯水位时采用较低位置的取水孔取水。进水孔一般为矩形。

3. 进水间的附属设备

岸边式取水构筑物进水间的附属设备有格栅、格网、排泥、起闭设备和起吊设备等。

为截留水中粗大的漂浮物,须在取水头部或进水间的进水孔处设置格栅。格栅由金属框架和栅条组成。框架外形与进水孔形状相同。栅条断面有矩形、圆形等。栅条厚度或直径一般采用 10 mm。栅条间净距应根据取水量大小、冰絮和漂浮物等情况确定,小型取水构筑物一般为 30 ~ 120 mm,大、中型取水构筑物一般为 80 ~ 120 mm,当江河中冰絮或漂浮物较多时,栅条间净距宜取较大值。进水孔的过栅流速是主要设计参数,当河流上有冰絮时为 0.2 ~ 0.6 m/s,当河流上无冰絮时为 0.4 ~ 1 m/s。当取水量较小时,江河水流速度较小、泥沙和漂浮物较多时,可取较小值,反之,可取较大值。水流通过格栅的水头损失,一般采用 0.05 ~ 0.1 m。栅条可以直接固定在进水孔上,或者放在进水孔外侧的导槽中,可以拆卸,以便清洗和检修。

为进一步截留水中细小的杂质,可在格栅后设置格网。格网的孔眼尺寸小于格栅,格网有平板格网和旋转格网两种,目前倾向于采用旋转格网。

1) 平板格网

平板格网由框架与金属格网构成。框架一般采用槽钢或角钢制造,金属格网可采用耐腐蚀的金属丝编制而成,如铜丝、镀锌钢丝、不锈钢丝等。金属格网一般设一层,当其面积较大时,可设置两层,即在工作网后加设支撑网。平板格网多用于中小水量、漂浮物不多的场合。

2) 旋转格网

旋转格网由绕在上下两个旋转轮上的连续网板组成,用电动机带动。网格由金属框架及金属网组成,一般网眼尺寸为 4 mm × 4 mm ~ 10 mm × 10 mm,视水中漂浮物数量和大小而定,网丝直径为 0.8 ~ 1.0 mm。

当进水室和吸水室中的水流速度较小,河水中含泥沙较多时,常会有大量泥沙沉积,因此需设排泥、冲洗装置以便及时清理排除。进水室与吸水室多采用高压水冲洗,一般采用穿孔管和喷嘴。排泥可采用排砂泵、排污泵、压缩空气提升器等设备进行。冲洗应与排泥相配合,以提高排泥效果。

在进水间的进水孔、格网和横向隔墙的联通孔上须设置闸阀、闸板等起闭设备,以便对进水间冲洗和设备检修时使用。常用平板闸门、滑阀和蝶阀等。

起吊设备设在进水间上部的操作平台上,用以起吊格栅、格网、闸板和其他设备。常用起吊设备有单轨吊车与桥式吊车,按驱动方式又可分为电动或手动,电动吊车常用于起吊较重的设备,手动吊车则用于起吊较轻的设备。

4. 岸边式取水泵房

泵房的设计应尽量减少泵房面积,水泵型号和台数不宜过多,一般常采用 3 ~ 4 台(包括备用泵)。一般来说,大泵效率高于小泵,选泵时应以近期水量为主,适当考虑远期发展的可能,预留一定位置,届时可将小泵改为大泵,如条件许可时,可将水泵叶轮换大,或另行增加水泵。

泵房平面有圆形、矩形、椭圆形、半圆形等,常见的有矩形和圆形。矩形泵房便于布置水泵及管路,常用于水泵台数较多(4 台以上)、泵房深度小于 10 m 的情况。圆形泵房受力条件较好,便于沉井施工,当水位变幅较大、泵房较深时,比矩形泵房更经济,因此当深度大于 10 m 时,常采用圆形泵房,但水泵台数不宜过多。

取水泵房的起吊设备有一级起吊和二级起吊两种。若取水泵房深度较大(20 ~ 30 m)时,由于起吊高度大,设备重,一级起吊设备难以满足要求时可考虑采用二级起吊,并注意两者的衔接。深度较大的大型泵房(一般大于 25 m),除楼梯外,应设置电梯改善交通。为保证泵站的供水可靠性,应考虑采用自动监控设备。

取水泵房在水下深度大,在设计和施工中都应保证有可靠的措施以防止水的渗入。取水泵房要受到河水或地下水的浮力作用,在设计时必须考虑抗浮,可考虑采用以下方法:①在泵房顶部或侧壁增加重物抗浮,将泵房底板扩大嵌固于岩石地基内,增加抗浮;②嵌固、锚固于基岩内抗浮;③增加泵房下井和底板与岩石之间的黏结力或摩擦力抗浮等。可视具体情况而采用一种或多种抗浮的方法,以保证整个构筑物的稳定。

(二)河床式取水构筑物

河床式取水构筑物由泵房、集水间、取水头部和进水管组成。由于泵房和集水间与岸边式取水构筑物的泵房、进水间基本相同,因此这里只介绍取水头部与进水管。

1. 取水头部

1)取水头部设计的一般要求

(1)取水头部应设在稳定河床的主流深槽处,有足够的取水深度。

(2)选择合理的外形和较小的体积,以避免对周围水流产生大的扰动,同时防止取水头部受冲刷,甚至被冲走。取水头部的形状对取水水质及河道水流有较大的影响,因此应具有合理的外形卡,迎水面一端做成流线形,并使头部长轴与水流方向一致。其中,流线形对水流阻力最小,但不便于施工和布置设备,实际中应用较少;棱形、长圆形的水流阻力较小,常用于箱式和墩式取水头部;圆形水流阻力虽较大,但能较好地适应水流方向的变化,且施工较方便。在实际应用中,可根据具体情况而定。

(3)任何形式的取水头部均不同程度地使河道水流发生变化,引起局部冲刷,因此应将取水头部的基础埋在冲刷深度以下,在可能的冲刷范围内抛石加固。

(4)取水构筑物的取水头部宜分设两个或分成两格。为取水安全,相邻的取水头部应有较大的间距,一般沿水流方向的间距应不小于头部最大尺寸的 3 倍。如有条件,应在高程上和深入河床的距离上彼此错开。

(5)取水头部应防止冰块堵塞和冲击,并防止船只、木筏碰撞,可在上游或周围设置航标加以保护。

2)取水头部的形式和构造

(1)管式取水头部。管式取水头部是一个设有格栅的金属喇叭管,用桩架或支墩固定在河床上。这种取水头部构造简单、造价低、施工方便,适用于江河水质较好、洪水期浊度不大、水位变幅较小的中小型取水构筑物。当河流中漂浮物较多时,易堵塞格栅,因此应设反冲或清洗设施。喇叭口可以布置成顺水流式、水平式、垂直向上式和垂直向下式,如图 5-17 所示。

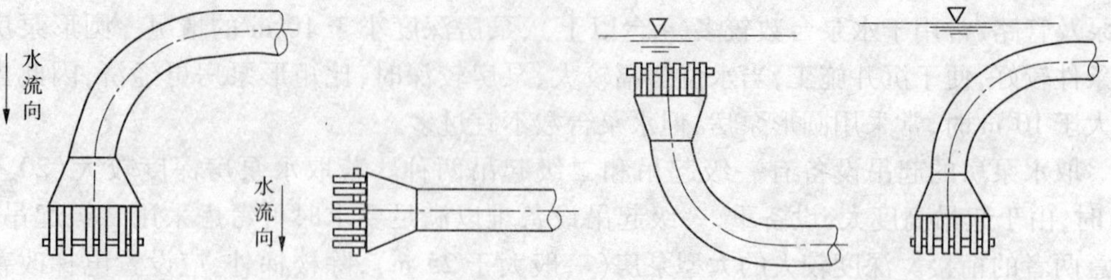

图 5-17　管式取水头部

(2)蘑菇式取水头部。蘑菇式取水头部是一个垂直向上的喇叭管,上面加一金属帽盖,水流由帽盖底部格栅曲折入管,因此带入的泥沙及漂浮物比管式取水头部少。其取水头部分几节装配,便于吊装和检修,但施工安装较麻烦。这种形式的取水头部适用于中小型取水构筑物,因蘑菇头较高,所以要求在枯水期仍有一定(1.0 m 以上)的水深。

(3)鱼形罩式取水头部。鱼形罩式取水头部是由钢板卷焊、两端带有圆锥体的圆筒,圆筒表面和背水的圆锥体表面上开设圆形进水孔,如图 5-18 所示。鱼形罩式取水头部外形圆滑,水流阻力小,进水孔流速小,漂浮物难以吸附在罩上,故能减少水草堵塞,适用于水泵直接吸水的中小型取水构筑物,鱼形罩可焊在吸水管上,或安装在吸水管的喇叭口外。

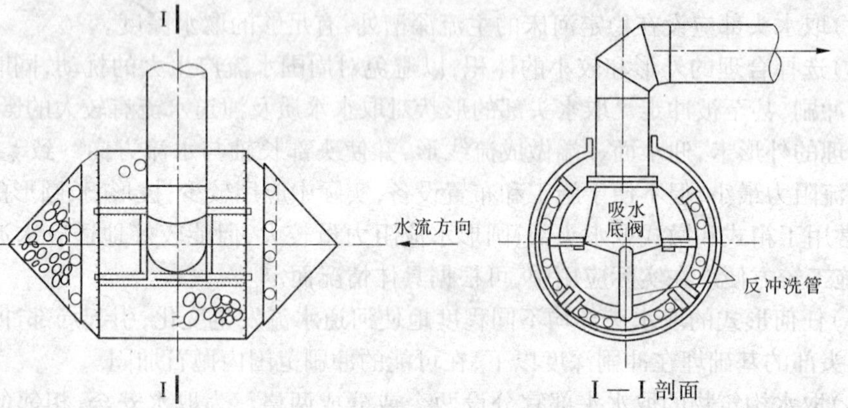

图 5-18　鱼形罩式取水头部

(4)箱式取水头部。箱式取水头部由周边开设进水孔的钢筋混凝土箱和设在箱内的金属管组成。箱的平面为矩形、圆形或菱形等。箱式取水头部由于进水孔总面积较大,能减少冰凌和泥沙进入量,适用于水深较小、含沙量小、冬季潜冰较多的河流。

(5)桥墩式取水头部。桥墩式取水头部有淹没式和半淹没式两种,这种形式的取水头部适用于中小型的取水构筑物和水深较小、船只通航不频繁的河流。因取水头部的基础深入河床,产生局部冲刷,使泥沙不易淤积,故可取得较好的水质,保持一定的取水深度,但对周围河床须采取防护措施。取水头部长轴应尽量与洪水期水流方向一致,以免水流阻力过大。图 5-19 为淹没式桥墩式取水头部。

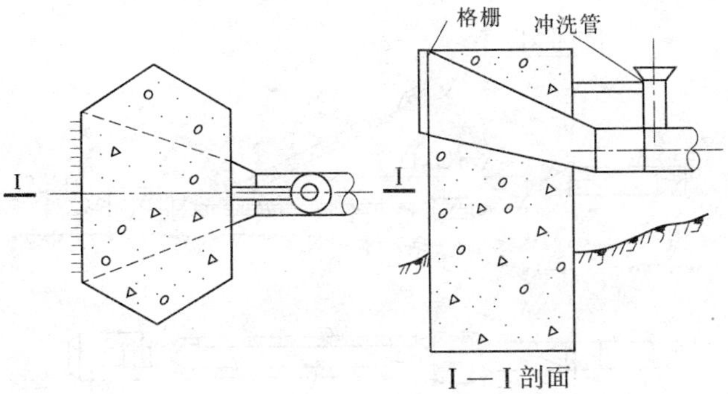

图5-19　淹没式桥墩式取水头部

(6)桩架式取水头部。桩架式取水头部如图5-20所示,用钢筋混凝土桩或木桩打入河底支承取水头和管道;桩架四周可设置格栅,以拦截漂浮物。取水头部附近河床用抛石护底,防止冲刷。这种形式的取水头部适用于流速较小、水位变化不大、河岸地质适宜打桩的河流。

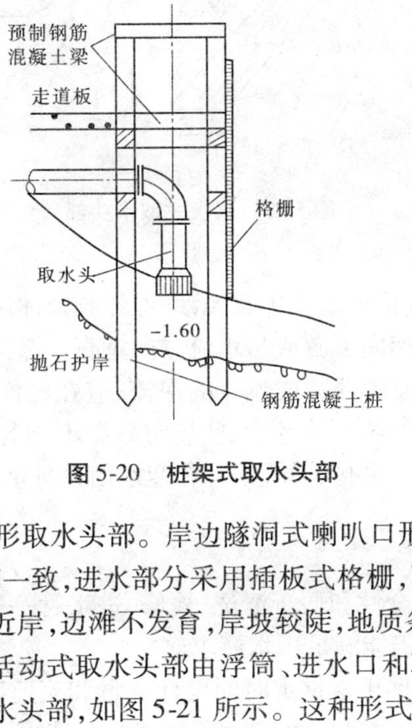

图5-20　桩架式取水头部

(7)岸边隧洞式喇叭口形取水头部。岸边隧洞式喇叭口形取水头部的倾斜喇叭口形的自流管管口做成与河岸相一致,进水部分采用插板式格栅,可减小水下工作量,施工方便,节省投资。适用于主流近岸,边滩不发育,岸坡较陡,地质条件较好的河段。

(8)活动式取水头部。活动式取水头部由浮筒、进水口和联络管组成,一个浮筒带两个取水头,为软管式活动取水头部,如图5-21所示。这种形式适用于枯水期水深较浅、洪水期底部含沙量较大的山区河流,多用于中小型取水构筑物。

(9)斜板式取水头部。如图5-22所示,斜板常采用上向流式,在取水头部上设置斜板,河水经过斜板时,粗颗粒泥沙即沉淀在斜板上,并滑落至河底,被河水带走,从而减轻管道内粗沙淤积和水泵磨损,有利于取水构筑物的运行。该形式适用于含沙量大、粗颗粒泥沙占一定数量、枯水期仍有较大水深和较大流速的河段,在我国西南地区采用较多,对从山区河流取水的小型工程也较适用。

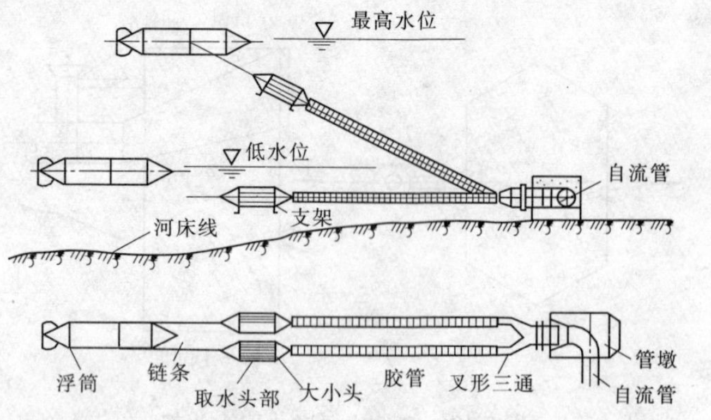

图 5-21　活动式取水头部

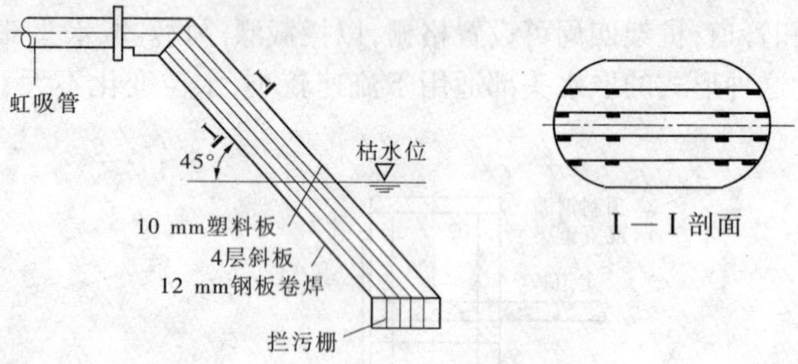

图 5-22　斜板式取水头部

3）取水头部进水孔的设计

进水孔的位置和方向应根据水流中含泥沙、漂浮物及冰凌等情况确定，一般布置在取水头部的侧面和下游面，多朝向下游或与水流方向垂直。漂浮物和泥沙较少的河流，可在取水头部下游侧开进水孔；有漂浮物或流冰的河流，应在侧面设进水孔，以免水面旋涡吸入漂浮物；河床为易冲刷的土壤、含沙量大且竖向分布不均匀的河流，当漂浮物或流冰少时，可在取水头部的顶部设进水孔；一般不宜在迎水面设进水孔。

2. 进水管

1）进水管设计的一般要求

（1）为了提高进水的安全性和便于清洗、检修，进水管一般不少于两根。当一根进水管停止工作时，其余进水管仍能满足用水要求。

（2）进水管的管径应根据正常供水时的设计水量和流速确定。进水管设计流速一般采用 1.0～1.5 m/s，水量大、含沙量大、进水管短时，流速可适当增大。当一条管冲洗或检修时，管中流速允许达到 1.5～2.0 m/s。

（3）进水管内易产生淤积，因此应考虑采取冲洗措施，冲洗流速采用 1.5～2.0 m/s。

2）进水管的形式

进水管有自流管和虹吸管两种。

（1）自流管一般采用钢管、铸铁管或钢筋混凝土管。钢管应有防腐措施，铸铁管内应有水泥砂浆衬涂。大型取水工程如条件允许，可采用钢筋混凝土暗渠。

自流管管顶应在河床冲刷深度以下0.25～0.3 m，不易冲刷的河床，管顶最小埋深应在0.5 m。另外，考虑放空检修时管道不致因减少重量而上浮，其埋设深度必须满足抗浮要求。

(2)虹吸管宜采用钢管，以保证密封不漏气。埋在地下部分的管道也可用铸铁管。虹吸管的虹吸高度一般采用不大于4～6 m，进水端在设计最低水位下的淹没深度应不小于1.0 m，出水端应伸入集水井最低动水位以下1.0 m，虹吸管应向集水井方向上升，其坡度一般为0.000 3～0.005。

3)进水管的冲洗

进水管的冲洗有正向冲洗和反向冲洗两种。正向冲洗指冲洗时管内水流方向与正常运行时的水流方向一致，也称顺冲。冲洗方法为：①在河流水位较高时，先关闭进水管末端闸门，将进水间的水抽出至最低水位，然后迅速打开闸门，利用较大的水位差进行冲洗；②关闭另外几根进水管，利用欲冲洗的一根管来供应全部水量，使该管流量增加、流速加大来进行冲洗。正向冲洗法比较简单，不需另设冲洗管道，但泥沙不易冲走，效果较差。

反向冲洗指管内水流方向与正常运行时的水流方向相反，即泥沙流向河床。冲洗方法为：①当河流水位低时，先关闭水管末端阀门，将进水间的一个分格充水至最大高度，然后迅速打开进水管上的闸门，利用进水间与河流形成的较大水位差进行冲洗；②将进水管与压力输水管或冲洗水泵连接进行冲洗，利用水泵压力或高位水池来水进行反冲洗。这种方法水量充足、压力高，使用灵活，效果较好，但管路较复杂。虹吸管进水管还可在河流低水位时，利用破坏真空的办法进行反冲洗。

第四节　地表水输水工程的选择与设计

如前所述，输水工程主要采用渠道输水和管道输水两种方式。其中，渠道输水主要应用于农田灌溉，可参见第八章中第二节“农业用水途径”；管道输水主要用于城市生产和生活用水，本节主要介绍城市给水管道工程[31～34]。

一、给水管网系统

给水管网系统是保证城市、工矿企业等用水的各项构筑物和输配水管网组成的系统。其基本任务是安全合理地供应城乡人民生活、工业生产、保安防火、交通运输等各项用水，保证满足各项用水对水量、水质和水压的供水要求。

给水管网系统一般由输水管(渠)、配水管网、水压调节设施(泵站、减压阀)及水量调节设施(清水池、水塔、高地水池)等构成。

(1)输水管(渠)，是指在较长距离内输送水量的管道或渠道，一般不沿线向外供水。

(2)配水管网，是指分布在供水区域内的配水管道网络，其功能是将来自于较集中点(如输水管渠的末端或储水设施等)的水量分配输送到整个供水区域，使用户能从近处接管用水。

(3)泵站，是输配水系统中的加压设施，可分抽取原水的一级泵站、输送清水的二级泵站和设于管网中的增压泵站等。

(4)减压阀,是一种自动降低管路工作压力的专门装置,它可将阀前管路较高的水压减少至阀后管路所需的水压。

(5)水量调节设施,包括清水池、水塔和高地水池等,其中清水池位于水厂内,水塔和高地水池位于给水管网中。水量调节设施的主要作用是调节供水和用水的流量差,也用于储备用水量。

给水管网有多种类型,包括统一给水系统,即采用同一系统供应生活、生产和消防等各种用水;当用户对水质或水压有不同的要求时(通常是工业对水质和水压有特殊的要求),可采用分质或分压供水系统;分区供水系统是将给水范围分成不同的区域,每区都有泵站和管网等,各区之间有适当的联系。另外还有区域供水系统、工业供水系统等。

二、给水管网的布置

城市给水管网由直径大小不等的管道组成,担负着城镇的输水和配水任务。给水管网布置的合理与否关系到供水是否安全、工程投资和管网运行费用是否经济。

(一)管网布置的原则

(1)根据城市规划布置管网时,应考虑管网分期建设的需要,留出充分发展的余地;

(2)保证供水有足够的安全可靠性,当局部管线发生事故时,断水范围最小;

(3)管线应遍布整个供水区内,保证用户有足够的水量和水压;

(4)管线敷设应尽可能短,以降低管网造价和供水能量费用。

(二)管网布置形式

给水管网主要有两种形式:树状网和环状网,如图5-23和图5-24所示。树状网是指从水厂泵站到用户的管线布置呈树枝状。适用于小城市和小型工矿企业供水。这种管网的供水可靠性较差,但其造价低。环状网中,管线连接成环状,当其中一段管线损坏时,损坏部分可以通过附近的阀门切断,而水仍然可以通过其他管线输送至以后的管网,因而断水的范围小,供水可靠性高,还可大大减轻因水锤作用产生的危害,但其造价较高,一般在城市初期可采用树状管网,以后逐步连成环状管网。

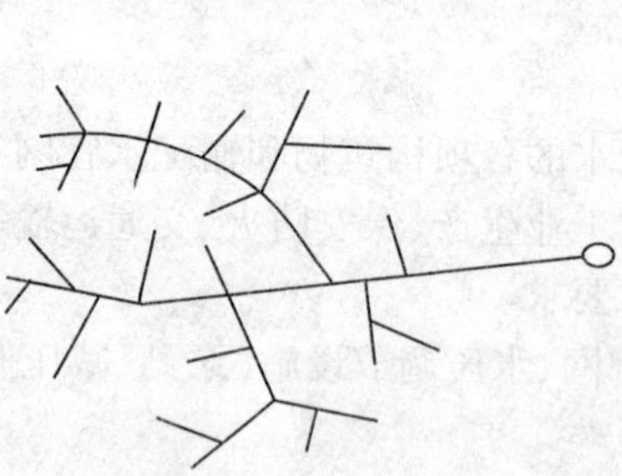

图5-23 树状管网

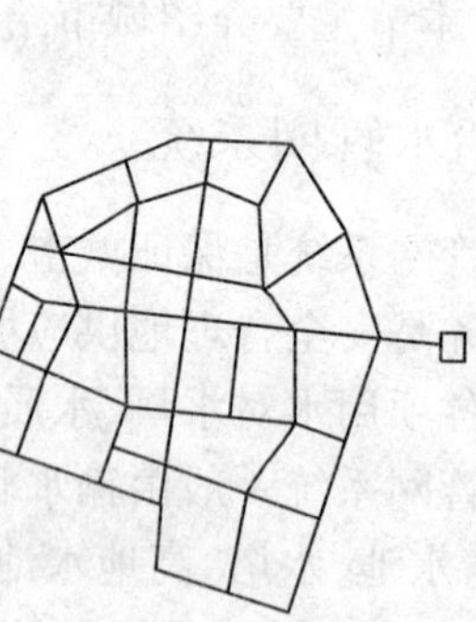

图5-24 环状管网

(三)管网布置要点

城市管网布置取决于城镇平面布置,供水区地形、水源和调节构筑物位置,街区和用户特别是大用水户分布,河流、铁路、桥梁等位置以及供水可靠性要求,主要遵循以下几点:

(1)干管延伸方向应与主要供水方向一致。当供水区中无用水大户和调节构筑物时，主要供水方向取决于用水中心区所在的位置。

(2)干管布设应遵循水流方向，尽可能沿最短距离达到主要用水户。干管的间距，可根据街区情况采用500～800 m。

(3)对城镇边缘地区或郊区用户，通常采用树状管线供水；对个别用水量大、供水可靠性要求高的边远地区用户也可采用双管供水。

(4)若干管之间形成环状管网，则连接管的间距可根据街区大小和供水可靠性要求，采用800～1 000 m。

(5)干管一般按城市规划道路定线，并要考虑发展和分期建设的需要。

(6)管网的布置还应考虑一系列关于施工和经营管理上的问题。

三、管网流量、管径和水头损失

(一)管网流量

为了确定管径而进行的管网流量分配，是指将最高用水时管网计算流量分配到管网各管段(通常仅限于干管和连接管)中去。城市给水管网由许多管段组成，沿线流量和节点流量是计算各管段流量的基础。沿线流量是指供给该管段两侧用户所需流量，节点流量是指从沿线流量折算得出的并且假设是在节点集中留出的流量。在管网水力计算中，要首先求出沿线流量和节点流量。

沿线流量

$$q_l = q_s l \tag{5-1}$$

节点流量

$$q_i = \frac{1}{2}\sum q_l \tag{5-2}$$

其中

$$q_s = \frac{Q - \sum Q_i}{\sum l} \tag{5-3}$$

式中　q_s——单位管线长度流出的流量，即比流量，L/(s·m)；

Q——管网总用水量，L/s；

$\sum Q_i$——各大用户集中用水量之和，L/s；

l——管线计算长度，m；

$\sum l$——干管总长度，m，不包括穿越广场、公园等无建筑物地区的管线，只有一侧配水的管线，长度按一半计算；

$\sum q_l$——与节点 i 相连的各管段沿线流量之和，L/s。

在城市管网中，可将大用水户的接入点作为节点，将其所需的水量直接作为节点流量。

节点流量求出以后，则可根据节点流量对各管段进行流量分配，计算各管段通过的流量，即管段计算流量。针对不同的管网，采取不同的流量分配方法，并在实际中结合具体情况加以灵活应用。

(1)单水源的树状网中，从水源供水到各节点只有一个流向，如果任一管段发生故障，该管段以后的地区就会发生断水。因此，任一管段的流量等于该管段以后(顺水流方向)所有节点流量的总和。

(2)环状网中各管段的流量与以后各节点流量没有直接的联系,并且在一个节点上连接几条管段,因此任一节点的流量包括该节点流量和流向以及流离该节点的几条管段流量。分配流量时,必须保持每一节点的水流连续性,即流向任一节点的流量必须等于偏离该节点的流量,满足节点流量平衡的条件。

(3)环状网流量分配一般在满足可靠性的要求下,力求管网最经济。分配步骤如下:①根据管网的主要供水方向,初步拟定各管段的水流方向;②从二级泵站到控制点之间选定几条主要的平行干管线,以尽可能地平均分配流量;③与干管垂直的连接管,可分配较小的流量。

多水源的管网应根据每一水源的供水量定出大致供水范围,初步确定各水源的供水分界线,然后从各水源开始,循供水主流方向拟定各管段的水量方向,按照节点流量平衡条件并考虑安全供水和节约投资的要求,进行流量分配。

管网流量分配后得出的即是各管段的计算流量,由此确定管段管径。

(二)管径的确定

管段的直径应按照分配后的流量确定。由于

$$q = Av = \frac{\pi D^2}{4} v \tag{5-4}$$

式中 A ——管段断面面积,m^2;

D ——管段直径,m;

v ——流速,m/s。

则有

$$D = \sqrt{\frac{4q}{\pi v}} \tag{5-5}$$

可知,管径不仅和管段流量有关,而且还与采用的计算流速有关。在管段流量既定的情况下,选择合理的流速显得尤为重要。

为了防止管网中产生水锤现象而被破坏,一般最大设计流速不应超过 2.5 ~ 3 m/s;为避免输送混水时在管道内沉积杂物,最小流速不应小于 0.5 m/s,输送清水可不受此限制。可见,技术上允许的流速范围是较大的,实际中,还要考虑当地的经济条件等选择合适的流速。

从式(5-5)中可以看出,在流量不变的情况下,管径和流速的平方根成反比。流速越小,则管径越大,管网造价提高,但管网的水头损失减小,水泵的扬程也减小,输水的动力费用也降低。相反,流速越大,则管径越小,管网造价成本降低,但管网的水头损失增大,水泵扬程增大,所需耗用的输水动力费用增加。因此,流速的选择应综合考虑管网的造价和输水费用,在二者之间寻求经济平衡点,从优化理论上讲,即找到一定年限内(称为投资偿还期)管网造价和管理费用(主要为输水电费)之和最小的流速,该流速也称为经济流速,它所对应确定的管径即为经济管径。

影响经济流速的因素有很多,如电费、管材、设计使用年限、折旧大修费等。实际管网十分复杂,情况变化多样,因此经济流速的准确计算是比较困难的,在设计中,我们也可以采取平均经济流速来确定经济管径。$D=100\sim400$ mm，取 $v_e=0.6\sim0.9$ m/s；$D\geqslant400$ mm，取 $v_e=0.9\sim1.4$ m/s。

据此确定的管径为近似的经济管径，一般大管可取较大的经济流速，小管应取较小的经济流速。

上述是指水泵供水时的经济管径确定办法，在求经济管径时，考虑了抽水所需的电费。重力供水时，由于水源水位高于给水区所需水压，两者的标高差 H 可使水在管内重力流动，求经济管径时，应使管网通过设计流量时的水头损失之和等于或略小于可以利用的标高差来确定。

（三）水头损失计算

管网计算主要考虑沿管线长度的水头损失，忽略配件和附件的局部水头损失。水头损失的计算公式为

$$h=il \tag{5-6}$$

式中　i——单位管段长度的水头损失，或水力坡度；

l——管段长度。

根据均匀流速公式

$$v=C\sqrt{Ri}\quad 或\quad i=\frac{v^2}{C^2R}=\frac{\lambda}{D}\frac{v^2}{2g} \tag{5-7}$$

式中　v——管内平均流速；

C——谢才系数；

R——管道的水力半径，圆管为 $R=\dfrac{D}{4}$；

D——管道内径；

λ——阻力系数（$\lambda=\dfrac{8g}{C^2}$）；

g——重力加速度。

当水力坡度 i 用流量 q 表示时

$$i=\frac{v^2}{C^2R}=\frac{q^2}{(\frac{\pi}{4}D^2)^2C^2\frac{D}{4}}=\frac{64}{\pi^2C^2D^5}q^2=aq^2 \tag{5-8}$$

$$a=\frac{64}{\pi^2C^2D^5} \tag{5-9}$$

式中　a——管道比阻。

因此，沿程水头损失可以表示为

$$h=alq^2=sq^2 \tag{5-10}$$

$$s=al \tag{5-11}$$

式中　s——管道摩阻。

目前，我国常采用的水力坡降公式为舍维列夫公式和巴甫洛夫斯基公式，西方国家多采用海曾－威廉公式和柯尔勃洛克公式，可参考有关文献。利用给排水设计手册中现成的水力计算表，可以计算得到管道比阻 a。

四、管网水力计算

管网水力计算的目的是求出各水源(水泵、水塔等)的供水量、各管段中的流量和管径以及全部节点的水压。

(一)水力计算的基本方程

管网水力计算必须满足并应用以下3个基本方程。

1. 连续性方程

该方程表示任一节点上的流量关系。对任一节点来说,流向该节点的流量必须等于从该节点流出的流量。

$$\sum_{j \in \psi_i} q_{ij} + Q_i = 0 \tag{5-12}$$

式中 Q_i ——节点 i 的节点流量;

q_{ij} ——流入或流出节点 i 的管段流量,流出节点的流量为正,反之为负;

ψ_i ——与节点 i 相邻的各节点(编号)之集合。

2. 能量方程

该方程表示管网中任一闭合环内各管段水头损失的关系。

$$\sum_{ij \in V_L} h_{ij} = 0 \tag{5-13}$$

式中 L ——环的编号;

V_L ——闭合环 L 中各管段之集合;

h_{ij} ——管段 ij 的水头损失,水流顺时针方向的管段,水头损失为正,反之为负。

3. 压降方程

该方程表示管段流量与水头损失之间的关系。

$$h_{ij} = S_{ij} q_{ij}^{n} \tag{5-14}$$

式中 q_{ij} ——管段 ij 的流量;

S_{ij} ——水管摩阻,是与管材、管长、管径等有关的常数;

n ——流量指数。

(二)管网计算方法分类

管网水力计算根据求解的未知数是管段流量还是节点水压,求解方法可以分为解环方程、解节点方程和解管段方程3类。

1. 解环方程

管网经流量分配后,各节点已满足流量方程,可是由该流量求出的管段水头损失并不同时满足 L 个环的能量方程,为此必须多次将各管段的流量反复调整,直到满足能量方程,从而得出各管段的流量和水头损失。常用的算法是哈代－克罗斯(Hardy-Cross)法。

2. 解节点方程

在假定每一节点水压的条件下,应用连续性方程以及管段压降方程,通过计算调整,求出每一节点的水压。然后从任一管段两端节点的水压差得出该管段的水头损失,进一步从流量和水头损失之间的关系求得管段流量。常用的算法也是哈代－克罗斯法,解节点方程是最为常用的一种管网计算方法。

3. 解管段方程

应用连续性方程和能量方程,求出各管段流量和水头损失,再根据已知节点水压求出其余各节点水压。

(三)树状管网水力计算

多数小型给水和工业企业给水在建设初期往往采用树状管网,以后随着城市和用水量的发展,根据需要逐步连成环状管网。

树状管网水力计算较为简单,这是因为由单一水源供水的树状管网,流向任一节点的水流方向只有一个,任何管段的流量也只有一个,或者可以说只有唯一的流量分配。计算步骤如下:

(1)计算比流量和节点流量。

(2)从距二级泵站最远的管网末梢节点开始,逐个向二级泵站推算每个管段的流量。

(3)根据经济流速求出管径,并求出水头损失。

(4)选择主干线,可以将最不利点到二级泵站的管路选定为主干线。

(5)计算主干线的整个水头损失,计算二级泵站所需扬程或水塔所需高度。

(6)进行各支线管路水力计算。从支线起点和终点的水压标高差除以支线长度,可得支线的水力坡降,再从支线每一管段的流量并参照此水力坡度选定相近的标准管径。

(四)环状管网水力计算

由于解环方程法应用较广,这里介绍环状管网计算的解环方程法。解环方程的环状网计算过程,就是在按初步分配流量确定的管径基础上,重新分配各管段的流量,反复计算,直到同时满足连续性方程组和能量方程组时为止,这一计算过程称为管网平差。具体计算步骤如下:

(1)根据供水情况,拟定环状管网的水流方向,并考虑供水可靠性的要求分配流量,得到初步分配的管段流量。

(2)根据每一管段的管径、流量、管长,计算每一管段的水头损失。

(3)按照水头损失正负号的规定,计算该环内各管段的水头损失代数和(即闭合差);

(4)当某个环的水头损失闭合差不为0,说明原来假定的管段流量有误差,需重新进行修正,根据闭合差的大小和正负号,计算每一环流量的修正值。当闭合差大于0时,说明顺时针方向各管段中初步分配的流量较多,逆时针方向各管段中分配的流量则较少;反之,闭合差小于0,则顺时针方向各管段中分配流量较少,逆时针各管段中分配流量较多。

(5)重新计算各个管段修正后的流量。

(6)重复步骤(2)~步骤(4),直到每个环的闭合差满足要求为止。手工计算时,每环闭合差要求小于0.5 m,大环闭合差小于1.0 m。电算时,闭合差的大小可以达到任何要求的精度,但可考虑采用0.01~0.05 m。

(五)给水管网设计校核

给水管网的管径和水泵的扬程,按设计年限内最高日最高时的用水量和水压要求决定。但是用水量是发展变化的,为了核算所定的管径和水泵能否满足不同工作情况下的要求,就需进行其他用水量条件下的计算,以确保经济合理的供水。管网的核算条件有以下几方面。

1. 消防时的水量和水压要求

消防时的管网核算，是以最高时用水量确定的管径为基础，按最高用水时另行增加消防时的流量进行流量分配，求出消防时的管段流量和水头损失。计算时只是在控制点另外增加一个集中的消防流量，如按照消防要求同时有两处失火时，则可以从经济和安全两个方面考虑，将消防流量一处放在控制点，另一处放在离二级泵站较远或靠近大用户和工业企业的节点处，虽然消防时比最高时所需自由水压要小得多，但因消防时通过管网的流量增大，各管段的水头损失相应增加，按最高用水时确定的水泵扬程有可能不够消防时的需要，这时需放大个别管段的管径，以减小水头损失。有时，因最高用水时和消防时的水泵扬程相差很大，需设专用消防水泵供消防时使用。

2. 传输时的流量和水压要求

对于设置水塔的管网，在最高用水时，由水泵和水塔同时向管网供水，但在一天供水量大于水量的一段时间里，多余的水将送进水塔内存储，因此这种管网还应按最大传输时的流量来核算，以确定水泵能否将水送入水塔。核算时节点流量需按最大传输时的用水量求出，因节点流量随用水量的变化成比例地增减，所以最大传输时的各节点流量可按式(5-15)计算，即

$$\text{最大传输时节点流量}=\frac{\text{最大传输时用水量}}{\text{最高时用水量}}\times\text{最高用水时该节点的流量}\qquad(5\text{-}15)$$

3. 不利管段发生故障时的事故用水量和水压要求

管网主要管线损坏时必须及时检修，在检修时间内供水量允许减少。一般按最不利管段损坏而需断水检修的条件，核算事故时的流量和水压是否满足要求。至于事故时应有的流量，在城镇为设计用水量的70%，工业企业的事故流量按有关规定确定。经过核算不符合要求时，应在技术上采取措施。

五、输水管计算

输水管的基本任务是保证不间断的输水，因此输水管一般需平行敷设两条，或敷设一条输水管同时设置有一定容量的蓄水池。允许间断供水或多水源供水的管网，可以只设一条输水管。

输水管计算的任务是确定管径和水头损失。当进行远距离输水时，用的最多的是压力输水管。压力输水管包括重力供水时的压力输水管和水泵供水时的压力输水管。

（一）重力供水时的压力输水管

水源在高地时（如取用蓄水库水时），若水源水位和水厂内处理构筑物水位的高差足够，可利用水源水位向水厂重力输水。

设计时，水源输水量 Q 和位置水头 H 为已知，可据此选定管渠材料、大小和平行工作的管线数。水管材料可根据计算内压和埋管条件决定。平行工作的管渠条数，应从可靠性要求和建造费用两方面来比较。

设水源水位标高为 Z_1，水厂内第一个水处理构筑物的水位标高为 Z_2，二者的水位差是 $H=Z_1-Z_2$，H 称为位置水头，用以克服输水管的水头损失。平行敷设的管线为 n 条，管线之间互不连通，正常输水时的水量为 Q，若各管线的直径相同，则正常输水时每条管

线的流量为 Q/n。若每条管线的长度也相同，则该输水系统的水头损失 h 为

$$h = s\left(\frac{Q}{n}\right)^2 = \frac{s}{n^2}Q^2 \tag{5-16}$$

式中　s——每条管线的摩阻。

设 Q_a 为管线损坏时须保证的流量或允许的事故流量，那么当一条管线损坏时，该系统中其余 $n-1$ 条管线的水头损失 h_a 为

$$h_a = s\left(\frac{Q_a}{n-1}\right)^2 = \frac{s}{(n-1)^2}Q_a^2 \tag{5-17}$$

因为重力输水系统的位置水头已定，为充分利用该水头，正常输水和事故输水时的水头损失均应等于位置水头，即 $h = h_a = H$。因此，由式(5-16)和式(5-17)可得事故时的流量为

$$Q_a = \left(\frac{n-1}{n}\right)Q = \alpha Q \tag{5-18}$$

在实际工程中，为提高工程的可靠程度，同时又不使工程增加过多，往往采用在平行的输水管之间设置连接管，把管线分为若干段。当管线某段损坏时，只需用阀门将其关闭进行检修，而不需将整条管线全部关闭，这样可以提高事故时的通水量。

（二）水泵供水时的压力输水管

水泵供水时，流量 Q 受到水泵扬程的影响；反之，输水量变化也会影响输水管起点的水压。因此，水泵供水时的实际流量，应由水泵特性曲线 $H_p = f(Q)$ 和输水管特性曲线 $H_{st} + \sum h = f(Q)$ 求出。

图 5-25 为水泵特性曲线 $Q \sim H_p$ 和输水管特性曲线 $Q \sim \sum h$ 的联合工作情况，Ⅰ为输水管正常工作时的特性曲线，当输水管数量较少时，任一段损失都会使输水管的阻力增大，事故时输水管的特性曲线如Ⅱ所示，两种特性曲线的交点从正常工作时的 b 点移到 a 点。为保证事故流量，水泵供水时输水管的分段数计算方法如下：

设输水管接入水塔，输水管损坏只影响进入水塔的水量，直到水塔放空无水时，才影响管网用水量。

输水管 $Q \sim \sum h$ 特性方程为

$$H = H_0 + (s_p + s_d)Q^2 \tag{5-19}$$

设输水管用连接管分成 n 段，则任一段损坏时的水泵扬程为

$$H_a = H_0 + \left(s_p + s_d - \frac{s_d}{n} + \frac{s_1}{n}\right)Q^2 \tag{5-20}$$

式中　H_0——水泵静扬程，等于水塔水面和泵站吸水井水面的高差；

n——输水管分段数，输水管之间只有一条连接管时，分段数为 2，其余依此类推；

Q——正常时流量；

s_p——泵站内部管线的摩阻；

s_d——两条输水管的当量摩阻，计算如下

$$\frac{1}{\sqrt{s_d}} = \frac{1}{\sqrt{s_1}} + \frac{1}{\sqrt{s_2}} \tag{5-21}$$

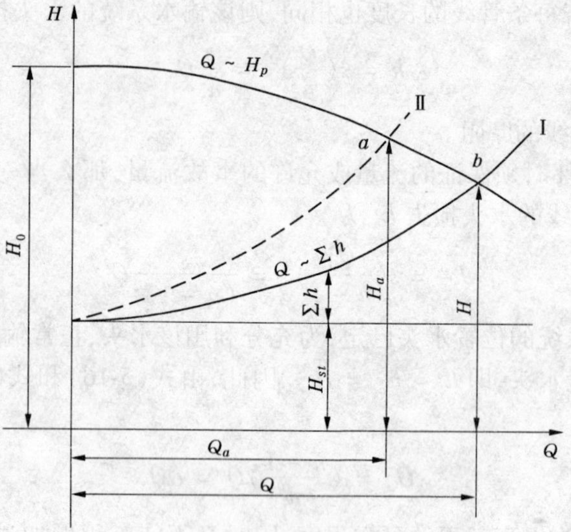

图 5-25　水泵和输水管特性曲线

$$s_d = \frac{s_1 s_2}{(\sqrt{s_1} + \sqrt{s_2})^2} \tag{5-22}$$

其中　s_1、s_2——每条输水管的摩阻。

在正常情况下水泵的特性曲线方程为

$$H_p = H_b - sQ^2 = H \tag{5-23}$$

在事故时水泵的特性曲线方程为

$$H_p = H_b - sQ^2 = H_a \tag{5-24}$$

在管网计算中一般用近似的抛物线表示水泵扬程和流量的关系，成为水泵特性方程，表示为

$$Q_p = H_b - sQ^2 \tag{5-25}$$

则正常时的输水量为

$$Q = \sqrt{\frac{H_b - H_0}{s + s_p + s_d}} \tag{5-26}$$

H_0、s、s_p 已定，故 H_b 减少或输水管当量摩阻 s_d 增大时，均可使水泵流量减少。

由式(5-20)和式(5-24)，可得事故水泵输水量为

$$Q_a = \sqrt{\frac{H_b - H_0}{s + s_p + s_d + (s_1 - s_d)\frac{1}{n}}} \tag{5-27}$$

由式(5-26)和式(5-27)，可得事故时和正常时的流量比例为

$$\frac{Q_a}{Q} = \alpha = \sqrt{\frac{s + s_p + s_d}{s + s_p + s_d + (s_1 - s_d)\frac{1}{n}}} \tag{5-28}$$

按事故用水量为设计流量的 70%，即 $\alpha = 0.7$，所需分段数等于

$$n=\frac{(s_1-s_d)\alpha^2}{(s+s_d+s_p)(1-\alpha^2)}=\frac{0.96(s_1-s_d)}{s+s_d+s_p} \tag{5-29}$$

(三)管道材料的选择

给水管网的投资占给水工程的60%~80%,合理选择管材是降低工程造价保证供水安全的重要措施。水管可分为金属管和非金属管两类。水管材料的选择取决于承受的水压、外部荷载、埋管条件、供应情况和价格等因素。

1. 金属管

1)铸铁管

铸铁管按材质可分为灰铸铁管和球墨铸铁管。灰铸铁管具有较强的耐腐蚀性和耐水压能力,价格低廉,以往使用最广,但质地较脆,不耐振动和弯折,因此抗冲击和抗震能力较差,且经常发生漏水、水管断裂和爆管事故,造成大量的经济损失,一般宜用于地基较好、无振动的地方。球墨铸铁管有较强的强度和较高的韧性,且耐腐蚀性也较强,其重量较轻,往往采用柔性连接,有一定的伸缩性,漏水和爆管现象较少发生,是我国新兴的一种很有前途的铸铁管材。

2)钢管

钢管可分为无缝钢管和有缝钢管两种。钢管的特点是强度高,耐高压、韧性好、重量轻,运输方便,单管的长度大和接口方便,但耐腐蚀性差、造价较高。通常只在大口径、高水压以及因地质、地形条件限制或穿越铁路、河谷及地震区的时候采用。

2. 非金属管

1)预应力和自应力钢筋混凝土管

预应力钢筋混凝土管的特点是造价低、耐腐蚀、抗震性能好、爆管率低,但重量大,运输不方便,主要用于大口径的输水管线。预应力钢筒混凝土管是在预应力钢筋混凝土内放入钢筒,其用钢量比钢管省,集中了钢管和预应力钢筋混凝土的优点。目前,在我国的实际应用中,预应力钢筒钢筋混凝土管的口径已达到2 000 mm。

自应力钢筋混凝土管的管径最大为600 mm,管壁较脆,不适合应用于重要管线,但若质量可靠,可用于农村等水压不高的次要管线上。

2)玻璃钢管

玻璃钢管是一种新型的管材,它的特点是耐腐蚀、不结垢、管内光滑、水头损失小、重量轻,便于安装和运输,但其价格较高,适用于具有强腐蚀性的土壤中。

3)塑料管

塑料管具有耐腐蚀、强度高、表面光滑、不结垢、水头损失小、重量轻、加工和接口方便等优点,其缺点是强度较低、膨胀系数较大,易受温度影响。塑料管有多种,其中以UPVC(硬聚氯乙烯塑料管)的力学性能和阻燃性能最好,且价格也较低,应用较为广泛,在城镇供水中的应用逐步扩大。

思考题

5-1 地表水水资源有哪些特点?这些特点中,哪些对人类开发利用水资源有利?哪些不利？

5-2　地表水资源开发利用工程有哪些？各自具有哪些特点？

5-3　地表水取水构筑物按其构造形式不同可分为哪几种类型？各自的适用条件如何？

5-4　选择江河取水构筑物位置时应考虑哪些因素？图 5-26 中各取水口位置是否合适？

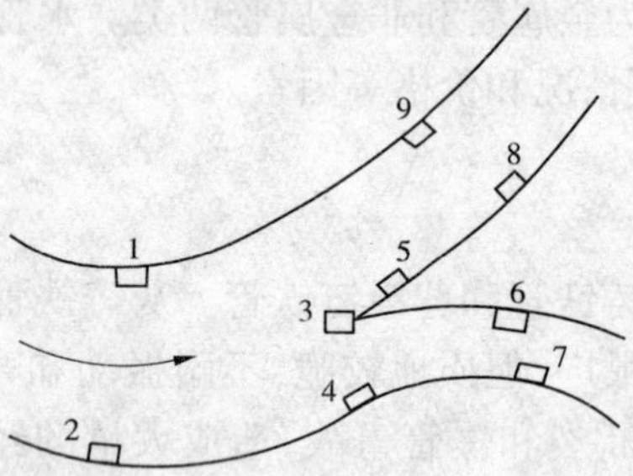

图 5-26

5-5　岸边式取水构筑物的基本形式有哪些？各有何特点？适用条件如何？

5-6　河床式取水构筑物的构造组成是怎样的？常见的取水头部形式有哪些？分别适用于什么场合？

5-7　什么是浮船式取水构筑物？有哪些特点？

5-8　缆车式取水构筑物由哪几部分组成？泵车设计有哪些要求？

5-9　海水取水有何特点？其常用的构筑物形式有哪几种？

5-10　管网布置应满足哪些要求？

第六章　地下水资源的开发利用途径及工程

地下水资源在我国水资源开发利用中占有举足轻重的地位,由于地下水具有分布广、水质好、不易被污染、调蓄能力强、供水保证程度高等特点,目前已被全国各地广泛开发利用。本章将详细介绍有关地下水资源的开发利用途径,水源地的选择,取水构筑物分类、选择及布局等相关知识。

第一节　地下水资源的开发利用途径

合理开发利用地下水,对满足人类生活与生产需求以及维持生态平衡具有重要意义,特别是对于某些干旱半干旱地区,地下水更是其主要的甚至是唯一的水源。据统计,目前在我国的大中型城市中,北方70%、南方20%以地下水作为主要供水水源。此外,许多大中型能源基地、重化工和轻工企业均以地下水作为供水水源。

一、地下水的开发利用途径

地下水的开发利用需要借助一定的取水工程来实现。取水工程的任务是从地下水水源地中取水,送至水厂处理后供给用户使用,它包括水源、取水构筑物、输配水管道、水厂和水处理设施(见图6-1)。其中,地下水取水构筑物与地表水取水构筑物差异较大,而输配水管道、水厂和水处理设施基本上与地表水供水设施一致。

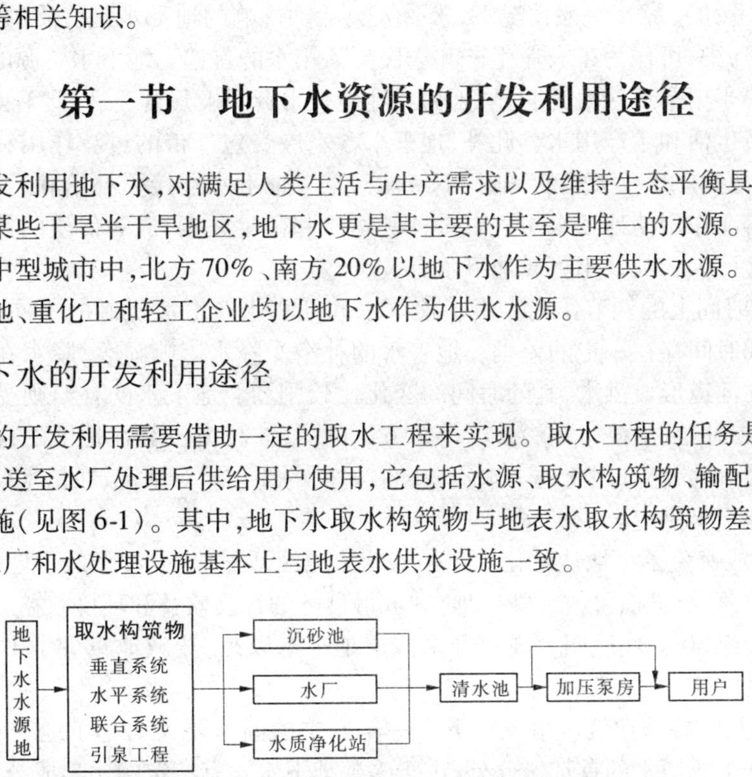

图6-1　地下水取水工程系统组合形式

地下水取水构筑物的形式多种多样,综合归纳可概括为垂直系统、水平系统、联合系统和引泉工程四大类型。当地下水取水构筑物的延伸方向基本与地表面垂直时,称为垂直系统,如管井、筒井、大口井、轻型井等各种类型的水井;当取水构筑物的延伸方向基本与地表面平行时,称为水平系统,如截潜流工程、坎儿井、卧管井等;将垂直系统与水平系统结合在一起,或将同系统中的几种联合成一整体,便可称为联合系统,如辐射井、复合井等[19]。

在修建取水工程之前,首先要对开采区开展水文地质调查,明确地下水水源地的特性,如是潜水还是承压水,是孔隙水、裂隙水还是岩溶水,进而选择经济合理、技术可行的取水构筑物(类型、结构与布置等)来开采地下水。

二、地下水开发利用的优点

同地表水相比，地下水的开发利用有其独特优势。

(1)分布广泛，容易就地取水。我国地下水开发利用主要以孔隙水、岩溶水、裂隙水三类为主，其中以孔隙水分布最广，岩溶水在分布、数量和开发上均居其次，而裂隙水则最小。据调查，松散岩类孔隙水分布面积约占全国面积的1/3，我国许多缺水地区，如位于西北干旱区的石羊河流域、黑河流域山前平原处都有较多的孔隙水分布。此外，孔隙水存在于松散沉积层中，富水性强且地下水分布比较均匀，打井取水比较容易。

(2)水质稳定可靠。一般情况下，未受人类活动影响的地下水是优质供水水源，水质良好、不易被污染，可作为工农业生产和居民生活用水的首选。地下水资源的这种优势在我国北方干旱半干旱地区尤为明显，因为当地地表水资源极其贫乏，因此不得不大量开采地下水来维持生活和生产用水。此外，地下水含水层受包气带的过滤作用和地下微生物的净化作用，使其产生了天然的屏障，不易被污染。地下水在接受补给和运移过程中，由于含水层的溶滤作用使地下水中含有多种矿物质和微量元素，成为优质的饮用水源。我国的高寿命地区大多与饮用优质地下水有关。

(3)具有时间上的调节作用。由于地下水和地表水产汇流机制的不同，导致其接受补给的途径和时间存在一定的差别。地表水的补给受降水影响显著，降水在地面经过汇流后可迅速在河道形成洪水，其随时间的变化比较剧烈。地下水的补给则受降水入渗补给、地表水入渗补给、灌溉水入渗补给等多方面的影响，且由于其在地下的存储流动通道与地表水有很大的差异，因此地下水资源随着时间的变化相对稳定，在枯水期也能保证有一定数量的地下水供应。

(4)减轻或避免了土地盐碱化。在一些低洼地区开采地下水，降低了地下水位，减少了潜水的无效蒸发，进而可改良盐碱地，并取得良好的社会效益和环境效益。如黄淮海平原，自从20世纪50年代后期大规模开采浅层地下水以来，盐碱地减少了1/2，粮食产量增加了1.5倍。

(5)具备某些特殊功效。由于地下水一年四季的温差要大大小于地表水，因此常常成为一些特殊工业用水的首选。此外，由于多数地下水含有特定的化学成分，因此还有其他重要的作用。例如，含有对人体生长和健康有益元素的地下水可作为矿泉水、洗浴水；富含某些元素的高矿化水，可提取某些化工产品；高温地下热水，可作为洁净的能源用于发电或取暖；富含硝态氮的地下水可用于农田灌溉，有良好的肥效作用等。

三、地下水过度开发带来的环境问题

正是由于地下水具有种种用途，20世纪70年代以来，我国通过各种地下水工程大量开发利用地下水资源。同时，由于我国水资源时空分布的不均匀性，又加速了在枯水期对地下水资源的过度开采，致使在某些地区（特别是在北方的一些大中型城市）地下水位急剧下降、含水层疏干、枯竭，进而引发一系列的环境问题。

（一）形成地下水位降落漏斗

随着我国经济的快速发展，对水资源需求日益增加，进而会对地下水长期过量开采，造成地下水位持续下降，并形成地下水位降落漏斗。根据文献[35]调查显示，截至1999年底，华北地区已形成浅层地下水降落漏斗46个，漏斗总面积达1.6万km^2，漏斗中心水位下降15～45 m；长江三角洲地区因长期过量开采第二含水层地下水近4亿t，已形成苏州、常州、无锡等区域性地下水位降落漏斗，漏斗中心地下水位降落速率为1～2 m/a；在东北地区，位于松辽平原的大庆市形成近4 000 km^2的地下水位降落漏斗，下降速率为11 m/a，沈阳、哈尔滨、长春也出现了埋深大于200 m的地下水位降落漏斗；在西北地区，位于黑河流域的酒泉盆地、敦煌灌区等以及新疆的哈密盆地、吐鲁番盆地等，均已出现由于地下水位下降而引起降落漏斗。

(二)引发地面沉降、地面塌陷、地裂缝等地质灾害

地下水过度开采，不仅会引起地下水位下降、形成降落漏斗，还会引发地面沉降、地面塌陷、地裂缝等地质灾害。

地面沉降是指在自然或人为超强度开采地下流体(地下水、天然气、石油等)等造成地表土体压缩而出现的大面积地面标高降低的现象。地面沉降具有生成缓慢、持续时间长、影响范围广、成因机制复杂和防治难度大的特点。我国城市地面沉降的最主要原因是城市发展导致水资源需求量增加，进而加剧对地下水的过度开采，使得含水层和相邻非含水层中空隙水压力减少，土体的有效应力增大，由此产生压缩沉降。据不完全调查，全国已陆续发现具有不同程度的区域性地面沉降的城市30多座，包括西安、上海、天津、太原、无锡、嘉兴、宁波、常州等。如西安市在1972～1983年期间，由于地下水超采造成的最大累计沉降量为777 mm；到1989年，最大累计沉降量已达1.51 m，沉降量超过100 mm的范围达200 km^2[35]。

地面塌陷是隐伏的岩溶洞穴，在第四纪土层覆盖以后，又在人类过度抽、排岩溶区地下水的作用下产生的塌陷现象。20世纪90年代对我国18个省、自治区、直辖市统计调查显示，共发现地面塌陷点700多处，塌陷坑3万多个，其中由于超采地下水而造成的塌陷点占27.5%。秦皇岛、杭州、昆明、贵阳、武汉等大城市，由于超采地下水，使碳酸盐岩溶地下水位急剧下降，造成了地面塌陷现象[36]。1988年4月秦皇岛市柳江水源地塌陷，面积达34万m^2，出现塌陷坑286个，其中最大直径12 m、深7.8 m。此外，1988年5月武汉市陆家街塌陷、黑龙江七台河市塌陷等，也都是由于过量开采地下水而引发的地面塌陷现象[35]。

另外，地下水超采还会产生地裂缝。地裂缝可使城市建筑物地基下沉、墙壁开裂、公路遭到破坏，严重影响到工农业生产与居民生活，并造成了很大的经济损失[36]。例如，20世纪90年代以来，河北平原已发现地裂缝100多条，主要分布在邢台、邯郸、石家庄、沧州、衡水、廊坊等城市，其长度从几米到几百米，宽5～40 cm，最大深度可达9.8 m。西安市自20世纪80年代以来，由于过量抽取承压水导致地面沉降，并进一步引发了地裂缝，地裂缝所经之处，地面及地下各类建筑物开裂，路面遭到破坏，地下供水、输气管道错断，进而危及到一些著名文物古迹的安全。

(三)泉水流量衰减或断流

我国北方平原在20世纪70年代以前，不少地区承压地下水可喷出地表，并形成了许多著名的岩溶泉水，如济南四大泉群、太原晋祠泉等。然而近年来由于泉域内地下水开采布局不够合理，在泉水周围或上游凿井开采同一含水层的地下水，导致泉水流量衰减，枯季断流，甚至干涸。20 世纪 90 年代，济南四大泉群中多数泉水在枯季出现断流，部分泉水甚至全年断流；太原晋祠泉在 20 世纪 50 年代时流量为 1.98 m^3/s，随着地下水开采量日益增加，泉水流量逐渐衰减，至 90 年代初已断流。在我国西北内陆干旱区，由于在细土带大量开采地下水以及在出山口过多兴建地表水库和在戈壁带修建高防渗渠道，改变了河流对地下水补给的天然条件，致使河流渗漏补给量大量减少，进而造成山前冲洪积扇处的泉水溢出量大幅下降。如位于河西走廊的石羊河流域，20 世纪 70 年代的山前冲洪积扇区泉水溢出量比 60 年代减少 3/5，并造成武威绿洲的泉灌区逐渐变为井灌区[37]。

(四)引起海水(或咸水)入侵

在近海(或干旱内陆)地区过量开采地下水，常会引起海水(或咸水)入侵现象。这是因为地下水的过度开采改变了天然情况下地下含水层的水动力学条件，破坏了原有的淡水与咸水平衡界面，从而使海水(或咸水)侵入淡水含水层。近 20 年来，随着环渤海湾城市群的快速发展和扩张，地下水开采量不断增加，进而引起大连、秦皇岛、天津、青岛、烟台等沿海城市的地下含水层海水入侵现象加剧。国家海洋局最新监测显示，至 2007 年辽东湾北部及两侧的滨海地区海水入侵面积已超过 4 000 km^2，其中严重入侵区的面积为 1 500 km^2，海水入侵最远距离达 68 km；莱州湾海水入侵面积达 2 500 km^2，其中严重入侵区面积为 1 000 km^2，海水入侵最远距离达 45 km。

(五)引起生态退化

在我国西北干旱地区，由于地下水与地表水联系密切，当地下水资源过量开采时，就会造成超采区地下水位大幅度下降，包气带增厚，并引发草场、耕地退化和沙化、绿洲面积减少等生态退化问题。如位于内蒙古东部的科尔沁草原，在 20 世纪 60 年代沙漠化土地面积只占该草原所在兴安盟的 14.3%，由于地下水资源过量开采，到 70 年代中后期，沙漠化土地面积已扩大到 50.2%，生态平衡被严重破坏。石羊河、塔里木河等西北内陆河流域，由于地下水过量开采以及山前戈壁带河流对地下水补给的减少，也引起了不同程度的区域性地下水位下降，进而导致下游植被衰退和土地沙化[35]。

(六)造成地下水水质恶化

随着经济的高速发展和城市人口的急剧膨胀，近年来由于工业废水和生活污水不合理地排放，而相应的污废水处理设施没有跟上，从而使不少城市的地下水遭到严重污染。此外，过量开采地下水还导致地下水动力场和水化学场发生改变，并造成地下水中某些物理化学组分的增加，进而引起水质恶化。例如，位于淄博市的大武水源地，由于水源地的地表区域建有齐鲁石化公司所属炼油厂、橡胶厂、化肥厂、30 万 t 乙烯工程等一批大型企业，每年工业排污量达 33 356 m^3，其中仅有 44% 的工业废水排入小清河后入渤海，其余废水则在当地排放，引起水源地水环境状况不断恶化，地下水中石油类、挥发酚、苯的含量大大超标。

综上所述，由于地下水过度开发所带来的环境问题十分复杂且后果严重。此外，需要注意的是，上述问题并不是独立的，而是相互关联在一起的，往往随着地下水的超采，几个问题会同时出现。如对于石羊河流域，上述提到的环境问题都不同程度地存在。

四、地下水资源的合理开发模式

从上面的介绍可以看出，不合理地开发利用地下水资源，会引发地质、生态、环境等方面的负面效应。因此，在地下水开发利用之前，首先要查清地下水资源及其分布特点，进而选择适当的地下水资源开发模式，以促使地下水开采利用与经济社会发展相互协调。下面将介绍几种常见的地下水资源开发模式。

(一)地下水库开发模式

地下水库开发模式主要用于含水层厚度大、颗粒粗，地下水与地表水之间有紧密水力联系，且地表水源补给充分的地区，或具有良好的人工调蓄条件的地段，如冲洪积扇顶部和中部。冲洪积扇的中上游区通常为单一潜水区，含水层分布范围广、厚度大，有巨大的存储和调蓄空间，且地下水位埋深浅、补给条件好，而扇体下游区受岩相的影响，颗粒变细并构成潜伏式的天然截流坝，因此极易形成地下水库。地下水库的结构特征，决定了其具有易蓄易采的特点以及良好的调蓄功能和多年调节能力，有利于“以丰补歉”，充分利用洪水资源。目前，不少国家和地区，如荷兰、德国、英国的伦敦、美国的加利福尼亚州以及我国的北京、淄博等城市都采用地下水库开发模式。

(二)傍河取水开发模式

我国北方许多城市，如西安、兰州、西宁、太原、哈尔滨、郑州等，其地下水开发模式大多是傍河取水型的。实践证明，傍河取水是保证长期稳定供水的有效途径，特别是利用地层的天然过滤和净化作用，使难于利用的多泥沙河水转化为水质良好的地下水，从而为沿岸城镇生活、工农业用水提供优质水源。在选择傍河水源地时，应遵循以下原则：①在分析地表水、地下水开发利用现状的基础上，优先选择开发程度低的地区；②充分考虑地表水、地下水富水程度及水质；③为减少新建厂矿所排废水对大中型城市供水水源地的污染，新建水源地尽可能选择在大中型城镇上游河段；④尽可能不在河流两岸相对布设水源地，避免长期开采条件下两岸水源地对水量、水位的相互削减。

(三)井渠结合开发模式

农灌区一般采用井渠结合开发模式，特别是在我国北方地区，由于降水与河流径流量在年内分配不均匀，与农田灌溉需水过程不协调，易形成“春夏旱”。为解决这一问题，发展井渠结合的灌溉，可以起到井渠互补、余缺相济和采补结合的作用。实现井渠统一调度，可提高灌溉保证程度和水资源利用效率，不仅是一项见效快的水利措施，而且也是调控潜水位，防治灌区土壤盐渍化和改善农业耕作环境的有效途径。经内陆灌区多年实践证明，井渠结合灌溉模式具有如下效果：一是提高灌溉保证程度，缓解或解决了春夏旱的缺水问题；二是减少了地表水引水量，有利于保障河流在非汛期的生态基流；三是可通过井灌控制地下水位，改良盐渍化。

(四)排供结合开发模式

在采矿过程中，由于地下水大量涌入矿山坑道，往往使施工复杂化和采矿成本增高，严重时甚至威胁矿山工程和人身安全，因此需要采取相应的排水措施。例如，我国湖南某煤矿平均每采1 t煤，需要抽出地下水130 m^3 左右。矿坑排水不仅增加了采矿的成本，而且还造成地下水资源的浪费，如果矿坑排水能与当地城市供水结合起来，则可达到一举两得的效果，目前在我国已有部分城市（如郑州、济宁、邯郸等）将矿坑排水用于工业生产、农田灌溉，甚至是生活用水等用途。

（五）引泉模式

在一些岩溶大泉及西北内陆干旱区的地下水溢出带可直接采用引泉模式，为工农业生产提供水源。大泉一般出水量稳定，水中泥沙含量低，适宜直接在泉口取水使用，或在水沟修建堤坝，拦蓄泉水，再通过管道引水，以解决城镇生活用水或农田灌溉用水。这种方式取水经济，一般不会引发生态环境问题。

以上是几种主要地下水开发模式，实际中远不止上述几种，可根据开采区的水文地质条件来选择合适的开发模式，使地下水资源开发与经济社会发展、生态环境保护相协调。

第二节　地下水取水构筑物简介

地下水取水构筑物是地下水开发利用工程的主体，选择合适的取水构筑物可达到省时省力、经济适用的效果，本节将介绍几种常见的地下水取水构筑物。

一、管井

（一）管井的构造

管井，是地下水取水构筑物中应用最广泛的一种，因其井壁和含水层中进水部分均为管状结构而得名。通常用凿井机械开凿，故又俗称机井。按其过滤器是否贯穿整个含水层，可分为完整井（贯穿整个含水层）和非完整井（穿过含水层的一部分）。

管井主要由井室、井壁管、过滤器及沉砂管构成，如图6-2所示。当有几个含水层且各层水头相差不大时，可用多过滤器管井，如图6-2（b）所示。在抽取稳定的基岩中的岩溶水、裂隙水时，管井也可不装井壁管和过滤器。

井室位于最上部，用以保护井口、安装设备、进行维护管理；井管则是为了保护井壁不受冲刷、防止不稳定岩层的塌落、隔绝水质不良的含水层而设；过滤器两端与井管连接，置于含水层位置，是井管的进水部分，同时也可防止含水层中细小颗粒大量涌入井内，起保护作用；人工填砾可扩大进水面积和促进天然滤层的形成；沉砂管位于井管的最下端，用以沉积涌入井内的砂粒，长度一般为2～3 m，如果含水层中多粉细砂时，可适当加长；人工封闭物是为了防止地表污水、污物及水质不良地下水污染含水层而设置的隔离层，一般采用优质黏土，如果要求较高时，也可选用水泥封闭[38]。现将管井各部分构造分述如下。

1. 井室

井室通常是保护井口免受污染、安装各种设备（如水泵机组或其他技术设备）以及进行维护管理的场所。井室的构造应满足室内设备的正常运行要求，为此井室应有一定的采光、采暖、通风、防水、防潮设施，应符合卫生防护要求。具体实施措施如下：井口要用优质黏土或水泥等不透水材料封闭，一般不少于3 m，并应高出井室地面0.3～0.5 m，以防止井室积水流入井内。

抽水设备是影响井室结构的主要因素，水泵的选择首先应满足供水时流量与扬程的要求，即根据井的出水量、静水位、动水位和井的构造（井源、井径）、给水系统布置方式等

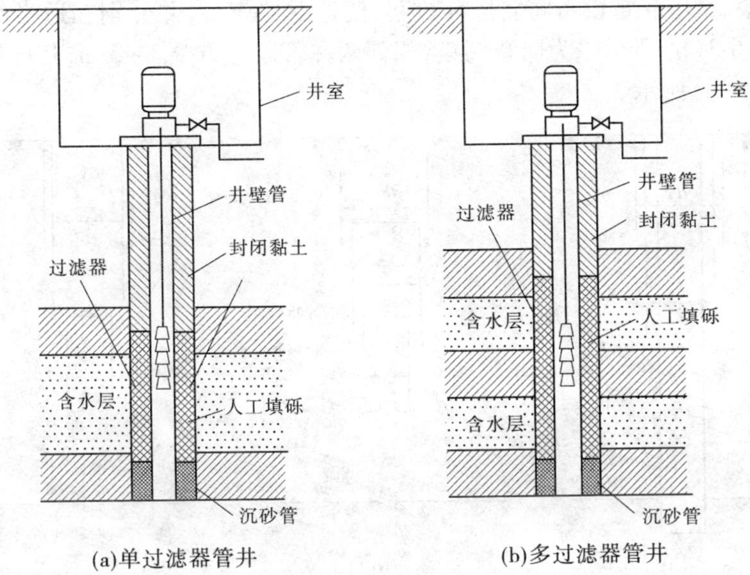

图 6-2　管井的一般构造[38]

因素来决定。管井中常用的水泵有深井泵、潜水泵和卧式泵。深井泵流量大，不受地下水位埋深的限制；潜水泵结构简单，重量轻、运转平稳、无噪音，在小流量管井中广泛应用；卧式泵受其吸水高度的限制，一般用于地下水位埋深不大时。

井室的形式，很大程度上取决于抽水设备，同时也要考虑气候、水源的卫生条件等。深井泵站的井室一般采用地上式，潜水泵和卧式泵均为地下式[39]。

2. 井管

井管也称井壁管，由于受到地层及人工填砾的侧压力，故要求它应有足够的强度，并保持不弯曲，内壁平滑、圆整，以利于安装抽水设备和井的清洗、维修。井管可以是钢管、铸铁管、钢筋混凝土管、石棉水泥管、塑料管等。一般情况下，钢管适用的井深范围不受限制，但随着井深的增加应相应增大壁厚。铸铁管一般适用于井深小于 250 m 的范围，它们均可用管箍、丝扣或法兰连接。钢筋混凝土管一般井深不得大于 150 m，常用管顶预埋钢板圈焊接连接。井管直径应按水泵类型、吸水管外形尺寸等确定。当采用深井泵或潜水泵时，井管内径应大于水泵井下部分最大外径 100 mm[38]。

井管的构造与施工方法、地层岩石稳定程度有关，通常有以下两种情况。

1）分段钻进时的异径井管构造

分段钻进法通常称套管钻进法，即根据地质结构的需要，钻进到一定深度后，下入套管保护井壁，然后缩径继续钻进，这种方法多用于管井的深度大、岩性结构复杂、井壁岩石不稳定等情况。如图 6-3(a)所示，开始时钻到 h_1 的深度，此时孔径为 d_1，然后下入井壁套管 1，这一段井管也称导向管或井口管，用以保持垂直钻进和防止井口坍塌；然后将孔径缩小到 d_2，继续钻进到 h_2 深度，下入井管段 2。上述操作程序可视地层厚度重复进行下去。在接近含水层时，可将孔径缩小到 d_n，然后钻进到含水层底板，下入井管段 n，并放入过滤器。最后,用起重设备将管段 n 拔起,使过滤器露出,并分别在适当部位切短上述井管段,如图 6-3(b)所示。为防止污染,相邻两井管段应重叠 3 ~ 5 m,其环形空间用水泥封填,如图 6-3(c)所示。

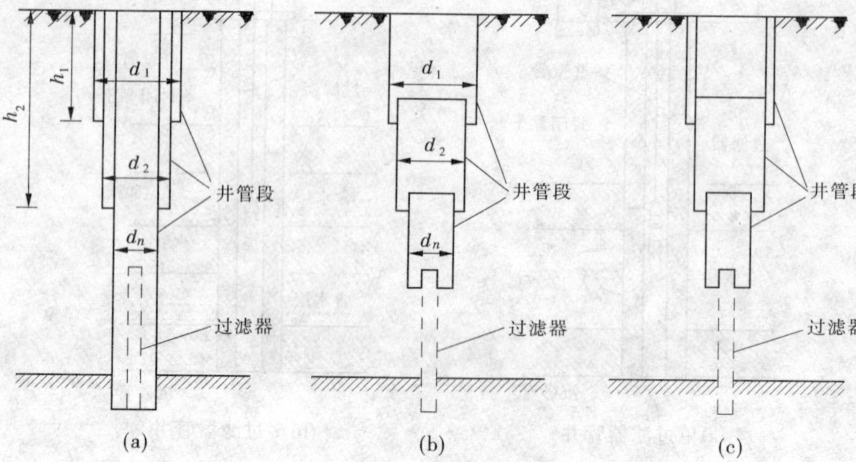

图 6-3　分段钻进时井壁管的构造

2)不分段钻进时的同径井管构造

在地层比较稳定、井深不大的情况下,都不进行分段钻进,而采用一次钻进的方法。在钻进过程中,利用泥浆或清水对井壁的压力和泥浆对松散颗粒的胶结以保持井的稳定,这种凿井方法也称泥浆钻进法或清水钻进法。当钻到设计深度后,将井管、过滤器和沉砂管一次下入井孔内,然后在过滤器与井壁之间填入砾石,并用黏土或水泥封闭井口管与井壁之间的空隙。当井内地层不稳定时,则在钻进的同时下入套管,以防坍塌,至设计深度后在套管内下入井管、填砾,最后拔出套管,并封闭井口,此种方法称为套管护壁钻进法[19]。

3. 过滤器

1)过滤器的作用、组成

过滤器是管井的重要组成部分。它连接于井管,安装在含水层中,用以集水和保持填砾与含水层的稳定。它的构造、材质、施工安装质量对管井的出水量、含沙量和工作年限有很大影响,所以是管井构造的核心。对过滤器的基本要求是:具有较大的孔隙度和一定的直径,有足够的强度和抗蚀性,能保持人工填砾和含水层的稳定性,成本低廉。

过滤器主要由过滤骨架和过滤层组成。过滤骨架起支撑作用,在井壁稳定的基岩井中,也可直接用做过滤器。过滤层起过滤作用。

过滤骨架分为管型和钢筋型两种。管型按过滤骨架上的孔眼特征又分为圆孔及长条(缝隙)形两种。直接用做过滤器时,称其为圆孔过滤器、缝隙过滤器及钢筋过滤器。圆孔、缝隙过滤骨架可以是钢、铸铁、水泥、塑料或其他材料加工而成的。塑料过滤骨架具有抗蚀性强、重量轻、加工方便等优点,缺点是强度较低。骨架圆孔的直径一般为 10 ~ 15 mm;条形孔尺寸无统一规定,视孔壁的砂石粒径大小而定。钢筋型骨架是竖向钢筋和支撑环间隔排列焊接而成的管状物,一般仅用于不稳定的裂隙岩层,其优点是用料省、易加工、孔隙率大,但其抗压强度较低,不宜用于深度大于 200 m 的管井和侵蚀性较强的含水层。过滤骨架孔眼的大小、排列、间距与管材强度、含水层的孔隙率及其粒径有关，使过滤器周围形成天然反滤层（反滤层是指在地下水取水构筑物进水处铺设的粒径沿水流方向由细到粗的级配砂砾层）。表 6-1 为过滤器的进水孔眼直径或宽度与含水层粒径关系数据[38]。

表 6-1　过滤器的进水孔眼直径或宽度与含水层粒径关系数据[38]

过滤器名称	不同过滤器不同岩层不均匀系数的进水孔眼直径或宽度（cm）	
	岩层不均匀系数 $\frac{d_{60}}{d_{10}}<2$	岩层不均匀系数 $\frac{d_{60}}{d_{10}}>2$
圆孔过滤器	$(2.5\sim3.0)d_{50}$	$(3.0\sim4.0)d_{50}$
条孔和缠丝过滤器	$(1.25\sim1.5)d_{50}$	$(1.5\sim2.0)d_{50}$
包网过滤器	$(1.5\sim2.0)d_{50}$	$(2.0\sim2.5)d_{50}$

注：1. d_{60}、d_{50}、d_{10} 分别指颗粒中按质量计算有 60%、50%、10% 小于这一粒径的颗粒；

2. 较细砂层取小值，较粗砂层取大值。

过滤层起着过滤作用，有分布于骨架外的密集缠丝、带孔眼的滤网及砾石充填层等。

2）过滤器的分类

由不同骨架和不同过滤层可组成各种过滤器。现将几种常用的过滤器简述如下（见图 6-4）。

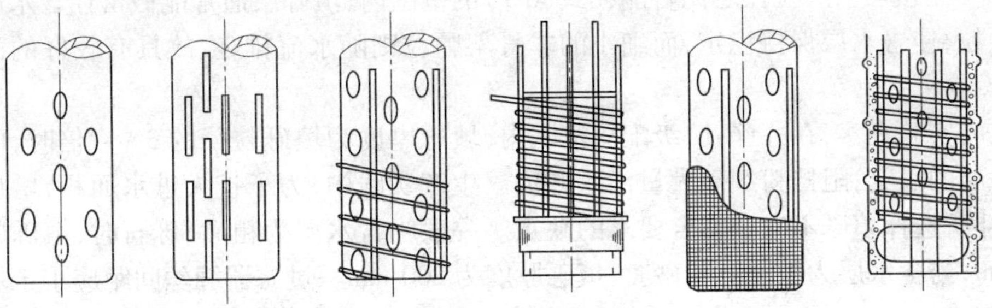

(a)圆孔　(b)缝隙　(c)缠丝　(d)钢筋骨架　(e)包网　(f)填砾

图 6-4　过滤器类型[38]

骨架过滤器（见图 6-4（a）、（b））：只由骨架组成，不带过滤层。仅用于井壁不稳定的基岩井，而较多地用做其他过滤器的支撑骨架。

缠丝过滤器（见图 6-4（c）、（d））：其过滤层由密集程度不同的缠丝构成。若为管状骨架，则在垫条上缠丝；若为钢筋骨架，则直接在其上缠丝。缠丝为金属丝或塑料丝。一般采用直径 2～3 mm 的镀锌铁丝；在腐蚀性较强的地下水中宜用不锈钢等抗蚀性较好的金属丝。生产实践中还曾试用尼龙丝、增强塑料丝等强度高、抗蚀性强的非金属丝代替金属丝，取得较好的效果，而且其制作简单、经久耐用，适用于中砂及更粗颗粒的岩石与各类基岩。若岩石颗粒太细，要求缠丝间距太小，加工时有困难，此时可在缠丝过滤器外充以砾石。

包网过滤器（见图 6-4（e））：由支撑骨架和滤网构成。为了发挥网的渗透性，需在骨架管上焊接纵向垫条，网再包于垫条外。网外再绕以稀疏的护丝（条），以防磨损。网材有铁、铜、不锈钢、塑料压模等。一般采用直径为0.2～1 mm的铜丝网,网眼大小也可根据含水层颗粒组成来确定。过滤器的微小铁丝,易被电化学反应腐蚀并堵塞,因此也有用不锈钢丝网或尼龙网取代的。与缠丝过滤器相同,包网过滤器适用于中砂、粗砂、砾石、卵石等含水层,但由于包网过滤器阻力大,易被细砂堵塞,易腐蚀,因而已逐渐被缠丝过滤器取代。

填砾过滤器(见图6-4(f)):以上述各种过滤器为骨架,围填以与含水层颗粒组成有一定级配关系的砾石层,统称为填砾过滤器。工程中应用较广泛的是在缠丝过滤器外围填砾石组成的缠丝填砾过滤器。这种人工围填的砾石层又称人工反滤层。由于在过滤器周围的天然反滤层是由含水层中的骨架颗粒的迁移而形成的,所以不是所有含水层都能形成效果良好的天然反滤层。因此,工程上常用人工反滤层取代天然反滤层。填砾过滤器适用于各类砂质含水层和砾石、卵石含水层,过滤器的进水孔尺寸等于过滤器壁上所填砾石的平均粒径。

填砾粒径和含水层粒径之比应为

$$\frac{D_{50}}{d_{50}} = 6 \sim 8 \tag{6-1}$$

式中 D_{50}——填砾中粒径小于D_{50}的砂、砾石占总重量的50%;

d_{50}——含水层中粒径小于d_{50}的颗粒占总重量的50%。

填砾粒径和含水层粒径之比若能在式(6-1)的范围内,填砾层通常能截留住含水层中的骨架颗粒,使含水层保持稳定,而细小的非骨架颗粒则随水流排走,故具有较好的渗水能力。

从室内实验观察,在式(6-1)级配比范围内,填砾厚度为填砾粒径的3～4倍时,即能保持含水层的稳定,阻挡粉细砂大量涌入井内。生产实践中,为了扩大进水面积,增加出水量,弥补所选择填砾不完全符合要求的缺点。一般当含水层为粗砂、砾石时,填砾厚度为150 mm;当含水层为中、细、粉砂时,填砾厚度为200 mm。过滤器缠丝间距应小于填砾的粒径[19]。

3)过滤器的直径、长度

过滤器的直径影响井的出水量,因此它是管井结构设计的关键。过滤器直径的确定,是根据井的出水量选择水泵型号,按水泵安装要求确定的,一般要求安装水泵的井段内径应比水泵铭牌上标定的井管内径至少大50 mm。

在生产实践中,通常采用内径300 mm(外径350 mm)的过滤器周围填入100～150 mm厚度的砾石层,由此过滤器可保持600 mm左右的外径,这对于一般施工条件来说是可以做到的,但对于农业灌溉井可以略小,对于大型企业和大城市供水井则可加大,甚至达到1 000 mm。

此外,在管井运行时,若地下水流速过大,当超过含水层允许渗透速度时,含水层中某些颗粒就会被大量带走,破坏含水层的天然结构。为保持含水层的稳定性,需要对过滤器的尺寸,尤其是过滤器的外径,进行入井流速的复核计算

$$D \geqslant \frac{Q}{\pi L v n} \tag{6-2}$$

式中　D——过滤器外径(包括填砾厚度),m;

Q——设计出水量,m^3/s;

L——过滤器有效长度(工作部分长度),m;

n——过滤器进水表面有效孔隙度(一般按50%考虑);

v——允许入井流速,m/s,含水层的允许入井流速可用下式近似计算。

$$v = 65\sqrt[3]{k}$$

其中　k——含水层渗透系数,m/s。

根据某些生产井的实际资料验算,该公式的计算结果虽比其他公式要好,但仍偏大近1倍。因此,还可从表6-2查得允许入井流速。

表6-2　允许入井流速[38]

含水层渗透系数(m/d)	>122	83~122	41~82	20~40	<20
允许入井流速(m/s)	0.030	0.025	0.020	0.015	0.010

注:若地下水对过滤器有结垢和腐蚀时,允许入井流速应减少1/3~1/2。

过滤器的长度关系到地下水资源的有效开发,它根据设计出水量、含水层性质和厚度、水位降及其他技术经济因素来确定。合理确定过滤器的有效长度是比较困难的。根据井内测试,管井中70%~80%的出水量是从过滤器上部进入的,尤其是靠近水泵吸水口部位,而下部进水很少,当含水层厚度越大、透水性越好、井径越小,这时出水量的不均匀分布越明显。有实验资料表明,过滤器的适用长度不宜超过30 m,对此近年来在一些厚度很大的含水层中,常采用多井分段开采法,以提高开发利用率[39]。

4)过滤器的安装部位

过滤器的安装部位影响管井的出水量及其他经济效益。因此,应安装在主要含水层的主要进水段;同时,还应考虑井内动水位深度。过滤器一般设在厚度较大的含水层中部,可将过滤管与井管间隔排列,在含水层中分段设置,以获得较好的出水效果。对多层承压含水层,应选择含水性最强的含水段安装过滤器。潜水含水层若岩性为均质,应在含水层底部的1/3~1/2厚度内安装过滤器。

4.沉砂管

沉砂管的作用是防止沉砂堵塞过滤器,其直径与过滤器一致,长度通常为2~10 m,可按井深确定。

(二)管井的施工

管井的施工建造一般包括钻凿井孔、井管安装、填砾和管外封闭、洗井、抽水实验等步骤,现作以下介绍。

1.钻凿井孔

钻凿井孔的方法主要有冲击钻进和回转钻进。

冲击钻进的基本原理是使钻头在井孔内上下往复运动,依靠钻头自重来冲击孔底岩层,使之破碎松动,再用抽筒捞出,如此反复,逐渐加深,形成井孔。冲击钻进依靠冲击钻机来实现,适用于松散的冲洪积地层。在钻进过程中,应采用清水、泥浆或套筒护壁,以防井壁坍塌。冲击钻进法效率低、速度慢,但机器设备简单、轻便。

回转钻进的基本原理是使钻头在一定的钻压下在孔底回转，以切削、研磨破碎孔底岩层，并依靠循环冲洗系统将岩屑带上地面，如此循环钻进形成井孔。回转钻进依靠回转钻机来实现。回转钻进又分一般（正循环）回转钻进、反循环回转钻进及岩心回转钻进。采用一般回转钻进时，泥浆泵从泥浆池吸取泥浆，经空心钻杆将泥浆送入井孔底部，与碎岩土混合后经由钻杆外围的井孔上升至井口并流入泥浆池，经沉淀去除岩土后泥浆循环使用。采用反循环回转钻进时，泥浆泵的吸入口与空心钻杆顶端相连，通过钻杆将井孔底部岩土泥浆混合液吸出并排入泥浆池，经沉淀去除岩土后从井口流入井孔。反循环式钻杆内的上升流速较大，可将较大粒径的岩土吸出井孔，但受到泥浆泵吸出高度的限制，钻杆的长度不能太长，钻进不能太深[40]。岩心回转钻进工作情况和一般回转钻进基本相同，只是所用的是岩心钻头。岩心钻头只将沿井壁的岩石粉碎，保留中间部分，因此效率较高，并能将岩心取到地面供考察地层构造用。岩心回转法适用于钻凿坚硬的岩层。

凿井方法的选择对降低管井造价、加快凿井进度、保证管井质量都有很大的影响，因此在实际工作中，应结合具体情况，选择适宜的凿井方法。

2. 井管安装

当钻进到预定深度后，即可进行井管安装。在安装井管以前，应根据从钻凿井孔时取得的地层资料，对管井构造设计进行核对、修正，如过滤器的长度和位置等。井管安装应在井孔凿成后及时进行，尤其是非套管施工的井孔，以防井孔坍塌。井管安装必须保证质量，若井管偏斜和弯曲，都将影响填砾质量和抽水设备的安装及正常运行。下管可采用直接提吊法、提吊加浮板（浮塞）法、钢丝绳托盘法、钻杆托盘法等。井管下完后，钻机仍需提吊部分重量，确使井管上部于井口。

3. 填砾和管外封闭

填砾和管外封闭是紧接井管安装的一道工序。填砾规格、填砾方法及不良含水层的封闭、井口封闭等质量的优劣，都可能影响管井的水量和水质。

填砾首先要保证砾石的质量，应以坚实、圆滑砾石为主，并应按设计要求的粒径进行筛选和冲洗。填砾时，要随时测量砾面高度，以了解填入的砾料是否有堵塞现象。

井管外封闭一般用黏土球，球径为 25 mm 左右，用优质黏土制成，其湿度要适宜，要求下沉时黏土球不化解。当填至井口时应进行夯实[38]。

4. 洗井

在凿井过程中，泥浆和岩屑不仅滞留在井周围的含水层中，而且还在井壁上形成一层泥浆壁。洗井就是要消除井孔及周围含水层中的泥浆和井壁上的泥浆壁，同时还要冲洗出含水层中部分细小颗粒，使井周围含水层形成天然反滤层。因此，洗井是影响水井出水能力的重要工序。洗井工作要在上述工序完成之后立即进行，以防泥浆壁硬化，给洗井带来困难。洗井方法有活塞洗井、压缩空气洗井、水泵抽水（或压水）洗井、液态 CO_2 洗井、酸化 CO_2 喷洗井等多种方法。以活塞洗井法为例，该法是用安装在钻杆上带有活门的活塞，在井壁管内上下拉动，使过滤器周围形成反复冲洗的水流，以破坏泥浆壁并清除含水层中残留泥浆和细小颗粒。当泥浆壁被破坏，出水变清，就可以结束洗井工作。

5. 抽水实验

抽水实验是管井建造的最后阶段。目的在于测定井的出水量，了解出水量与水位降落值的关系,为选择、安装抽水设备提供依据,同时采集水样进行分析,以评价井的水质。

抽水实验前应先测出静水位,抽水时还要实时测定与出水量相应的动水位。抽水实验的最大出水量一般应达到或超过设计出水量,若设备条件有限,也不应小于设计出水量的75%。抽水实验时,水位下降次数一般为3次,至少为2次。每次都应保持一定的水位降落值与出水量稳定延续时间。

抽水实验过程中,除认真观测和记录有关数据外,还应在现场及时进行资料整理工作,例如,绘制出水量与水位降落值的关系曲线、水位和出水量与时间关系曲线以及水位恢复曲线等,以便发现问题,及时处理[38]。

二、大口井

大口井因其井径大而得名,它是开采浅层地下水的一种主要取水构筑物,成为我国除管井之外的另一种应用比较广泛的地下水取水构筑物。小型大口井构造简单、施工简便易行、取材方便,故在农村及小城镇供水中广泛采用,在城市与工业的取水工程中则多用大型大口井。对于埋藏不深、地下水位较高的含水层,大口井与管井的单位出水能力的投资往往不差上下,这时取水构筑物类型的选择就不能单凭水文地质条件及开采条件,而应综合考虑其他因素。

大口井的优点是大口井不存在腐蚀问题,进水条件较好,使用年限较长,对抽水设备形式限制不大,若有一定的场地且具备较好的施工技术条件,可考虑采用大口井。我国大口井的直径一般为4~8 m,井深一般在12 m以内,很少超过20 m。大口井大多采用不完整井形式,虽然施工条件较困难,但可以从井筒和井底同时进水,以扩大进水面积,而且当井筒进水孔被堵塞后,仍可保证一定的进水量。但是,大口井对地下水位变动适应能力很差,在不能保证施工质量的情况下会拖延工期、增加投资,亦易产生涌砂(管涌或流砂现象)、堵塞问题。在含铁量较高的含水层中,这类问题更加严重[19]。

(一)大口井的构造

大口井主要由上部结构、井筒及进水部分组成,如图6-5所示。

1. 上部结构

上部结构的布设主要取决于水泵站是与大口井分建还是合建,而这又取决于井水位(动水位与静水位)的变化幅度、单井出水量、水源供水规模及水源系统布置等因素。如果井水位的下降幅度较小、单井出水量大、井的布置分散、仅1~2口井即可达到供水规模要求时,可考虑泵站与井合建。

当地下水位较低或井水位变化幅度大时,为避免合建泵房埋深过大,使上部结构复杂化,可考虑采用深井泵取水。泵房与大口井分建,则大口井井口可仅设井室或者只设盖板,后一种情况适合在低洼地带(河滩或沙洲)修建,可经受洪水的冲刷和淹没(需设法密封)[19]。

由于大口井直径大,含水层浅,容易受到污染,因此应特别做好井口的污染防治工作。井口应加盖封闭,盖板上开设入孔和透气孔,雨污水及爬虫等不得进入井内。井口应高出地表0.5 m以上,井口周围设置宽度和高度均不小于1.5 m的环形黏土封闭带。用卧式泵抽水时,往往将水泵安装在专门建设的泵房内,水泵吸水管伸入大口井吸水;有的大口井直接将抽水设备安装在井盖上,并建有井室,此时应注意泵房污水对大口井的污染,穿

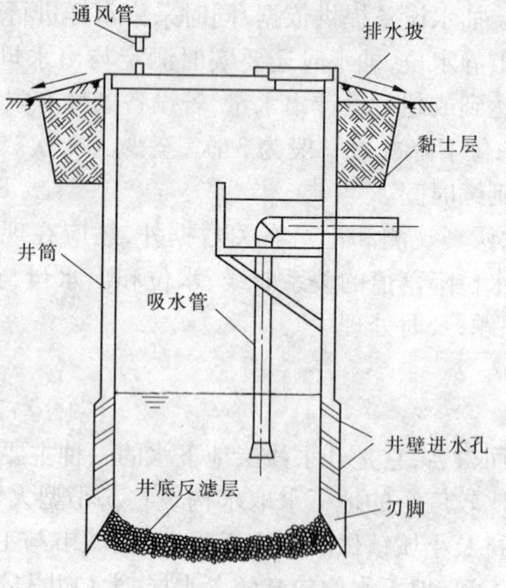

图6-5　大口井的构造[38]

越井盖的管线应加设套管[40]。

2. 井筒

井筒包括井中水面以上和水面以下两部分,用钢筋混凝土、砖、石条等砌成。井筒是大口井的主体,用以加固围护井壁,支撑井外土层,形成大口井的腔室,同时也起到隔离不良含水层的作用。井筒的直径应根据出水量计算、允许流速校核及安装抽水设备的要求来确定。井筒的外形通常呈圆筒形、截头圆锥形、阶梯圆筒形等(见图6-6),其中,圆筒形井筒易于保证垂直下沉,节省材料,受力条件好,利于进水。有时在井筒的下半部设有进水孔。在深度较大的井筒中,为克服较大下沉摩擦阻力,常采用变截面结构的阶梯状圆形井筒。

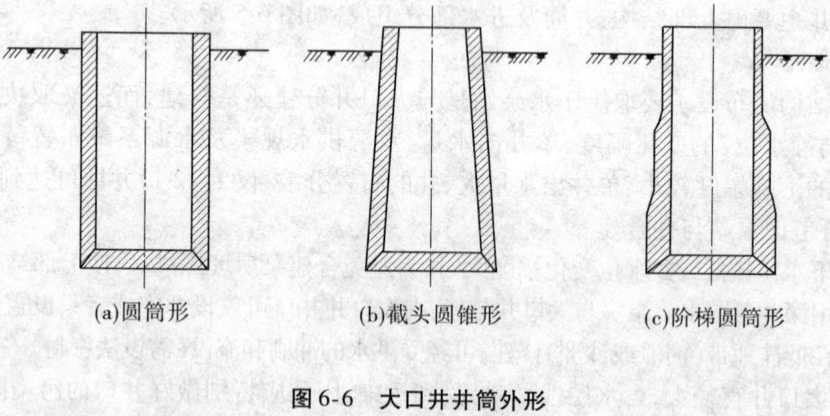

图6-6　大口井井筒外形

用沉井法施工的井筒最下端应做成刃脚状,以利于下沉过程中切削土层。刃脚部分的外径比上部井筒外径大10~20 cm,这样切削出来的井孔直径大于上部井筒外径,井筒就不会与土层接触,因而减小了井筒下沉摩擦阻力。刃脚的高度不应小于1.2 m[40]。

3. 进水部分

进水部分包括井壁进水孔(或透水井壁)和井底反滤层。

井壁进水孔是在井筒上开设水平或向外倾斜的孔洞,并在孔洞内填入一定级配的砾石反滤层,形成滤水阻砂的进水孔。按照进水孔的方向分为水平孔和斜形孔两种,其中水平孔因容易施工,故较多采用。壁孔一般是直径为100~200 mm的圆孔或100 mm×150 mm~200 mm×250 mm的矩形孔,交错排列于井壁,其孔隙率在15%左右。为避免含水层的渗透性,孔内装填一定级配的滤料层,孔的两侧设置不锈钢丝网,以防滤料漏失。水平孔不易按级配分层加填滤料,为此也可应用预先装好滤料的铁丝笼填入进水孔。斜形孔多为圆形,孔倾斜度不宜超过45°,孔径为100~200 mm,孔外侧设有格网。斜形孔滤料稳定,易于装填、更换,是一种较好的进水孔形式[38]。

透水井壁由无砂混凝土制成。有砌块构成或整体浇筑等形式,每隔1~2 m设一道钢筋混凝土圈梁,以加强井壁强度。其结构简单、制作方便、造价低,但在细粉砂地层和含铁地下水中易堵塞。

由于井壁进水孔易堵塞,多数大口井主要依靠井底进水,即将整个井底做成透水的砾石反滤层,形成透水井底,在这一过程中井底反滤层的质量极为重要。反滤层通常做成锅底状,分3~4层铺设,每层厚200~300 mm。当含水层为粉砂、细砂层时,可适当增加层数;当含水层为均匀性较好的砾石、卵石层时,则可不必铺设反滤层。在铺设反滤层时,砾石自下向上逐渐变粗,最下层粒径应与土层颗粒粒径相适应,刃脚处渗透压力大,应加厚20%~30%。大口井能否达到应有的出水量,井底反滤层质量是重要因素,若反滤层铺设厚度不均匀或滤料不合规格都有可能导致堵塞和翻砂,使出水量下降。

(二)大口井的施工

大口井的施工方法有大开挖施工法和沉井施工法两种[38]。

1. 大开挖施工法

大开挖施工法是在开挖的基槽中,进行井筒砌筑或浇筑及铺设反滤层工作。其优点是可以就地取材,便于井底反滤层施工,可在井壁外围回填滤料层,改善进水条件;但在深度大、水位高的大口井中,施工土方量大,排水费用高。因此,此法适用于建造直径小于4 m、井深9 m以内的大口井,或地质条件不宜采用沉井施工法的大口井。

2. 沉井施工法

沉井施工法是在井位处先开挖基坑,然后在基坑上浇筑带有刃脚的井筒;待井筒达到一定强度后,即可在井筒内挖土,利用井筒自重切土下沉。沉井法的优点是:在条件允许时,可利用抓斗或水力机械进行水下施工,能节省排水费用,施工安全,对含水层扰动程度轻,对周围建筑物影响小。但也存在排除故障困难、反滤层质量不容易保证等缺点。

三、复合井

复合井由非完整大口井和井底下设管井过滤器组成。实际上,它是一个大口井和管井组合的分层或分段取水系统(见图6-7)。它适用于地下水水位较高、厚度较大的含水层,能充分利用含水层的厚度,增加井的出水量。实验证明,当含水层厚度大于大口井半径的3~6倍,或含水层透水性较差时,采用复合井出水量增加显著。

四、辐射井

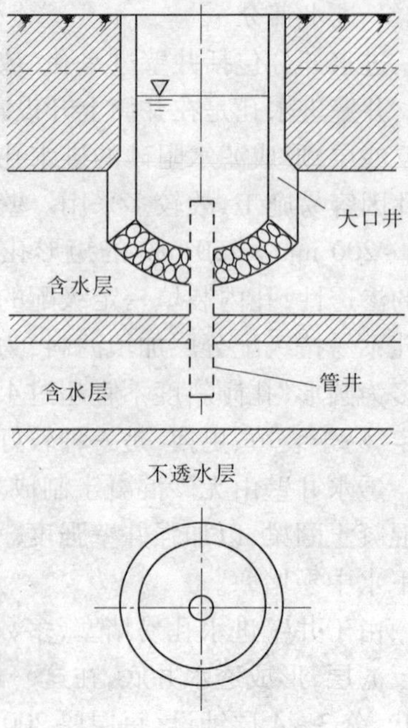

图 6-7　复合井

辐射井是由集水井(垂直系统)及水平的或倾斜的进水管(水平系统)联合构成的一种井型,属于联合系统的范畴。因水平进水管是沿集水井半径方向铺设的辐射状渗入管,故称这种井为辐射井。由于扩大了进水面积,其单井出水量为各类地下水取水构筑物之首。高产的辐射井日产水量可达 10 万 m^3 以上。因此,也可作为旧井改造和增大出水量的措施[19]。

辐射井是一种适应性较强的取水构筑物,一般不能用大口井开采的、厚度较薄的含水层,以及不能用渗渠开采的厚度薄、埋深较大的含水层,均可用辐射井开采。此外,辐射井还具有管理集中、占地省、便于卫生防护等优点。辐射井的缺点是:施工难度较高,施工质量和施工技术水平直接影响出水量的大小。

(一)辐射井的类型

按集水井本身取水与否,将辐射井分为集水井井底与辐射管同时进水和集水井井底封闭仅辐射管进水两种形式。前者适用于厚度较大的含水层。

按辐射管铺设方式,辐射井有单层辐射管和多层辐射管两种。图 6-8 所示为集水井井底封闭的单层辐射管的辐射井构造。

按集取水源的不同,辐射井又分为集取一般地下水(见图 6-9(a))、集取河流或其他地表水体渗透水(见图 6-9(b)、(c))、集取岸边地下水和河床地下水的辐射井(见图 6-9(d))等形式。

(二)辐射井的构造

1. 集水井

集水井又称竖井,其作用是汇集辐射管的来水和安装抽水设备等,对于不封底的集水井还兼有取水井的作用。集水井的直径一般不应小于 3 m,通常采用圆形钢筋混凝土井筒,沉井施工。集水井的深度视含水层的埋深条件而定,多数深度在 10 ~ 20 m,也有深达 30 m 者。

2. 辐射管

辐射管是直径为 50 ~ 250 mm 的穿孔管,当管径为 50 ~ 75 mm 时管长不超过 10 m,管径为 100 ~ 250 mm 时管长不超过 30 m,辐射管孔眼可用圆孔或条形孔,孔径参见表 6-1。孔眼应交错排列,开孔率为 15% ~ 20%,在靠近集水井 2 ~ 3 m 的集水管上不设穿孔。辐射管尽量布置在集水井的底部,一般距井底 1 m 左右,以保证在大水位降条件下取得最大的出水量。

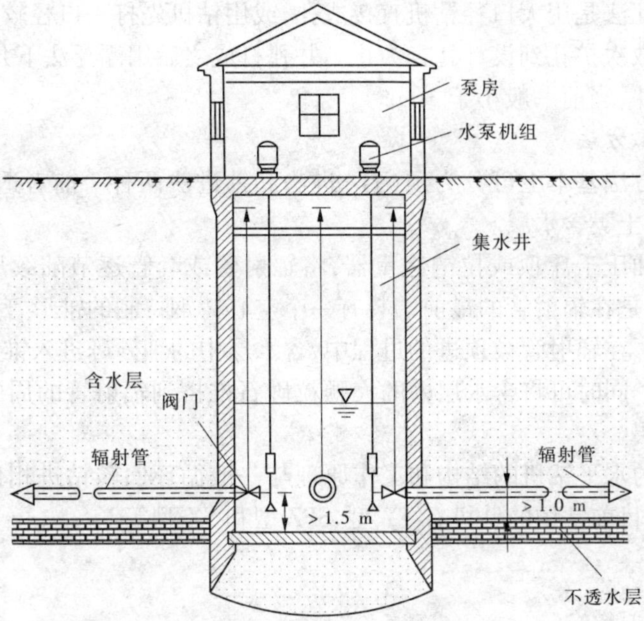

图 6-8　辐射井的构造[38]

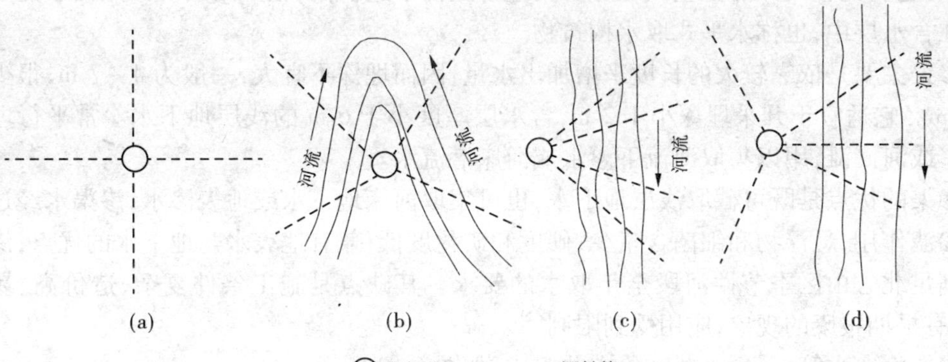

图 6-9　按补给条件与布置方式分类的辐射井

补给充分时可设置多层辐射管，层距 1.5 ~ 3 m，每层 3 ~ 8 根。辐射管应有向井内倾斜的坡度，以利于集水排沙。采用顶管施工时辐射管采用厚壁钢管，套管施工时可采用薄壁钢管、铸铁管及非金属管。辐射管的布置形式和数量多少，直接关系到辐射井出水量的多少与工程造价的高低，因此应密切结合当地水文地质条件与地表水体的分布以及它们之间的联系，因地制宜地加以确定。

（三）辐射井的施工

辐射井的集水井和辐射管结构不同，施工方法和施工机械也完全不同，下面分别叙述[19]。

1. 集水井的施工方法

集水井的施工方法基本与大口井相似，除人工开挖法和机械开挖法外，还可用钻孔扩孔法施工。钻孔扩孔法是用大口径钻机直接成孔,或用钻机先打一口径较小的井孔,然后用较大钻头一次或数次扩孔到设计孔径为止。井孔打成之后用漂浮法下井管。此法适宜井径不很大的集水井,当前一般小于 3 m。

2. 辐射管的施工方法

辐射管的施工方法基本上可分为顶(打)进法和钻进法两种。前者适用于松散含水层,而后者适合于黄土类含水层。

顶进法是采用油压千斤顶或拉链起重器,将辐射管或套管逐节陆续压入含水层中。目前,先进的顶进法是在辐射管的最前端装有一个空心铸钢特制的锥形管头,并在辐射管内装置一个清砂管。在辐射管被顶进的过程中,含水层中的细砂砾进入锥头,通过清砂管带到集水井内排走。同时可将含水层中的大颗粒砾石推挤到辐射管的周围,形成一条天然的环形砂砾反滤层。

钻进法所使用的水平钻机的结构和工作原理与一般循环回转钻进相似,但钻机较轻便且钻进方向不同,目前常用的钻机有 TY 型、SPZ 型和 SX 型等。

五、渗渠

渗渠是水平铺设在含水层中的穿孔渗水管渠。渗渠可分为集水管和集水廊道两种形式;同时也有完整式和非完整式之分。集水廊道由于造价高,很少采用。渗渠由于是水平铺设在含水层中,也称水平式取水构筑物。

渗渠主要是依靠较大的长度来增加出水量,因而埋深不宜大,一般为 4 ~ 7 m,很少超过 10 m。它适宜于开采埋深小于 2 m,含水层厚度小于 6 m 的浅层地下水。常平行埋设于河岸或河漫滩,用以集取河流下渗水或河床潜流水。

渗渠的优点是既可截取浅层地下水,也可集取河床地下水或地表渗水,渗渠水经过地层的渗滤作用,悬浮物和细菌含量少,硬度和矿化度低,兼有地表水与地下水的优点;渗渠可以满足北方山区季节性河段全年取水的要求。其缺点是施工条件复杂、造价高、易淤塞,常有早期报废的现象,应用受到限制[39]。

渗渠由渗水管渠、集水井和检查井组成,如图 6-10 所示。

渗水管渠常采用钢筋混凝土或混凝土管,也可采用浆砌石或装配式混凝土配件砌筑成城门洞形暗渠,小水量也可采用铸铁管和石棉水泥管。在管渠上的 1/3 ~ 1/2 范围内开设进水孔,孔眼为直径 20 ~ 30 mm 的圆孔或 20 mm × (60 ~ 100) mm 的条孔,管外填 3 ~ 4 层人工反滤层,如图 6-11 所示。管渠的直径和坡度应能满足输送最大流量的要求,管内充满度为 0.4 ~ 0.8,流速为 0.5 ~ 0.8 m/s。

集水井用以汇集管渠来水,安装水泵吸水管,同时兼有调节、蓄水和沉砂作用。

检查井设置在管渠末端、拐弯和断面改变处,直线段每隔 30 ~ 50 m 设一个检查井,以便于清理、检修。检查井下部直径不小于 1 m,进口直径不小于 0.7 m。检查井和集水井都应做好卫生防护,防止地表污染物或地表水进入[19]。

六、坎儿井

坎儿井是我国新疆地区在缺乏把各山溪地表径流由戈壁长距离引入灌区的手段以及

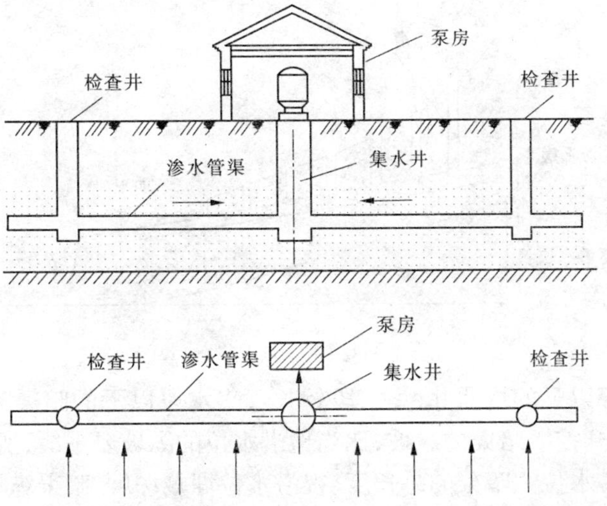

图6-10　渗渠

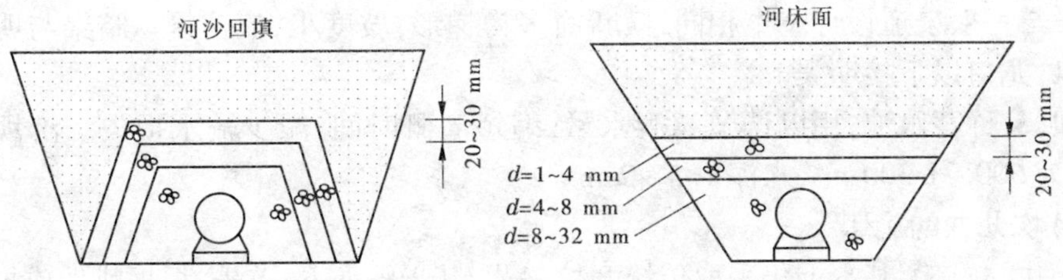

(b)铺设在河滩下的渗渠　　(b)铺设在河床下的渗渠

图6-11　渗渠人工反滤层构造

缺乏提水机械的情况下，根据当地自然条件、水文地质特点，创造出用暗渠引取地下潜流，进行自流灌溉的一种特殊水利工程。

坎儿井按其成井的水文地质条件来划分，可分为三种类型：一是山前潜水补给型，此类坎儿井直接截取山体前侧渗出的地下水，集水段较短；二是山溪河流河谷潜水补给型，此类坎儿井集水段较长，出水量较大，在吐鲁番、哈密地区分布较广；三是平原潜水补给型，此类坎儿井分布在灌区内，水文地质条件差，出水量也较小。

(一)坎儿井的构造

坎儿井的布设，大致顺冲积扇的地面坡降，即地下潜流的流向，与之相平行或斜交。其构造由竖井、暗渠、明渠和涝坝（即小型蓄水池）四部分组成，如图6-12所示。

竖井，是开挖暗渠时供定位、进入、出土和通风之用，并为整个工程完成后检查维修之用的人工开挖竖井。开挖时所取的土，堆积在竖井周围，形成环形小土堆，可以防止一般地表水入侵。竖井的间距，一般上游段为60～100 m，中游段为30～60 m，下游段为10～30 m。竖井深度，上游段为40～70 m，最深可达100 m，中游段为20～40 m，下游段为3～15 m。其断面一般为矩形，长边顺暗渠方向。

暗渠，也称集水廊道或输水廊道。首部为集水段，在潜水位下开挖，引取地下潜流，每段长为5～100 m。位于冲积扇上部的坎儿井，因土层多砂砾石，含水层较丰富，其集水段

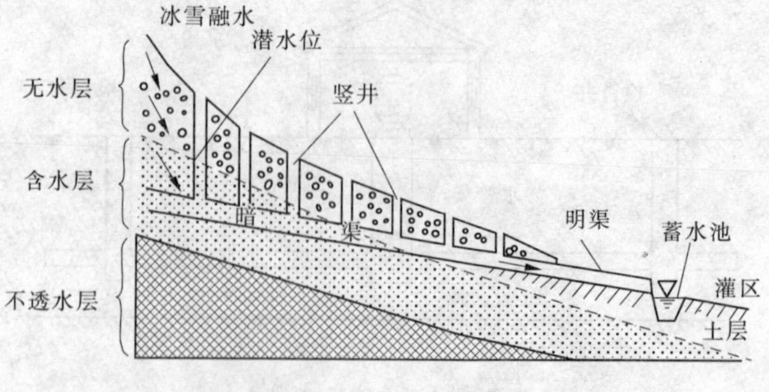

图 6-12　坎儿井

较短;而冲积扇中部以下的坎儿井,集水段较长。集水段以下的暗渠为输水部分,一般在潜水位上干土层内开挖。暗渠的纵坡,比当地潜水位的纵坡要平缓,所以在集水段延伸一定距离后,可高出潜水位。暗渠的总长度,视潜水位埋藏深度、暗渠纵坡和地面坡降而定,一般 3 ~ 5 km,最长的超过 10 km。暗渠断面,除了满足引水流量的需要外,主要根据开挖操作的要求来设计,通常采用窄深式,宽为 0.5 ~ 0.8 m,高为 1.4 ~ 1.7 m。

明渠与一般渠道设计基本相同,横断面多为梯形,坡度小,流速慢。暗渠与明渠相接处称龙口,龙口以下接明渠。

涝坝,又称蓄水池,用以调节灌溉水量,缩短灌溉时间,减少输水损失。涝坝面积不等,通常为 600 ~ 1 300 m^2,水深 1.5 ~ 2 m。

(二)坎儿井的施工

坎儿井的施工,基本上仍采取传统开挖工艺,其步骤如下:首先,根据耕地或拟垦荒地位置,向上游寻找水源并估计潜流水位的埋深,确定坎儿井的布置,根据可能穿过的土层性质,考虑暗渠的适宜纵坡;其次,开挖暗渠,一般从下游开始,先挖明渠的首段和坎儿井的龙口,再向上游逐段布置竖井开挖,每挖好一个竖井,即从竖井的底部向上游或下游单向或双向逐段挖通暗渠;最后,再从头至尾修正暗渠的纵坡。挖暗渠和竖井所使用的工具,主要为镢头和刨锤。出土时,用土筐从竖井上使用辘轳起吊,一般用人力拉,在上游较深的竖井则用牛力拉。为了防止大风沙土刮进坎儿井,并避免冬天冻坏,竖井进口处冬季常用树梢、禾秆及土分层封盖。挖暗渠时因工作面较窄,一处只能容一人挖,又在黑暗中摸索进行,仅靠油灯照明,其定向方法主要是在竖井内垂挂两个油灯,从这两个灯的方向和高低,可以校正暗渠的方向和纵坡。一般先挖暗渠的底部,后挖顶部。要用两手轮流交叉挖,以防挖偏。整个工程的施工一般需 3 ~ 5 人,遇到松散砂层时,须局部用板支撑,避免塌方,并防以后水流淘刷。

第三节　地下水水源地的选择

地下水资源的开发利用首先要选择好合适的地下水水源地,因为水源地位置选择的正确与否,不仅关系到对水源地建设的投资,而且关系到是否能保证其长期经济和安全的运转,以及避免由此产生各种不良的地质环境问题。对于大中型集中供水方式,水源地选择的关键是确定取水地段的位置与范围;对于小型分散供水方式,则是确定水井的井位。

一、集中式供水水源地的选择

在选择集中供水水源地的位置时，既要充分考虑其能否满足长期持续稳定开采的需水要求，也要考虑它的地质环境和利用条件。

（一）水源地的水文地质条件

取水地段含水层的富水性与补给条件，是地下水水源地的首选条件。首先从富水性角度考虑，水源地应选在含水层透水性强、厚度大、层数多、分布面积广的地段上。例如，冲洪积扇中、上游的砂砾石带和轴部；河流的冲积阶地和高漫滩；冲积平原的古河床；裂隙或岩溶发育、厚度较大的层状或似层状基岩含水层；规模较大的含水断裂构造及其他脉状基岩含水带。在此基础上，进一步考虑其补给条件。取水地段应有良好的汇水条件，可以最大限度地拦截、汇集区域地下径流，或接近地下水的集中补给、排泄区。例如，区域性阻水界面的迎水一侧；基岩蓄水构造的背斜倾末端、浅埋向斜的核部；松散岩层分布区的沿河岸边地段；岩溶地区和地下水主径流带、毗邻排泄区上游的汇水地段等[38]。

（二）水源地的环境影响因素

新建水源地应远离原有的取水点或排水点，减少相互干扰。为保证地下水的水质，水源地应选在远离城市或工矿排污区的上游；远离已污染（或天然水质不良）的地表水体或含水层的地段；避开易于使水井淤塞、涌砂或水质长期混浊的沉砂层和岩溶充填带；在滨海地区，应考虑海水入侵对水质的不良影响；为减少垂向污水入渗的可能性，最好选在含水层上部有稳定隔水层分布的地段。此外，水源地应选在不易引发地面沉降、塌陷、地裂等有害地质作用的地段[38]。

（三）水源地的经济、安全性和扩建前景

在满足水量、水质要求的前提下，为节省建设投资，水源地应靠近用户、少占耕地；为降低取水成本，应选在地下水浅埋或自流地段；河谷水源地要考虑水井的淹没问题；人工开挖的大口井取水工程，要考虑井壁的稳固性。当有多个水源地方案可供比较时，未来扩大开采的前景条件，也是必须考虑的因素之一[38]。

二、小型分散式水源地的选择

集中式供水水源地的选择原则，对于基岩山区裂隙水小型水源地的选择也是适合的。但在基岩山区，由于地下水分布极不均匀，水井布置还要取决于强含水裂隙带及强岩溶发育带的分布位置。此外，布井地段的地下水埋深及上游有无较大的汇水补给面积，也是必须考虑的条件[38]。

第四节 地下水取水构筑物的选择及布局

在地下水水源地选择的基础上，还要正确选择和设计地下水取水构筑物，以最大限度地截取补给量，提高出水量、改善水质、降低工程总造价。

一、地下水取水构筑物的选择

常见的地下水取水构筑物有管井、大口井等构成的垂直集水系统，渗渠、坎儿井等构

成的水平集水系统，辐射井、复合井等构成的复合集水系统以及引泉工程。由于类型不同，其适用条件具有较大的差异性。其中，管井适用于开采深层地下水，井深一般在 300 m 以内，最大开采深度可达 1 000 m 以上；大口井广泛用于集取井深 20 m 以内的浅层地下水；渗渠主要用于地下水埋深小于 2 m 的浅层地下水，或集取河床地下水；辐射井一般用于集取地下水埋藏较深、含水层较薄的浅层地下水，它由集水井和若干从集水井周边向外铺设的辐射形集水管组成，可以克服上述条件下大口井效率低、渗渠施工困难等不足；复合井常用于同时集取上部孔隙潜水和下部厚层高水位承压水，以增加出水量和改良水质[38]。常见各种地下水取水构筑物的类型及适用范围如表 6-3 所示。

表 6-3　常见地下水取水构筑物的类型及适用范围[19]

种类	形式	尺寸	深度	适用范围				出水量
				地下水类型	地下水埋深	含水层厚度	水文地质特征	
垂直取水	管井	井径 50 ~ 1 000 mm，常用 150 ~ 600 mm	井深 20 ~ 1 000 m，常用在 300 m 以内	潜水，承压水	在抽水设备能力条件下不受限制	厚度一般在 5 m 以上或有几层含水层	适用于任何砂、卵石、砾石地层及构造裂隙、岩溶裂隙地带	单井出水量 500 ~ 6 000 m^3/d，最大为 20 000 ~ 30 000 m^3/d
	大口井	井径 2 ~ 10 m，常用 4 ~ 8 m	井深在 30 m 以内，常用 6 ~ 20 m	潜水，承压水	埋藏较浅，一般在 10 m 以内	一般为 5 ~ 20 m	补给条件良好，渗透系数最好在 20 m/d 以上，适用于任何砂、卵石、砾石层	单井出水量 500 ~ 10 000 m^3/d，最大为 20 000 ~ 30 000 m^3/d
水平集水	渗渠	管径为 450 ~ 1 500 mm，常用 600 ~ 1 000 mm	埋深在 10 m 以内，常用 4 ~ 7 m	潜水，河床渗透水	埋藏较浅，一般在 2 m 以内	一般为 1 ~ 6 m	补给条件良好，渗透性较好，适用于中粗砂、粗砂、砾石或卵石层	一般为 10 ~ 30 $m^3/(d·m)$，最大为 50 ~ 100 $m^3/(d·m)$
	坎儿井	井径为 500 ~ 1 500 mm，常用 800 ~ 1 200 mm	埋深在 100 m 以内，常用 5 ~ 30 m	潜水	埋深较浅，一般在 10 m 以内	较薄	冲积扇上部、丘陵地区、砂、砾石直径 1 ~ 20 mm，砾石含量 60% ~ 70%	
联合集水	辐射井	集水井直径 2 ~ 12 m，常用 4 ~ 8 m；辐射管直径 50 ~ 300 mm，常用 75 ~ 150 mm	集水井井深在 30 m 以内，常用 6 ~ 20 m	潜水，承压水	埋藏较浅，一般在 12 m 以内，辐射管距降水层应大于 1 m	厚度一般在 5 m 以上	补给条件良好，含水层最好为中粗砂或砾石层，但不可含有漂石	单井出水量一般为 5 000 ~ 50 000 m^3/d

我国地域辽阔,水资源状况差异悬殊,地下水类型、埋藏深度、含水层性质等取水条件以及取材、施工条件和供水要求各不相同,开采地下水的方法和取水构筑物的选择必须因地制宜。管井具有对含水层的适应能力强,施工机械化程度高、效率高、成本低等优点,在我国应用最广;其次是大口井;辐射井适应性虽强,但施工难度大;复合井在一些水资源不很充裕的中小城镇和不连续供水的铁路供水站中被较多地应用;渗渠在东北、西北一些季节性河流的山区及山前地区应用较多。此外,在我国一些严重缺水的山区,为了解决水源问题,当地人们创造了很多特殊而有效的开采和集取地下水的方法,如在岩溶缺水山区修建规模巨大、探采结合的取水斜井等[38]。

二、地下水取水构筑物的合理布局

取水构筑物的合理布局,是指在确定水源地的允许开采量和取水范围后,进而明确在采取何种工程技术和经济承受能力下的取水构筑物布置方案,才能最有效地开采地下水并尽可能地减少工程所带来的负面作用。一般所说的取水构筑物合理布局,主要包括取水井的平面布局、垂向布局,以及井数和井间距离的确定等问题。

(一)水井的平面布局

水井的平面布局主要决定于地下水的运动形式和可开采量的组成性质。

在地下径流条件良好的地区,为充分拦截地下径流,水井应布置成垂直地下水流向的并排形式或扇形,视断面地下径流量的多少,可布置一个至数个井排。例如,在我国许多山前冲洪积扇上,其水源地主要是靠上游地下径流补给的河谷水源地,一些巨大阻水界面所形成的裂隙——岩溶水源地,则多采用此种水井布置形式。在某些情况下,当预计某种地表水体将构成水源地的主要补给源时,则开采井应按线形平行于这些水体的延长方向分布;当含水层四周为环形透水边界包围时,开采井也可以布置成环形、三角形、矩形等布局形式。

在地下径流滞缓的平原区,当开采量以含水层的存储量(或垂向渗入补给量)为主时,则开采井群一般应布置成网格状、梅花形或圆形的平面布局形式。在以大气降水或河流季节补给为主、纵向坡度很缓的河谷潜水区,其开采井则应沿着河谷方向布置,视河谷宽度布置一到数个纵向井排。

在岩层导、储水性能分布极不均匀的基岩裂隙水分布区,水井的平面布局主要受富水带分布位置的控制,应该把水井布置在补给条件最好的强含水裂隙带上,而不必拘束于规则的布置形式[19]。

(二)水井的垂向布局

对于厚度不大(小于30 m)的孔隙含水层和多数的基岩含水层(主要含水裂隙段的厚度亦不大),一般均采用完整井形式取水,因此不存在水井在垂向上的多种布局问题。而对于大厚度(大于30 m)的含水层或多层含水组,是采用完整井取水,还是采用非完整井井组分段取水,两者在技术和经济上的合理性则需要深入讨论。相关实验表明,在大厚度含水层中取水时,可以采用非完整井形式,对出水量无大的影响;同时实验还表明,为了充分吸取大厚度含水层整个厚度上的水资源,可以在含水层不同深度上采取分段(或分层)取水的方式。

大厚度含水层中的分段取水一般是采用井组形式，每个井组的井数决定于分段(或分层)取水数目。一般多由 2～3 口水井组成，水井可布置成直线形或三角形。由于分段取水时在水平方向的井间干扰作用甚微，所以其井间距离一般采用 3～5 m 即可；当含水层颗粒较细，或水井封填质量不好时，为防止出现深、浅水井间的水流串通，可把孔距增大到 5～10 m(见图 6-13)。

分段取水设计时，应正确给定相邻取水段之间的垂向间距(见图 6-13 中的 a 段)，其取值原则是：既要减少垂向上的干扰强度，又能充分汲取整个含水层厚度上的地下水资源。表 6-4 列出了在不同水文地质条件下分段取水时，垂向间距 a 的经验数据。如果要确定 a 的可靠值，则应通过井组分段(层)取水干扰抽水实验确定。许多分段取水的实际材料表明，上、下滤水管的垂向间距 a 在 5～10 m 的情况下，其垂向水量干扰系数一般都小于 25%，完全可以满足供水管井设计的要求。

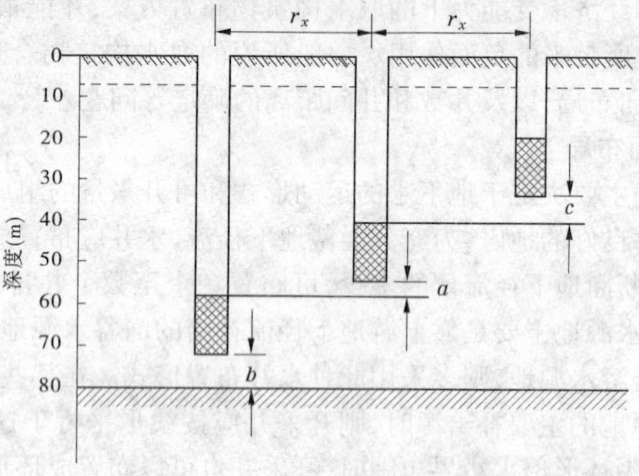

图 6-13　分段取水井组布置示意图[19]

表 6-4　分段(层)取水井组配置参考资料

序号	含水层厚度(m)	井组配置数据			
		管井数(个)	滤水管长(m)	水平间距(m)	垂直间距(m)
1	30～40	1	20～30		
2	40～60	1～2	20～30	5～10	>5
3	60～100	2～3	20～25	5～10	≥5
4	>100	3	20～25	5～10	≥5

大量事实说明，在透水性较好(中砂以上)的大厚度含水层中分段(层)取水，既可有效开发地下水资源，提高单位面积产水量，又可节省建井投资(不用扩建或新建水源地)，并减轻浅部含水层开采强度。据北京、西安、兰州等市 20 多个水源地统计，由于采用了井组分段(层)取水方法，水源地的开采量都获得了成倍增加。当然，井组分段(层)取水也是有一定条件的。如果采用分段取水，又不相应地加大井组之间的距离，将会大大增加单位面积上的取水强度，从而加大含水层的水位降深或加剧区域地下水位的下降速度。因此，对补给条件不太好的水源地要慎重采用分段取水方法[19]。

(三)井数和井间距离的确定

在明确了水井平面和垂向布局之后,取水构筑物合理布局所要解决的最后一个问题是,如何在满足设计需水量的前提下,本着技术可行且经济合理的原则,来确定水井的数量与井距。由于集中式供水和分散式农田灌溉供水在水井布局上有很大差别,故其井数与井距确定的方法也不同,下面分别进行叙述。

1. 集中式供水井数与井距的确定

集中式供水井数与井距,一般是通过解析法井流公式和数值法计算而确定的。解析法仅仅适用于均质各向同性,且边界条件规则的情况下。为了更好地逼近实际,在勘探的基础上,最好采用数值模拟技术来确定井数与井间距离。一般工作程序:首先,在勘探基础上,概化水文地质概念模型,建立地下水流数学模型(必要时要建立水质模型),对所建的数学模型进行参数率定与验证;其次,根据水源地的水文地质条件、井群的平面布局形式、需水量的大小、设计的允许水位降深等已给定条件,拟定出几个不同井数和井间距离的开采方案;再次,分别计算每一布井方案下的水井总出水量和指定点或指定时刻的水位降深;最后,选出出水量和指定点(时刻)水位降深均满足设计要求、井数最少、井间干扰强度不超过要求、建设投资和开采成本最低的布井方案,即为技术经济上最合理的井数与井距方案。

对于水井呈面状分布(多个井排或在平面上按其他几何形式排列)的水源地,因各井同时工作时,将在井群分布的中心部位产生最大的干扰水位降深,故在确定此类水源地的井数时,除考虑所选用的布井方案能否满足设计需水量外,主要是考虑中心点(或其他预计的强干扰点)的水位是否超过设计上允许的降深值。

2. 分散式灌溉供水的井数与井距的确定

为灌溉目的开发地下水,一般要求对开采井采取分散式布局,如均匀布井、棋盘格式布井。对灌溉水井的布局,主要是确定合理的井距。因某一灌区内应布置的井数,主要决定于单井灌溉面积,即决定于井距。确定井距时,涉及的因素较多,除了与单井出水量和影响半径有关外,还与灌溉定额、灌溉制度、每日浇地时间长短、土地利用情况、土质、灌溉技术有关。确定灌溉水井的合理间距时,应以单位面积上的灌溉需水量与该范围内地下水的可采量相平衡为原则。下面介绍几种常用灌溉水井井距与井数的确定方法。

1)单井灌溉面积法

当地下水补给充足且地下水资源能满足土地灌溉需求时,则可简单地根据需水量来确定井数与井距。

首先计算出单井可控制的灌溉面积 F,即

$$F = \frac{QTt\eta}{W} \tag{6-3}$$

式中 Q——单井的稳定出水量,m^3/h;

T——一次灌溉所需的天数,d;

t——每天抽水时间,h;

W——灌水定额,m^3/亩;

η——渠系水有效利用系数。

如果水井按正方形网状布置，则水井间的距离 D 为

$$D = \sqrt{667F} = \sqrt{\frac{667QTt\eta}{W}} \tag{6-4}$$

如果水井按等边三角形排列，则水井间的距离 D 为

$$D = \sqrt{\frac{2F}{\sqrt{3}}} = \sqrt{\frac{2QTt\eta}{\sqrt{3}W}} \tag{6-5}$$

整个灌区内应布置的水井数 n 为

$$n = \frac{S\beta}{F} \tag{6-6}$$

式中　S——灌区的总面积，亩；

β——土地利用率（%）；

F——单井控制的灌溉面积，亩。

从以上各公式可知，在灌区面积一定的条件下，井数主要决定于单井可控制的灌溉面积；而单井所控制的灌溉面积（或井距），在单井出水量一定的条件下，又主要取决于灌溉定额。因此，应从平整土地、减少渠道渗漏、采用先进灌溉技术等方面来降低灌溉定额，以达到加大井距、减少井数、提高灌溉效益的目的。

2）考虑井间干扰时的井距确定方法

严格地说，均匀分布的灌溉水井同时工作时，井间的干扰作用是不可避免的。当井距比较小时，这种干扰作用使单井出水量削减更是不可忽略。因此，考虑井间干扰作用的井距计算方法比前一种方法可靠，但比较复杂。这种计算方法的思路是，首先提出几种可能的设计水位降深和井距方案，分别计算出不同降深、不同井距条件下的单井干扰出水量，然后通过干扰水井的实际可灌溉面积与理论上应控制灌溉面积的对比试算确定出合理的井距。

以井灌工程设计中常见的等边三角形均匀布井（见图 6-14）为例，来说明其井距的计算过程：

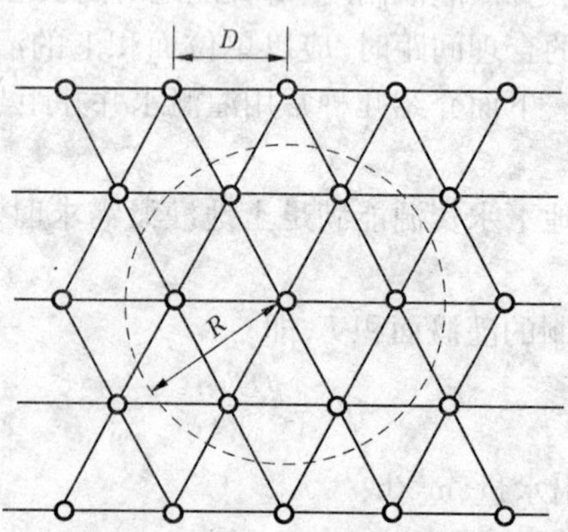

图 6-14　水井按等边三角形均匀布置的井网平面[19]

（1）把在农田供水勘探阶段对两口或两口以上干扰井单井抽水实验所得的出水量 Q、水位削减值 t，按相应的涌水量经验公式和水力削减法公式，换算成设计水位降深和不

同井距方案条件下的数值。

(2) 计算水井在不同水位降深和不同井距条件下的干扰出水量 Q'。为此，应该先计算出某一水井在其影响半径（见图 6-14 中的 R 值）范围内，其他所有水井（在图 6-14 中有 6 口水井）对该井所产生的总的水位削减值（$\sum t$）以及出水量减少系数（$\sum a$），并把以上计算结果绘制成井距、设计降深与水位削减值（或水量减少系数）的关系曲线，以及降深与水井干扰和非干扰涌水量关系曲线。根据这些关系曲线，按照水量减少系数不大于 15% ~ 20% 的管井设计原则和考虑单井水量可能灌地范围，初步选出一个合适的井距方案。

(3) 根据单井的干扰出水量和单井应控制范围的灌溉需水量对比计算确定出合理的井距。

从上述计算结果或关系曲线可知，井距愈大，干扰愈小，机井出水量越大，单井控制灌溉面积亦越大。但是，随着灌溉面积的增大，灌溉需水量亦相应增加。因此，初步选定的井距是否合适，尚需通过水井实际干扰出水量 Q' 可否满足该井距条件下的灌溉需水量的试算来求证。

首先计算在某一选定井距条件下，干扰出水量为 Q' 时的单井实际灌溉面积 F'

$$F' = \frac{Q'Tt\eta}{W} \tag{6-7}$$

式中符号意义同前。

再计算出在同一设计井距条件下，单井理论上负担（或控制）的灌溉面积 F（在本例所采用的等边三角形均匀布井条件下）

$$F = \frac{\sqrt{3}}{2}D^2 \tag{6-8}$$

式中　D——按等边三角形布井时，三角形的边长（即井距）。

根据单井实际灌溉面积 F' 与理论上应负担的灌溉面积 F 的对比，可做如下分析：

若 $F'/F > 1$，说明所选用井距偏小，机井偏多，故应加大井距，减少井数；

若 $F'/F < 1$，说明机井实际出水量满足不了应负担灌溉面积需水量的要求，应缩小井距，加密水井或调入其他水源以满足需水要求（亦可考虑改用更大水位降深来增加单井出水量）；

若 $F'/F \approx 1$，说明水井实际出水量正好满足应负担灌溉面积的需水量要求，即为最优井距方案[19]。

3) 根据允许开采模数确定井数和井间距离

该种方法的前提条件是计划的开采量应等于地下水的允许开采量，以保持灌区内地下水量的收支平衡。

首先按下式计算每平方千米范围内的井数

$$N = \frac{M_b}{QtT} \tag{6-9}$$

式中　N——每平方千米面积上的平均井数；

M_b——含水层的允许开采模数，$m^3/(km^2 \cdot a)$。

该值可根据区内地下水补给量与含水层面积之比，或类似井灌区开采量与稳定的开采水位降落漏斗面积之比确定。

当允许开采模数已知时,亦可按下式求得合理的井距

$$D = \frac{100}{\sqrt{N}} = 100\sqrt{\frac{QtT}{M_b}} \tag{6-10}$$

按这种方法计算出的井距,可以保证地下水收支平衡,但不能保证满足全部土地灌溉需水量的要求,不足部分只有通过其他方法解决[19]。

思考题

6-1　讨论地下水开发利用的优点和缺点。

6-2　管井由哪几部分组成?叙述管井施工的流程。

6-3　大口井由哪几部分组成?叙述大口井施工的流程。

6-4　集中式供水水源地的选择需要考虑哪些方面的因素?

6-5　简述不同取水构筑物的适用范围。

第七章　生活用水

生活用水是与人类生存最密切、最重要的一类用水，其对水量、水质的要求也较高，具有一些独特特征。本章专门介绍生活用水的相关知识，主要内容包括生活用水的概念、生活用水的途径、生活用水量计算以及我国生活用水状况介绍、生活节水途径。

第一节　生活用水的概念

一、生活用水的含义

生活用水是人类日常生活及其相关活动用水的总称。生活用水分为城市生活用水和农村生活用水。

(一)城市生活用水

城市生活用水是指城市用水中除工业(包括生产区生活用水)以外的所有用水，简称生活用水，有时也称为大生活用水、综合生活用水、总生活用水。它包括城市居民住宅用水、公共建筑用水、市政用水、环境景观和娱乐用水、供热用水及消防用水等。

(1)城市居民住宅用水，是指城市居民(通常指城市常住人口)在家中的日常生活用水，有时也称为居民生活用水、居住生活用水等。它包括冲洗卫生洁具(冲厕)、洗浴、洗涤、饮用烹调、饮食、清扫、庭院绿化、洗车以及漏失水等。

(2)公共建筑用水，是指包括机关、办公楼、商业服务业、医疗卫生部门、文化娱乐场所、体育运动场馆、宾馆饭店、学校等项设施用水，还包括绿化和道路浇洒用水。

(3)市政、环境景观和娱乐用水，是指包括浇洒街道及其他公共活动场所用水，绿化用水，补充河道、人工河湖、池塘及用以保持景观和水体自净能力的用水，人工瀑布、喷泉用水、划船、滑水、涉水、游泳等娱乐用水，融雪、冲洗下水道等。

(4)消防用水，是指扑灭城市或建筑物火灾需要的水量。其用水量与灭火次数、火灾延续时间、火灾范围等因素有关；必须保证足够的水量；根据火灾发生的位置高低，还必须保证足够的水压[41]。

(二)农村生活用水

农村生活用水可分为日常生活用水和家畜用水。前者与城镇居民日常生活的室内用水情况基本相同，只是由于城乡生活条件、用水习惯等有差异，仅表现在用水量方面差别较大。虽然随着社会经济的发展，农村生活水平的提高，商店、文体活动场所等集中用水设施也在逐渐增多，但用水量还相对较小。

二、生活用水的特征

生活用水有以下几个方面的特征：

(1)用水量增长较快。新中国成立初期城市居民较少、生活水平低,用水量较少。随着时间推移,年总用水量和人均用水量逐步增加,全国每年以平均3% ~6%的速度增长。各年份城市生活用水量见表7-1[42]。

表7-1　我国城市生活用水量[42]

分项指标	1949年	1957年	1965年	1980年	1985年	1987年	1990年	2000年
城市人口(亿人)	0.576 7	0.994 9	1.304 5	1.849 5	2.190 0	2.340 0	2.560 0	3.060 0
用水量(亿 m^3/a)	6.3	14.2	18.2	49.0	64.0	69.9	84.0	168.0
用水量年增长率(%)		10.6	3.2	6.8	5.5	3.8	6.8	7.2
人均用水量(L/d)	30.0	39.1	38.2	72.6	80.1	81.8	89.9	150.4

(2)用水量时程变化较大。城市生活用水量受城市居民生活、工作条件及季节、温度变化的影响,其时程变化呈现早、中、晚3个时段用水量比其他时段高的时变化;一周中周末用水量比正常周一到周五多的日变化;夏季最多,春秋次之,冬天最少的年变化。

(3)供水保证率要求高。供水年(历时)保证率是供水得到保证的年份(历时)占总供水年份(或历时)的百分比。生活用水量能否得到保障,关系到人们的正常生活和社会的安定,根据城市规模及取水的重要性,一般取枯水流量保证率的90% ~97%作为供水保证率。

(4)对水质要求高。一是饮用水水质标准不断提高。我国卫生部于1959年制定生活饮用水水质指标16项,1976年增加到23项,1985年改为35项[43],2006年颁布(2007年7月1日实施)的新标准增加到106项。二是供水水质的要求越来越高。随着科技的进步,检测技术的提高,对水中有害物质有了进一步的了解,同时随着物质生活水平的提高,人们要求饮水水质既无害又有益,如人们偏好饮用矿泉水。

(5)水量浪费严重。在城市生活用水中,由于管网陈旧、用水器具及设备质量差、结构不合理、用水管理松弛,造成了用水过程中的“跑、冒、滴、漏”。目前,大多数城市供水管网损失率在5% ~10%,有的城市高于10%,仅管网漏失一项,全国城市自来水供水每年损失约15亿 m^3。其次,空调、洗车等杂用水大量使用新水,重复利用率低也造成了用水浪费。比如,对219个公共建筑抽样调查表明,空调用水占总用水量的14.3 %,循环利用率仅为53%[41]。另外,用水单位和个人节水观念淡薄、不好的用水习惯也是用水浪费的原因之一,尤其是公共用水,如学校、宾馆、机关,存在水龙头滴漏、“长流水”现象。

(6)生活污水水质污染程度小于工业废水,但污水排放量却逐年增长[42]。我国城市排水管道普及率只有50% ~60%,致使城市河道和近郊区水体污染严重,甚至危及城市生活水源和居民健康。北方许多以开采地下水为主的城市,地下水源也受到不同程度的污染。生活污水占污废水排放总量的30%,2000年底全国城市的污水处理率仅为34.3%,而生活污水处理率还不到10%,污水再生利用基本上是空白。

三、生活用水的水量、水质和水压

生活用水量的多少随着当地的气温、生活习惯、房屋卫生设备条件、供水压力等而有所不同。可参照我国《室外给水设计规范》(GB 50013—2006)所订的生活用水量定额。

生活饮用水的水质关系到人体健康,必须做到外观无色透明、无臭无味、不含致病微生物,以及其他有害健康的物质。我国《生活饮用水卫生标准》(GB 5749—2006)中,从感官性状、化学指标、毒理学指标、细菌性指标和放射线指标等方面,对生活饮用水水质标准做出了明确规定。

为了用户使用上的需要,生活用水管网必须保证一定的水压,通常称做最小服务水头(从地面算起)。关于用水管网水压的确定可参见本书第五章。

第二节　生活用水的途径

一、生活给水系统

生活给水系统是由保证城市生活用水和农村生活用水的各项构筑物(如水池、水塔等)的输配水管网组成的系统。其基本任务是经济合理、安全可靠地供给城市、小城镇、农村居民生活用水和用以保障人们生命财产的消防用水,以满足对水量、水质和水压的要求。

给水系统一般由取水工程、净水工程和输配水工程三部分组成。

(1)取水工程。用来从地表水源或地下水源取水,并输入到输配水工程的构筑物。它包括地表水取水头部、一级泵站和水井、深井泵站。

(2)净水工程。其主要任务是满足用户对水质的要求。因此,需建造水处理建筑物,对天然水进行沉淀、过滤、消毒等处理。

(3)输配水工程。其主要任务是将符合用户要求的水量输送、分配到各用户,并保证水压要求。因此,需建造二级泵站,铺设输水管道、配水管网,设置水塔、水池等调节建筑物。

如图 7-1 所示为以地面水为水源的给水系统。取水构筑物 1 从江河取水,经一级泵站 2 送往水处理构筑物 3,处理后的清水贮存在清水池 4 中。二级泵站 5 从清水池取水,经输水管 6 送往管网 7 供应用户。一般情况下,从取水构筑物到二级泵站都属于自来水厂的范围。有时为了调节水量和保持管网的水压,可根据需要建造水库泵站、水塔或高地水池 8。

以地下水为水源的给水系统,常用管井等取水。若地下水水质符合生活饮用水卫生标准,可省去处理构筑物,从而使给水系统比较简化,如图 7-2 所示[44]。

二、给水水源的选择

(一)水源的种类与特点

1. 地下水源

地下水源包括上层滞水、潜水、承压水、裂隙水、溶岩水和泉水等。其分布的位置见表 7-2。地下水水质清澄,且水源不易受外界污染和气温影响,一般宜作为生活饮用水的水源。

但地下水也有缺点,一般含矿物盐类较高,硬度较大,有时含过量铁、锰、氟等。我国地下水的含盐量在 200 ~ 500 mg/L,总硬度通常在 60 ~ 300 mg/L(以 CaO 计),少数地区

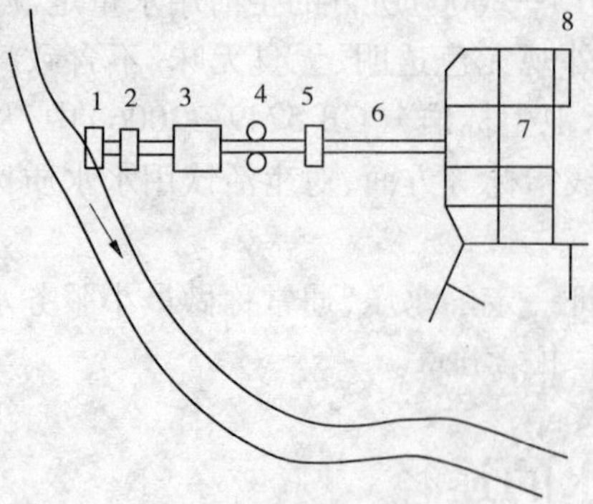

1—取水构筑物;2——级泵站;3—水处理构筑物;
4—清水池;5—二级泵站;6—输水管;7—管网;8—水塔

图 7-1　地面水源给水系统[44]

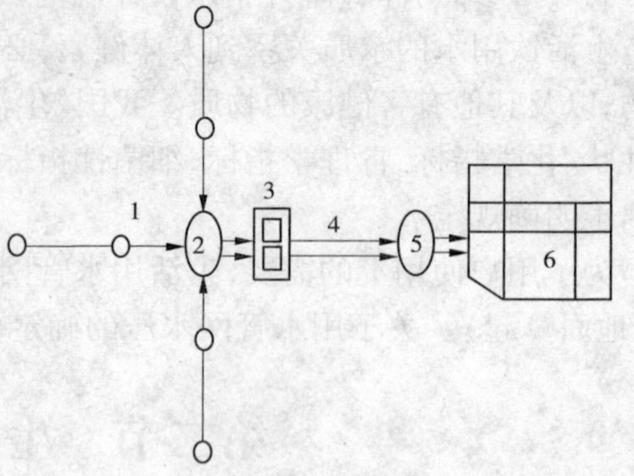

1—管井群;2—集水管;3—泵站;
4—输水管;5—水塔;6—管网

图 7-2　地下水源给水系统[44]

有时高达 300 ~ 700 mg/L。含铁量通常在 10 mg/L 以下,个别可高达 30 mg/L。含锰量一般不超过 2 ~ 3 mg/L,个别也有高达 10 mg/L 的。大部分含氟量为 2 ~ 4 mg/L,有的为 5 ~ 10 mg/L,最高可达 30 mg/L 以上。地下水含铁、锰、氟量超过生活饮用水卫生标准时,需经过除铁除锰和除氟处理后方可使用。

表 7-2　地下水源的基本情况

水源	位置及特征
上层滞水	存在于包气带中局部隔水层之上,常见于西北黄土高原区,分布范围有限,旱季甚至干枯。只宜做少数居民或临时供水水源
潜水	埋藏在第一隔水层上,有自由表面的无压水。分布较广,储量丰富,常用做给水水源,但易被污染
承压水	充满于两隔水层间有压的地下水。一般埋藏较深,不易被污染,是我国城市和工业的重要水源
溶岩水	分布较广,特别是广西、云南、贵州等地。水量丰富,为低矿化度的重碳酸盐水,可作为给水源
泉水	潜水泉由潜水补给,受降水影响,季节性变化显著。深水泉涌水量变化较小,是良好的供水水源

2. 地表水源

地表水源包括江河水、湖泊水、水库水以及海水等。

江河水流程长、汇水面积大,受降雨和地下水的补给,水量大。江河水含盐量一般在 50 ~ 500 mg/L,含盐量和硬度较低。但水中悬浮物和胶态杂质含量较多,浊度高于地下水。江河水最大的缺点是,易受工业废水、生活污水及其他各种人为污染,因而水的色、臭、味变化较大,有毒或有害物质易进入水体。

湖泊和水库水体大,主要由河水补给,水量充分,水质与河水类似。但由于湖泊(或水库)水流动性小,贮存时间长,经过长期自然沉淀,浊度较低。水的流动性小和透明度高又给水中浮游生物特别是藻类的繁殖创造了良好条件,湖水一般含藻类较多,使水产生色、臭、味。由于湖水不断得到补给又不断蒸发浓缩,故含盐量往往比河水高。咸水湖的水不宜生活饮用。

海水含盐量高,而且所含各种盐类或离子的重量比例基本上一定,这是海水与其他天然水源所不同的一个显著特点。其中,氯化物含量最高,约占总含盐量的89%;硫化物次之;碳酸盐再次之;其他盐类含量极少。海水一般须经淡化处理才可作为居民生活用水。

(二)水源的选择

一般对于用户量小、供水安全要求低的乡镇供水系统,应优先采用水质好的地下水、水库水作为水源。对用水量大、供水安全要求高的城市供水系统,应优先采用河流、湖泊等地表水源,这将有利于地下水资源的保护和合理开发,提高供水安全可靠性。除此之外,还要按照水源水量、水质和地形地貌及用水户的分布等,综合分析选择出水量稳定、水质达标、综合效益好的水源。

1. 给水水源应有足够水量

1)地表水源

对于江河水源,为了保证供水系统在最不利的枯水季节能取到足够的水量,需要对一定保证率的枯水量进行评价。其方法是,根据城市规模及取水的重要性,确定取水的枯水流量保证率,一般为90%~97%;收集水源10~15年连续的水文资料,计算相应保证率下的枯水流量。取水流量和枯水流量应满足下式

$$Q_k \leqslant mQ_s \tag{7-1}$$

式中　Q_k——供水系统设计取水量,m^3/s;

Q_s——保证率为90%~97%的水源枯水流量,m^3/s;

m——系数,在一般河流中,取0.15,比较有利水源条件,如河流窄而深,流速小,下游有浅滩、潜堰,取0.3~0.5,修建斗槽或渠道等引水构筑物的水源,取0.25。

2)地下水源

城市地下水取水构筑物,每日抽取的水量不应大于地下水的开采储量。地下水开采储量,是开采期内在不使地下水位连续下降或水质变化的条件下,从含水层中所能取得的地下水量。开采储量可以包括动储量、调节储量和部分静储量。但静储量一般不动用,只能在很快补给的条件下,才可以动用一部分静储量。

(1)静储量 Q_g:即永久储量,是指最低潜水面以下含水层的体积,计算公式为

$$Q_g = \mu_g HF \tag{7-2}$$

式中　Q_g——静储量,m^3;

H——潜水层最低水位时含水层的平均厚度,m;

F——含水层的分布面积,m^2;

μ_g——给水度,指在重力作用下从饱和水岩层中流出的水量,其值为流出水的体积与岩层总体积之比,以百分数表示,如表7-3所示。

表 7-3　给水度 μ_g

岩层名称	黏土	黏砂土	中细砂	砾石含少量粉砂
给水度(%)	0	12 ~ 14	20 ~ 25	20 ~ 35

(2)动储量 Q_d：地下水在天然状态下的流量，即在单位时间内，通过某一过水断面的地下水流量，其值等于在一定时间内，由补给区流入的水量，或向排泄区排出的水量，相当于地下水径流量，通常可根据达西公式进行计算，即

$$Q_d = KiHB \tag{7-3}$$

式中　Q_d——地下水动储量，m^3/d；

K——含水层渗透系数，m/d，见表 7-4；

i——计算断面间地下水的水力坡降；

H——计算断面上含水层平均厚度，m；

B——计算断面的宽度，m。

表 7-4　渗透系数 K 值

岩石种类	岩层颗粒		渗透系数(m/d)
	粒径(mm)	占重量比(%)	
粉砂	0.05 ~ 0.10	70 以下	1 ~ 5
细砂	0.10 ~ 0.25	>70	5 ~ 10
中砂	0.25 ~ 0.50	>50	10 ~ 25
粗砂	0.50 ~ 1.00	>50	25 ~ 50
极粗砂	1.00 ~ 2.00	>50	50 ~ 100
砾石夹砂	—	—	75 ~ 150
带粗砂砾石	—	—	100 ~ 200
清洁砾石	—	—	>200

(3)调节储量 Q_t：地下水最高水位与最低水位间含水层中水的体积，计算公式为

$$Q_t = \mu_g \Delta HF \tag{7-4}$$

式中　Q_t——调节储量，m^3；

ΔH——最高水位与最低水位之差，m；

F——含水层的分布面积，m^2。

2. 给水水源的水质应良好

水质是水源选择时需要考虑的重要因素之一，城市供水系统应按生活饮用水的要求选择水源。水源选择前需要收集或实测各水源一定时间段的水质资料，会同当地卫生防疫部门共同对水质作出评价，并选出最终合格的水源。采用地表水源时，水源水质应符合《地面水环境质量标准》(GB 3838—2002)Ⅰ、Ⅱ、Ⅲ类水质标准以及《生活饮用水水源水质标准》(CJ 3020—93)的要求；采用地下水源时，水源水质应符合《地下水质量标准》

(GB/T 14848—93)中的Ⅰ～Ⅳ类水质的要求;采用海水时,水源水质应符合《海水水质标准》(GB 3097—1997)中的Ⅰ类海水水质的要求。若条件所限,需要利用超标准的水源时,应采用相应的净化工艺进行处理,处理后的水质应符合现行的《生活饮用水水质标准》(GB 5749—2006)的要求,并取得当地卫生部门及主管部门的批准。

3. 统筹考虑,供水经济安全

首先,要了解当地各水域的功能,调查分析国民经济其他部门用水对水量、水质变化的影响;其次,是分析用户的分布、地形地貌等,采用多水源多点供水,降低泵站扬程及管网水压,减少爆管和管网漏水,保障整个供水系统供水均衡;最后,全面考虑取水、输水、净水构筑物的建设、运行管理,进行技术经济比较分析,选择技术上可行、经济上合理,运行管理方便,供水安全可靠的水源。

(三)水源卫生防护

为了保护水源水质不受污染,一般应设置防护地带。现行《生活饮用水卫生规程》对城市集中给水水源的卫生防护带的要求是:取水点周围半径不小于100 m的水域内,不停靠船只、游泳、捕捞和从事一切可能污染水源的活动;河流取水点上游1 000 m至下游100 m水域内,不排入工业废水和生活污水;其沿岸防护范围内,不堆放废物,不设置有害化学物品的仓库或堆栈,不设立装卸垃圾、粪便和有毒物品的码头;沿岸农田不使用工业废水或生活污水灌溉及施用持久性或剧毒的农药,并禁止放牧;在单井或井群的影响半径内,不使用工业废水或生活污水灌溉和施用持久性或剧毒性农药,不修建渗水厕所、渗水坑、堆放废渣或铺设污水管道,并不应从事破坏深层土层的活动;在水厂生产区或单独设立的泵站、沉淀池和清水池外围不小于10 m范围内,不得设立生活居住区和修建禽畜饲养场、渗水厕所、渗水坑,不堆放垃圾、粪便、废渣或铺设污水管道;应保持良好的卫生状况,并充分绿化。

三、给水处理

给水处理的任务是通过必要的处理方法以改善原水水质,使之符合生活饮用或工业使用所要求的水质。水处理方法应根据水源水质和用户对水质的要求确定。在给水处理中,有的处理方法除了具有某一特定的处理效果外,往往也直接或间接地兼收其他处理效果。为了达到某一处理目的,往往几种方法结合使用。

以地表水作为水源时,生活饮用水处理工艺流程通常包括混合、絮凝、沉淀或澄清、过滤及消毒。其中混凝沉淀(或澄清)及过滤为水厂中主体构筑物,两者兼备,习惯上常称为二次净化,工艺流程如图7-3所示。以地下水作为水源时,由于水质较好,通常不需任何处理,仅经消毒即可,工艺简单。

(一)澄清和消毒

澄清和消毒工艺系统是以地表水为水源的生活饮用水的常规处理工艺系统。

澄清工艺系统通常包括混凝、沉淀和过滤。处理对象是水中悬浮物和胶体杂质。完整而有效地混凝、沉淀和过滤,不仅能有效地降低水的浊度,对水中某些有机物、细菌及病毒等的去除也是相当有效的。澄清工艺原理是,在原水中加药后,经混凝使水中悬浮物和胶体形成大颗粒絮凝体,而后通过沉淀池进行重力分离。澄清池是絮凝和沉淀综合于一

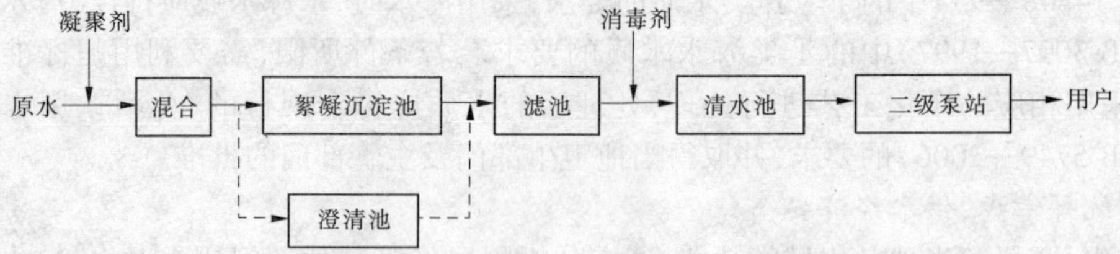

图 7-3　地表水二次净化工艺流程

体的构筑物。过滤池是利用粒状滤料截留水中杂质的构筑物,常置于混凝、沉淀构筑物之后,用以进一步降低水的浊度。根据原水水质不同,在上述澄清工艺系统中还可适当增加或减少某些处理构筑物。例如,处理高浊度原水时,往往需设置泥沙预沉池或沉沙池。

消毒是消灭水中致病微生物,通常在过滤以后进行。主要消毒方法是在水中投入消毒剂以杀灭致病微生物。当前普遍采用的消毒剂是氯,也有的采用漂白粉、二氧化氯及次氯酸钠。臭氧消毒也是一种重要的消毒方法。

(二)除臭、除味

除臭、除味是生活饮用水净化中所需的特殊处理方法。当原水中臭和味严重而采用澄清和消毒工艺系统不能达到水质要求时才采用。除臭、除味的方法取决于水中臭和味的来源。例如,对于水中有机物所产生的臭和味,可用活性炭吸附或氧化剂氧化法去除;对于溶解性气体或挥发性有机物所产生的臭和味,可采用曝气法去除;因藻类繁殖而产生的臭和味,可在水中投加硫酸铜除藻;因溶解盐类所产生的臭和味,可采用适当的除盐措施等。

(三)除铁、除锰

当溶解于地下水中的铁、锰含量超过生活饮用水卫生标准时,需采用除铁、除锰措施。最广泛的除铁、除锰方法是氧化法和接触氧化法。前者通常设置曝气装置、氧化反应池和沙滤池;后者通常设置曝气装置和接触氧化滤池。工艺系统的选择应根据是单纯除铁还是同时除铁、除锰、原水中铁和锰含量及其他有关水质特点确定。还可采用药剂氧化法、生物氧化法及离子交换法等。通过上述处理方法(离子交换法除外),使溶解性二价铁和二价锰分别转变成三价铁和四价锰并将产生的沉淀物去除。

(四)除氟

氟是有机体生命活动所必需的微量元素之一,但过量的氟则可产生毒性作用,如使人患有氟斑牙或氟骨。我国饮用水水质标准规定的氟含量为 1.0 mg/L,当地下水的氟含量超过此限制时,需采用除氟措施。适用的除氟方法是活性氧化铝吸附。

(五)软化

软化处理对象主要是水中钙、镁离子。软化方法主要有离子交换法和药剂软化法。前者在于使水中钙、镁离子与阳离子交换剂上的离子互相交换以达到去除的目的;后者系在水中投入药剂,如石灰、苏打,以使钙、镁离子转变为沉淀物而从水中分离。

(六)淡化和除盐

淡化和除盐处理对象是水中各种溶解盐类,包括阴、阳离子。将高含盐量的水如海水及“苦咸水”处理到符合生活饮用水要求时的处理过程,一般称为咸水“淡化”;制取纯水及高纯水的处理过程称为水的“除盐”。淡化和除盐主要方法有蒸馏法、离子交换法、电渗析法及反渗透法等。离子交换法的基本原理同上,但需经过阳离子交换剂和阴离子交换剂两种交换过程;电渗析法是利用阴、阳离子交换膜能够分别透过阴、阳离子的特性,在外加直流电场作用下使水中阴、阳离子被分离出去;反渗透法是利用高于渗透压的压力施于含盐水以使水通过半渗透膜而盐类离子被阻留下来。电渗析法和反渗透法属于膜分离法,通常用于高含盐量水的淡化或离子交换法除盐的前处理工艺。

(七)预处理和深度处理

随着工业的发展和人民生活水平的提高,一方面饮用水水质标准逐步提高,而另一方面水源水质在不同程度地受到污染和恶化。城市水源遭到的各种污染中,以有机物污染最为普遍。不少有机物对人体有急性或慢性、直接或间接的毒害作用,其中包括致癌、致畸、致突变作用。为了应对上述问题,预处理和深度处理正逐渐成为常规处理工艺的一个组成部分。预处理置于常规处理之前,深度处理置于常规处理之后,它们的处理对象均是水中有机污染物。预处理的主要方法有粉末活性炭吸附法、臭氧或高锰酸钾氧化法,生物滤池、生物接触氧化池及生物转盘等生物氧化法。这些方法除了去除水中有机物外,同时也具有除味、臭、色的作用。深度处理的主要方法有粒状活性炭吸附法、臭氧－粒状活性炭联用法、生物活性炭法、合成树脂吸附法、光化学氧化法、超滤法、反渗透法等。

第三节　生活用水量计算及我国生活用水状况

一、生活用水定额

(一)居民区生活用水定额

每一居民每日的生活用水量称为居民区生活用水定额,常按 L/(人·d)计。居民区生活用水定额,一般按有关规定(如《建筑给水排水设计手册》)取值。当居住区实际生活用水定额与一般规定有较大出入时,经设计审批部门批准,可按当地生活用水量统计资料适当增减。

(二)工业企业的职工生活用水定额和淋浴用水定额

工业企业的职工生活用水定额和淋浴用水定额是指每一职工每班的生活用水量和淋浴用水量。职工生活用水应根据车间性质决定定额,一般车间采用 25 L/(人·班),高温车间采用 35 L/(人·班)。职工的淋浴用水定额一般为 40～60 L/(人·班),淋浴延续时间为下班后 1 h,具体取值可参考有关规范如《建筑给水排水设计规范》(GB 50015—2003)。

(三)公共建筑用水定额

全市性的公共建筑,如旅馆、医院、浴室、洗衣房、餐厅、剧院、游泳池、学校等的用水定额,可参考有关规范如《建筑给水排水设计规范》(GB 50015—2003)取值。

(四)消防用水定额

城市消防用水量,通常存储在水厂的清水池中,灭火时由二级泵站向城市管网提供足够水量。城市或居住区室外消防用水量、工厂、仓库和民用建筑的室外消防用水量,应按同时发生火灾次数和一次灭火的用水量确定，可参考有关规范如《建筑设计防火规范》(GB J16—1987)取值。

(五)市政用水量定额

浇洒道路用水量一般为1～1.5 L/(m^2·次)，每日浇洒2～3次。浇洒绿地用水量采用1.5～2.0 L/(m^2·d)。

二、生活用水量计算方法

(一)分类法

分类法是将用户用水特性一致的类型归纳在一起，然后根据用水量标准及有关因素进行调查计算。总生活用水量 $W_{总}$ 可用下式表示

$$W_{总} = \sum_{j=1}^{m} W_j \tag{7-5}$$

式中　W_j——一定时期或时段第 j 种用水类型的用水量，m^3；

m——用水类型的总数。

每种用水类型还可据其规格、性质、特点等进一步细分，并列表进行调查与计算。分类法的特点是调查范围大，计算简便。

(二)分区法

分区法是将计算区人为地划分为若干区域，也可按行政区域划分，然后根据各区用水特点、用水量标准进行调查与计算。其总用水量可用下式表示

$$W_{总} = \sum_{i=1}^{n} W_i \tag{7-6}$$

式中　W_i——一定时期或时段第 i 个区域的用水量，m^3；

n——被划分的区域数。

区域划分还可将大区域分为若干小区域，然后列表进行调查与计算。这种方法与分类法相比，调查范围小，不易遗漏，但计算工作量较大。

实际调查与计算中，常根据上述两种方法的特点，综合成"分区分类法"，即先分区，后在区内再分类。这时总用水量可用下式表示

$$W_{总} = \sum_{i=1}^{n} \left(\sum_{j=1}^{m} W_{i,j} \right) \tag{7-7}$$

式中　$W_{i,j}$——一定时期或时段第 i 个区域第 j 种用水类型的用水量，m^3；

其他符号意义同前。

(三)定额计算法

居住区日均生活用水量计算

$$Q_1 = Pq_1/1\,000 \tag{7-8}$$

式中　Q_1——居住区日均生活用水量，m^3/d；

P——设计年供水区规划人口数，人；

q_1——平均日生活用水定额，L/(人·d)。

牲畜日均用水量计算

$$Q_2 = N \times q_2/1\ 000 \tag{7-9}$$

式中　Q_2——牲畜日均用水量，m^3/d；

N——设计年供水区牲畜数，头；

q_2——平均日牲畜用水定额，L/(头·d)。

(四)最高日用水量

最高日用水量是一年中用水量最多一天的用水量。在给水工程设计时，一般以最高日用水量来确定给水系统中各构筑物的规模。

(1)居住区最高日生活用水量 Q_1 计算公式为

$$Q_1 = \sum(q_i N_i) \tag{7-10}$$

式中　Q_1——居住区最高日生活用水量，m^3/d；

q_i——不同卫生设备的居住区最高日生活用水定额，m^3/(人·d)；

N_i——设计年限内计划用水人数，当用水普及率不是100%时，应乘以供水普及系数。

(2)工业企业职工生活及淋浴用水量 Q_2，计算公式为

$$Q_2 = \sum(Q' + Q'') \tag{7-11}$$

式中　Q_2——工业企业职工生活及淋浴用水量，m^3/d；

Q'——各工业企业的职工生活用水量，按 $Q' = \sum \frac{nN'_i q'_i}{1\ 000}$ 计算；

q'_i——工业企业的职工生活用水定额，一般采用25~35 L/(人·班)；

N'_i——每班人数；

n——每日班制；

Q''——各工业企业的职工淋浴用水量，按 $Q'' = \sum \frac{nN''_i q''_i}{1\ 000}$ 计算；

q''_i——工业企业的职工淋浴用水定额，一般采用40~60 L/(人·班)；

N''_i——工厂每班职工淋浴人数。

(3)公共建筑用水量 Q_3，计算公式为

$$Q_3 = \sum(q_i N_i) \tag{7-12}$$

式中　Q_3——公共建筑用水量，m^3/d；

q_i——各公用建筑的最高日用水定额，m^3/(人·d)；

N_i——各公共建筑的用水单位数。

(4)市政用水量 Q_4，计算公式为

$$Q_4 = \frac{nAq_L}{1\ 000} + \frac{A'q'_L}{1\ 000} \tag{7-13}$$

式中　Q_4——市政用水量，m^3/d；

A、A'——道路洒水面积和绿地浇水面积，m^2；

q_L、q'_L——道路洒水和绿地浇水的用水定额，m^3/(人·d)；

n——每日道路洒水次数。

(5)未预见水量和管网漏水量 Q_5，可按最高日用水量的15%~25%计算，也可以由

下式计算

$$Q_5 = (0.15 \sim 0.25)(Q_1 + Q_3 + Q_4) + \alpha Q \tag{7-14}$$

式中　Q_5——未预见水量和管网漏水量,m^3/d;

Q——工业企业生产用水和职工生活及淋浴用水量之和,生产用水量由生产工艺确定,m^3/d;

α——工业企业未预见水量系数,根据工业发展情况确定。

【例 7-1】　某城镇现有 2 万人,设计年限内预期发展到 2.5 万人。大部分房屋为 3 ~ 4 层,室内有给水龙头但无卫生设备。全城用水量较大的工厂有 10 家,另有医院、饭店、招待所、学校等。试计算用水量。

解:1. 居民生活用水量

用水普及率以 80% 计,按当地用水习惯和房屋卫生设备情况,最高日用水定额为 60 L/(人·d),因此最高日用水量为

$$Q_1 = 25\ 000 \times 0.8 \times \frac{60}{1\ 000} = 1\ 200(m^3/d)$$

2. 工厂和公共建筑用水量

通过调查和实测,工厂和公共建筑用水量如表 7-5 所示,总用水量为 $Q_2 = 2\ 180\ m^3/d$。

表 7-5　工厂和公共建筑用水量　　(单位:m^3/d)

编号	用户	用水量	编号	用户	用水量
1	造纸厂	600	9	毛巾厂	300
2	豆制品厂	150	10	食品厂	200
3	酿造厂	140	11	医院	49
4	化工厂(1)	300	12	饭店	30
5	酱厂	36	13	招待所	40
6	化工厂(2)	140	14	浴室	25
7	机械厂	20	15	学校	50
8	纺织厂	100	合计:2 180		

3. 未预见水量

采用上述两项用水量总和的 15%,得 $0.15 \times (1\ 200 + 2\ 180) = 507(m^3/d)$

4. 最高日设计流量

$$Q_d = 1\ 200 + 2\ 180 + 507 = 3\ 887(m^3/d)$$

最高日用水量取为 3 900 m^3/d。

5. 消防用水量

根据该城市发展人口约为 2.5 万人和大部分房屋为 3 ~ 4 层的情况,参照定额,确定消防用水量为 15 L/s,同一时间内的火灾次数为 1 次。

三、我国生活用水状况

我国近年来城市化的快速发展推动城市用水人口快速增长，由1993年1.86亿人增加到2004年的3.03亿人，11年增加了1.17亿人，年均递增6.0%。与此同时城市用水普及率也相应由55.2%增加到88.8%，但城市郊区边缘还有11.2%的居民没能喝上自来水[45]。

我国目前城市生活用水的状况可归结为以下特点。

（一）城市生活用水量增长迅速

随着城市居民住房卫生设施条件的不断改善和生活水平的提高，以及城市化进程特别是第三产业的发展和城市市政建设的发展，城市生活用水量不断增长。表7-6列出了我国16座大城市和全国城市人均家庭生活用水量平均值统计。

表7-6　我国16座大城市和全国城市人均家庭生活用水量平均值统计[45]

（单位：L/（人·d））

城市		1996年	1997年	1998年	1999年	2000年	2001年	2002年	2003年
南方城市	上海	122	150.6	147.7	145.2	185.5	151.9	150.4	199.1
	杭州	159.6	117.7	146.4	143.9	164.3	193.2	161.4	207.5
	广州	346.4	375.2	394.1	412.3	344.1	327.7	328.4	343.3
	深圳	139	133.9	127	123.3	227.4	274	257.9	236.2
	武汉	218.7	230.5	207.5	206.3	207.1	217.7	204.1	300.1
	重庆	101.6	96.4	112.4	117.6	113.7	145.9	131.5	128.8
	成都	156.6	159.7	176.2	171.7	172.1	187.5	178.7	167
	昆明	63.8	61.4	53.7	60.9	120.3	62.5	61.3	59.9
	平均	165.4	177.2	177.7	177.9	199.5	193.3	185.9	213.4
北方城市	北京	94.7	98.8	101.4	96.1	105.2	119.6	113.5	132.1
	天津	89.3	91	95.1	95.1	89.4	92.6	83	82.8
	沈阳	151	147.6	130.4	93.5	95.5	98.4	100.7	100
	大连	77.7	84.3	99.3	120.5	82.7	102.2	83.2	120.7
	西安	132.8	110.4	112.8	113.9	116.7	123.3	145	90.7
	兰州	109.1	148.7	119	119	126.2	130.2	128.2	129.2
	济南	158.1	166.5	174	172.8	162.1	154.8	120.1	146.4
	郑州	116.5	126.7	138.3	137.3	125.9	149	140.9	135.6
	平均	116.1	113.5	113.9	108.8	106.0	115.0	108.9	114.5
全国城市平均		135.4	138.2	141.4	144.1	146.0	153.5	150.5	150.4

注：根据1992～2003年《城市建设统计年报》（建设部综合财务司）统计数字计算。

从表中可以看出：①我国城市人均生活日用水量持续增长，由1996年的135.4 L/（人·d）增加到2003年的150.4 L/（人·d），平均每年增加约2.1 L/（人·d）。②南方城市人均生活用水量一般高于北方城市。2003年纳入统计的南方8个城市，人均生活用水量平均值为213.4 L/（人·d），远高于北方城市平均值114.5 L/（人·d），其中深圳近年来达到了 236 ~ 274 L/(人·d),武汉和广州则超过了 400 L/(人·d);同样夏季气候较炎热的重庆、杭州、成都和上海等城市该数字为 128.0 ~ 207.5 L/(人·d)。北方一些干旱、资源短缺的城市,如天津、大连等城市多年来该数字均小于 100 L/(人·d),其余城市一般在 120 ~ 146 L/(人·d)。

(二)结构变化明显

我国生活用水结构变化明显,主要具有以下特点[46]:①生活用水占国民经济用水的比重逐步提高,由 1980 年的 6% 提高到 2000 年的 11%。东部生活用水比例高于全国平均水平;西部最低,反映出西部饮水安全的紧迫性,如图 7-4 所示。②城市和农村生活用水的比例由 1980 年的 29:71 转变为 2000 年的 53:47,表明城市供水压力逐渐增大。③城镇居民生活用水与公共及环境用水的比例和农村居民与牲畜用水的比例都呈下降趋势。全国城镇居民生活用水与公共及环境用水比例大致为 2:1,呈明显的下降趋势。农村居民与牲畜用水比例呈下降趋势,与大量农村剩余劳动力转移到城镇就业有关。

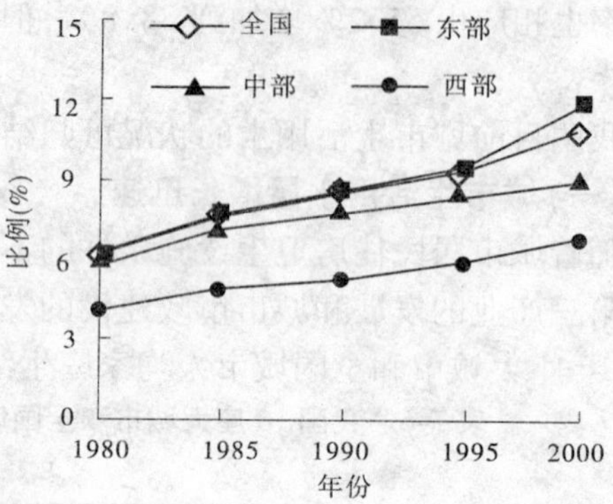

图 7-4　1980 ~ 2000 年生活用水量占总用水量的比例变化曲线[46]

(三)定额不断提高

图 7-5、图 7-6 分别表示我国城镇和农村的人均生活用水定额变化。可以看出,全国城镇和农村的人均生活用水定额均逐年稳步提高。1980 ~ 2000 年,城镇人均生活用水增长了 74% ,从人均 123 L/d 提高到 213 L/d。相比之下,农村生活用水水平提高的幅度要小得多。农村人均生活用水增长了 39%,从人均 66 L/d 增加到 92 L/d。城镇与农村人均生活用水量之比由 1.85 上升到 2.32,差距最大的是东部,其次是中部、西部[46]。

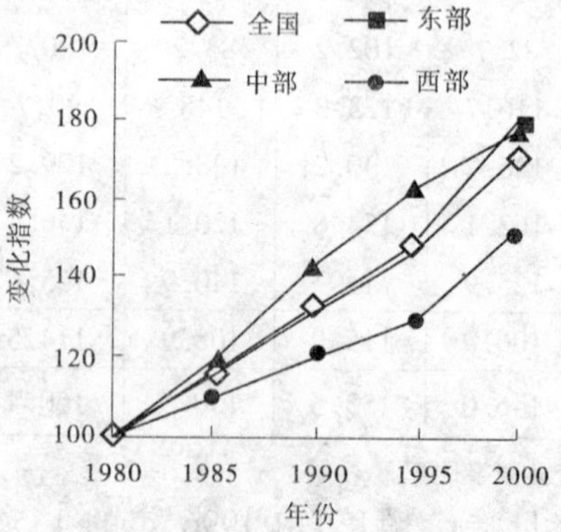

图 7-5　1980 ~ 2000 年我国城镇人均生活用水定额变化曲线[46]

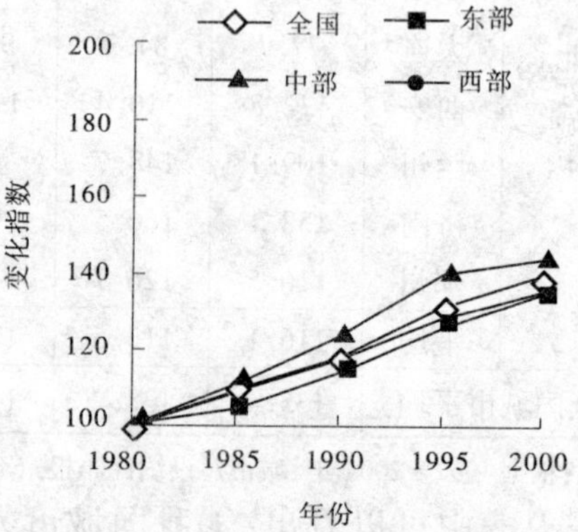

图 7-6　1980 ~ 2000 年我国农村人均生活用水定额变化曲线[46]

第四节 生活节水

据统计，全国570个大中型城市中，缺水城市达333座，其中严重缺水的城市有108座，城市每天缺水1 600万m^3。全国尚有7 500万人，2 000万头牲畜饮水困难[47]。在生活用水总量中，饮用等生理必需用水占的比例很小，而做饭、洗衣、冲洗厕所、洗澡等用水占家庭用水的80%左右。据北京市的调查资料，在居民生活用水中，冲厕、淋浴及厨房用水量约占居民生活用水总量的70%；在城市公共用水中，空调冷却水、冲厕水、淋浴水三项用水量约占公共用水总量的60%[47]。如果采取有效措施，洗涤、冷却用水可以大大减少，大量节约生活用水，有效缓解水资源危机。

一、生活节水途径

(一)加强节水宣传工作

通过宣传教育，增强人们的节水观念，改变其不良用水习惯。宣传方式可采用报刊、广播、电视等新闻媒体及节水宣传资料、张贴节水宣传画、举办节水知识竞赛等，另外还可在全国范围内树立节水先进典型，评选节水先进城市和节水先进单位等。节水宣传是一项长期的工作，虽不能"立竿见影"，但一定要常抓不懈。

(二)开发和推广应用节水技术

1. 加快城市供水管网技术改造，降低输配水管网损失率

城市供水管网因年久失修，常有漏水现象，要加强城市管网的输、净、配等供配水工程的维修改造，减少跑、冒、漏造成的损失，以降低损失率。自来水管道采用高技术新材料，可防爆裂[42]。

2. 全面推行节水型用水器具，提高生活用水效率

节水器具和设备在城市生活用水的节水方面起着重要作用。采用成功的节水器如陶瓷芯片水龙头，它以高强度、高平滑，使封水垫使用寿命达到30万次，水龙头跑、冒、滴、漏的问题从根本上得到解决；PP-R交联聚乙烯管是一种新型优质耐用管材，适用于建筑物室内上水管道[42]。普通厕所用水量是19 L/次，低用水量厕所为13 L/次，节水32%；冲洗式厕所用水量为4 L/次，节水79%；空气压水掺气式厕所用水量为2 L/次，节水89%[47]。还有一种不用洗衣粉的离子洗衣机问世，省去了漂洗程序，省水37%。

3. 处理污水和中水回用

在缺水城市住宅小区设立雨水收集、处理后重复利用的中水系统，利用屋面、路面汇集雨水至蓄水池，经净化消毒后用泵提升用于绿化浇灌、水景水系补水、洗车等，剩余的水可再收集于池中进行再循环[42]。在符合条件的小区实行中水回用可实现污水资源化，达到保护环境、防治水污染、缓解水资源不足的目的。目前，城市污水二级处理形成40亿m^3水源的投资大约在100亿元，形成同样规模的长距离引水需600亿元左右，海水淡化则需1 000亿元左右。虽然中水回用在规模上不如城市污水处理经济，但其投资也不会超过长距离引水，具有明显的优势。如果中水回用率为10%，相当于节约了大约10%的生活用水，可见中水回用潜力之大。

（三）运用经济杠杆节水

科学合理的水价改革是节水的核心内容。要改变缺水又不惜水、用水浪费无节度的状况，必须用经济手段管水、治水、用水。可以利用价格杠杆促进节约用水，适时、适地、适度调整水价。合理提高水价，使用户在节水中获得较好的边际效益，水价偏低会挫伤人们节水的积极性。据研究分析，当水价从 1 元左右涨到 3.5 元左右，预期用水量会减少 20% 左右，可见水价对用水量的调节作用是比较强的[42]。

二、节水器具

（一）节水方法

为了防治一般用水器具（非节水器具）在使用过程中的跑、冒、滴、漏等无用耗水现象，用水器具设备可以采用下面的节水方法：

（1）限定水量，如限量水表；

（2）限定（水箱、水池）水位，如设置水位自动控制装置、水位报警器；

（3）防漏，如低水位水箱的各种防漏阀；

（4）限制水量或减压，如各类限流、节流装置，减压阀；

（5）限时，如各类延时自闭阀；

（6）定时控制，如定时冲洗装置；

（7）改进操作或提高操作控制的灵敏性，前者如冷热水混合器，后者如自动水龙头、电磁式淋浴节水装置；

（8）提高用水效率；

（9）适时调节供水水压或流量，如微机变频调速给水设备。

上述方法几乎都是以避免水量浪费为特征，这些方法可通过在各种原理的基础上不断创新来实现。

（二）节水设备

1. 水龙头

水龙头是遍及住宅、公共建筑、工厂车间、大型交通工具（列车、轮船、民航飞机），应用范围最广、数量最多的一种盥洗、洗涤用水器具，同人们的关系最为密切。水龙头的节水主要是设计水龙头的开关，减少人为因素忘关、开水太大等造成的水量损失。

目前，常用的水龙头有延时自闭水龙头，手压、脚踏、肘动式水龙头和停水自动关闭（停水自闭）水龙头。

延时自闭水龙头按作用原理可分为水力式、光电感应式和电容感应式等类型，适用于公共建筑与公共场所，有时也可用于家庭。水力型延时自闭式水龙头应用最为广泛，使用时只需轻压一下阀帽，水流即可持续 3 ~ 5 s，然后自动关闭断流。光电感应式水龙头与电容感应式水龙头的启闭是借助于手或物体靠近水龙头时产生的光电或电容感应效应及相应的控制电路、执行机构（如电磁开关）的连续作用。其优点是无固定的时间限制，使用方便，尤其适用于医院或其他特定场所以免交叉感染或污染。在公共建筑与公共场所应用延时自闭式水龙头的最大优点是可以减少水的浪费，据估计其节水效果约为 30%。

手压、脚踏式水龙头适用于公共场所，如浴室、食堂和大型交通工具（列车、轮船、民航飞机)上,借助于手压、脚踏动作及相应传动等机械性作用,释手或松脚即自行关闭。使用时虽略感不便,但节水效果良好。肘动式水龙头靠肘部动作启闭,主要用于医院手术室以免术者手的污染,同时亦有节水作用。

停水自动关闭水龙头能帮助供水不足地区和无良好用水习惯或一时疏忽的用水户适时关闭水龙头。这里面有两个问题,其一是我们经常能想象的,有些疏忽的用水户心不在焉,用完水后忘了关水龙头,造成水量损失;其二是由于在给水系统供水压力不足或不稳定引起管路“停水”的情况下,当管路系统再次“来水”时水大量流失。

2. 淋浴节水器具

淋浴时因调节水温和不需水擦拭身体的时间较长,若不及时调节水量会浪费很多水。这种情况在公共浴室尤甚,不关闭阀门或因设备损坏造成“长流水”现象也屡见不鲜。这些器具的节水设计有两点,一是自动断水,当不需要冲洗的时候,要及时断水,不能“长流水”;二是冷、热水调节灵敏,调水时间短。针对这些节水目的,目前有冷、热水混合器具,淋浴用脚开关,电磁式淋浴节水装置等淋浴节水器具,其中电磁式淋浴节水装置节水效率在48%左右。

3. 卫生间节水器具

卫生间的水主要用于冲洗便器。除利用中水外,采用节水器具仍是当前节水的主要努力方向。节水器具的节水目标是保证冲洗质量,减少用水量。现研究产品有低位冲洗水箱、高位冲洗水箱、延时自闭冲洗阀、自动冲洗装置等。

常见的低位冲洗水箱多用直落上导向球型排水阀。这种排水阀仍有封闭不严漏水、易损坏和开启不便等缺点,导致水的浪费。近些年来逐渐改用翻板式排水阀。这种翻板阀开启方便、复位准确、斜面密封性好。此外,以水压杠杆原理自动进水装置代替普通浮球阀,克服了浮球阀关闭不严导致长期溢水之弊。

高位冲洗水箱提拉虹吸式冲洗水箱的出现,解决了旧式提拉活塞式水箱漏水问题。一般做法是改一次性定量冲洗为“两挡”冲洗或“无级”非定量冲洗,其节水率在50%以上。

为了避免普通闸阀使用不便、易损坏、水量浪费大以及逆行污染等问题,延时自闭冲洗阀应具备延时、自闭、冲洗水量在一定范围内可调、防污染(加空气隔断)等功能,并应便于安装使用、经久耐用和价格合理等。

自动冲洗装置多用于公共卫生间,以克服手拉冲洗阀、冲洗水箱、延时自闭冲洗水箱等只能依靠人工操作而引起的弊端。例如,频繁使用或乱加操作造成装置损坏与水的大量浪费,或者是疏于操作而造成的卫生问题、医院的交叉感染等[48]。

(三)中水回用

建筑物内洗脸、洗澡、洗衣服等洗涤水、冲洗水等集中后,经过预处理(去污物、油等)、生物处理、过滤处理、消毒灭菌处理甚至活性炭处理,而后流入再生水的蓄水池,作为冲洗厕所、绿化等用水。这种生活污水经处理后,回用于建筑物内部冲洗厕所和其他杂用水的方式,称为中水回用。

我国制定了《生活杂用水水质标准》(CJ 25.1—89),按照这个水质标准,生活杂用水可用于厕所冲洗便器、绿化、扫除洒水和冲洗汽车等,若用于水景、空调冷却等其他用途,应当提高杂用水水质标准,但我国尚没有这方面的规定。

中水水源可取自生活用水后排放的污水和冷却水。根据中水回用的水量和水质来选取中水水源，一般可按下列次序来选取：冷却水、沐浴排水、盥洗排水、洗衣排水、厨房排水，最后为厕所排水。医院排放的污水一般不宜做中水水源，对于传染病院、结核病院和某些放射性污水严禁作为中水水源。

我国中水回收利用方式，如图 7-7 所示，目前常用的中水水源集流方式是部分集流和部分回流方式。即优先集流不含厕所污水或不含厕所和厨房污水的集流方式，经过物理、化学处理后（水处理工艺流程见表 7-7）回用于冲洗厕所、洗车、绿化等部分生活用水。这种方式需两套室内、外排水管道（杂排水管道、粪便污水管道）和两套配水管道（给水管道、中水管道），因而基建投资大，但中水水源水质较好，水处理费低，管理简单，国内外工程实例较多[40]。

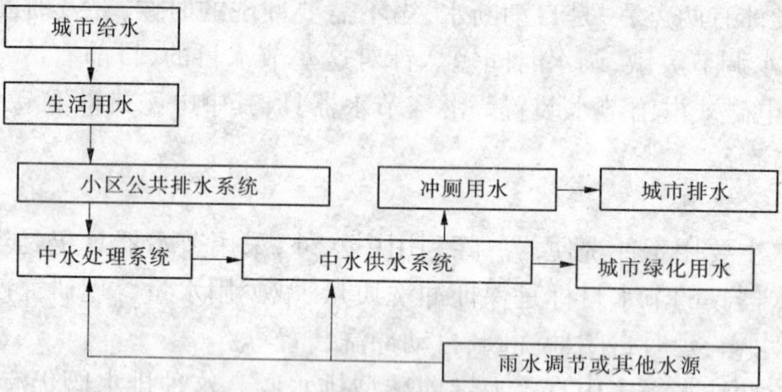

图 7-7　小区中水系统框图

表 7-7　中水典型处理工艺流程

序号	处理流程
1	中水原水—格栅—调节池—混凝气浮（沉淀）—化学氧化—消毒—中水出水
2	中水原水—格栅—调节池—一级生化处理—过滤—消毒—中水出水
3	中水原水—格栅—调节池—一级生化处理—沉淀—二级生化处理—沉淀—过滤—消毒—中水出水
4	中水原水—格栅—调节池—絮凝沉淀（气浮）—过滤—活性炭—消毒—中水出水
5	中水原水—格栅—调节池—一级生化处理—混凝沉淀—过滤—活性炭—消毒—中水出水
6	中水原水—格栅—调节池—一级生化处理—二级生化处理—混凝沉淀—过滤—消毒—中水出水
7	中水原水—格栅—调节池—絮凝沉淀—膜处理—消毒—中水出水
8	中水原水—格栅—调节池—生化处理—膜处理—消毒—中水出水

思考题

7-1　什么是生活用水？生活用水的特征有哪些？城市生活用水包括哪几部分？

7-2　生活给水系统有几部分组成？各部分的内容是什么？

7-3　地下水给水水源有哪些？地下水水源的特点是什么？

7-4　地表水给水处理的工艺有哪些？

7-5　以你所在的地区为例，设计一个分区用水量计算方案。

7-6　节水途径有哪些？

7-7　什么是中水回用？

第八章　农业用水

我国自古以来一直是个农业大国,农业是国民经济发展的基础和重要保障。在我国总用水中,农业是第一用水大户,而在农业用水中,农田灌溉占农业用水的 70% ~80%。可见,保证农田灌溉用水、合理安排农业用水、有效实施农业节水,对农业的发展乃至整个经济社会的发展以及水资源合理利用都具有十分重大的战略意义。

本章专门介绍农业用水的相关知识,主要内容包括农业用水概念、农业用水途径、农业用水量计算、我国农业用水状况以及农业节水途径和措施。

第一节　农业用水的概念

一、水与农作物

水与农作物的关系十分密切。它是农作物正常生长发育必不可少的条件之一,对作物的生理活动、作物生长环境都有着重要的影响。

(一)水与作物生理活动

1. 水是作物的重要组成部分

作物体内含有大量的水,通常随着作物的种类、器官以及生育阶段的不同而异,一般占其鲜体重的 70% ~80%,而蔬菜和块茎作物水分的含水量多达 90% 以上[49]。

2. 水是细胞原生质的重要成分

作物的许多生理过程是在细胞原生质中进行的。只有当细胞原生质有足够的水分,才能保证各项生理活动正常进行。如果水分含量减少,原生质胶体会由溶胶状态变成凝胶状态,代谢作用逐渐减弱,甚至引起代谢紊乱而死亡。

3. 水是光合作用的重要原料

光合作用是作物合成和积累有机物质的重要过程,这些有机物质包括碳水化合物(糖、淀粉等)、脂肪、蛋白质等。光合产物是绿色植物以水和二氧化碳为原料利用光能通过光合作用直接或间接合成的。可见在光合作用中,水是不可或缺的重要原料。

4. 水是作物进行生化反应和吸收输送养分的介质

作物体内各种有机物的合成和分解必须以水为介质才能进行,作物所需的各种矿物质也必须溶解在水中才能被作物吸收输送利用。

5. 水是保持作物固有形态的重要支撑

只有当作物体内水分充足时,细胞才得以膨胀充实,确保植株挺立、叶片舒展,便于接受阳光和交换气体,保持正常的生理活动。

6. 水是维持作物叶面蒸腾的必备条件

蒸腾是指作物体内的水分通过作物体表面(主要是叶面)以气体状态散失到体外去

的过程[50]。蒸腾作用对作物有着重要的生理意义,它是作物吸收和输导水分的主要动力,通过蒸腾作用,促进作物体对矿质元素的吸收和输导,由于蒸腾作用能带走大量热量,从而降低植株体温,避免由于日光强烈照射使体温剧烈升高而受害。

(二)水与作物生长环境

1. 水对土壤的影响

作物生长发育需要适宜的土壤条件,水对土壤的影响主要表现在以下几个方面。

1)土壤含水量

土壤含水量的多少直接影响着作物根系的发育。在潮湿的土壤中,旱作物根系多在表土下较薄的土层中平行横走,分布范围窄;在土壤较干的地方,根系往往比较发达,主根扎深深度大,根系扩展范围大,可吸收更多的土壤水分。在生产实践中,应维持作物土壤的水分平衡,即保持根系吸水和蒸腾作用的协调,当土壤水分亏缺程度严重,作物体内水分供给不足时,作物会发生萎缩、减产甚至死亡现象;反之,在涝滞地区,当土壤含水量过多时,根系吸水功能不足,也会影响作物生长发育。

2)土壤空气

土壤水分和土壤空气共同占有土壤孔隙,这种水—气之间的协调平衡是调节土壤肥力、维持作物正常生长发育的关键。如果土壤空气减少,作物吸收氧气不足,土壤中有机质分解缓慢,而嫌气微生物活动旺盛,则会造成根系活力减弱,养分供给不足,影响土壤生长。土壤中的空气和水分是此消彼长的,土壤中含水量多,土壤中的空气就会减少,因此可通过调节土壤水分状况来调节土壤空气。

3)土壤温度

作物生长发育需要一定的土壤温度条件。土壤水分状况对土壤温度有显著的影响,这是因为水的热容量和导热率要比空气大得多。因此,白天湿润的土壤比干燥土壤能吸收更多的太阳辐射热,表土吸收热量后,将其向土壤深层传导,这使得土壤表层温度不会太高。夜晚,温度降低时,湿润土壤又较干燥土壤放热速度慢,且深层土壤能向表层土壤迅速传热,使表层土壤温度不致急剧下降。生产实践中,为了调节农田土壤温度,常通过增加或减少农田水量的办法来解决,例如,北方的"冬前灌"以及为"降温"或"防冻"所采取的喷灌,均表现了以水调温的目的。

4)土壤养分

水分对作物从土壤中吸收养分的影响主要表现在两个方面:一是作物对土壤养分的吸收是通过水为媒介进行的,且这些养分必须转化为作物能够吸收利用的速效养分;二是土壤水分过多或过少,都会影响有机质的分解,造成速效养分供应不足,因此生产上通过合理灌排,"以水调肥",可以控制土壤养分的分解和转化方向,既有利于作物吸收利用,又有利于培肥土壤。

2. 水对农田小气候的影响

农田小气候是指接近地顶 2 m 内的空气温度、湿度、光照、风等气候状况,它是作物生长发育的重要环境条件。当农田水分多时,蒸发蒸腾强烈,空气湿度就高,气温就低,反之亦然。农业生产中,在高温季节可利用灌溉来防止高温和干热风的危害,在低温季节可防止低温和霜冻的危害。

(三)水与作物耕作措施

作物耕作质量和农田土壤水分有着十分密切的关系。旱田土壤含水率适宜,土壤的物理机械性介于黏结性和可塑性之间时,耕作质量和效率最佳。同时,农业生产中的许多农技措施也需要和灌溉排水措施有机结合起来进行。如"适时晒田"可调节水稻群体,"适时落干"可控制水稻贪青晚熟等。

二、作物需水量

作物需水量是指作物在适宜的土壤水分和肥力水平下,经过正常生长发育,获得高产时的植株蒸腾、株间蒸发以及构成植株体的水量之和。农田水分消耗的途径主要有三个方面:植株蒸腾、株间蒸发和深层渗漏。

植株蒸腾是指作物根系从土壤中吸收水分,然后通过植物体表面以气态的形式扩散到大气中去的过程。它是作物生理活动的基础之一,是作物所必需的水分。实验表明,植株蒸腾需要消耗大量的水分,作物根系吸入体内的水分有99%以上是消耗于蒸腾,只有不足1%的水量是留在植物体内,成为植物体的一部分。

株间蒸发是指作物植株间的土壤或田间水面蒸发。株间蒸发和植株蒸腾受气象因素影响很大,二者有互为消长的关系。一般在作物生长初期,植株较小,作物叶面覆盖面积小,地面裸露面积大,以株间蒸发为主。随着作物的生长发育,植株逐渐长大,作物叶面覆盖程度增加,地面裸露面积减小,植株蒸腾逐渐大于蒸发。到了作物生育后期,作物生理活动减弱,蒸腾耗水减少,而株间蒸发有所增加。一般认为,株间蒸发属于无效蒸发的水分消耗,但是其对调节作物田间小气候具有一定的作用。

深层渗漏是指旱田中由于降水或灌溉水量太大,使土壤水分超过了田间持水量,水分渗透到根系以下深层的土壤中。深层渗漏一般是无益的,且会造成水分和养分的流失浪费。因此,对于旱田来说,应尽量减少过量灌溉,防止深层渗漏的产生。但是水稻却需要一定的渗漏量,可以促进土壤通气、改善还原条件,但若渗漏量过大,也会造成水量和肥料的损失。

在上述三项的农田水分消耗中,常把植株蒸腾和株间蒸发合并在一起,称为腾发,消耗的水量称为腾发量,一般把腾发量视为作物需水量。但对水稻田来说,也有将稻田渗漏量计算在需水量中的。

三、灌溉用水量

灌溉是为了补充和调节一定深度土层内土壤水分的消耗,以满足作物的需水要求。作物消耗水量主要来源于灌溉、降水和地下水,在一定的区域、一定的灌溉条件、一定的种植结构组成情况下,地下水对作物的补给量是较为稳定的,而降雨量的年际变化较大。因此,在计算农田灌溉用水量时,需要考虑不同降水频率的影响,即选择典型年计算地区作物灌溉用水量。

灌溉水量是指从灌溉供水水源所取得的总供水量。由于灌溉水经过各级输水渠道送入田间时存在一定的水量损失,因此灌溉水量又分为毛灌溉水量、净灌溉水量和损失水量,毛灌溉水量等于净灌溉水量与损失水量之和。灌水定额,是指单位面积上灌溉一次所需要的水量，以 m^3/亩表示；灌溉定额，是指在作物整个生育期内单位面积灌溉的水量，即各次灌水定额的总和，也叫总灌水量，以 m^3/亩表示。同理，灌溉定额也分为净灌溉定额和毛灌溉定额。详细计算过程可见本章第三节。

第二节　农业用水的途径

灌溉渠道系统是农业用水的主要途径，灌溉渠道系统是指从水源取水、通过渠道及其附属建筑物向农田供水、经由田间工程进行农田灌水的工程系统，包括渠首工程、输配水工程和田间工程三大部分。在现代灌区建设中，灌溉渠道系统和排水沟道系统是并存的，二者互相配合，协调运行，构成完整的灌区水利工程系统[51,52]，如图 8-1 所示。

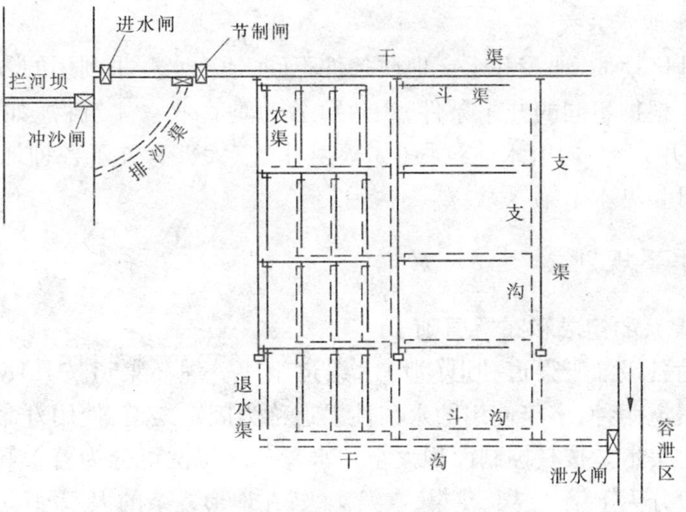

图 8-1　灌溉排水系统示意图

一、灌溉取水方式

（一）灌溉水源

灌溉水源系指可以用于灌溉的水资源，主要有地表水和地下水两类。按其产生和存在的形式及特点，又可细分为河川径流、当地地表径流、地下水。另外，城市污水也可作为灌溉水源。城市污水用于农田灌溉，是水资源的重复利用，但必须经过处理，符合灌溉水质标准后才能使用。

（二）地表水取水方式

1. 无坝引水

灌区附近河流水位、流量均能满足灌溉要求时，即可选择适宜的位置作为取水口修建进水闸引水自流灌溉，形成无坝引水方式。

2. 有坝引水

河流水源虽较丰富，但水位较低时，可在河道上修建壅水建筑物（坝或闸），抬高水位，自流引水灌溉，形成有坝引水方式。

3. 提水取水

河流水量比较丰富，但灌区位置较高，修建其他自流引水工程困难或不经济时，可就近采取提水取水方式。

4. 水库取水

河流的流量、水位均不能满足灌溉要求时，必须在河流的适当地点修建水库进行径流调节，以解决来水和用水之间的矛盾，并综合利用河流水源。

关于以上 4 种地表水取水方式的详细内容介绍可参见本书第五章。上述几种取水方式，除单独使用外，有时还能综合使用多种取水方式，引取多种水源，形成蓄、引、提结合的灌溉系统；即便只是水库取水方式，也可以对水库泄入原河道的发电尾水，在下游适当地点修建壅水坝，将它抬高，引入渠道，以充分利用水库水量及水库与壅水坝间的区间径流。

（三）地下水取水方式

由于不同地区地质、地貌和水文地质条件不同，地下水开采利用的方式和取水建筑物的形式也不同。根据不同的开采条件，大致可分为垂直取水建筑物（如管井）、水平取水建筑物（如坎儿井）和多向取水建筑物（如辐射井）三大类。关于各种地下水取水方式的详细内容介绍可参见本书第六章。

二、灌溉渠系规划

（一）灌溉渠系的组成和布置原则

灌溉渠系由各级灌溉渠道和退（泄）水渠道组成。灌溉渠道按其使用寿命可分为固定渠道和临时渠道两种：多年使用的永久性渠道称为固定渠道；使用寿命小于 1 年的季节性渠道称为临时渠道。按其控制面积大小和水量分配层次可分为若干等级：大、中型灌区的固定渠道一般分为干渠、支渠、斗渠、农渠 4 级；在地形复杂的大型灌区，固定渠道的级数往往多于 4 级，干渠可分成总干渠和分干渠，支渠可下设分支渠，甚至斗渠也可下设分斗渠；在灌溉面积较小的灌区，固定渠道的级数较少。灌溉渠道的规划布置有以下几方面原则。

1. 总布置原则

（1）干渠应布置在灌区的较高地带，尽可能自流控制较大的灌溉面积；

（2）渠系布置要求总的工程量和工程费用最小，并且工程安全可靠；

（3）灌溉渠道的位置应参照行政区划确定，以便管理；

（4）布置时应考虑发挥灌区内原有小型水利工程的作用，并应为上、下级渠道的布置创造良好条件；

（5）灌溉渠系布置应和排水系统规划结合进行。

2. 干支渠布置原则

（1）山区、丘陵区灌区的干渠一般沿灌区上部边缘布置，大体上和等高线平行，支渠沿两溪间的分水岭布置；

（2）平原区灌区干渠多沿等高线布置，支渠垂直等高线布置；

（3）圩垸区灌区由于圩内地形一般是周围高、中间低，灌区干渠多沿圩堤布置，灌溉渠系通常只有干、支渠两级。

3. 斗渠布置原则

山区、丘陵区的斗渠长度较短，控制面积较小。平原地区斗渠较长，控制面积较大。我国北方地区一些大型自流灌区的斗渠长度一般为3～5 km，控制面积为3 000～5 000亩。

4. 农渠布置原则

农渠控制范围为一个耕作单元，长度根据机耕要求确定。平原区通常为500～1 000 m，间距为200～400 m，控制面积为200～600亩。丘陵区农渠的长度和控制面积较小。在有控制地下水位要求的地区，农渠间距应根据农沟间距而定。

5. 灌溉渠道和排水沟道的布置

(1)在地形平坦或有微地形变化的地区，灌溉渠道和排水沟道交错布置，也称相间布置。

(2)当地面有一侧倾斜，渠道只能向一侧灌水，排水沟也只能接纳一边的径流时，灌排采取相邻布置。

(二)渠系建筑物规划布置

渠系建筑物是指为安全、合理地输配水量，为满足各部门的需要而在渠道系统上修建的建筑物，包括水闸、涵洞、桥梁、渡槽、倒虹吸、跌水、陡坡等建筑物，担负着输配水、控制渠道水位、量测渠道过水流量、宣泄灌区多余水量以及便利交通等任务。渠系建筑物布置原则如下：

(1)应满足灌溉系统各项使用要求，包括水位、流量、泥沙、运行以及管理等的要求，以最大限度地满足作物灌水需求。

(2)尽量采用联合枢纽布置的形式，以节省投资和管理方便。如闸与桥常联合修建，分水闸与节制闸常联合修建。

(3)尽量采用定型设计和装配式建筑物，可简化设计，加快施工进度。

(4)根据当地实际情况，尽量采用当地材料修建。如在山丘区建渡槽、农桥可用砌石建筑，在平原地区则宜用钢筋混凝土排架渡槽。

(5)应方便交通、航运和群众生产、生活需要。

渠系建筑物按用途可分为控制建筑物、交叉建筑物、泄水建筑物、衔接建筑物和量水建筑物等。

1. 控制建筑物

控制建筑物的作用是调节渠道水位和分配渠道水量，包括进水闸、分水闸和节制闸等。

1)进水闸

进水闸布置在干渠首端，主要从灌溉水源引水，控制进入灌区的总水量。

2)分水闸

分水闸布置在其他各级渠道的引水口处，主要是控制和调节向下级渠道的配水流量，其结构形式有开敞式和涵洞式两种。当上级渠道向下级渠道分水时，上级渠道的分水闸就是下级渠道的进水闸。斗、农渠的进水闸惯称为斗门、农门。

3)节制闸

节制闸垂直渠道中心线布置，其作用是根据需要抬高上游渠道的水位或阻止渠水继续流向下游。在下列情况下需要设置节制闸：①上游渠道水位低于下游渠道引水要求水位，影响正常引水时；②下级渠道实行轮灌时，需在轮灌组的分界处设置节制闸；③在重要建筑物或险工渠段前需联合修建节制闸和泄水闸，以防止漫溢，保证建筑物和渠道的安全。

2. 交叉建筑物

渠道穿越山岗、河沟、道路时，需要修建交叉建筑物。常见的交叉建筑物有隧洞、渡槽、倒虹吸管、涵洞、桥梁等。

1) 隧洞

隧洞是穿过山丘和在地下开挖的具有封闭断面的输水或泄水建筑物。当渠道遇到山岗时，或因石质坚硬，或因开挖工程量过大，往往不能采用深挖方渠道，如沿等高线绕行，渠道线路又过长，工程量仍然较大，而且增加了水头损失。在这种情况下，可选择山岗单薄的地方凿洞而过。

2) 渡槽

渡槽是输送渠道水流跨越河流、渠道、道路、山谷等障碍的架空输水建筑物，渡槽除用于输送渠道水流外，还可以供排洪和导流之用。当渠道穿过河沟、道路时，如果渠底高于河沟最高洪水位或渠底高于路面的净空大于行驶车辆要求的安全高度时，可架设渡槽，让渠道从河沟、道路的上空通过。渠道穿越洼地时，如采取高填方渠道工程量太大，也可采用渡槽。

3) 倒虹吸管

倒虹吸管是用敷设在地面或地下的压力管道输送穿越障碍的一种交叉建筑物。它与渡槽相比，具有造价低且施工方便的优点，不过它的水头损失较大，而且运行管理不如渡槽方便。在如下情况下可采用倒虹吸管：①渠道水位高出路面或河沟洪水位，但渠底高程却低于路面或河沟洪水位；②渠底高程虽高于路面，但净空不能满足交通要求；③修建渡槽困难，或需要高填方修建渠道的场合；④在渠道水位与所跨的河流或路面高程接近时，也常用倒虹吸管。

4) 涵洞

渠道与道路相交，渠道水位低于路面，而且流量较小时，常在路面下面埋设平直的管道，称为涵洞。当渠道与河沟相交，河沟洪水位低于渠底高程，而且河沟洪水流量小于渠道流量时，可用填方渠道跨越河沟，在填方渠道下面建造排洪涵洞。

5) 桥梁

渠道与道路相交，渠道水位低于路面，而且流量较大、水面较宽时，要在渠道上修建桥梁，满足交通要求。

3. 泄水建筑物

泄水建筑物的作用是为了宣泄渠道内余水、坡面径流或入渠洪水等威胁渠道安全运行的水量，特别是在重要建筑物和大填方段的上游以及山洪入渠处的下游，必须修建泄水建筑物，泄放多余的水量。

泄水建筑物有泄水闸、退水闸和溢洪堰等。溢洪堰或泄水闸通常是在渠岸上修建的，当渠道水位超过加大水位时，多余水量即自动溢出或通过泄水闸宣泄出去，确保渠道的安全运行。从多泥沙河流引水的干渠，常在进水闸后选择有利泄水的地形，开挖泄水渠，设置泄水闸，根据需要开闸泄水，冲刷淤积在渠首段的泥沙。为了退泄灌溉余水，干、支、斗渠的末端应设退水闸和退水渠。

4. 衔接建筑物

当渠道通过坡度较大的地段时，为了防止渠道冲刷，保持渠道的设计比降，就把渠道分成上、下两段，中间用衔接建筑物联结，这种建筑物常见的有跌水和陡坡。一般当渠道通过跌差较小的陡坎时，可采用跌水；跌差较大、地形变化均匀时，多采用陡坡。

5. 量水建筑物

灌溉工程的正常运行需要控制和量测水量，以便实施科学的用水管理。在各级渠道的进水口需要量测入渠水量，在末级渠道上需要量测向田间灌溉的水量，在退水渠上需要量测渠道退泄的水量。可以利用水闸等建筑物的水位—流量关系进行量水，但建筑物的变形以及流态不够稳定等因素会影响量水的精度。在现代化灌区建设中，要求在各级渠道进水闸下游，安装专用的量水建筑物或量水设备。量水堰是常用的量水建筑物，三角形薄壁堰、矩形薄壁堰和梯形薄壁堰在灌区量水中广为使用。

三、田间工程规划

田间工程通常指最末一级固定渠道（农渠）和固定沟道（农沟）之间的条田范围内的临时渠道、排水小沟、田间道路、稻田的格田和田埂、旱地的灌水畦和灌水沟、小型建筑物以及土地平整等农田建设工程。做好田间工程是进行合理灌溉，提高灌水工作效率，及时排除地面径流和控制地下水位，充分发挥灌排工程效益，实现旱涝保收，建设高产、优质、高效农业的基本建设工作。

（一）田间工程的规划要求和规划原则

1. 田间工程的规划要求

田间工程要有利于调节农田水分状况、培育土壤肥力和实现农业现代化。为此，田间工程规划应满足以下基本要求：

（1）有完善的田间灌排系统，旱地有沟、畦，种稻有格田，配置必要的建筑物，灌水能控制，排水有出路，消灭旱地漫灌和稻田串灌串排现象，并能控制地下水位，防止土壤过湿和产生土壤次生盐渍化现象。

（2）田面平整，灌水时土壤湿润均匀，排水时田面不留积水。

（3）田块的形状和大小要适应农业现代化需要，有利于农业机械作业和提高土地利用率。

2. 田间工程的规划原则

（1）田间工程规划是农田基本建设规划的重要内容，必须在农业发展规划和水利建设规划的基础上进行。

（2）田间工程规划必须着眼长远、立足当前，既要充分考虑农业现代化发展的要求，又要满足当前农业生产发展的实际需要，全面规划，分期实施，当年增产。

（3）田间工程规划必须因地制宜，讲求实效，要有严格的科学态度，注重调查研究，走群众路线。

（4）田间工程规划要以治水改土为中心，实行山、水、田、林、路综合治理，创造良好的生态环境，促进农、林、牧、副、渔全面发展。

（二）条田规划

末级固定灌溉渠道（农渠）和末级固定沟道（农沟）之间的田块称为条田，有的地方称为耕作区。它是进行机械耕作和田间工程建设的基本单元，也是组织田间灌水的基本单元。条田的基本尺寸要满足以下几点要求。

1. 排水要求

为了排除地面积水和控制地下水位，需要设置排水沟，排水沟应有一定的深度和密度，农沟作为末级固定沟道，间距不能太大，一般为 100～200 m。条田的宽度应首先满足排水农沟的间距要求，对于地形平缓、土质黏重、地下水位较高和盐碱化威胁较大的地区，要求排水沟密度较大时，可在条田内部增设临时排水毛沟、小沟等，将条田分为小田块，保持条田的尺寸和形状基本不变，以满足其他方面的要求。

2. 机耕要求

机耕不仅要求条田形状方整，还要求条田具有一定的长度。若条田太短，拖拉机开行长度太小，转弯次数就多，生产效率低，机械磨损较大，消耗燃料也多。若条田太长，控制面积过大，不仅增加了平整土地的工作量，而且由于灌水时间长，灌水和中耕不能密切配合，会增加土壤蒸发损失，在有盐碱化威胁的地区还会加剧土壤返盐。根据实际测定，拖拉机开行长度小于 300～400 m 时，生产效率显著降低。但当开行长度大于 800～1 200 m 时，用于转弯的时间损失所占比重很小，提高生产效率的作用已不明显。因此，从有利于机械耕作这一因素考虑，条田长度以 400～800 m 为宜。

3. 田间用水管理要求

在旱作地区，特别是机械化程度较高的大型农场，为了在灌水后能及时中耕松土，减少土壤水分蒸发，防止深层土壤中的盐分向表层聚积，一般要求一块条田能在 1～2 d 内灌水完毕。从便于组织灌水考虑，条田长度以不超过 500～600 m 为宜。

综上所述，条田大小既要考虑除涝防渍和机械化耕作的要求，又要考虑田间用水管理要求，宽度一般为 100～200 m，长度以 400～800 m 为宜。

（三）田间渠系布置

田间渠系指条田内部的灌溉网，包括毛渠、输水垄沟和灌水沟、畦等。田间渠系布置有以下两种基本形式。

1. 纵向布置

灌水方向垂直农渠，毛渠与灌水沟、畦平行布置，灌溉水流从毛渠流入与其垂直的输水垄沟，然后再进入灌水沟、畦。毛渠一般沿地面最大坡度方向布置，使灌水方向和地面最大坡向一致，为灌水创造有利条件。在有微地形起伏的地区，毛渠可以双向控制，向两侧输水，以减少土地平整工程量。地面坡度大于 1% 时，为了避免田面土壤冲刷，毛渠可与等高线斜交，以减小毛渠和灌水沟、畦的坡度。

2. 横向布置

灌水方向和农渠平行，毛渠和灌水沟、畦垂直，灌溉水流从毛渠直接流入灌水沟、畦。这种布置方式省去了输水垄沟，减少了田间渠系长度，可节省土地和减少田间水量损失。毛渠一般沿等高线方向布置或与等高线有一个较小的夹角，使灌水沟、畦和地面坡度方向大体一致,有利于灌水。

在以上两种布置形式中,纵向布置适用于地形变化较复杂、土地平整较差的条田;横向布置适用于地面坡向一致、坡度较小的条田。但是,在具体应用时,田间渠系布置方式的选择要综合考虑地形、灌水方向以及农渠和灌水方向的相对位置等因素。

(四)稻田区的格田规划

水稻田一般都采用淹灌方法,需要在田间保持一定深度的水层。因此,在种稻地区,田间工程的一项主要内容就是修筑田埂,用田埂把平原地区的条田或山丘地区的梯田分隔成许多矩形或方形田块,称为格田。格田是平整土地、田间耕作和用水管理的独立单元。

田埂的高度要满足田间蓄水要求,一般为 20 ~ 30 cm,埂顶兼作田间管理道路,宽为 30 ~ 40 cm。

格田的长边通常沿等高线方向布置,其长度一般为农渠到农沟之间的距离。沟、渠相间布置时,格田长度一般为 100 ~ 150 m;沟、渠相邻布置时,格田长度为 200 ~ 300 m。格田宽度根据田间管理要求而定,一般为 15 ~ 20 m。在山丘地区的坡地上,农渠垂直等高线布置,可灌排两用,格田长度根据机耕要求确定。格田宽度视地形坡度而定,坡度大的地方应选较小的格田宽度,以减少修筑梯田和平整土地的工程量。

稻田区不需要修建田间临时渠网。在平原地区,农渠直接向格田供水,农沟接纳格田排出的水量,每块格田都应有独立的进、出水口。

(五)土地平整

在实施地面灌溉的地区,为了保证灌溉质量,必须进行土地平整。通过平整土地,削高填低,连片成方,除改善灌排条件之外,还可改良土壤,扩大耕地面积,适应机械耕作需要。所以,平整土地是治水、改土、建设高产稳产农田的一项重要措施。对土地平整工作有以下要求:

(1)田面平整,符合灌水技术要求。在实施沟、畦灌溉的旱作区,为了均匀地湿润土壤,必须具有平整的田面,而且沿灌水方向要有适宜的坡度,以利灌溉水流均匀推进。在种稻地区,要使格田范围内的田面基本水平。

(2)精心设计,合理分配土方,就近挖、填平衡,运输线路没有交叉和对流,使平整工程量最小,劳动生产率最高。

(3)注意保持土壤肥力。在挖、填土方时,要先移走表层熟土,完成设计的挖、填深度以后,再把熟土层归还地面,并适当增施有机肥料,做到当年施工、当年增产。

(4)改良土壤,扩大耕地。对质地黏重、容易板结的土壤,可进行掺砂改良。通过填平废沟、废塘,拉直沟、渠、田埂等措施,扩大耕地面积,改善耕作和水利条件。

根据以上要求进行土地平整工程的设计和施工,通常以条田或格田作为平整单元测绘地形图,计算田面设计高程和各点的挖、填深度,确定土方分配方案和运输路线,有组织地进行施工,达到省劳力、速度快、效果好的目的。

(六)田、林、路的规划布置

田间工程规划除合理布置田间灌排渠系外,还需同时考虑农村道路及林带的规划布置。

农村道路是农田基本建设的重要组成部分,交通运输是生产过程的重要环节。在乡镇范围内的农村道路一般可分为干道、支道、田间道和生产路 4 级,即三道(通行拖拉机)一路(人行路或通行非机动车)。田间道路与灌排沟渠的结合形式,应根据有利于灌排、机耕、运输和田间管理,少占耕地,交叉建筑物少,沟渠边坡稳定等原则确定,一般有沟—渠—路(道路位于条田的上端,靠斗渠的一侧)、沟—路—渠(道路位于条田的下端,在斗沟与沟渠之间)、路—沟—渠(道路位于条田的下端,在斗沟的一侧)3 种配置形式。

农田防护林网是指为防止风沙、干旱等自然灾害,改善农田小气候,建立有利于农作物生长的环境条件,提供一定农副产品而营造的人工林带。在灌区规划时必须紧密结合灌排渠系和道路的布置,进行防护林网的规划布置,并在居民点附近以及宅旁空地植树造林,建立完善的防护林体系。林带的主林带应尽量与主害风垂直,一般要求偏离角不超过 30°,副林带与主林带垂直(副林带是主林带间的林带与主林带垂直的林带,主林带阻风,副林带减风);林带的间距一般为树高的 20 ~ 25 倍,一般主林带间距 200 ~ 250 m,副林带间距为 500 ~ 1 000 m;林带的宽度应是主林带宽些,副林带窄些。

四、灌溉渠道流量与流速

(一)渠道流量损失及计算

1. 渠道水量损失内容

渠道水量损失包括渠道水面蒸发损失、漏水损失和渗水损失。由于渠道水面蒸发的水量损失很小,一般不足输水损失的 5%,故可以忽略不计。漏水损失是指由于工程质量和管理方面的原因造成渠堤决口、建筑物漏水等现象,一般占输水损失的 15%,目前在渠道输水损失计算中不予考虑。渗水损失是经渠床土壤孔隙渗漏掉的水量,是渠道输水损失的重要组成部分,约占输水损失的 80%,故常把这部分水量看作是渠道输水损失水量。

2. 渠道水量损失计算

在灌溉工程规划设计工作中,常用经验公式或系数估算渠道输水损失水量。

1)经验公式估算损失水量

经验公式如下

$$\sigma = \frac{A}{100Q_n^m} \tag{8-1}$$

$$Q_l = \sigma l Q_n \tag{8-2}$$

式中 σ——每千米渠道输水损失系数;

A——渠床土壤透水系数;

m——渠床土壤透水指数;

Q_n——渠道净流量,m^3/s;

l——渠道长度,km;

Q_l——渠道输水损失流量,m^3/s。

土壤透水性参数 A 和 m 可根据实测资料分析确定,在缺乏实测资料的情况下,可参考相关资料进行确定。

若灌区地下水位较高,渠道渗漏受地下水壅阻影响,实际渗漏水量比计算结果要小。

在这种情况下，就要对以上计算结果乘以修正系数加以修正，即

$$Q'_l = \gamma Q_l \tag{8-3}$$

式中 Q'_l——有地下水顶托影响的渠道损失流量，m^3/s；

γ——地下水顶托修正系数；

Q_l——自由渗流条件下的渠道损失流量，m^3/s。

当采取渠道衬砌护面防渗措施时，应观测研究不同防渗措施的防渗效果，以采取防渗措施后的渗漏损失水量作为确定设计流量的根据。如无实验资料，可在上述计算结果的基础上乘以经验折减系数，即

$$Q''_l = \beta Q_l \tag{8-4}$$

式中 Q''_l——采取防渗措施后的渗漏损失流量，m^3/s；

β——采取防渗措施后渠床渗漏水量的折减系数。

2）经验系数估算损失水量

渠系水利用系数、田间水利用系数和灌溉水利用系数可反映水量损失情况，这些经验系数通过大量的水量量测资料得到，与灌区大小、渠床土质和防渗措施、渠道长度、田间工程状况、灌水技术水平以及管理工作水平等因素有关。在引用别的灌区的经验数据时，应注意这些条件要相近。选定适当的经验系数之后，就可根据净流量计算相应的毛流量和损失水量。

（二）渠道流量推算

灌溉渠道流量有设计流量、最小流量和加大流量 3 种。这 3 种流量可覆盖流量变化的范围，代表在不同运行条件下的工作流量。

1. 渠道设计流量

渠道设计流量即根据灌区的灌溉面积和单位面积上所需灌溉的净流量，按照渠道工作制度进行合理确定。

2. 渠道最小流量

渠道最小流量是指在设计标准条件下，渠道在正常工作中输送的最小流量。目前，有些灌区规定渠道最小流量以不低于渠道设计流量的 40% 为宜；也有的灌区规定渠道最低水位等于或大于 70% 的设计水位，在实际灌水中，如某次灌水定额过小，可适当缩短供水时间，集中供水，使流量大于最小流量。

3. 渠道加大流量

渠道加大流量是指在短时增加输水的情况下，渠道需要通过的最大灌溉流量。它是设计渠道堤顶高程的依据，并以此校核渠道输水能力和不冲流速。

渠道加大流量的计算是以设计流量为基础，给设计流量乘以“加大系数”，如下式，即

$$Q_J = JQ_d \tag{8-5}$$

式中 Q_J——渠道加大流量，m^3/s；

J——渠道流量加大系数；

Q_d——渠道设计流量，m^3/s。

（三）渠道流速

渠道中水的流速要适当，过大会引起冲刷，过小容易淤积，并可使渠道生长杂草。不

致引起渠道产生冲刷的最大允许流速称为不冲流速；不致引起渠道淤积的最小流速称为不淤流速。在设计时，应使渠道流速介于上述两者之间。

五、渠道断面形状

在渠道断面设计中，为减少工程量应尽量采用水力最优断面，这样，通过同等过水断面面积的流量最大，半圆形断面即是水力最优断面，但是这种断面不一定是最经济的断面。实际中常采用的渠道断面形状为梯形断面，它最接近水力最优断面，且便于施工，在经过不同稳定性的土壤时，可根据深度不同采用不同边坡的复式断面；矩形断面主要用于坚固的岩石中，可减少挖方量；当渠道经过狭窄地带，如两侧土壤稳定性较差，且要求渠道宽度较小时，可在两侧修建挡土墙。沿山开渠，可在外侧修建隔墙；平原地区的大断面渠道采用半挖半填断面，如图 8-2 所示，既减少了土方，又可利用弃土，一举两得。当挖方量等于填方量（考虑沉陷影响，外加 10% ~30% 的土方量）时，工程费用最少。挖填土方相等时的挖方深度可按下式计算

$$(b+mx)x=(1.1\sim1.3)2a\left(d+\frac{m_1+m_2}{2}a\right) \tag{8-6}$$

式(8-6)中符号的含义如图 8-2 所示。系数 1.1 ~1.3 是考虑土体沉陷而增加的填方量，砂质土取 1.1；壤土取 1.15；黏土取 1.2；黄土取 1.3。

为了保证渠道的安全稳定，半挖半填渠道堤底的宽度 B 应满足以下条件

$$B\geqslant(5\sim10)(h-x) \tag{8-7}$$

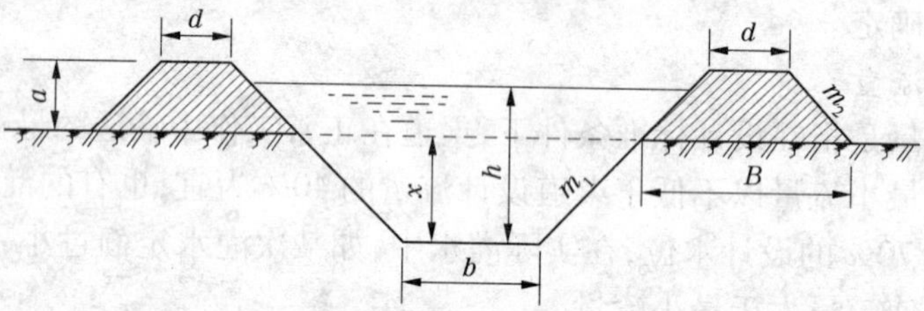

图 8-2　半挖半填断面

六、渠道防渗

渠道渗漏水量占渠系损失水量的绝大部分，一般占渠首引水量的 30% ~50%，有的灌区高达 60% ~70%，不仅降低了渠系水利用系数，减少了灌溉面积，而且还引起地下水位上升，土壤易产生渍害。渠道防渗可以有效减少渠道渗漏损失，节约灌溉水量，控制地下水位，防止渍害发生；提高渠床的抗冲刷能力，防止渠坡坍塌；加大渠道流速，提高输水能力；降低灌溉成本，提高灌溉效益。

常用的渠道防渗措施有多种，包括土料防渗、砌石防渗、砖砌防渗、混凝土防渗、沥青材料防渗和塑料薄膜防渗等形式。实际应用中，可根据具体情况而定。

第三节　农业用水量计算及我国农业用水状况

一、农业用水量计算

农业用水量包括农田灌溉用水量、渔业及林果地用水量。在农业用水量计算时，应分区分类统计计算，在计算方法上基本一致。林果地用水可以认为与农田作物用水一样，通过渠系供水灌溉。渔业用水量可按单位面积净耗用水量乘以渔塘面积计算得到。下面仅介绍灌溉用水量计算方法。

(一)灌溉水利用率

为了反映灌溉水的利用效率，衡量灌区工程质量、管理水平和灌水技术水平等，通常用以下4个系数来表示。

1. 渠道水利用系数

渠道水利用系数指某一渠道在中间无分水的情况下，渠道末端的净流量与进入渠道毛流量的比值，用符号 η_c 表示，它反映了某条渠道的输水损失情况，或者是某一级渠道水量损失的平均情况，计算公式为

$$\eta_c = \frac{Q_n}{Q_g} \tag{8-8}$$

式中　Q_n——某渠道净流量；

Q_g——某渠道毛流量。

2. 渠系水利用系数

灌区灌溉渠道往往根据灌区面积、地形条件或灌溉要求，设置不同的渠道级别，一般分为干、支、斗、农、毛5级。农渠为末级固定渠道，毛渠属于田间工程内容。因此，渠系水利用系数 η_s 等于灌溉渠道系统中从末级渠道放出的净流量与渠首引进的毛流量的比值，它等于各级渠道水利用系数的乘积，反映了整个渠系的水量损失情况，同时它还反映了灌区的自然条件、工程技术状况以及灌区的管理工作水平，计算公式为

$$\eta_s = \eta_{干}\eta_{支}\eta_{斗}\eta_{农} \tag{8-9}$$

3. 田间水利用系数

田间水利用系数指实际灌入田间的有效水量(旱作农田是指存在计划湿润层中的灌溉水量；对于水稻田是指贮存在格田内的灌溉水量)和末级固定渠道(农渠)放出水量的比值，用符号 η_f 表示，它反映了田间工程状况和灌水技术水平，计算公式为

$$\eta_f = \frac{A_{农} I_N}{W_{农净}} \tag{8-10}$$

式中　$A_{农}$——农渠的灌溉面积，亩；

I_N——净灌水定额，m^3/亩；

$W_{农净}$——农渠供给田间的水量，m^3。

4. 灌溉水利用系数

灌溉水利用系数指实际灌入农田的有效水量和渠首引入水量的比值，用符号 η_g 表

示，也等于渠系水利用系数与田间水利用系数的乘积，它是评价渠系工作状况、灌水技术水平和灌区管理水平的综合指标，计算公式为

$$\eta_g = \frac{AI_N}{W_g} = \eta_s \eta_f \tag{8-11}$$

式中 A——某次灌水全灌区的灌溉面积，亩；

I_N——净灌水定额，m^3/亩；

W_g——某次灌水从渠首引入的总水量，m^3。

（二）灌溉用水量

计算灌溉用水量有直接法和间接法两种。

1. 直接法

任何一种作物某次灌水所需要的净灌水量，都可用下式来表示

$$W_{净} = mA \tag{8-12}$$

式中 m——某作物某次灌水的灌水定额，m^3/亩；

A——某作物的灌溉面积，亩。

若灌区有 k 种作物，则全灌区任一时段内的净灌溉用水量 $W_{i净}$ 是该时段内各种作物净灌溉用水量之和，即

$$W_{i净} = \sum_{j=1}^{k} m_{ij}A_j \tag{8-13}$$

式中 m_{ij}——第 i 时段第 j 种作物的灌水定额，m^3/亩；

A_j——第 j 种作物的灌溉面积，亩。

净灌溉用水量求出以后，可根据下式求出毛灌溉用水量 $W_{i毛}$

$$W_{i毛} = \frac{W_{i净}}{\eta_g} \tag{8-14}$$

式中 η_g——灌区灌溉水利用系数。

全生育期或全年的用水量为

$$W_{毛} = \sum_{i=1}^{n} W_{i毛} \tag{8-15}$$

2. 间接法

间接法是通过综合灌水定额计算灌溉用水量。任何时段内全灌区的综合灌水定额等于该时段内各种作物灌水定额的面积加权平均值，即

$$m_{综i} = \alpha_1 m_{i,1} + \alpha_2 m_{i,2} + \cdots + \alpha_n m_{i,n} = \sum_{j=1}^{k} \alpha_j m_{i,j} \tag{8-16}$$

式中 $m_{综i}$——第 i 时段内的综合净灌水定额，m^3/亩；

$m_{i,1}$、$m_{i,2}$、…、$m_{i,n}$——各种作物在第 i 时段内的灌水定额，m^3/亩；

α_1、α_2、…、α_n——各种作物灌溉面积占全灌区灌溉面积的比例。

某时段全灌区的灌溉用水量为

$$W_{i毛} = \frac{m_{综i}A}{\eta_g} \tag{8-17}$$

全生育期或全年的灌溉用水量为

$$W_{毛} = \sum_{i=1}^{n} W_{i毛} \tag{8-18}$$

二、我国农业用水状况

在我国各个用水部门中，农业用水始终占有相当大的比例。2005 年全国总用水量为 5 633 亿 m^3，其中农业用水量为 3 580 亿 m^3，占总用水量的 63.6%。在农业用水中，农田灌溉是农业的主要用水和耗水对象，在各类用户耗水率中，农田灌溉耗水率为 62%。据预测，到 2030 年我国人口将达到 16 亿，为满足粮食需求，农业用水将有巨大缺口，水资源紧缺将成为 21 世纪我国粮食安全的瓶颈[39]。

经济社会的发展必然促使工业生活和生态环境用水迅速增加，农业用水不可避免地要向其他行业用水让步，因此未来农业用水不可能大幅度增长。尽管目前我国总用水量增加，但农业用水量基本保持稳定，农业用水比重在我国总用水量中已呈下降态势，由 1949 年的 97.1% 下降到 2005 年的 63.6%。

目前，我国农业用水存在水资源短缺和用水浪费严重的双重危机。我国水资源时空分布不均，与农业发展的格局不相匹配。全年降水的 60% ~80% 集中在 6 ~9 月。2005 年全国总耕地面积为 18.31 亿亩，主要分布在东北、华北、西北以及长江中下游一带。华北、西北、东北地区，平原居多、土地肥沃、光热资源丰富，是我国重要的粮食产地。三北地区耕地面积约占全国耕地面积的 1/2，而水资源总量仅占全国水资源总量的 17%。黄淮海流域水资源量仅占全国水资源总量的 8.6%，水土资源严重失衡，亩均用水指标远低于我国平均水平。西北内陆地区不仅是我国重要的能源和粮食生产基地，而且也是今后我国经济发展的重点。由于西北内陆地区处于干旱半干旱气候区，尽管沃野千里，但存在着先天的水资源不足，水资源总量仅占全国水资源总量的 5.2% 左右，许多地区因干旱缺水，导致农业生产力急剧下降，严重威胁粮食安全和地区稳定。干旱缺水的现象在我国其他地区也普遍存在，据统计，20 世纪 90 年代以后，我国年均受旱面积近 4 亿亩，特别是近几年农作物受旱面积达 6 亿亩，因干旱影响粮食产量 500 亿 kg。我国南方地区水资源总量相对丰富，但土地资源相对较少。我国东南沿海地区水资源总量为 2 261.7 亿 m^3，约占全国水资源总量的 8%，相当于黄淮海流域水资源总量。西南地区水资源也比较丰富，但由于山区较多，水低田高，开发难度大，水资源利用率低，区域和季节性农业缺水问题比较普遍。

由于多年来采取传统的大水漫灌方式，我国 2/3 的灌溉面积灌水方法十分粗放，灌溉水利用率低。目前，我国农业用水的有效利用率仅为 45% 左右，远低于欧洲等发达国家水平。国际水资源管理所的研究表明，发展中国家地表水利用率平均为 30% 左右，发达国家地表水利用率高达 70% ~80%。我国地表水利用率约为 40%，黄河流域中游地区可达 60%。一般发展中国家地下水利用率比地表水利用率大约高 20%，而我国则高30% ~40%。就作物水分生产率而言，我国作物水分生产率同发展中国家相近，只相当于发达国家的 40%。作物水分生产率全国平均约 0.87 kg/m^3，接近发展中国家的平均水平；而发达国家可以达到 2 kg/m^3 以上，以色列已达到 2.32 kg/m^3[53]。

我国现代灌溉技术的应用程度是世界上最低的国家之一。现代灌溉技术是指喷灌、滴灌和微灌等。实践表明,采用现代灌溉技术可以使田间输水损失率降低到10%以下。据有关科研机构对16个国家(占全世界总灌溉面积的73.7%)灌溉状况的分析,以色列、德国、奥地利和塞浦路斯的现代灌溉技术应用面积占总灌溉面积的比例平均达61%以上,南非、法国和西班牙在31%~60%;美国、澳大利亚、埃及和意大利在11%~30%;中国、土耳其、印度、韩国和巴基斯坦在0~10%。我国目前喷灌、滴灌面积仅为80万 hm^2,占有效灌溉面积的1.5%。

我国水资源短缺严重,而工业化和城镇化速度的加快必然要求大幅度增加用水,农业由于用水比重和用水浪费共存的尴尬现象,一方面要给工业、生活和生态用水让路,另一方面还要保证自身灌溉用水的发展要求,严峻的用水现实对我国未来农业发展提出了新的挑战,决定了我国农业未来发展战略方向必须走节水高效的道路,采取有效的节水措施,加大节水力度,切实提高农业用水效率,实现有限水资源条件下的农业可持续发展。

第四节　农业节水

水资源短缺已成为严重制约我国国民经济可持续发展的瓶颈。农业作为我国第一用水大户,占全国总用水量的70%左右,但如此巨大的水量耗用背后却存在着严重的水资源浪费问题,不仅造成农业水资源供需矛盾突出,而且威胁到了我国国民经济的整体快速稳定发展。实施农业节水、发展节水农业不仅是建设现代农业自身的需求,更是我国建设节水型社会、促进水资源的可持续利用、保障经济社会可持续发展的战略要求。农业节水对提高用水效率、保证粮食安全和生态安全、实现农民增产增收、维护社会稳定、发展现代农业具有十分重要的现实意义。因此,必须加大对农业节水技术体系的研究,以科技创新促进产业发展,促进我国农业可持续发展。

目前,关于农业节水的概念众说纷纭,尚无一个统一明确的概念,但一般认为,农业节水就是在充分利用降水资源的基础上,通过各种技术、工程和管理等措施,在提高农业有效经济量产出的同时,最大限度地减少供水在农业用水过程中的损失,实现农业高效用水。归根结底,农业节水的目的就是以提高农业用水效率、增加农业产出为核心,确保水资源的良性循环,维持区域用水平衡,逐步减少农业用水总量,保证农业生产健康稳定发展。

农业节水的提出必然需要相应的技术工程体系作为支撑,目前在全世界范围内,各国都在依靠科技进步和体制创新加大对农业节水技术的研究,逐步将其应用于农业生产实践,取得了显著的成果,这对节水型农业的发展起到了巨大的推动作用。

一、传统农业节水措施

传统农业节水措施主要是指以输配水量节约为主的工程节水措施。具体包括渠道衬砌、管道输水、传统地面灌水技术的改进以及各种喷灌、微灌新灌水技术的实施[54, 55]。

渠道衬砌是我国应用较为普遍的一项工程节水措施,主要是减少农田灌溉过程中的输水损失。我国每年因渠道渗漏而损失的水量多达上千亿立方米,几乎占了我国农业总用水量的1/2。通过渠道衬砌可以有效减少农田输水系统的水量损失,提高田间入水效率。有资料表明,通过混凝土衬砌的渠道可减少渗漏量90%~95%以上,水量节约十分显著。渠道衬砌不仅能减少输水过程中的水量损失,而且提高了渠道的抗冲刷能力,便利了输水条件,提高了灌溉保证率;减少了对地下水的补给,防止土地次生盐碱化现象的发生;减少渠道淤积、防止杂草生长,节省维护费用。

管道输水是将灌溉水通过管道直接把水送到田间进行灌溉的工程。低压管道输水灌溉系统一般由水源、水泵及动力设备、进水装置、输水管道、出水装置及管件组成。管道输水具有如下特点:①节水节能,管道输水工程可有效减少渗漏损失和蒸发损失,输送水的有效利用率可达95%以上,且与土渠输水相比,井灌区管道输水可节能20%~30%;②省地省工,以管道代替渠道输水,一般能节地2%~4%,同时管道输水速度快,灌溉效率提高1倍,但用工减少1/2以上;③管理方便,有利于适时适量灌溉,能及时满足作物生长需水要求,促进增产增收;④成本低,易于推广,管道输水每亩成本在20~100元,且当年施工,当年见效,因此易于推广。

传统地面灌水技术的改进主要包括小畦"三改"灌水技术、长畦分段畦灌、波涌灌溉等。小畦"三改"灌水技术中的"三改"是指长畦改短畦、宽畦改窄畦、大畦改小畦。关键是使灌溉水在田间分布均匀,节约灌水时间,减少灌溉水的流失。长期分段畦灌是把一条长畦分为若干个设有横行畦埂的小畦,用塑料软管或者地面纵向输水沟将灌溉水送入畦内,自上而下或自下而上进行灌水的方法,它可比一般长畦灌溉节水40%~60%,田间畦埂少,省地省力,便于耕作,适合地广人稀、劳力不足、水资源缺乏的地区。波涌灌溉又称间歇灌溉和涌流灌溉,它是按一定周期间歇地向沟(畦)供水,使水流呈波涌状推进到沟(畦)末端,以湿润土壤的一种节水型地面灌水新技术,具有省时、省水、节能、灌水质量高等优点,并能基本解决长畦(沟)灌水难的问题,且可对传统地面灌水系统的供水方式作适当调整,因此所需设备少,投资显著低于喷灌、微灌及低压管道输水灌溉。涌流灌溉具有明显的节水效果,已有成果表明,涌流灌溉的节水率在30%~50%,随沟畦的增长而增加。

喷灌是利用专门的系统将水加压后送到喷灌地段,通过喷头将水喷洒到空中,并使水分散成小水滴后均匀地洒落在田间进行灌溉的一种灌溉方式。微灌是指根据作物生长需水要求,通过低压管道系统与安装在末级管道上的滴水器,将有压水变成细小的水流或水滴,把作物生长所需要的水分和养分输送到作物根区附近的灌水方法。喷灌和微灌都是新型的节水灌溉技术,与传统地面灌溉相比,具有节水节能、省地省工、操作性强、使用方便的特点。喷灌系统一般由水源工程、首部装置、输配水管道和喷头等组成,其中喷头是影响喷灌技术灌水质量的关键设备。滴灌系统由水源、首部枢纽、灌水器以及流量、压力控制部件和量测仪表等组成,灌水器是微灌设备中最关键的部件,多数由塑料材料注塑成型。

二、农业节水新技术

(一)农艺节水

农艺节水技术是通过采取各种耕作栽培措施和化学制剂调控农田水分状况,目的是减少无效蒸发,防止水土流失、改善土壤结构,提高作物产量和水分利用率。农艺节水措施主要包括地面覆盖、耕作改良、水肥耦合、抗旱品种选育等。

1. 地面覆盖

常见的地面覆盖主要是薄膜覆盖和秸秆覆盖,是将不透水薄膜或秸秆覆盖在田面上,可有效抑制土壤水分蒸发,不仅具有明显的蓄水保墒、提高地温、改善土壤、节水增产的作用,且实施技术简单,成本低廉,易于推广。实验表明,冬小麦和春玉米生育期秸秆覆盖使降水保蓄率比不覆盖时分别提高 24% 和 20%,农田冬闲期秸秆覆盖减少土壤蒸发 48%。

2. 耕作改良

耕作改良是通过各种耕作作业改善土壤耕层结构,蓄水保墒,增加养分供给,减少水分蒸发消耗,为作物生长发育提供一个良好的生态环境。耕作改良措施包括深松耕法和免耕少耕法等。深松耕法是只疏松土层而不反转土层的一种土壤耕作方式,该法实施后的土壤透气性好,蓄水保墒能力强。免耕少耕法是减少耕作次数或在一定年限内免除一切耕作,具有保持水土和抗旱增产的效果。免耕少耕法可使玉米增产 10% ~20%。

3. 水肥耦合

合理施肥是提高水分利用效率的重要途径。作物营养的基本问题是解决在有限的水资源条件下,合理施肥,培肥地力,充分发挥水肥协同效应和激励机制,提高水分利用效率和在不增加施肥量的条件下,获得最大经济效益。通过改变灌水方式、灌溉制度和作物根区的湿润方式达到有效调节根区水分养分的有效性和根系微生态系统的目的,从而最大限度地提高水分养分耦合的利用效率。

4. 抗旱品种选育

大量研究和实践证明,作物品种的水分利用效率由本身遗传特性、形态特征和生理过程所决定,并在环境条件和栽培措施的综合应用中得以体现,依次通过选用作物品种实现高效利用水资源,具有很大的潜力。目前,在抗旱节水作物品种选育方面,发达国家已选育出了一系列的抗旱、节水、优质的作物品种,如美国的棉花、加拿大的牧草等,这些品种不仅节水抗旱,而且稳定高产、品质优良。

5. 化学制剂

化学制剂节水技术的基本原理是利用化学制剂对水分的调控机能,抑制叶面蒸腾,增加蓄水,提高水分利用效率。目前,常用的化学制剂包括保水剂、抗蒸腾剂等。

(二) 生理节水

生理节水是将作物水分生理调控机制与作物高效用水技术紧密结合形成的新型节水技术,主要是指调亏灌溉、局部灌溉和控制性分根交替灌溉[56]。

1. 调亏灌溉

调亏灌溉是澳大利亚持续农业研究所 Tatura 中心 20 世纪 70 年代中期提出并研发的节水技术。它是根据作物的生理生化作用受到遗传特性或生长激素的影响,在其生长发育的某些时期施加一定的水分胁迫(有目的地使其有一定程度的缺水),即可影响作物的光合产物向不同的组织器官分配,提高所需收获的产量而舍弃营养器官的生长量和有机合成物质的总量。它是从作物生理角度出发,在一定时期主动施加一定程度的有益的亏水度,使作物经历有益的亏水锻炼后,达到既节水增产、改善农产品的品质,又可控制上部的旺长,实现矮化密植,减少剪枝等工作量的目的。国际上有关调亏灌溉的研究主要是针对果树和西红柿等蔬菜作物,对大田作物的研究较少。

2. 局部灌溉

局部灌溉是指根据作物需水要求，通过低压管道系统与安装在末端管道上的特殊灌水器将水和作物生长所需的养分用比较小的流量均匀准确地直接输向植物根末部，以湿润植物根部土壤为主要目标。与传统的地面灌溉和全面积喷灌相比，局部灌溉更为省水，其比地面灌溉省水 50% ~70%，比喷灌省水 15% ~20%。

3. 控制性分根交替灌溉

控制性分根交替灌溉是我国西北农林科技大学的科技人员提出的新概念，它与传统的概念不同。传统的灌水方法追求田间作物根系层的充分和均匀湿润，而控制性分根交替灌溉则强调利用作物水分胁迫时产生的根信号功能，即人为保持和控制根系活动层的土壤在垂直剖面或水平面的某个区域干燥，使作物根系始终有一部分生长在干燥或较干燥的土壤区域中，限制该部分的根系吸收水分，让其产生水分胁迫信号传递至叶气孔，形成最优气孔开度，减少作物奢侈的蒸腾耗水；另一部分根系区则保持湿润，维持作物正常吸水，保证作物产量。通过对不同区域根系进行交替干旱锻炼和其存在的补偿生产功能而刺激根系的生长，提高根系对水分和养分的利用率，最终达到不牺牲作物产量而大量节水的目的。

（三）管理节水

管理节水是指根据作物需水规律和生长发育特点，运用现代先进的管理技术和自动化管理系统对作物用水进行科学调控，最大限度地满足作物对水分的需求，实现区域效益最佳[57,58]。

建立农田土壤墒情检测预报模型，实时动态分析灌区内土壤墒情，在气象预报的基础上，进行实时灌溉预报，实现灌区动态配水计划，达到优化配置灌溉用水的目的。

开展灌区多种水源联合利用的研究，建立多水源优化配置的专家系统，提出不同水源组合条件下的优化灌溉与管理模式，合理利用和配置灌区地表水、地下水和土壤水，在最大限度满足作物生长需水的同时，达到改善农田生态环境的目的。

实现灌区用水的科学政策管理，其核心是制定合理的水价，建立适合灌区实际水情和民情的用水交互原则和相关条例，探索科学水市场的形成条件和机制，推动节水灌溉的规范化和法制化。

三、现代农业节水研究重点

节水型现代农业是一个涉及到多学科、多领域的复杂系统，前述各项节水技术措施确实对农业节水具有突出的贡献作用，但是它并不是农业节水内容的全部，随着新的农业节水问题不断产生和对节水研究的不断深入，农业节水重点已趋向于新的理论体系和研究方法。

（一）农业节水机理

长期以来，国内外始终把提高灌溉水及雨水利用率、作物水分生产效率和单方水产出效益作为农业节水高效利用研究的重点，在农田水分转化规律、水分养分传输动态模拟、作物需水规律与计算模型及抗旱节水机理等农田节水的基础研究方面取得了较大进展，对农业用水的高效利用起到了十分重要的作用。

农业用水从水源到作物吸收水分形成有机干物质主要经过三个过程：一是通过灌溉输配水系统，将水自水源引入田间；二是田间地表水入渗到土壤中，在土壤中再分配转化为土壤水，而后被作物吸收；三是作物吸收水分后通过光合作用将辐射能转化为化学能，最后形成有机物质碳水化合物。农业节水的目的就是有效地节约上述三个过程中的耗用水量，并提高水的转化和产出效率。在传统的农业节水认识中，往往是灌溉需水量的减少，主要集中在对输配水过程以及田间过程的研究，通过各种节水工程措施，减少水量损失，提高渠系水利用率和田间水利用率，达到节水高产的目的。随着节水农业研究的发展，人们从传统的输配水过程工程节水机理研究发展到生物节水机理研究、植物精量控制用水以及节水系统的科学管理等方面，提出限水灌溉、非充分灌溉与调亏灌溉等概念，这些概念的提出在一定程度上打破了对传统农业节水机理认识的局限，但并未明确真正的农业节水机制，直至2000年“真实节水”概念提出以后，农业节水机理才变得更为清晰。真实节水认为节水应节约产品中所消耗的不可回收量，消耗水量越少，单位产出越大，水资源利用越高效，因此应针对农业用水中的水资源消耗量，而不是单纯的用水量，减少三个用水过程中的无效消耗水量，提高作物水分利用效率，达到节水增产的目的[59,60]。今后应加强农业水资源消耗机理研究，注重农业用水的资源型水量消耗节约，对其进行相关理论研究和定量精细模拟分析。

（二）农业节水效应

农业节水是一个系统工程，是人类对区域水土资源的大规模改造活动。人类活动干扰下的水循环演变，改变了水资源的时空分布和循环转化过程。水资源的循环流动特性，决定了农业节水的开展不可避免地会对区域用水产生深刻影响，其中反应最为明显的就是生态系统。农业节水不是无止境的，大规模、高强度的农业节水措施的实施不仅需要耗费大量的人力、物力和财力，而且不合理的农业节水行为会引起区域生态环境恶化，或者影响其他产业部门和下游生产发展用水。尤其在干旱半干旱地区，这种影响更为明显，意义也更为深远。因此，应从现代变化环境下的区域水循环过程研究农业节水实施的深度和广度[61,62]，并从经济学范畴约束农业节水力度，将农业节水从微观范围提高到宏观区域研究层次上来，从单纯的农田水分循环与水平衡研究转向大区域，重视人类活动的影响，强调重视生态环境与水资源利用之间的协调关系；由过去对水循环过程中的单项研究向综合研究转变，并重视人类活动和水资源生态环境之间的可持续发展理念；强调应用空间尺度和时间尺度的观点来客观地分析发生在不同时空尺度上的变化及其之间的联系；这就迫切需要建立基于人类活动和自然界共同作用的区域/流域分布式水循环模型、农业节水经济、生态响应和社会响应与反馈的动态耦合机制等。

（三）农业节水潜力

农业节水潜力是指采取各种工程、行政、技术和管理措施以后，与未采取节水措施前相比，农业所具有的实际最大节水量，这是农业所能真正转移出去的水量。由于农业节水具有双重效应，一方面是节约了水的资源消耗量，且农业用水效率得到提高，但另一方面，由于农业节水引起的工程投资、生态效应和社会效应也不断扩大，二者相互矛盾，因此如何在农业节水实施过程中掌握一个度，保持二者之间的平衡关系，即所谓的农业最大节水潜力或节水阈值问题，这是摆在农业节水研究者面前一项重大的研究课题[63~66]。复杂的农业节水问题要求从系统的观点出发对其进行研究,研究人类节水农业活动带来的农业水资源循环转换关系,及由此引起的区域水资源变化,针对节水产生的各种后效性响应,通过对各类节水组合方案进行定量对比分析、专家决策,寻求科学合理的农业节水潜力。因此,应建立节水与农业、区域的水资源演变与转换机制,开展对农业节水经济—生态—社会复合响应机理及模型构建的研究。

(四)农业节水调控

农业节水调控的目的在于实现农业节水高效的同时,促进区域水资源的高效利用。通过研究人类活动对农业区域水循环的影响和作用机理,进行区域水资源利用方式的配置调控,寻求节水高效的水资源利用方式。在调控过程中,考虑水资源的多种功能属性,以变化环境下的水循环为调控平台,全面涵盖降水、地表水、土壤水和地下水的通量交换和转换方向,面向生态(包括人工生态和天然生态)、经济、社会和水资源进行全方位调控,达到在保证农业水资源最佳配置的同时,实现整个区域用水的优化配置和可持续利用。

思考题

8-1 分析一下水与农作物的关系。

8-2 什么是农业需水量和农业灌溉用水量?二者之间有何区别和联系?

8-3 农业取水方式有哪些?

8-4 灌溉渠系规划和田间工程规划的原则和内容是什么?应注意哪些问题?

8-5 农业用水量如何计算?应考虑哪些主要因素?如何考虑?

8-6 主要的农业节水措施包括哪些?

8-7 现代农业节水研究的重点和发展趋势是什么?

第九章　工业用水

水是工业的血液。水资源短缺直接影响工业产值和财政收入，影响国民经济发展的速度。在工业生产中，有的用水作为工作动力（如蒸汽机、水力发电），有的用水用来冷却机器和设备（如汽轮机、炼钢炉），有的用水作为原料和成品的洗涤剂（如焦化厂、煤制品，织印染厂），还有的用水调节生产车间的温度和湿度，以及用水做溶剂等。

本章专门介绍工业用水的相关知识，主要内容包括工业用水的概念、工业用水的途径、工业用水量计算以及我国工业用水状况介绍、工业节水的途径等。

第一节　工业用水的概念

工业用水是全球水资源利用的一个重要组成部分。工业用水取水量约为全球总取水量的 1/4。工业用水的组成十分复杂，用水量的多少取决于各类工业的生产方式、用水管理水平、设备水平和自然条件等，同时取决于各国的工业化水平。

20 世纪 50 年代至 80 年代初，发达国家工业生产迅猛发展，使得工业用水量经历了一段快速增长的过程。工业用水占总用水量的比例由 8% 迅速提高到 28% 左右。随着工业结构调整、技术进步、工业节水水平的提高，发达国家的工业用水量增长逐渐放缓，达到零增长，甚至出现负增长。日本工业用水量从 20 世纪 60 年代中期至 70 年代初以 44% 的速率猛增；70 年代中期趋于稳定；70 年代至 80 年代末，工业产值大幅度增长，淡水使用量却稳定变化，新鲜淡水补给量在逐年下降后，80 年代初呈现零增长状态，而工业用水回收利用率持续提高。

发展中国家由于工业基础相对薄弱，工业经济发展水平较低，用于工业的水量占总用水量的比例偏低，大多不到 10%，工业用水的增长仍具有一定的空间。用水浪费仍是发展中国家不可忽视的重要问题。

一、工业用水的含义

根据中华人民共和国城镇建设行业标准《工业用水分类及定义》（CJ 40—1999），工业用水指工、矿企业的各部门，在工业生产过程（或期间）中，制造、加工、冷却、空调、洗涤、锅炉等处使用的水及厂内职工生活用水的总称[67]。

工业用水是城市用水的一个重要组成部分。在城市用水中，工业用水所占比重较大，而且增长速度快，用水集中，现代工业生产尤其需要大量的水。工业生产大量用水，同样排放大量的工业废水，又是水体污染的主要污染源。世界性的用水危机首先在城市出现，而城市水源紧张主要是工业用水问题所造成的。因此，工业用水问题已引起各国的普遍重视，也是许多国家十分重视的研究课题。

水在工业生产中有多种用途，可作为传递热量的介质，也可以是工艺过程的溶剂、洗涤剂、吸收剂、萃取剂,还可用做生产原料或反应物质的反应介质。工业部门利用用水的热容量、热传导等水的物理、化学性质,从事正常生产。各项工艺需水特点不同,有的使用了水的部分有益性质,有的使用了全部有益性质。目前,没有哪个工业部门在没有水的情况下能得到发展,因此人们称“水是工业的血液”。一个城市工业用水的多少,不仅与工业发展的速度和水平有关,而且还与工业的结构、工业生产的水平、节约用水的程度、用水管理水平、供水条件和水资源的多寡及气候条件等因素有关。

二、工业用水的分类

现代工业用水系统庞大,用水环节多,工矿企业不但要大量用水,而且对供水水源、水压、水质、水温等有一定的要求[67]。

(一)按用水的作用分类

1. 生产用水

直接用于工业生产的水,称为生产用水。生产用水包括冷却水、工艺用水、锅炉用水。

2. 间接冷却水

在工业生产过程中,为保证生产设备能在正常温度下工作,用来吸收或转移生产设备的多余热量,所使用的冷却水(此冷却用水与被冷却介质之间由热交换器壁或设备隔开),称为间接冷却水。

3. 工艺用水

在工业生产中,用来制造、加工产品以及与制造、加工工艺过程有关的这部分用水,称为工艺用水。工艺用水中包括产品用水、洗涤用水、直接冷却水和其他工艺用水。

1)产品用水

在生产过程中,作为产品的生产原料的那部分水称为产品用水(此水或为产品的组成部分,或参加化学反应)。产品用水在生产过程中与原料或产品掺在一起,有的成为产品的组成部分,有的则为介质存在于生产过程之中,如食品、造纸、印染、化工、电镀等工业,都有产品用水。经过使用后,水中含有大量的杂质,成为工业生产中的废水,如不加以处理,任意排放,会造成水体的严重污染。对部分污废水应处理后回收利用,尽量不排放或少排放,或处理达到排放标准再排放,以免污染水体。

2)洗涤用水

在生产过程中,对原材料、物料、半成品进行洗涤处理的用水,称为洗涤用水。

3)直接冷却水

在生产过程中,为满足工艺过程需要,使产品或半成品冷却所用与之直接接触的冷却水(包括调温、调湿使用的直流喷雾水),称为直接冷却水。

4)其他工艺用水

产品用水、洗涤用水、直接冷却水之外的工艺用水,称为其他工艺用水。

4. 锅炉用水

为工艺或采暖、发电需要产汽的锅炉用水及锅炉水处理用水,统称为锅炉用水。锅炉用水包括锅炉给水、锅炉水处理用水。

1）锅炉给水

直接用于产生工业蒸汽进入锅炉的水，称为锅炉给水。锅炉给水由两部分水组成：一部分是回收由蒸汽冷却得到的冷凝水；另一部分是补充的软化水。

2）锅炉水处理用水

为锅炉制备软化水时所需要的再生、冲洗等项目用水，称为锅炉水处理用水。

5. 生活用水

厂区和车间内职工生活用水及其他用途的杂用水，统称为生活用水。

以上各类水之间的关系如图9-1所示。

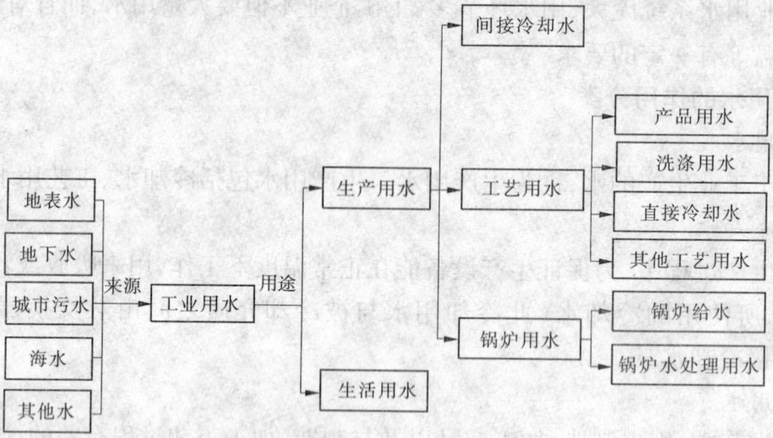

图9-1 各类用水之间的关系

（二）按用水的过程分类

1. 总用水

总用水是指工矿企业在生产过程中所需用的全部水量，包括空调、冷却、工艺用水和其他用水。在一定设备条件和生产工艺水平下，其总用水量基本是一个定值，可以通过测试计算确定。

2. 取用水

取用水（或称补充水）是指工矿企业取自不同水源（江河水、湖泊水或水库水、地下水、自来水或海水等）的总取水量。

3. 排放水

排放水是指经过工矿企业使用后，向外排放的水量。

4. 耗用水

耗用水是指工矿企业生产过程中耗掉的水量，包括蒸发、渗漏、工艺消耗和生活消耗的水量。

5. 重复用水

重复用水是指在工业生产过程中，二次以上的用水量。重复用水量包括循环用水水量和二次以上的用水量。

（三）按水源类型分类

工业生产过程所用全部淡水（或包括部分海水）的引取来源，称为工业用水水源。

1. 地表水

地表水包括陆地表面形成的径流及地表贮存的水(如江、河、湖、水库水等)。

2. 地下水

地下水包括地下径流或埋藏于地下的,经过提取可被利用的淡水(如潜水、承压水、岩溶水、裂隙水等)。

3. 自来水

自来水是指由城市给水管网系统供给的水。

4. 海水

沿海城市的一些工业用做冷却水水源或为其他目的所取的那部分海水(注:城市污水回用水与海水是水源的一部分,但目前对这两种水暂不考核,不计在取水量之内,只注明使用水量以作参考)。

5. 城市污水回用水

经过处理达到工业用水水质标准又回用到工业生产上来的那部分城市污水,称为城市污水回用水。

6. 其他水

有些企业根据本身的特定条件使用上述各种水以外的水作为取水水源,称为其他水。

三、我国工业用水的特点

(一)用水量大

目前,我国工业取水量约占全国总取水量的20%,随着城市化和工业化进程的加快,水资源供需矛盾将更加突出。

(二)大量工业废水直接排放是造成水污染的主要原因

根据2006年全国环境统计公报,全国废水排放总量为536.8亿t,其中,工业废水排放量240.2亿t,占废水排放总量的44.7%。因此,加强工业节水不仅可以缓解水资源供需矛盾,还可以减少废水排放,改善水环境。

(三)工业用水效率总体水平较低

2001年,我国万元工业产值取水量为90 t左右,为发达国家的3~7倍,工业用水重复利用率约52%,远低于发达国家80%的水平,与世界先进水平相比差距悬殊。国内地区间、行业间、企业间的差距也较大。如火电取水量占工业取水量的25%,水的重复利用率最高为97%,而最低的只有2.4%。再如石油化工行业,每加工1 t原油用水,世界先进水平为0.5 t,我国平均为2.4 t;生产1 t乙烯最先进的用水为1.58 t,达到了国际先进水平,但平均用水则为18.6 t,总体上与国外先进水平差距较大,工业节水潜力巨大。

(四)工业用水相对集中

我国工业用水主要集中在火电、纺织、石油化工、造纸、冶金等行业,约占工业取水量的45%。

第二节　工业用水的途径

一、供水水源

作为工业用水的水源,可供利用的有河水、湖水、海水、泉水、潜流水、深井水等,种类很多。选择水源时,必须充分考虑工厂生产性质、规模与需要用水的工艺等情况,根据建设投资和维护管理费用等情况,对水量、水质等问题进行研究,从中选择合适的供水水源。

水源的利用,首先必须考虑流量与水位、水温、水质等受地形、气象条件、人类活动等影响而发生的变化,以及取水对周围地区用户的影响等。

(一)河流取水

从水量方面来看,一般说河水水量比较丰富,而且比较可靠。但是,必须事先进行详细调查,确定其具有可靠的水量和水质。

从水质方面来看,河水在上游地区流速较快,自净作用较大,溶解盐类也少,水质较好。但是,到下游地区,由于有来自地面的污染,自净作用也降低了,所以浑浊度和有机物含量都随之增加。特别是在人口密度大的城市和工业地区周围,生活污水、工业废水、垃圾等的流入量越来越大,污染有增无减,河流本身早已丧失了自净作用,使河水作为用水的价值降低。

(二)水库(湖泊)取水

水库是以调节水量与水质为目的的,对河水、泉水等进行拦蓄,由于水库的蓄水作用,水库具备沉淀、稀释和其他自净作用。但另一方面,浮游生物、藻类等生物的繁殖机会增加,有时使水产生难闻的臭味,给以后的水处理带来不良影响。因此,水库(湖泊)蓄水作用既可能改善水质,也可能恶化水质。有益影响包括:①浑浊度、色度、二氧化硅等降低;②硬度、碱度不会发生急剧的变化;③降低水温;④截留沉淀物;⑤在枯水期蓄入排放的水,有可能稀释污水等。反之,不好的影响包括:①增加藻类繁殖;②在水库的深层溶解氧减少,二氧化碳增加;③在水库的底部,铁、锰和碱度增加;④由于蒸发或岩石矿物的分解,溶解固形物与硬度增加等。

水库的水越深,不同季节的水温、水质、生物的繁殖情况,在不同深度的变化就越大。详细调查这种变化,有利于从水库取到优质水。

(三)海水取水

在沿海地区,如果单纯依靠地下水作为水源,则在凿井和确保水量的供应方面会受到限制,因此可以取海水作为工业供水水源。

利用海水时要考虑的问题,原则上和一般工业用水基本一致,但在具体内容方面,利用海水作为水源有一些特殊性。

海水作为工业用水时,必须具备的条件可概括为以下几点:

(1)具有较高保证率的必需水量;

(2)水质良好(污染程度低,透明度良好),而且稳定;

(3)水温要经常满足使用要求;

(4)取水设备中造成危害的生物(贝类、浮游生物、藻类及其他细菌)的发生率要小;

(5)海水对金属的腐蚀性要比淡水大,所以必须采取防止腐蚀的措施;

(6)海底和海岸的地形要便于进行取水、配管等的施工;

(7)取水地点要选择在异常潮流、河水流入、台风等灾害少的地方;

(8)离河水入海位置较远,而且没有飘浮的垃圾和有害的工业废水;

(9)有关渔业和航道等水利问题少的地方。

以上所述的各项中,最主要的问题是以下 3 个方面:

(1)取水条件因取水地点周围的海水环境(地形、地质、水深等情况)而异。特别是在浅海地带,地基松软,海水中泥沙含量较高。因此,必须根据这种情况充分考虑取水设备的形式,或者考虑取水管的位置与结构。如果在附近进行取水,应设置沉沙池或其他排沙设备。

关于取水管的位置,首先,必须考虑的是管的上端必须低于离最大落潮水位至少 0.5 ~ 1.0 m 的深处,以免吸入飘浮在海面上的垃圾。其次,为了不会大量搅动海底的泥沙,管的下端至少必须距海底 0.5 m。海岸浅而远时,必须把取水管的末端部分用混凝土进行加固,而且要进行大范围的疏浚工作。

(2)关于海水的温度问题。在有 10 m 左右水深的内湾处,一般在 5 m 深左右的地方有一个温水层与冷水层的分界线,这个分界线的深度由船舶的移动、风、潮汐等条件决定。因此,如果把取水口的上端设在这两个水温层的分界线以下 1 ~ 2 m 处,设计成以平均流速为 10 cm/s 取水的结构,则可防止上层温水的混入。

(3)海水中存在鱼类及贝类的卵、小鱼、浮游生物、藻类等生物,其中贝类、藻类等附着性生物的孢子或卵进入机械设备的冷却水系统后,附着在机器上生长,则可能引起机械设备故障。

(四)地下水

利用地下水作为工业用水的水源时,因为其使用目的决定了全年都处于连续工作状态,所以设计、施工都必须在充分计划、研究的基础上进行,而且还必须进行严格的管理。

地下水是在含水层中处于饱和状态的水,因重力作用而流动,不仅水质明显地受岩层性质和地下环境等的影响,其水量也由地形、地质及其构造所决定。因此,在确定凿井地点以前应进行水文地质方面的调查。

使用井水则存在水质异变的问题,特别是在沿海平原地区,常会发生地下水盐化问题,因此对于它的管理必须充分注意。

二、工业供水系统

工业供水系统包括取水工程、输水工程、水处理工程和配水工程 4 个部分。取用地下水多用管井、大口井、辐射井和渗渠。取用地表水可修建固定式取水建筑物,也可采用活动的浮船式取水建筑物和缆车式取水建筑物。水由取水建筑物经输水管道送入实施水处理的水厂。水处理过程包括澄清、消毒、除臭和除味、软化等环节。对于工业循环用水常进行冷却,对于海水和咸水还需淡化和除盐。经过处理后,合乎水质标准要求的水经配水管网送往工业用户。

工业供水系统可以是单一的仅供工业使用的供水系统，也可以是由混合供水系统分配给工业，形成工业供水分支系统。另外，为了节水，工业供水常采用循环供水方式。循环供水是将使用过的水经适当处理后，重新使用[68]。

三、工业循环水系统

随着经济的发展，工业用水量日益增大。在大量的工业用水中，一部分使用过的水经冷却、处理后，又回到供水系统中，再次被利用，这就是工业循环水系统。在用水日益紧张的形势下，使用循环水系统是必要的，也是节水型社会建设的需要。

许多工业生产中都直接或间接使用水作为冷却介质，因为水具有使用方便、日容量大、便于管道输送和化学稳定性好等特点。据估计，工业生产中70%～80%的用水是冷却水。工业冷却用水中70%～80%是间接冷却水。间接冷却水在生产过程中作为热量的载体，不与被冷却的物料直接接触，使用后一般除水温升高外，较少受到污染，不需要较复杂的净化处理或者无需净化处理，经冷却降温后即可重新使用。因此，实现冷却水的循环利用是工业循环水系统的重要工作。

在循环冷却水系统中，冷却水被反复多次使用。水经换热设备后温度升高，由冷却塔或其他冷却设备将水温降下来，再由泵将水送至冷却系统中重复使用，这样就大大提高了水的重复利用率，节约了大量工业用水。根据生产工艺要求、水冷却方式和循环水的散热方式，循环冷却水系统可分为密闭式和敞开式两种。

在密闭式循环冷却水系统中，冷却水通过换热器冷却工艺热介质，在换热过程中冷却水温度升高成为热水，热水在另一台设备——二次冷却器中通过和空气或水间接接触而冷却，冷却后的水温度降低，再循环使用。在循环过程中，冷却水不暴露于空气中，没有蒸发、风吹飞溅和浓缩的问题，所以水量基本不消耗，补充水量很少，水中各种矿物质和离子含量一般不会发生变化。这种系统的水质处理比较简单，维护容易，而且补充水量极少，有利于水资源的节约。但是系统中的冷却水不存在蒸发冷却过程，只靠传导散热，冷却效率很低，循环系统的基建造价和能耗高，一般用于发电机、内燃机或有特殊要求的单台换热设备。

在敞开式循环冷却水系统中，一方面，循环水带走物料、工艺介质、装置或热交换设备所散发的热量；另一方面，升温后的循环水通过冷却构筑物时与空气直接接触得以冷却，然后再循环使用。敞开式循环冷却水系统与直流式冷却水系统相比，补充的新鲜水一般只是直流用水量的10%左右，可节约大量冷却水，排污水量也相应减少，是目前应用最广泛的一种循环冷却水系统。根据循环水同被冷却物料、工艺介质或装置是否有接触，敞开式循环冷却水系统可分为清循环、污循环和集尘循环3种类型。

冷却构筑物是指用来降低水温的设施。对于敞开式循环冷却水系统，冷却构筑物包括冷却池和冷却塔。其中，冷却池又可分为天然冷却池和喷水冷却池2种[68]。

四、工业废水处理系统

(一)工业废水类型

在工业生产过程中，一般要排出一定量的废水，包括工艺过程用水、机器设备冷却水、烟气洗涤水、设备和场地清洗水等。这些废水都有一定危害，在一定的条件下会造成环境污染。

工业废水按所含的主要污染物质，通常分为有机废水、无机废水、兼含有机物和无机物的混合废水、重金属废水、含放射性物质的废水和仅受热污染的冷却废水。按产生废水的工业部门，可分为造纸废水、制革废水、农药废水、电镀废水、电厂废水、矿山废水等。

工业废水的水质因工业部门、生产工艺和生产方式的不同而有很大差别。如电厂、矿山等部门的废水主要含有无机物；而造纸和食品等工业部门的废水，有机物含量很高；造纸、电镀、冶金废水常含有大量的重金属。此外，除间接冷却水外，工业废水中都含有多种与原材料有关的物质。因此，工业废水处理比较复杂，需要针对具体情况，设计有针对性的废水处理工艺。

（二）工业废水处理方法概述

工业废水处理的过程是将废水中所含的各种污染物与水分离或加以分解并使其净化的过程。废水处理法大致可分为物理处理法、化学处理法、物理化学处理法和生物处理法。

（1）物理处理法，可分为调节、离心分离、沉淀、除油、过滤等方法。

（2）化学处理法，可分为中和、化学沉淀、氧化还原等方法。

（3）物理化学处理法，可分为混凝、气浮、吸附、离子交换、膜分离等方法。

（4）生物处理法，可分为好氧生物处理法和厌氧生物处理法。

而究竟选用何种方法需根据废水中污染物的类型和状态具体分析和确定[68]。

第三节　工业用水量计算及我国工业用水状况

一、工业用水量

（一）工业用水量分类

按用水方式划分，工业用水量可分为用水量（总用水量）、循环水量、回用水量、重复利用水量、耗水量、排水量、取水量（或新水量）、漏失水量、补充水量等9种（见表9-1）。单位通常为体积单位（m^3），考察的时段较短时，也可用流量单位表示，如 m^3/s、m^3/h 或 m^3/d 等。

表9-1　工业用水量分类基本情况

序号	用水量分类名称	符号	定义	备注
1	用水量（总用水量）	Q_t	一定期间内某用水系统所需的用（总）水量	包括补充水量与重复利用水量
2	循环水量	Q_{cy}	一定期间内某用水系统中循环用于同一用水过程的水量	亦称循环利用水量
3	回用水量	Q_s	一定期间内被用过的水量适当处理后再用于系统内部或外部其他用水过程的水量	包括第一次使用后被循环利用的水量（串用水量）

续表 9-1

序号	用水量分类名称	符号	定义	备注
4	重复利用水量	Q_r	同一用水系统中的循环水量与回用水量	亦称重复水量
5	耗水量	Q_c	一定期间内某工业用水系统在生产过程中,由蒸发、吹散、直接进入产品、污泥等带走所消耗的水量	
6	排水量	Q_d	一定期间内某用水系统排放出系统之外的水量	包括生产与生活排水量
7	取水量	Q_f	一定期间内某用水系统利用的新鲜水量	
8	漏水量	Q_l	包括漏失在内的全部未计量水量	
9	补充水量	Q_w	一定期间内用水系统取得的新水量与来自系统外的回用水量	

(二)各种水量间的关系

工业用水量是工业用水系统在一定时段内用水过程中发生的水量。从上述各种用水量定义可见,它们之间存在着必然的联系,同一用水系统各水量之间关系如图 9-2 所示。

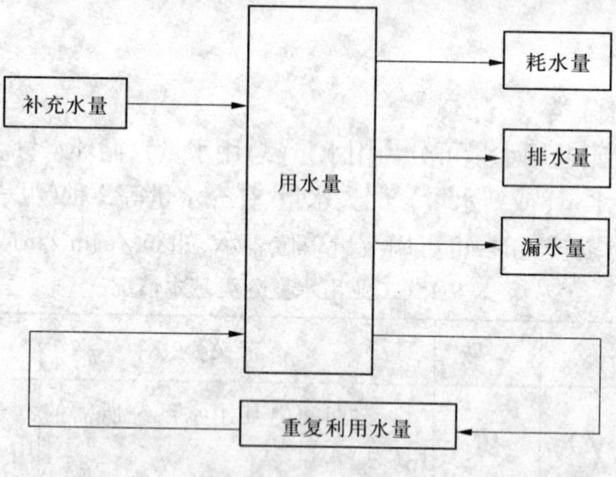

图 9-2　同一用水系统各水量之间的关系

(1)总用水量 Q_t 等于补充水量 Q_w 与重复利用水量 Q_r 之和,而补充水量包括取水量 Q_f 和系统外的回用水量 Q'_s。即

$$Q_t = Q_w + Q_r \quad 或 \quad Q_t = Q_f + Q'_s + Q_r \tag{9-1}$$

从水量平衡角度考虑,总用水量也等于耗水量 Q_c、排水量 Q_d、漏水量 Q_l 与重复利用水量 Q_r 之和,即

$$Q_t = Q_c + Q_d + Q_l + Q_r \tag{9-2}$$

(2)重复利用水量 Q_r 等于同一用水系统中的循环水量 Q_{cy} 与回用水量 Q_s 之和，即

$$Q_r = Q_{cy} + Q_s \tag{9-3}$$

(3)取水量等于耗水量、排水量、漏水量之和减去系统外的回用水量，即

$$Q_f = Q_c + Q_d + Q_l - Q'_s \tag{9-4}$$

当无系统外回用水时，取水量等于耗水量、排水量、漏水量之和，即

$$Q_f = Q_c + Q_d + Q_l \tag{9-5}$$

二、工业用水量的分析计算

关于工业用水量的计算，一般有两种途径：一是直接计算法，即根据工业用水量统计计算得到，因为工业用水一般都有比较完善的供水系统，可以控制和核算用水量大小；二是根据定额估算，即根据当地统计分析，获得万元工业增加值用水量经验数据，再由当年工业增加值计算工业用水量。设万元工业增加值用水量为 Q_{Ih} m^3/万元，当年工业增加值为 Y_I 万元，则工业用水量 IW 为

$$IW = Q_{Ih}Y_I \tag{9-6}$$

定额估算方法是一种间接估算，其关键是要通过统计得到比较准确的万元工业增加值用水量的经验数据，这是计算的基础。在目前统计资料不太完善的情况下，万元工业增加值用水量数据在不同地区也有比较大差异。比如，2005 年我国平均万元工业增加值用水量为 169 m^3/万元，而某些发达国家平均已经达到 100 m^3/万元。当然我国国内也有高、有低，有些城市万元工业增加值用水量已经很小，比如天津万元工业增加值用水量为 24 m^3/万元，北京为 38 m^3/万元[1]。

三、我国工业用水的状况

随着我国经济建设的不断推进，全国工业用水量一直逐年增加。2006 年全国总用水量 5 795 亿 m^3，工业用水量占 23.2%。与 2005 年比较，全国总用水量增加 162 亿 m^3，工业用水量增加 59 亿 m^3（其中火电用水量增加 21 亿 m^3）。但是，工业用水设施总体落后，全国工业用水重复利用率与部分发达国家的 90% 相比，尚存在较大差距，万元工业增加值用水量为发达国家的 5 ~ 10 倍，主要工业的行业用水水平平均明显低于发达国家。因此，我国工业用水还有较大的节水潜力，用水水平亟待提高。

同时，我国工业废水处理率和处理程度低，带来的污染危害严重。2006 年全国废污水排放总量 731 亿 t，其中工业废水占 2/3。工业废水中又有 30% 的废水未经任何处理就直接排入江河，致使我国 1/3 以上的河段受到污染，90% 以上的城市水域污染严重，50% 以上的城市地下水受到污染，约 50% 的城市供水水源达不到卫生饮用水标准，不少城市河段鱼虾绝迹，部分湖泊的富营养化问题日趋严重。

第四节　工业节水

一、工业节水指标体系

工业用水量是全社会用水量的重要组成部分，因此工业节水指标体系是节水指标体系的重要组成部分，是从工业节水的侧面考核城市节约用水水平的指标体系。其指标体系的建立、考核指标的形成以及节水水平评判等基本原理具有城市节水指标的共性，但工业节水指标以具体的工业用水系统为对象，从微观上考察用水与节水过程，节水指标又具有特殊性。

工业节水指标体系由工业用水率度指标和工业节水水量组成。其中用水率度指标包括新水利用系数、工业用水循环利用率、水的损耗率、循环比、回用率、重复利用率、比差率等；节水水量指标一般由万元工业产值取水量、工业用水定额组成。

（一）工业用水率度指标

1. 新水利用系数

新水利用系数 K_f 是指用水系统新水量 Q_f 与排水量 Q_d 之差与新水量的比值。计算公式为

$$K_f = \frac{Q_f - Q_d}{Q_f} \tag{9-7}$$

2. 工业用水循环利用率

工业用水循环利用率 R_{cy} 是指一定期间循环水系统中循环水量 Q_{cy} 所占的比例。计算公式为

$$R_{cy} = \frac{Q_{cy}}{Q_{cy} + Q_f} \times 100\% \tag{9-8}$$

上式中 Q_f 表示循环系统中的新水量。工业用水循环利用率反映循环水系统水被循环利用的效率，但它的大小受总用水量的影响很大，加之不同工业行业因用水性质不同导致可循环利用的程度不同，因此该指标并不能完全反映同类工业企业，尤其是不同类型工业企业的用水和节水水平。但是，提高工业用水的重复利用率是工业节水的重要途径之一，通过提高重复利用率，可以减少工业企业取水量，并减少工业企业的外排水量。

3. 水的损耗率

水的损耗率 R_l 是指循环水系统中耗水量 Q_c 与漏失水量 Q_l 所占的比例。计算公式为

$$R_l = \frac{Q_c + Q_l}{Q_{cy} + Q_f} \times 100\% \tag{9-9}$$

4. 循环比

循环比 P_{cy} 是指用水系统总用水量 Q_t 与新水量 Q_f 的比值，反映了新水的循环利用次数。计算公式为

$$P_{cy} = \frac{Q_t}{Q_f} \tag{9-10}$$

5. 回用率

回用率 R_s 是指用水系统循环水量 Q_{cy} 为零时系统内部回用水量 Q_{sl} 所占的比例，计算公式为

$$R_s = \frac{Q_{sl}}{Q_{sl} + Q_f} \times 100\% \tag{9-11}$$

6. 重复利用率

重复利用率 R_r 是指重复利用水量 Q_r 占用水系统中总用水量的比例，反映同时具有循环用水与回用水系统中水的有效程度。计算公式为

$$R_r = \frac{Q_r}{Q_t} \times 100\%$$

由于 $Q_t = Q_r + Q_w, Q_r = Q_{cy} + Q_{sl}$，则上式可改写为

$$R_r = \frac{Q_r}{Q_r + Q_w} \times 100\%$$

$$R_r = \frac{Q_{cy} + Q_{sl}}{Q_{cy} + Q_{sl} + Q_w} \times 100\%$$

当无系统外部回用水时，$Q_f = Q_w$，于是有

$$R_r = \frac{Q_r}{Q_r + Q_f} = \frac{Q_{cy} + Q_{sl}}{Q_{cy} + Q_{sl} + Q_f} \times 100\% \tag{9-12}$$

7. 比差率

比差率 R_v 是指工业的实际取水量 V'_f 与该城市工业的对比取水量 V''_f 之比。计算公式为

$$R_v = \frac{V'_f}{V''_f} \tag{9-13}$$

其中城市工业的对比取水量是在进行比较的范围内按各工业行业平均万元产值取水量计算的工业平均取水量，即

$$V''_f = \sum_{i=1}^{n} C_i V_{fi} \tag{9-14}$$

式中　V_{fi}——比较范围内第 i 个工业行业的平均万元产值取水量，m^3/万元；

C_i——城市第 i 个工业行业的产值，万元；

n——比较范围内的工业行业数。

R_v 值大于 1 时，说明该城市的实际工业万元产值取水量高于比较范围内的工业万元产值取水量的平均水平，其节水水平低于相应范围内的平均节水水平。该指标消除了城市间不同工业结构对万元工业产值取水量的影响，克服了万元工业产值取水量指标这方面的缺点，是进行城市间横向比较的工业节水指标。

(二)工业节水水量指标

1. 万元工业产值取水量

万元工业产值取水量是指报告期内工业取水量与工业产值之比。计算公式为

$$V_v = \frac{V_f}{C} \tag{9-15}$$

式中　V_v——万元工业取水量，m^3/万元；

V_f——报告期内同一范围的工业取水量，m^3；

C——相应的工业产值，万元。

该指标反映水资源投入与产出的关系，是一项绝对的综合经济效果的水量指标，它反映了工业用水的宏观水平。可针对工业行业的节水水平评价，同时可从宏观上评价城市、国家等大范围的节水水平，可作为城市尤其是同行业工业企业之间用水（节水）水平的粗略比较。但万元工业产值取水量受产品结构、产业结构、产品价格、工业产值计算、产品加工深度等因素的影响很大，作为横向比较的指标时应注意限制条件。

2. 工业用水定额

工业用水定额，特别是企业用水基础定额和行业用水定额是一种绝对的经济效果指标，因此它是衡量企业内部、地区、工业行业与企业用水（节水）水平的主要考核指标，是进行工业用水（节水）水平横向、纵向比较的统一尺度，其可比性、指导性强。

目前，我国企业用水定额主要限于工业企业内部。制定具有对比性和指导性的行业用水定额，需要有良好的节水工作基础、足够大的样本容量，而且影响因素多、工作情况复杂、工作量大、工作周期较长，因此是今后工业节水管理的努力方向[20]。

二、工业节水措施

工业用水占城市用水总量的大多数，工业供水量的不足往往影响着产品的结构，影响到企业的发展。解决这些问题的有效途径是“开源节流”。在目前我国城市水资源严重短缺的形势下，解决好“节流”，即有效地开展工业节水工作，不仅能够保证企业正常的生产用水，而且可减少城市水资源的开发，并能有效地减少工业废水的排放量，减轻废水对环境的污染，因此它是维持城市可持续发展的重要途径。

自20世纪80年代以来，我国已大力推行城市节约用水工作，各城市以工业企业节水为重点，制定了与生产过程用水紧密联系的一系列节水措施，并在实践中逐步形成了一定的经验。但在工业产品品种繁多、用水过程较为复杂、生产技术落后、设备陈旧的情况下，节水效果会受到一定影响。因此，有效的工业节水措施应以改进生产工艺为基础，以强化节水技术为手段，以落实行政法制管理为保证。具体节水措施有以下几方面的内容。

（一）调整产品结构，改进生产工艺，建立节水型工业

生产过程所需的用水量是由产品和生产工艺决定的。对于本身耗水量较大的产品的新建项目应充分论证与当地水资源及可供水量的协调关系。对已建的项目要根据可供水量调整结构。但是，单靠调整产品结构达到节约用水的目的往往是被动的，从经济效益考虑，这种措施有时是难以实现的。

改进生产工艺，利用先进的生产工艺降低生产用水是较容易被企业接受的节水措施。但生产工艺的改进往往会导致原材料、操作、设备等方面的较大变动，牵涉面较大，因此必须结合原、辅材料的供应，产品的数量和质量的支持。目前，较常见的工艺改进包括生产主要过程中少用水或无水生产、顺流洗涤改为逆流洗涤、直接冷却改为间接冷却、水冷却改为非水冷却等。

（二）强化节水技术、开发节水设备，努力降低节水设施投资

先进的节水技术往往是进行产品结构调整、生产工艺改进的前提，而先进的节水技术须通过生产工艺，并借助一些辅助系统得以体现。

循环系统是提高水的重复利用率必备的系统，借助循环系统可将使用过的水经过适当处理后重新用于同一生产用水过程。如循环冷却水系统，大部分间接冷却水使用后除水温升高外，较少受到污染，一般不需要较复杂的净化处理，经冷却后即可重新使用。由于水的循环重复使用，可有效地减少新水量或补充水量，达到了高效的节水目的。

回用水系统是将使用后的排水量经处理达到生产过程的水质要求后，再用于生产过程的系统。根据回用水的来源可将其分为系统内回用水和系统外回用水。排出水的回用，不仅增加了用水系统的部分供水量，而且减少了工业废水的排放量，减轻了废水对周围环境的污染。

循环用水系统是一水多用的系统。它基于生产工艺各环节具有不同的用水水质标准，因而可利用某些环节的排水作为另一些环节的供水原理形成的节水技术。该系统可极大地提高水的利用率。

此外，海水淡化技术可将海水的水盐分离、淡化海水，作为工业新水量直接供给用水系统。海水代用技术可用海水代替淡水用于冷却系统、除尘、火力发电厂除灰系统、海产品洗涤，以及纺织、印染工厂的煮染、漂白、染色、漂洗等生产工艺用水等。海水的利用，减轻了对城市淡水资源的依赖，从"开源"的途径实现了"节流"。

上述工业用水系统和辅助用水系统若要实现节水，都需要选用适当的专用先进设备和器具；因此，要不断地研制和开发新的配套节水设备，同时要实现节水设备的经济化，使配套的节水系统产生良好的经济效益，只有这样才能调动企业的节水积极性，推动工业节水的管理工作。

（三）加强企业用水行政管理，逐步实现节水的法制化

有效的节水管理是实现工业节水目标的根本保证。要设立专门的、代表政府行政的节水管理机构，并建立必要的用水管理制度，以便用水（节水）考核和进行必要的奖惩。要制定切合实际的用水定额和其他行之有效的节水考核指标体系，努力实现用水（节水）的科学化管理。

节水工作与企业的切身利益密切相关。为提高节水效率，企业往往需投入大量的资金配套节水设施和改进工艺。在目前我国水价严重失真的情况下，企业对节水工作不可避免地普遍存在着消极态度。因此，需要依法促进企业节水，加强企业用水行政管理，真正做到依法行政。只有这样才能推动工业节水事业的健康发展，实现城市的可持续发展战略。

（四）提高工业生产规模，发挥规模经济效应

目前，我国几乎所有工业行业都为企业小而多、工艺技术与管理落后、生产低效高耗等问题所困扰。在用水（节水）方面，不同行业中单位产品取水量或万元产值取水量先进与落后的指标值相差数倍。主要原因是小企业的经济实力限制了其产品结构调整、工艺节水改革的实现，从而无法进入节水指标先进的行列。通过企业自身改革、联合或重组等形式形成规模生产，不仅可有效地实现企业资源的合理配置，而且可为生产过程的优化创

造良好的条件，从而实现低耗（包括耗水、耗能及原料等）高效的生产，提高企业的市场竞争力，同时也会促进企业节水目标的实现。

三、工业节水的目标和任务

我国政府十分重视工业节水工作，在《节水型社会建设"十一五"规划》中明确提出，到2010年，单位工业增加值用水量低于115 m^3，比2005年降低30%以上；高用水行业主要产品单位用水量指标总体达到或接近20世纪90年代初期国际先进水平，其中大型企业达到21世纪初国际先进水平。

同时，在国家发展和改革委员会、水利部、建设部颁发的《关于加强工业节水工作的意见》中要求，为强化工业节水，须做好以下工作：

（1）各地区和有关部门要高度重视工业节水工作。各地经济贸易委员会要在当地政府的统一领导下，会同有关部门，切实做好这项工作。部分缺水地区要加大工作力度，结合实际，制定高于全国工业节水总体目标的指标。

（2）各地区和有关部门要根据本地区、本行业的特点，组织开展工业节水专项研究，编制地区、行业的工业节水中长期规划及节水技术导则，组织修订工业用水定额。

（3）各地区和有关部门要根据国家、地方和行业的节水规划及工业用水定额的要求，对高耗水、高污染行业的重点企业进行监督和考核，促进企业落实节水措施，全面提高工业用水效率。

（4）要以创建节水型工业企业为目标，积极开展企业节约用水活动。各工业企业特别是高耗水企业要根据国家、地方及行业节水规划制定企业节水计划、节水目标，并采取行之有效的节水措施。通过加强管理，挖掘节水潜力，适时开展水平衡测试，减少"跑、冒、滴、漏"。

（5）各地区和有关部门及各工业企业，要广泛深入地宣传工业节水的方针政策和对可持续发展的重要意义。及时总结和推广节水企业的先进经验，按照行业和企业特点因地制宜地开展节水管理和节水技术交流活动，提高企业节水的技术水平和管理水平。

思考题

9-1　简述我国工业用水的特点。

9-2　简述工业用水量的分析计算方法。

9-3　简述工业节水的途径和措施。

第十章　生态用水

对于生态系统来说，水是最敏感的因素之一。当前出现的各类环境问题都直接或间接与水有关，可以说水是决定一个地区生态系统健康状况好坏和环境质量优劣的关键性因素，因此保护生态系统，首先要考虑生态用水问题，即维持生态系统健康发展需要用多少水。本章将介绍有关生态用水的概念、分类、用水途径、计算方法和保障措施等相关知识。

第一节　生态用水的概念

一、生态系统

（一）生态系统的定义

生态系统一词由英国生态学家坦斯莱（A. G. Tansley）于1935年首次提出，他认为“在生物群落的基础上加上非生物成分（如阳光、土壤、各种有机或无机物质等），就构成了生态系统”。根据坦斯莱的观点，生态系统是在一定时间和空间内，由生物成分和非生物成分组成的生态学功能单位；各组成要素之间通过物质循环和能量流动相互作用、相互依存，并形成具有自身调节功能的复合体。

人类所居住的地球也是由无数个大大小小的生态系统所组成的复合系统，大至整个生物圈、整个海洋、整个陆地，小到一个池塘、一片草地都可以看作是一个开放的生态系统。一个大尺度的复杂生态系统由若干个中等尺度的生态系统所构成，而中等尺度的生态系统又由若干个小尺度的生态系统所构成，各类系统层层嵌套、相互作用并组成一个整体，从而形成了人类现在生活的自然景观。生态系统概念的提出，为研究生物与其生存环境之间的关系提供了新视点，生态系统逐渐成为研究生物和环境相互关系的基础。

通常生态系统指的是自然生态系统，然而由于当今人类活动几乎遍及世界的每个角落，纯粹的自然生态系统已经很少了。生态学研究的大部分生态系统是半人工、半自然的生态系统（如农业生态系统），甚至完全是人工建造的生态系统（如城市生态系统）。但是，生态系统要维持稳定，一般都需遵守自然生态系统的基本规律，如能量流和物质流的维持、调控、平衡等。

（二）生态系统的结构特征

生态系统由生物成分和非生物成分两部分组成，如图10-1所示。其中，生物成分由各种各样活着的有机体组成；非生物成分由水、大气、热、能量、营养物质和其他生命必需的物质组成。非生物成分构成生物生存必需的场所和空间，并为生物提供物质和能量。离开了非生物环境，生物将难以生存。

1. 生物成分

生物成分是生态系统中的重要组成部分。根据其在生态系统中的作用和位置，生物成分可以分为生产者、消费者和分解者三部分。

生产者也称做初级生产者，主要是指绿色植物，此外还有光合细菌和蓝藻等自养生物。绿色植物能在光合作用下吸收空气中的二氧化碳和水分，通过光合作用将二者转变为碳水化合物，并释放出氧气；光合细菌和蓝藻等自养生物也可利用某些物质在化学变化过程中产生的能量合成有机物。生产者是整个生物成分的基础部分，在能量转换和物质循环中起着最重要的作用。

- 生态系统
  - 生物成分
    - 生产者
      - 绿色植物
      - 光合细菌及自养生物
    - 消费者
      - 初级消费者：草食动物
      - 次级消费者：肉食动物
      - 三级消费者：大型肉食动物
    - 分解者：微生物、小型动物
  - 非生物成分
    - 温度、阳光
    - 土壤
    - 水、二氧化碳、氧
    - 有机物等

图 10-1　生态系统的结构[69]

消费者是那些以其他生命体或者它们的产物为食物以获得能量的生命体。消费者是不能用无机物质制造有机物质的一类生物，它们只能直接或间接地从植物所制造的有机物质中获得营养物质和能量。根据食性的不同，消费者可以分为：一级（或初级）消费者，如草食动物；二级（次级）消费者，如以草食动物为食的捕食性动物；三级消费者是以上述次级消费者为食的生物。消费者都是依靠生产者来获取能量的，它们也是生态系统中重要的一环。

分解者指那些以腐烂的有机物质为食物的生物体，是异养生物。最主要的分解者是真菌和细菌。分解者把动物、植物的有机分子分解还原为较简单的化合物和单质，并把这些简单的化合物和单质释放到环境中去，供生产者再利用。如果没有分解者的分解作用，生态系统中的物质循环就会停止，所以分解者是生态系统中不可缺少的组成部分。

2. 非生物成分

由非生物成分组成的、生物生存所必需的空间和场所称为非生物环境，又叫无机环境，它包括整个生态系统运转所需要的能源、热量等气候因子，生物生长的基质和介质，生物生长代谢的原料 3 个部分。太阳能为整个生态系统提供了绝大部分的能源，它提供生物生长发育所必需的热量。气候因子包括风、温度和湿度等；生长的基质和介质主要是土壤、空气、水、岩石和砂砾，这些物质构成了生物生长活动的场所和空间；水、二氧化碳、氧气和无机盐类以及生物生长需要的其他营养物质构成了生物生长代谢的原料[69]。

（三）生态系统的功能

1. 净化空气

森林生态系统对大气的净化作用表现在 3 个方面：①维持二氧化碳与氧气的平衡。在人类密集区空气中的二氧化碳含量可高达 0.2%，直接危害到人体健康，森林作为氧气的直接供应源，通过光合作用维持空气中二氧化碳和氧气的平衡。②减轻大气污染。森林能够大量地吸收空气中的有毒气体和细菌，对某座城市的调查研究显示，城市中心的空气含菌量可为该市居民区的309.94%，而林区的空气含菌量仅为3.35%。③减缓风速、吸收粉尘。强风穿过10～20 km^2 的林区后风速可降低50%。此外，树木庞大的叶面、柔毛和粗糙的干皮还可吸附大量的飘尘，净化城市空气[70]。据调查，一株成熟的树木每年可吸附约25 kg颗粒物；美国吐克逊市所种植的50万株树木每年可减少大气悬浮颗粒物6 500 t，全市森林减少颗粒物的潜在经济价值达150万美元。

2. 调节气候

湖泊、湿地等水生态系统可影响局部小气候，如沼泽湿地的植物蒸腾作用大于水面蒸发1～2倍多，强烈的蒸腾和蒸发作用可保持当地空气中的湿度；在有森林的地区，大量的降水通过树木被蒸腾和转移，返回到大气中，然后又以降水的形式降落到周围的地区；沼泽及附近地区产生的晨雾可减少土壤水分的丧失。新疆博斯腾湖及其周围沼泽总面积为1 410 km^2，湖沼系统通过水平方向热量和水分交换，使其周围地区气候比其他干旱区略温和湿润，如邻近博斯腾湖的和硕县在6～8月要比距离较远的库车县平均气温降低1.3～4.3 ℃，7～9月相对湿度增加5%～23%，沙暴日数减少25%。

3. 水土保持

森林具有强大的水土保持能力，表现在以下3个方面：①森林的树冠及地表植被可以截留一部分雨水，降低降水强度，减弱雨滴对地表土壤的直接冲击和侵蚀；②森林土壤由于含有大量的腐殖质，具有较高的透水和蓄水性能，可以减少地表径流量和径流速度，从而减少土壤冲刷；③在森林土壤中，树木根系发达，土壤孔隙增加，有助于土壤中的微生物和昆虫生存，促进土壤形成团粒结构，增加透气性和透水性，从而有效涵养水源，保持水土[71]。资料显示，当森林郁闭度（郁闭度是反映森林中乔木树冠遮蔽地面程度的指标）小于0.6时，会发生土壤侵蚀；郁闭度大于0.6时，基本上不会发生土壤侵蚀。

4. 调蓄洪水

洪水的形成是气候和地理等多种因素共同作用的结果，森林、湿地等生态系统则具有减缓洪水的作用，这种作用可以通过森林面积、湿地面积与洪水量大小的关系体现出来。如1981年四川特大洪水同时危及嘉陵江流域、涪江流域和沱江流域，暴雨期间各流域降雨量基本相同，但由于嘉陵江流域和涪江流域的森林覆盖率均大于12%，其径流系数小于47%；而沱江流域的森林覆盖率只有5.4%，其径流系数则达到60%。由此可见，森林的滞洪能力是十分明显的。而湿地则更像是一个巨大的生物蓄水库，雨季到来时能存储过量的降水，再均匀地将其放出，使河川径流量年内变化减小，减弱对下游地区的洪水危害。相关研究显示，三江平原潜育沼泽草根层的渗透系数可达 8×10^{-3}～138×10^{-3} cm/s，接近于粗砂的渗透系数，腐殖质层、潜育层和母质层渗透系数较小，使其具有较大的饱和含水量和持水量，透水性很强，既能蓄水又能透水。

5. 涵养水源

森林与水源之间有着非常密切的关系。它具有截留降水、植被蒸腾、增强土壤下渗、抑制林地地面蒸发、缓和地表径流状况以及增加降水等功能，表现出较强的水文效应。森林通过这些功能的综合作用，发挥其涵养水源和调节径流的功能。森林对河川径流产生或增或减的影响，在“时空”尺度上可直接影响河流的水文变化。例如，在时间上，它可以延长地表水汇流时间，在枯水期补充河流的水量，在洪水期削弱洪峰的量级，起到调节河流水文过程的作用；在空间上，它能够调节水分的分配形式，如将降雨产生的地表径流转化为壤中流和地下径流，或者通过蒸发蒸腾的方式将水分返回大气中，进行大范围的水分循环，对大气降水进行再分配。森林涵养水源的生态功能十分强大，这种环境功能对人类的生产和生活都非常有益[71]。

以石羊河流域的水源涵养区祁连山脉为例，由于20世纪80年代以来在祁连山滥砍滥伐森林、过度放牧、开矿挖药和毁林毁草开荒种植，造成近1 500 km^2 的林草地被垦殖，水源林仅存不足550 km^2，山区的植被覆盖率下降到40%左右，致使石羊河流域水源涵养能力减弱，水土流失面积增大，大量泥沙及漂砾随洪水而下，淤积河床、水库及渠道，全流域上游山区的十多座水库均有不同程度的淤积，有效库容减少1/8～1/5。

6. 有机物质的生产

植物（或生产者）可利用太阳能，将无机化合物（如 CO_2、H_2O 等）合成为有机物质。以上过程是生态系统的一个非常重要的功能，是所有消费者（包括动物和人）及还原者（或微生物）的食物基础。初级生产力及生物量是反映有机物质生产能力的两个重要指标。生态系统有机物质生产的一小部分，通常不足10%被人类直接利用，成为人类赖以生存的食物或生活必需品，表现为直接使用价值；其余大部分未被人类直接利用，这部分支撑着整个生态系统，为动物、异养微生物提供食物和生活场所，在维持生态系统的稳定性和整合性方面发挥着巨大的作用[71]。以洪泛区湿地为例，其生态系统的净初级生产力干重可达2 000 $g/(m^2 \cdot a)$，湿地内丰富的生物资源、水土资源等可提供人类食物和能源及各种原材料与初级产品。

7. 污染降解

生态系统的污染降解功能，主要通过一系列的物理、化学过程和生物过程组合来完成，如营养物质的吸收和释放、污染物的迁移和转化、有毒物质的分解和净化等。以湿地为例，湿地具有减缓水流、促进沉积沉降的自然特性，湿地中有许多水生植物，包括挺水、浮水和沉水植物，它们能够在其组织中富积重金属的浓度比周围水体的浓度高10倍以上，许多植物还含有能与重金属结合的物质成分，从而参与重金属的解毒过程。如芦苇、水湖莲和香蒲等对Al、Fe、Be、Cd、Co、Pb、Zn等重金属均有显著的富集作用，其中芦苇对Al的净化能力高达96.0%，对Fe的净化能力则达到92.78%，对 Z_n 的净化能力亦达到94.54%，对Pb的净化能力为80.18%，而对Be和Cd的净化能力更是高达100%。

二、生态系统与水资源的关系

水是生态系统不可替代的要素。可以说，哪里有水，哪里就有生命。同时，地球上诸多的自然景观，如奔流不息的江河，碧波荡漾的湖泊，气势磅礴的大海，它们的存在也都离不开水这一最为重要、最为活跃的因子。一个地方具备什么样的水资源条件，就会出现什么样的生态系统，生态系统的盛衰优劣都是水资源分配结果的直接反映。下面将从不同的角度来介绍水资源对生态系统的影响和作用。

（一）水资源是生态系统存在的基础

水是一切细胞和生命组织的主要成分，是构成自然界一切生命的重要物质基础。人体内所发生的一切生物化学反应都是在水体介质中进行的。人身体的70%由水组成，哺乳动物含水 60% ~68%，植物含水 75% ~90%。没有水，植物就要枯萎，动物就要死亡，人类就不能生存。

无论自然界环境条件多么恶劣，只要有水资源保证，就有生态系统的存在和繁衍。以耐旱植物胡杨为例，在西北干旱地区水资源极度匮乏的情况下，只要能保证地表以下 5 m 范围内有地下水存在，胡杨就能顽强地成活下去。因此，水资源的重要意义不只是针对人类社会，对生态系统也是同样起决定作用的。

（二）人类过度掠夺水资源，使生态系统遭受严重破坏

自 18 世纪中叶的工业革命以来，随着科技和经济的飞速发展，人类征服自然、改造自然的意识在逐步增强，对自然界的索取越来越多，由此对自然界造成的破坏规模和程度也越来越深。包括水资源在内的自然资源都遭到了人类的过度开发和掠夺，人类对自然的破坏已超越了自然界自身的恢复能力。因此，地下水超采严重、土地荒漠化、水环境恶化这些专业词汇已成为人们耳闻目睹的常用词，生态退化问题也由局部地区扩展到全球范围，由短期效应转变为影响子孙后代的长久危机。

（三）生态系统的恶化又会影响人类的生存和发展

人类在向自然界索取的同时，也受到了自然界对人类的反作用。随着人类对生态系统的破坏越来越严重，一系列的负面效应已经回报到人类身上。目前，我国的河流、湖泊和水库都遭到了不同程度的污染。2005 年，全国河流水质符合Ⅰ类的河长仅占 5.1%，符合Ⅱ类的河长占 28.7%，符合Ⅲ类的河长占 27.1%，符合Ⅳ类的河长占 11.8%，符合Ⅴ类的河长占 6.0%，符合劣Ⅴ类的河长占 21.3%；中小河流 50% 不符合渔业水质标准；全国 1/5 以上的人饮用污染超标水；巢湖、滇池、太湖、洪泽湖已发生了严重的富营养化，水体变色发臭，引起湖泊生态系统的改变；20 世纪中后期，我国西北地区部分城市由于只重视经济发展，缺乏对生态系统承受能力和水资源条件的考虑，水资源过度开发导致地下水位迅速下降、耕地荒漠化严重，曾经好转的沙尘暴问题又再次加剧。由此可见，人类在自身发展的同时，必须要考虑自然资源和生态系统的承受能力。否则，过度的开发将会让人类尝到自己种下的恶果。

（四）对经济社会发展的宏观调控，是实现人与自然和谐共存的途径

人与自然和谐共存是当今社会发展的主流指导思想，也是可持续发展理论的重要体现，对经济社会的宏观调控则是实现这一目标的重要手段。就水资源而言，用“以供定需”替代“以需定供”，通过对水资源的合理分配，使得在保证生态用水的基础上，考虑生活和生产用水，尽最大可能协调人类社会与生态系统之间的用水需求和平衡关系，实现两者共同发展的双赢局面[7]。

三、生态用水的界定

（一）生态用水的由来

有关生态用水（或需水）方面的研究最早是在 20 世纪 40 年代，随着当时水库建设和水资源开发利用程度的提高，美国的资源管理部门开始注意和关心渔场的减少问题，由鱼类和野生动物保护协会对河道内流量进行了大量研究，建立了鱼类产量与河流流量的关系，并提出了河流最小环境（或生物）流量的概念。此后，随着人们对景观旅游业和生物多样性保护的重视，又提出了景观河流流量和湿地环境用水以及海湾——三角洲出流的概念。

进入20世纪70年代，欧洲、澳大利亚、南非等国家先后开展了多项关于鱼类生长繁殖、产量与河流流量关系的研究，提出了许多计算方法和评价方法。在此期间，河流生态学家将注意力集中在能量流、碳通量和大型无脊椎动物生活史等方面。到70年代后期，河道内流量增加法的出现使得河道内流量分配方法趋于客观，该方法已经成为在北美洲广泛应用的方法，用来评估流量变化对鲑鱼栖息地等的影响。

然而当时的研究尚处在原始阶段，无论是生态用水的概念还是理论方法都是十分模糊的、不确定的。直到20世纪90年代，随着水资源学和环境科学在相关领域研究的深入，生态系统用（或需）水量化研究才正式成为全球关注的焦点。Gleick在1995年提出了基本生态需水量的概念，即提供一定质量和数量的水给天然生境，以求最大程度地改变天然生态系统的过程，并保护物种多样性和生态整合性，在其后来的研究中将此概念进一步升华并同水资源短缺、危机与配置相联系。Falkenmark（1995）将"绿水"的概念从其他水资源中分离出来，提醒人们注意生态系统对水资源的需求，水资源的供给不仅要满足人类的需求，而且生态系统对水资源的需求也必须得到保证。Rashin等（1996）也提出了水资源可持续利用必须要保证有足够的水量来保护河流、湖泊、湿地生态系统，人类所使用的作为景观、娱乐、航运的河流和湖泊要保持最小流量。Whipple等（1999）提出了相类似的观点，认为现在的水资源规划和管理中不仅要考虑城市、工业、农业供水和用水，还要考虑河道内的环境用水。

在国内，生态用水（或需水）研究起步较晚，最早的研究在20世纪80年代末期，但近年来发展较快。1988年，在方子云主编的《水资源保护工作手册》中，已涉及到了流域生态用水方面的内容，但未明确使用生态用水这一术语。1989年，汤奇成等在分析塔里木盆地水资源与绿洲建设问题时，首次提出了生态用水的概念，指出应该在水资源总量中划分出一部分作为生态用水，其目的是使绿洲内部及其周围的生态环境不再恶化。进入20世纪90年代，随着我国可持续发展战略的确立，人们又开始探讨面向21世纪如何实现经济社会和人口、资源、环境协调发展（PRED）的新问题。水利部提出水资源配置中应考虑生态用水量。但直到20世纪90年代前半期，生态用水研究一直停留于仅有名称而无内涵的状态，对其概念的定义、内涵的界定、类型划分等理论问题均未进行过深入的研究和探讨。

20世纪90年代后期，尤其是国家"九五"科技攻关项目"西北地区水资源合理利用与生态环境保护"的实施，才真正揭开了干旱区生态用水研究的序幕。通过5年的研究，项目组成员对我国的西北五省区的水资源利用情况和生态环境现状及存在问题进行了分析，探讨了干旱区生态环境用水量的概念和计算方法，建立了基于二元模式的生态环境用水计算方法，取得了一些初步成果。1999年，中国工程院开展了"中国可持续发展水资源战略研究"项目，其中专题之一"中国生态环境建设与水资源保护利用"就我国生态环境需水进行了较为深入的研究，界定了生态环境需水的概念、范畴及分类，估算了我国生态环境需水总量为800亿~1 000亿 m^3（包括地下水的超采量50亿~80亿 m^3），这一研究成果对我国宏观水资源规划和合理配置具有十分重要的指导意义，推动了生态用水研究的进程。

由于生态用水本身属于生态学与水文学之间的交叉问题，过去虽然做了大量的研究工作，但在基本概念上仍未统一，许多基本理论仍不成熟，有待进一步研究。

（二）生态用水的定义

从广义上讲，生态用水（ecological water use）是指“特定区域、特定时段、特定条件下生态系统总利用的水分”，它包括一部分水资源量和一部分常常不被水资源量计算包括在内的水分，如无效蒸发量、植物截留量。狭义上讲，生态用水是指“特定区域、特定时段、特定条件下生态系统总利用的水资源总量”。根据狭义的定义，生态用水应该是水资源总量中的一部分，从便于水资源科学管理、合理配置与利用的角度，采用此定义比较有利。

生态用水量的大小直接与人类的水资源配置或生态建设目标条件有关。它不一定是合理的水量，尤其在水资源相对匮乏的地区更是如此。

与生态用水相对应的还有生态需水和生态耗水两个概念，为了便于区分也给出了它们的定义。

生态需水（ecological water demand）：从广义上讲，维持全球生物地球化学平衡（诸如水热平衡、水沙平衡、水盐平衡等）所消耗的水分都是生态需水。从狭义上讲，生态需水量是指以水循环为纽带、从维系生态系统自身的生存和环境功能角度，相对一定环境质量水平下客观需求的水资源量。例如，为了维系河流某鱼类的生存环境，需要有基本水文特征值作保证（如一定的河川基流、一定的水流速度、水深要求等）。生态需水与相应的生态保护、恢复目标以及生态系统自身需求直接相关，生态保护、恢复目标不同，生态需水就会不同。生态需水是相对合理的水量。

生态耗水（ecological water consume）：生态耗水是指现状多个水资源用户（生产、生活和生态）或者未来水资源配置（生产、生活和生态）后，生态系统实际消耗的水量。它需要通过该区域经济社会与生态耗水的平衡计算来确定。生产、生活耗水过大，必然挤占生态耗水。

生态用水与生态需水、生态耗水三个概念之间既有联系又有区别。通过生态需水的估算，能够提供维系一定的生态系统与环境功能所不应该被人挤占的水资源量，它是区域水资源可持续利用与生态建设的基础，也是估计在一定的目的、生态建设目标或配置条件下，生态用水大小的基础。通过对生态用水和生态耗水的估算，能够分析人对生态需水挤占的程度，决策生态建设对生态用水的合理配置[1,72]。

（三）生态用水的分类

生态用水可以按照使用的范围、对象和功能进行分级和分类。首先，按照水资源的空间位置和补给来源，生态用水被划分为河道内生态用水和河道外生态用水两部分，如图10-2所示。河道外生态用水为水循环过程中扣除本地有效降水后，需要占用一定水资源以满足河道外植被生存和消耗的用水；河道内生态用水是维系河道内各种生态系统生态平衡的用水。其次，依据生态系统分类，又对生态用水进行二级划分，如将河道内生态用水进一步划分为河流生态用水、河口生态用水、湖泊生态用水、湿地生态用水、地下水回灌生态用水、城市河湖生态用水；将河道外生态用水进一步划分为自然植被用水、水土保持生态用水、防护林草生态用水、城市绿化用水。最后，根据生态用水的功能不同，再将其进一步进行三级划分，其划分后的结果如表10-1所示。

图10-2 河道内和河道外生态用水

表10-1 生态用水系统分类[73]

一级分类	二级分类	三级分类
河道内生态用水	河流生态用水	河道基流用水 冲沙用水 稀释净化用水
	河口生态用水	冲淤保港用水 防潮压咸用水 河口生物用水
	湖泊生态用水	最小水位用水 水生植物用水 稀释净化用水
	湿地生态用水	生物栖息地用水 沿岸带及沼泽湿地用水 稀释净化用水
	地下水回灌生态用水	地下水回灌用水
	城市河湖生态用水	城市各种河湖景观用水
河道外生态用水	自然植被用水	自然林地（乔灌）用水 自然草地用水
	水土保持生态用水	人工造林用水 人工种草用水
	防护林草生态用水	农田防护林用水 防风固沙林用水
	城市绿化用水	城市各种植被或绿地用水

第二节　生态用水的意义及途径

一、生态用水的意义

良好的生态系统是保障人类生存发展的必要条件，但生态系统自身的维系与发展离不开水。在生态系统中，所有物质的循环都是在水分的参与和推动下实现的。水循环深刻地影响着生态系统中一系列的物理、化学和生物过程。只有保证了生态系统对水的需求，生态系统才能维持动态平衡和健康发展，进一步为人类提供最大限度的社会、经济、环境效益。

然而，由于自然界中的水资源是有限的，某一方面用水多了，就会挤占其他方面的用水，特别是常常忽视生态用水的要求。在现实生活中，由于主观上对生态用水不够重视，在水资源分配上几乎将100%的可利用水资源用于工业、农业和生活，于是就出现了河流缩短断流、湖泊干涸、湿地萎缩、土壤盐碱化、草场退化、森林破坏、土地荒漠化等生态退化问题，严重制约着经济社会的发展，威胁着人类的生存环境。因此，要想从根本上保护或恢复、重建生态系统，确保生态用水是至关重要的技术手段。因为缺水是很多情况下生态系统遭受威胁的主要因素，合理配置水资源，确保生态用水对保护生态系统、促进经济社会可持续发展具有重要的意义。

二、生态用水的途径

（一）供水水源

生态用水的水源比其他用水方式都要广泛。从广义生态用水角度来看，降水、地表水、土壤水、地下水等所有水循环过程的水都可作为生态用水的水源。对于森林、草地等陆面植被生态系统而言，降水是主要的生态用水水源；在干旱半干旱地区土壤水、地下水对生态用水的贡献也很大；对于河湖沼泽中的水生生态系统而言，地表水是主要生态用水水源。而按照狭义生态用水概念来看，则主要是指通过水利工程措施施用给生态系统的那部分水资源，由于生态用水对水源的水质要求不高（保护区内的河湖用水除外），因此生态用水的水源形式也多种多样，除了地表水、地下水等常规水源外，各种非常规水源（如微咸水、中水等）都可作为生态用水的水源。在实际利用时，应尽可能地利用非常规水源，减少对常规水源的依赖，以避免出现生态用水与生活用水、生产用水争水的局面。例如，美国、日本早在20世纪六七十年代就开始大规模建设污水处理厂，并将处理后的中水用于城市园林绿化、河湖景观补水等方面；而我国尽管中水回用起步较晚，但近年来发展迅速，青岛、大连、太原、北京、天津、西安等许多大中型城市均将中水回用作为未来城市发展和水资源综合利用的有效支撑手段。

值得关注的是，与生活用水、工业用水不同，目前生态用水的供水保证率比较低，特别是在我国西北干旱地区，由于水资源紧缺，经常会出现工业用水挤占农业用水，农业用水挤占生态用水的现象。这与我国长期以来过度追求经济利益的增长而忽视对生态环境的保护，致使生态用水在水资源优先供给的排序较低和环境保护意识淡薄有关。近年来，各级政府已逐步认识到这种错误观念的危害，并开始重视生态用水的保证到位。水利部在今后的水资源管理工作目标中曾明确指出“（在‘十一五’期间）要重视对河流健康的维护，开展生态用水及河流健康指标研究，建立生态用水保障和补偿机制”。

（二）供水方式

生态用水的供水方式多种多样，并视不同的生态系统类型而选取相应的供水方式。对于河道外生态用水来说，由于天然植被系统多依赖于降水补给，因此生态用水的对象主要是针对城市绿地、人工绿洲、防护林草等各种人工植被系统，它们通常采用第八章第二节中介绍的各种农业输水方式和灌溉方式来进行供水，特别是城市绿地多以喷灌、滴灌等节水灌溉措施为主。

对于河道内生态用水，则主要通过各种水利工程对河流、湖泊内的水量进行调度和分配，以满足河道内各种生态用水需求。例如，黄河自2002年7月以来，在每年汛期开始实施“调水调沙”工程，通过小浪底水库下泄水量的人工调度，制造出一种能够冲刷下游河床泥沙的“人造洪峰”，从而把淤积在黄河河道和水库中的泥沙尽可能地送入大海，减缓泥沙的淤积程度；再如，淮河自1990年开始，在支流沙颍河上开展污染联防工作，通过对流域内的水闸实施防污调度，从而调控沙颍河重污染水体下泄时空分布，并充分利用淮河干流水环境容量，稀释消化沙颍河高浓度污染水体，进而达到防污、减灾的目的。

总体来看，由于生态用水涉及自然水循环全过程以及水资源开发利用的各个方面，因此各种蓄、引、提、调水利工程，在一定情况下都可作为生态用水的供水工程。

第三节　生态用水量计算及我国生态用水状况

一、生态用水量计算

目前，计算生态用水量的方法主要有两大类：一是针对河流、湖泊（水库）、湿地、城市等小尺度提出的计算方法；二是针对完整生态系统区域尺度提出的计算方法。通常按水资源的补给功能将流域划分为河道外和河道内两部分，并以此分别计算各部分的生态用水量。河道外生态用水为水循环过程中扣除本地有效降雨后，需要占用一定水资源量以满足植被生存耗水的水量。它主要针对不同的植被类型，分析其生态用水定额，再求出总生态用水量。河道内生态用水是维系河流或湖泊、水库等水域生态系统平衡的水量。它主要从实现河流的功能以及考虑不同水体这两个角度出发，包括非汛期河道的基本用水量，汛期河流的输沙用水量，以及防止河道断流、湖泊萎缩等的用水量。

（一）河道外生态用水量计算方法

河道外生态用水主要是针对各种植被系统（包括自然植被、防护林草、城市绿化等）的用水。天然情况下，河道外生态系统的用水主要依靠降水，对河川径流的依赖性较小，而在人工调控措施下，可将一定数量的地表或地下水资源取出用以维持河道外生态系统的生存，这部分人工取水灌溉措施通常称为生态补水。河道外生态用水量的计算方法有直接计算方法和间接计算方法。

1. 直接计算方法

以某一区域某一类型植被的面积乘以其生态用水定额，计算得到的水量即为生态用水。该方法适用于基础工作较好的地区与植被类型，如防护林草、人工绿洲等生态用水量的计算。其计算公式为

$$W_{out} = \sum_{i=1}^{n} A_i q_i \tag{10-1}$$

式中　W_{out}——河道外生态用水量，m^3；

A_i——第 i 类植被对应的面积，hm^2；

q_i——第 i 类植被年平均灌溉定额，m^3/hm^2；

n——乔木、灌木、草本等植被类型数量。

2. 间接计算方法

对于某些地区天然植被生态用水计算，如果前期工作积累较少，用水定额获取困难，可以考虑采用间接计算方法。该方法是根据潜水蒸发量的计算来间接计算生态用水。即，用某一植被类型在某一潜水位的面积乘以该潜水位下的潜水蒸发量与植被系数，得到的乘积即为生态用水。计算公式如下

$$W_{out} = \sum_{i=1}^{n} A_i q_{gi} K \tag{10-2}$$

式中　q_{gi}——第 i 类植被在地下水位某一埋深时的潜水蒸发量，由经验值或实验确定；

K——植被系数，即在其他条件相同的情况下有植被地段的潜水蒸发量除以无植被地段的潜水蒸发量所得的系数，由实验确定。

（二）河道内生态用水量计算方法

河道内生态用水量的计算，视河道内不同生态系统和环境功能用水而异。一般河道内用水主要考虑以下几个方面：①河流水生生物的保护和利用；②多沙河流的水沙平衡；③河流水力发电用水；④河流航运等。而在生态用水范畴内所指的河道内用水主要是指具有重大的社会、环境效益，包括防淤冲沙、水质净化、维持野生动植物生存和繁殖，维护沼泽、湿地一定面积等的生态用水，不包括诸如水力发电、航运等生产活动所使用的水量。在具体计算时，由于各类用途的河道内生态用水量不容易划分，因此通常将其放在一起计算出一个总的河道内生态用水量。该值可看作是扣除供给河道外经济用水、调出或流出本河段非生态用水之后的所有河道内天然径流量，即

$$W_{in} = R_s - W_E - R_o \tag{10-3}$$

式中　W_{in}——河道内生态用水量；

R_s——河道天然径流量；

W_E——供给河道外的经济用水量（包括生产、生活用水）；

R_o——调出或流出本河段非生态用水量。

式(10-3)通常是针对受水利工程调控影响较小的河流。如果在一条河流上建有许多闸坝、水库、调水工程等水利设施，则其生态用水量的计算还要考虑水量调度的影响，如下式

$$W_{in} = R_h - W_E + Q_D - R_o \tag{10-4}$$

式中　R_h——受水利工程调控后的河道径流量；

Q_D——通过水利工程调度后的生态补水量；

其他符号意义同前。

如果从人工调控角度来计算河道内生态用水量，则可以通过下式来进行计算

$$W'_{in} = Q_D + Q_T + Q_F + Q_P \tag{10-5}$$

式中 W'_{in}——仅考虑人工调控的河道内生态用水量；

Q_D——通过水利工程调度后的生态补水量；

Q_T——从外流域的生态调水量；

Q_F——汛期洪水的人工回灌量；

Q_P——处理后的中水回用于河道景观的用水量。

二、我国生态用水现状

综上所述，我国在生态用水方面的研究起步较晚，对生态用水的重要性也认识不足，目前我国生态用水的特点反映在以下两个方面。

（一）生态用水所占比重非常小

相对于生活用水和生产用水，生态用水在我国水资源开发利用中所占的比重非常小，表10-2给出了2003～2006年全国生态用水统计资料。由表10-2可见，全国生态用水量仅占总用水量的1%～2%，具体到各水资源一级分区，除西北诸河和东南诸河高于2%外，其他都在2%以下，而目前缺水问题最突出的淮河、海河和黄河3个流域生态用水都在1%左右。这与我国长期以来重视经济建设、忽视生态环境保护有关。随着我国建设人水和谐社会新的指导思想的提出，加强水生态系统的恢复和建设、保证生态用水成为当务之急。

表10-2 2003～2006年全国生态用水统计

编号	水资源一级分区	2003年		2004年		2005年		2006年	
		用水量（亿 m^3）	占总用水量比例（%）	用水量（亿 m^3）	占总用水量比例（%）	用水量（亿 m^3）	占总用水量比例（%）	用水量（亿 m^3）	占总用水量比例（%）
A	松花江	3.0	0.85	3.2	0.87	5.5	1.45	2.4	0.60
B	辽河	0.0	0.00	1.3	0.69	1.6	0.84	2.4	1.18
C	海河	1.9	0.50	4.3	1.16	5.1	1.35	4.6	1.18
D	黄河	2.5	0.71	3.2	0.86	3.6	0.94	3.7	0.93
E	淮河	3.0	0.63	4.1	0.74	5.0	0.92	5.5	0.93
F	长江	27.0	1.57	30.0	1.65	22.1	1.20	24.7	1.31
G	东南诸河	7.5	2.37	7.5	2.37	7.9	2.43	8.2	2.50
H	珠江	9.0	1.07	8.0	0.93	8.9	1.02	8.6	0.98
I	西南诸河	0.6	0.64	0.2	0.21	0.3	0.30	0.3	0.29
J	西北诸河	24.9	4.13	20.1	3.35	32.8	5.32	32.6	5.24
K	全国合计	79.5	1.49	82.0	1.48	92.7	1.65	93.0	1.60

注：资料来源于2003～2006年《中国水资源公报》。

(二)生态用水保障意识仍需提高

客观地说,目前我国已充分认识到保障生态用水的重要性,水利部门和科研院所先后开展了一系列相关研究工作,并有诸多研究成果发表。然而相对于美国、欧洲各国的生态保护工作而言,差距还比较明显。由表10-2也可看出,近年来全国的生态用水量略有增长,2006年比2003年增加13.5亿m^3,但生态用水占总用水量的比例仅上浮0.11%,增幅太小。

为了解决我国塔里木河、黑河、石羊河等北方流域的水资源危机,近年来也多次提出塔里木河流域生态调水、黑河流域生态调水、石羊河流域引黄(河)济民(勤)等调水工程,以缓解这些地区的用水危机,并取得了一定的成效。但仍要看到,随着我国经济的飞速增长,用水量在不断增加,而如何从本已匮缺的生活用水和生产用水中抽出一定的水资源用于生态用水方面,这是当前水资源管理部门亟需解决的难题之一。

第四节　生态用水保障措施

在自然条件下,生态用水不需要采取任何人工措施,而完全依靠自然界对水资源的时空分配来满足生态系统健康发展需求,但在水资源开发利用程度相当高的今天,人类用水大量挤占生态用水,生态用水常常不能满足生态系统基本需要,造成生态系统日益退化。为了人类的水资源开发利用活动不影响到生态系统的正常发展,必须采取相应的工程措施以确保生态用水能满足最低生态需水要求。下面对几种经常采用的生态用水保障措施进行介绍。

一、蓄水调节工程措施

抬高水位的工程调节措施是指通过对河湖水位的抬高,增大河湖水面和水深来满足生态用水的需要。对于各种水生生物来说,为维持其生长繁殖的正常生境,必须要保留一定的水深或水面空间,而当地表水资源被大量开发利用时,水面面积则得不到保证,并会出现河道断流、湖泊萎缩等现象,此时就需通过各种水利工程措施来调蓄地表水体,进而保证在有限的水资源条件下能维持较高的水位或较大的水面面积。通常,蓄水调节工程措施主要包括在河道或湖泊出口处建设橡胶坝、翻板坝、溢流堰、节制闸等,以蓄水来抬高水位。

(1)橡胶坝。橡胶坝(见图10-3)是一种在河道内生态用水调节的常见工程,该坝枯水期能抬高河湖水位,保持坝前水量的动态平衡,以满足生态用水的要求。洪水期橡胶坝放空(排气或水),不影响河道正常行洪,洪水过后再充气(或水),坝继续挡水。其优点是既不影响行洪又能方便地抬高水位,工程投资较低;缺点是难适应污染较严重的城市河道,特别是漂浮物和推移质对坝体影响较大[74]。

(2)翻板坝。翻板坝(见图10-4)是一种间断蓄水、排水的水利工程,该坝在水位抬高超过设计水位后,翻板在水压力的作用下倒伏,开始排水,当水位降低到一定高度后,翻板在水压力的作用下,重新竖立挡水,以保持一定的水位变化范围,满足城市景观和生态用水的要求。翻板坝的优缺点与橡胶坝基本相同[74]。

(3)溢流堰。溢流堰(见图10-5)是一种固定式挡水坝,当水位高于堰顶时,开始溢流,当来水较少,堰顶停止溢流。溢流堰的优点是枯水期能有效地保持河湖水位,漏水少,

图 10-3　莱芜市牟汶河三号橡胶坝

图 10-4　铜仁地区印江河翻板坝

管理简单,运行要求低。其缺点是对河湖行洪有一定的影响,对水位调节困难[74]。

(4)节制闸。节制闸(见图 10-6)是建在河道或湖泊排水出口的一种常见的水利工程,能有效地抬高或降低水位,对行洪影响也较小。但水闸开、关频率较高,水位变幅较大,管理较为复杂。

对城市某条河流或湖泊,采用哪种水工建筑物抬高河湖水位,必须具体问题具体分析,选择适合的构筑物,如对漂浮物和推移质很多的河道不应采用橡胶坝,对行洪要求很高的河道不应采用溢流堰,对管理困难的河湖不应采用节制闸[74]。

图 10-5　莱芜市侯盘龙溢流堰

图 10-6　南四湖二级坝第三节制闸

二、水利调度措施

生态用水不能满足的主要原因是水资源开发利用程度太高或来水不均匀,因此采取的措施也应是增加来水量,解决枯水期水量不足问题。水利调度工程是一项十分复杂的流域或区域系统工程,通过水资源的合理配置,确保缺水地区生态用水要求。水资源的调入必须建立在大量的水利工程的基础上才能实现,如水库工程、泵站工程、河道工程等,这些工程建设能实现生态调水的目标[74]。目前,我国已开展了大量保障生态用水的水利调度实践工作,并取得了显著成效,如塔里木河流域生态输水工程、黄河全流域调度工程等,著名的南水北调西线工程也兼有向黄河上中游地区以及西北地区生态调水的目标。

塔里木河是我国最长的内陆河,全长 1 321 km,流域总面积 102 万 km^2。自 20 世纪 50 年代以来,由于塔里木河中上游地区无序开荒和无节制用水,干流水量日趋减少,下游

图 10-7　塔里木河大西海子水库向下游生态输水

河道断流 320 km,尾闾台特玛湖萎缩甚至干涸,稀疏的荒漠植物大量枯死,气候变得越发干燥。自 2001 年起,我国开始对塔里木河流域进行综合治理,其中,向下游生态输水是主要治理措施之一(见图 10-7)。截至 2007 年年底,新疆已先后 9 次向塔里木河下游实施生态输水,总输水量达 22.95 亿 m^3,其中 7 次将水输送到台特玛湖,结束了塔里木河下游河道断流 30 多年的历史。随着输水措施的实施,塔里木河下游沿河两侧地下水位明显回升,天然植被恢复面积达 27 万亩,台特玛湖重现碧波荡漾的景色,大片胡杨林焕发了生机,越来越多的野生动物重返故园,下游生态环境质量得到明显改善。

黄河是我国的第二大河,是中华民族的母亲河,全长 5 400 km,流域总面积 75.2 万 km^2。由于黄河流域本身的生态系统十分脆弱,加之长期以来不合理的开发利用,造成黄河存在洪涝灾害严重、下游断流频繁发生、中游水土流失严重、水污染致使生态系统蜕变等一系列突出问题。在 1972 ~ 1997 年 26 年中,黄河下游先后有 20 年发生断流,利津水文站累计断流 70 次,共 908 d。黄河断流给下游沿黄地区工农业生产造成了较大损失,同时也严重影响了下游及河口生态系统。为了解决黄河断流问题,1999 年黄河水利委员会开始对黄河水资源实行统一管理和调度,在基本保证治黄、城乡工农业用水的情况下,确保生态用水,当年黄河仅断流 8 d;2000 年,在北方大部分地区持续干旱和成功向天津紧急调水 10 亿 m^3 的情况下,黄河实现了全年未断流。

三、地下水回灌调节措施

通常,在枯水季节为满足工农业生产以及生态系统用水需求,需要大量开采地下水,而这又势必会引起地下水位下降、水资源储量减少,并引起地面沉降、土地荒芜、海水入侵等地质灾害和环境问题。因此,在开发利用地下水资源时,必须人为地调节好地下水的开采与补给关系,在丰水季节借助各种工程措施,将地表水引入地下,从而达到在时间和空间上对地下水进行合理调配、补偿枯水季节损失水量的目的,这种增补地下水的方法称为人工补源回灌工程。

地下水人工回灌工程,具有安全、经济、不占地、工程技术简单的特点,在 20 世纪 50 年代国外已开始采用人工补给的方法增加地下水补给量,如日本早已将人工回灌地下水列入地下水保护法。我国在人工回灌地下水方面也做了大量研究工作,如上海市每年抽取地下水 0.14 亿 m^3,人工回灌 0.17 亿 m^3,使地下水位得到控制;河北省南宫水库采用人工回灌,仅花费 2 000 万元,就取得了回补 1.12 亿 m^3 调节水量至地下水库的效果。目前,人工回灌工程在控制地面沉降、扩大地下水开采量、利用含水层储能等方面取得了巨大效益[19]。

人工回灌地下水的方法很多,可分为直接法和间接法两种。直接法分为浅层地面渗水补给和深层地下水灌注补给两种;间接法主要指诱导法。

(一)浅层地面渗水补给

浅层地面渗水补给就是将水引入坑塘、渠道、洼地、干涸河床、矿坑、平整耕地及草场中,借助地表水与地下水的水头差,使水自然渗漏补给含水层,增加含水层的储存量,如图10-8所示。该法适用于地表有粉土、砂土、砾石、卵石等较好的透水层,包气带的厚度在10~20 m的情况。根据补给方式的不同,浅层地面渗水补给包括河流渗水补给、渠道入渗补给、灌溉渗水补给、水库渗漏补给和坑塘洼地渗漏补给等。浅层地面渗水补给具有设备简单、投资少、补给量大、管理方便、因地制宜等优点[19]。

(二)深层地下水灌注补给

如果含水层上部覆盖有弱透水层时,地表水渗入补给强度受到限制,为了使补给水源直接进入潜水或承压水含水层,常采用深井回灌,通过管井、大口井、竖井等设施,将水灌入地下,如图10-9所示。深井回灌法具有以下特点:①不受地形条件的限制,也不受地面弱透水层分布和地下水位埋深的影响;②占地少,可以集中补给,水源浪费少;③设备复杂,需附加专用水处理系统、输水系统、加压系统,工程投资和运行费用较高;④由于水量集中,井及其附近含水层的流速较大,容易使井管和含水层堵塞;⑤由于回灌是直接进行,对回灌水源的水质要求较高,如果回灌水水质差则容易污染地下水。因此,深井回灌法主要适用于地面弱透水层较厚(大于10 m),或受地面场地限制不能修建地面入渗工程的地区,特别适用于补给埋深较大的潜水或承压含水层[19]。

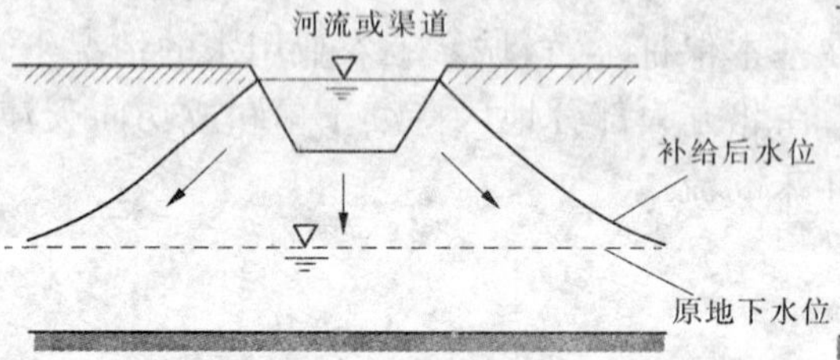

图10-8　地面渗水补给

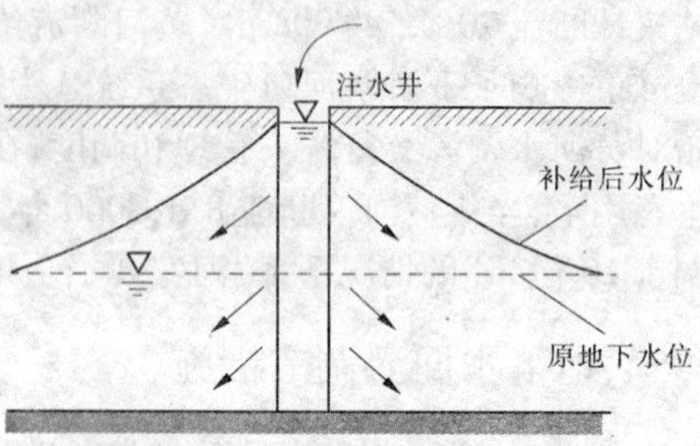

图10-9　深井回灌补给

尽管深井回灌法有一定的缺陷,但在含水层储能、防止海咸水入侵、控制地面沉降等方面,应用广泛。深井回灌方法分为真空(负压)、加压(正压)、自流(无压)三种,可根据含水层性质、地下水位埋深、井的构造和设备条件来选择。

(三)诱导补给法

诱导补给法是一种间接人工补给地下水的方法。在河流、湖泊、水库等地表水体附近凿井抽水,随着地下水位的下降,增大了地表水与地下水之间的水头差,诱导地表水下渗补给地下水。

诱导补给量的大小与含水层渗透性、水源井与地表水体间的距离有关。距离越近,补给量越大,砂层的过滤、吸附作用小,水质差;距离越远,过滤吸附作用强,水质好,但补给量会减少。为了保证天然净化作用,两者需要保持一定距离,并且水源井一般要位于地下水流向的下游比较有利[19]。

实践证明,采用地下水回灌工程措施,不仅可达到调蓄地表径流、有效利用洪水、平衡水资源在时程上分配不均匀的效果，而且具有不占耕地、投资少、避免生态系统退化等一系列优点，尤其对于我国西北干旱地区，可避免水资源的无效损耗和浪费，最大限度地发挥水资源的社会、经济、环境综合效益。

四、退耕还林措施

1998 年长江流域发生大洪水以后提出的“退耕还林，退田还湖”的治水措施，是我国实行的第一个大规模生态系统建设措施。与之相类似，在过度放牧的地区“退牧还草”、把利用效率很低的平原水库“退蓄还流”也都是生态系统建设措施之一。同时，这些措施也是调整农村产业结构、合理保障生态用水、促进人水和谐的重要举措。这是因为在天然情况下，各种生态系统发挥了自我调节、净化环境等多种功能，而农业的大力发展占用了大量的水土资源，严重挤占了天然生态系统的生存空间，于是河道断流、湖泊萎缩、植被消亡等生态危机接踵而至。为了重建生态系统，恢复其原有的环境自净功能，必须压缩人类自身的发展用水，其中退耕还林政策是压缩农业用水、保障生态用水的有效手段。

实施退耕还林，首先，要坚持“生态效益优先，兼顾农民吃饭、增收以及地方经济发展”的原则，科学划定退耕还林面积，凡是水土流失严重、粮食产量低而不稳的坡耕地和沙化耕地，应按国家批准的规划实施退耕还林，而对于生产条件较好、又不会造成水土流失的耕地，农民不愿退耕的不强迫退耕。其次，要根据不同气候水文条件和土地类型进行科学规划，做到因地制宜，乔灌草合理配置，农林牧相互结合。在干旱、半干旱地区，重点发展耐旱灌木，恢复原生植被。在雨量充沛、生物生长量高的缓坡地区，可大力发展竹林、速生丰产林。再次，在确保地表植被完整、减少水土流失的前提下，可采取林果间作、林竹间作、林药间作、林草间作、灌草间作等多种合理模式还林，立体经营，实现生态效益与经济效益的有效结合。最后，对居住在生态地位重要、生态环境脆弱、已丧失基本生存条件地区的人口实行生态移民。对迁出区内的耕地全部退耕、草地全部封育，实行封山育林育草、封山禁牧，恢复林草植被。

国家林业局 2007 年 2 月发布的《退耕还林工程总体建设情况报告》显示，自 1999 年退耕还林工程启动以来，全国各省（区）已完成了国家下达的退耕还林 3.44 亿亩的计划任务，其中退耕造林 1.35 亿亩，累计投入工程建设资金 1 300.1 亿元。退耕还林工程取得了显著的生态效益，主要表现在加快国土绿化进程、治理水土流失、涵养水源、防治土地沙化等方面。四川省通过退耕还林工程，每年减少水土流失 0.53 亿 t、增加蓄水 6.84 亿 t，平均每年提供生态服务价值达 134.5 亿元；宁夏回族自治区通过退耕还林，荒漠化土地面积减少了 7%；内蒙古通过退耕还林，森林覆盖率由 13.8% 提高到 17.7%，沙漠化扩展速率由 0.87% 下降到 0.25%。

思考题

10-1　为什么要保证生态用水？

10-2　叙述生态用水、生态需水、生态耗水之间的联系和区别。

10-3　简要叙述生态用水的主要保障措施。

第十一章　水资源配置与规划

水资源规划是水利部门的重点工作内容之一，对水资源的开发利用起着重要的指导作用。水资源合理配置则是水资源规划的重要基础工作。通过对区域水资源进行合理配置和科学规划，可以有效地促进区域水资源的合理利用，保障经济社会的可持续发展。

本章将介绍水资源配置与规划的基本概念，水资源规划应遵循的原则、指导思想和工作流程，水资源供需预测及供需平衡分析，水资源的合理配置，水资源规划方案的比选与制定等内容。

第一节　基本概念

一、水资源配置

（一）水资源配置的概念

水资源配置的概念主要是基于以下背景提出的：

（1）随着人口的不断增加和经济社会的快速发展，水资源供需矛盾日益突出，水资源短缺已成为制约许多国家和地区经济社会发展的瓶颈。因此，寻求合理的水资源配置方案，从而实现有限水资源的利用效益和效率的最优化，已成为摆在我们面前的重要任务，这是开展水资源配置工作的前提条件和动力。

（2）水资源短缺引发水资源在不同地区和不同用水部门之间存在客观的竞争现象，针对该现象实施的每种配水方案必将产生不同的社会、经济、环境效益，这是开展水资源配置工作的基础条件。

（3）随着系统科学方法、决策理论与计算机模拟技术的不断发展和完善，为开展水资源配置提供了技术支撑条件。

基于上述背景，可总结出水资源配置的一般概念。水资源配置是指在流域或特定的区域内，遵循高效、公平与可持续利用的原则，通过各种工程与非工程措施，改变水资源的天然时空分布；遵循市场经济规律与资源配置准则，利用系统科学方法、决策理论与计算机模拟技术，通过合理抑制需求、有效增加供水与积极保护环境等手段和措施，对可利用水资源在区域间与各用水部门间进行时空调控和合理配置，不断提高区域水资源的利用效益和效率。

（二）水资源配置的意义

水资源配置是水资源规划的重要基础和不可缺少的重要内容，其重要意义主要体现在以下 3 个方面：①有效地促进水资源的合理利用；②促进水资源开发、经济社会与环境保护之间的协调与可持续发展；③可实现社会、经济、环境效益的综合最优。

二、水资源规划

(一)水资源规划的概念

水资源规划起源于人类有目的、有计划地防洪抗旱以及流域治理等水资源开发利用活动,它是人类与水斗争的产物,是在漫长的水利生产实践中形成的,且随着经济社会与科学技术的不断发展,其内容也不断得到充实和提高。

早在1951年,我国台湾省出版的《中国工程师手册》中就已写到"以水之控制及利用为主要对象之活动,统称水资源事业,它包括水害防治、增加水源和用水",对这些内容的总体安排即为水资源规划。美国的古德曼(A. s. Goodman)认为:水资源规划就是在开发利用水资源的活动中,对水资源的开发目标及其功能在相互协调的前提下做出的总体安排。我国的陈家琦认为:水资源规划是指在统一的方针、任务和目标的约束下,对有关水资源的评价、分配、供需平衡分析与对策,以及方案实施后可能对经济、社会和环境的影响等方面而制定的总体安排。左其亭则认为:水资源规划是以水资源利用、调配为对象,在一定区域内为开发水资源、防治水患、保护生态环境、提高水资源综合利用效益而制定的总体措施计划与安排[6]。可见,水资源规划的概念和内涵随着研究者的认识、侧重点和实际情况的不同而有所不同。

我国有水利规划与水资源规划之分,水资源规划是水利规划的重要组成部分。水利规划是指为防治水旱灾害、合理开发利用水土资源而制定的总体安排,具体内容包括确定研究范围,制定规划方针、任务和目标,研究防治水害的对策,综合评价流域水资源的分配与供需平衡对策,拟定全局部署与重要枢纽工程的布局,综合评价规划方案实施后对经济、社会和环境的可能影响,提出为实施这些目标需采用的重要措施及程序等[75]。

结合上述有关水资源规划的论述,可以总结出水资源规划的一般概念。水资源规划就是指在统一的方针、任务和目标指导下,通过调整水资源的天然时空分布,协调防洪抗旱、开源节流、供需平衡以及发电、通航、水土保持、景观与环境保护等方面的关系,以提高区域水资源的综合利用效益和效率为目标而制定的总体计划与安排,并就规划方案实施后可能对经济、社会和环境产生的潜在影响进行评价。

(二)水资源规划的意义

水资源规划的意义主要体现在以下几方面:①有效地促进水资源评价及其合理配置;②通过有计划地开发利用水资源,可保障经济社会的稳步发展,进一步改善或保护区域环境,促进区域人口、资源、环境和经济社会的协调发展,以水资源的可持续利用支持经济社会的可持续发展;③有效地保护水资源,缓解水资源短缺、洪涝灾害和水环境恶化带来的多种社会矛盾。

(三)水资源规划的类型

根据规划的区域和对象,水资源规划可分为以下几种类型。

1. 区域水资源规划

区域水资源规划是指以行政区或经济区、工程影响区为对象的水资源规划。区域水资源规划所研究的内容包括国民经济发展、自然资源与环境保护、地区开发、社会福利与人民生活水平的提高以及与水资源有关的其他问题。研究对策一般包括防洪、灌溉、排涝、航运、供水、发电、养殖、旅游、水环境保护与水土保持等内容。规划的重点视具体的区域和水资源服务功能的不同而有所侧重。例如，干旱缺水地区的水资源规划应以水资源合理配置、水资源节约及水资源科学管理为重点；而洪灾多发地区的水资源规划则应以防洪排涝为重点来开展实施。

进行区域水资源规划时，既要把重点放到研究区域上，又要兼顾研究区域所在流域的水资源总体规划，统筹局部利益和整体利益，实现大流域与小区域之间的相互协调与全局最优。

2. 流域水资源规划

流域水资源规划是以整个江河流域为对象的水资源规划，也称流域规划。流域规划的研究区域一般是按照地表水系的空间地理位置来划分的，即以流域分水岭为区域边界。研究内容和对策基本与区域水资源规划相近。同样，对于不同的流域规划，其规划的侧重点也有所不同。例如，塔里木河流域规划的重点是生态保护；黄河流域规划的重点是水土保持；淮河流域规划的重点是水资源保护。

3. 跨流域水资源规划

跨流域水资源规划是将一个以上的流域作为对象，以跨流域调水为目的的水资源规划。例如，为实施"引黄济青"、"引青济秦"、"引黄入呼"等工程而进行的水资源规划；为实施南水北调工程而进行的水资源规划等。跨流域调水工程涉及的流域较多，每个流域的经济社会发展、水资源利用和环境保护等问题都应包含在内。因此，与单个流域水资源规划相比，跨流域水资源规划所要考虑的问题更多、更广泛、更深入，既要探讨由于水资源的时空再分配可能给每个流域带来的经济社会和环境影响，也要探讨整个对象领域水资源利用的可持续性和对后代人的影响及相应对策等[6]。

4. 专门水资源规划

专门水资源规划是以流域或地区某一专门任务为研究对象或为某一特定行业所做的水资源规划。有灌溉规划、水资源保护规划、防洪规划、水力发电规划、城市供水规划、航运规划以及某一重大水利工程规划（如小浪底工程规划、三峡工程规划）等。该类规划针对性较强，除重点考虑某一专门问题外，还要考虑规划方案实施后可能对区域或流域产生的影响以及区域或流域水资源状况和开发利用的总体战略等。

第二节　水资源规划的原则与指导思想

一、水资源规划的原则

水资源规划是全面落实国家或地区实施可持续发展战略的要求，适应经济社会发展和水资源的时空动态变化，着力缓解水资源短缺、水环境恶化等水问题的一项重要工作。它是根据国家或地区的社会、经济、资源和环境总体发展规划，以区域水文特征及水资源状况为基础来进行的。

水资源规划的制定是国家或地区国民经济发展中的一件大事，它关系到国计民生、经济社会发展与环境保护等诸多方面。因此，应高度重视并尽可能利用有限的水资源，满足各方面的需水要求，以较小的投入获取较高的社会、经济、环境效益，促进人口、资源、环境和经济的协调发展，以水资源的可持续利用支持经济社会的可持续发展。

水资源规划一般应遵守以下几方面原则。

（一）遵守有关法律和规范

水资源规划是区域水资源开发利用的一个指导性文件，因此在制定水资源规划时，应首先贯彻执行国家有关法律和规范，诸如，《中华人民共和国水法》、《中华人民共和国水土保持法》、《中华人民共和国环境保护法》、《中华人民共和国水污染防治法》及《江河流域规划编制规范》等。

（二）全面规划，统筹兼顾

水资源规划是对天然水资源时空分布的再分配，因此应将不同类型的水资源载体及其转化环节看作是一个复合系统，在时空尺度上进行统一调配，根据经济社会发展需要、环境保护规划及水资源开发利用现状，对水资源的开发、利用、调配、节约、保护与管理等做出总体安排。要坚持开源节流与污染防治并重，兴利与除害相结合，并妥善处理好上下游、左右岸、干支流、城市与农村、流域与区域、开发与保护、建设与管理、近期与远期等方面的关系。

（三）系统分析与综合开发利用

水资源规划涉及因素复杂、内容广泛、行业与部门众多，供需较难一致。因此，在进行水资源规划时，应首先进行系统分析，在此基础上给出综合措施，做到一水多用、一物多能、综合开发利用，最大限度地满足各方面的需求，使水资源利用效益和效率协调最优。

（四）协调发展

水资源开发利用要与经济社会发展的目标、规模、水平和速度相适应。经济社会发展要与水资源承载能力相适应，城市发展、生产力布局、产业结构调整以及环境保护与建设要充分考虑区域水文特征与水资源条件。

（五）可持续利用

统筹协调生活、生产和生态用水，合理配置地表水与地下水、当地水与跨流域调水、工程供水与其他水源供水。开源与节流、保护与开发并重，不断强化水资源的节约与保护。

（六）因时、因地制宜

水资源系统是一个动态系统，它无时无刻不在发生着变化；加之经济社会也是不断地向前发展的。因此，应根据不同时期区域水资源状况与经济社会发展条件，确定适合本地区不同时期的水资源开发利用与保护的模式和对策，提出各类用水的优先次序，明确水资源开发、利用、调配、节约、保护与管理等方面的重点内容和环节，以便满足不同地区不同时间对水资源规划的需要。

（七）依法治水

规划要适应社会主义市场经济体制的要求，发挥政府宏观调控和市场机制的作用，认真研究水资源管理的体制、机制与法制问题。制定有关水资源管理的法规、政策与制度，规范和调节水事活动。

（八）科学治水

要运用先进的技术、方法、手段和规划思想，科学配置水资源，缓解当前和未来一段时期内可能发生的主要水资源问题，应用先进的信息技术、方法与手段，科学管理水资源，制定出具有高科技水平的水资源规划。

（九）实施的可行性

实施的可行性包括时间上的可行性、技术上的可行性和经济上的可行性，在选择水资源规划方案时，既要考虑方案的经济效益，也要考虑方案实施的可行性，只有考虑这一原则，制定出的规划方案才可实施。

二、水资源规划的指导思想

水资源规划的指导思想可概括为以下几点：

（1）水资源规划要综合考虑社会、经济、环境效益，确保经济社会发展与水资源开发利用、环境保护相协调。

（2）考虑水资源的承载能力或可再生性，严格控制水资源开发利用量在可利用量以内，确保水资源的永续利用。

（3）水资源规划的实施要与经济社会发展水平相适应，确保水资源规划方案是可行的。

（4）从区域或流域整体的角度出发，考虑不同水平年流域上、下游以及不同区域、不同部门用水间的平衡，确保区域或流域经济社会的协调可持续发展。

（5）与经济社会发展密切结合，注重全社会公众的广泛参与，注重从社会发展的根源上来寻求解决水问题的途径，同时也配合采取一些经济手段，确保“人”与“自然”的和谐。

（6）实现经济社会、资源和环境的协调可持续发展。

第三节　水资源规划的工作流程

任何一种规划都有自己特定的目标，都应在支撑上级系统总体目标实现的前提下定义自己的功能和实现的目标。水资源规划是国民经济发展总体规划的重要组成部分和基础支撑规划，它是在经济社会发展总体目标的要求下，根据自然条件和经济社会的发展趋势，制定出不同规划水平年水资源开发利用与管理的措施，以保障人类社会的生存发展及其对水的需求，促进社会、经济、资源和环境的协调可持续发展。

水资源规划的目标是为国家或地区水资源可持续利用和管理提供规划基础，要在进一步查清区域水资源及其开发利用现状、分析和评价水资源承载能力的基础上，根据经济社会可持续发展和环境保护对水资源的要求，提出水资源合理开发、优化配置、高效利用、有效保护和综合治理的总体布局及实施方案，促进我国人口、资源、环境和经济的协调发展，以水资源的可持续利用支持经济社会的可持续发展[76]。

由上述目标可总结出，水资源规划的目标实际上包括整治和兴利两类。整治的目标就是通过对河道、水库、湖泊、渠道、滩涂、湿地等天然和人工水体的淤积、萎缩和退化等问题的治理，进行生态保护和修复，制定出污水排放控制标准；兴利的目标就是通过修建各种水利工程，调节水资源的时空分布，使得水资源得到充分利用，最大限度地满足用水需求。

水资源规划的主要内容：①水资源调查评价；②水资源开发利用情况调查评价；③节约用水；④水资源保护；⑤需水预测；⑥供水预测；⑦水资源合理配置；⑧总体布局与实施

方案;⑨规划实施效果评价。

根据水资源规划的主要内容和目标,水资源规划编制的总体思路是规划编制应根据地区国民经济和社会发展总体部署,按照自然规律和经济规律,确定水资源可持续利用的目标和方向、任务和重点、模式和步骤、对策和措施,统筹水资源的开发、利用、调配、节约和保护,规范水事行为,促进水资源可持续利用和环境保护。

根据水资源规划的主要内容、各组成部分的编辑次序及其逻辑关系,整理出水资源规划的工作流程,如图 11-1 所示。

(一)现场查勘,收集、整理资料,分析问题,确定规划目标

现场查勘:了解研究区实际情况,进行有关水资源评价及其开发利用现状调查评价等方面的基础工作,观测河道流量、地下水水位,进行抽水实验、水文地质实验、水质取样与化验,调查各行业用水情况、供水工程情况等。

收集、整理资料:主要收集经济社会、水文气象、地质与水文地质、水资源开发利用与水利工程等方面的基础资料。整理资料就是从时间和空间上使资料更符合工作需要。

分析问题:初步分析对象领域现状供用水存在的问题,初步确定进一步开发利用水资源的基本要求。

确定规划目标:根据现状供用水存在的问题和开发利用水资源的基本要求,拟定规划目标,作为制定规划方案或措施的依据。

(二)水资源及其开发利用情况调查评价

评价对象领域地下、地表及其他水源的水资源量,同时对对象领域水资源开发利用情况进行调查评价,包括对对象领域供用水情况及其存在的问题进行系统的分析。

(三)节约用水与水资源保护

节约用水包括现状用水水平分析,各行业分类节水标准及其指标的确定,节水潜力分析与计算,确定不同水平年的节水方向、重点和目标,拟定节水方案,落实节水措施。

水资源保护包括地表水与地下水资源的保护以及水生态的修复与保护对策,即水资源的量与质的保护。

(四)供需水预测

供水预测:预测各规划水平年不同保证率下各类水源工程的供水量,水源工程包括原有水源工程和新增供水水源工程。预测不同水资源开发利用模式下可能的供水量,并进行技术经济比较,拟定水资源开发利用方案。分析规划区域各水平年境内水资源可供水量及其耗水量。规划区域境内水资源的耗水量不应超过区域水资源可利用量。供水预测要充分吸收和利用有关专业规划以及流域、区域规划(如国家或地区的地下水开发利用规划、污水处理再利用规划、雨水集蓄利用规划、海水利用规划,以及各流域规划与区域水资源综合规划等)成果,并根据规划要求和新的情况变化,对原规划成果进行适当调整与补充完善。

需水预测:预测各规划水平年不同保证率下各行业的需水要求和用水水平。根据区域水资源条件及其承载能力,确定各规划水平年不同发展情景下的经济社会发展指标。在对各种发展情景指标进行综合分析后,提出经济社会发展指标的推荐方案。

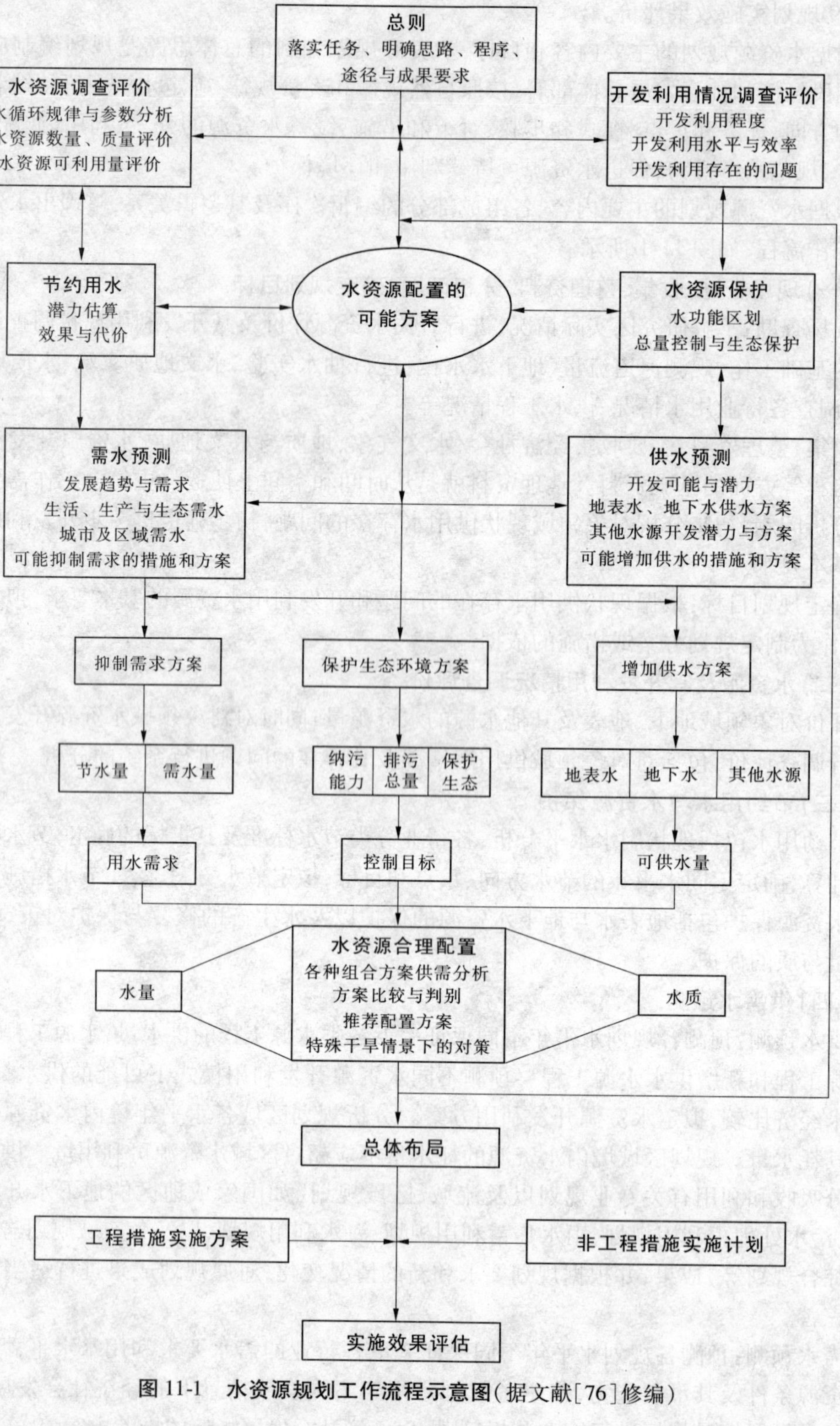

图 11-1　水资源规划工作流程示意图(据文献[76]修编)

(五)抑制需求和增加供水的方案分析

在供需水预测的基础上,进行抑制需求和增加供水的方案分析,同时考虑水资源保护、节约用水及保护环境,提出供需水及目标控制方案集。

(六)水资源合理配置

对方案集内各方案的供需水状况进行分析后,运用水资源合理配置模型对前述形成的方案集进行优选,找出满足合理配置约束条件的方案,这就是非劣解集,进一步通过对非劣解集方案的对比分析,推荐出合理可行的较优方案,并拟定应对特殊干旱情景的对策和措施。

(七)总体布局

依据水资源合理配置提出的推荐方案,统筹考虑水资源的开发、利用、调控、节约与保护,提出水资源开发利用总体布局、实施方案与管理方式。总体布局要使工程措施与非工程措施紧密结合,最终形成水资源规划的总体方案。

(八)实施效果评估

综合评估推荐规划方案实施后可能达到的经济、社会、环境的预期效果与效益。

第四节　水资源需求分析及预测

水资源是经济社会发展的基础资源,经济社会的发展需要水资源做保障,然而水资源的供给并不能完全满足经济社会发展的需要。一方面,经济社会发展过快会造成对水资源的需求急剧增加,有限的水资源不能满足其需求;另一方面,经济条件过差,对水资源的开发利用条件不足,也会使水资源得不到充分利用,不能满足经济社会的进一步发展。因此,经济社会发展与水资源紧密联系、互相制约。

一、经济社会发展与水资源的关系

(一)水资源是生命系统不可缺少的一种资源,是经济社会发展的基本条件

水是构成生命原生物质的组成部分,参与生物体内的新陈代谢和一系列反应,是生命物质所需营养成分的载体,是植物光合作用制造有机体的原料。水是所有作物生长赖以生存的基础,作物需水量得不到满足,就可能导致作物的减产、绝收甚至死亡;反之,水量过多也会发生洪涝灾害,从而影响作物产量。水也是工业生产的基础,几乎所有工业,在其生产过程中都有水的参与,随着工业的快速发展,对水的需求量也越来越多,而水资源对工业发展速度和规模的影响也就越来越大。同时,水是保障城市发展的基础,城市既要保证居民日常生活用水,也要保证城市其他公共事业用水等。城市用水要求水质好、保证率高。城市发展的规模越大,对水的需求就越大,水成为城市发展的一个决定性因素。

(二)经济社会发展的速度过快,水资源的压力也就不断增加

经济社会的快速发展,导致对水资源的需求量也在不断增加,然而,当水资源的需求量接近或超过其承载能力时,就会对水资源造成极大的压力。此外,人口增多,社会活动也会相应增多,水环境恶化,导致可利用水资源量的减少,从而增大了水资源的压力。从工农业利用水资源的角度来看,农业发展对水资源产生的压力主要表现在农药和化肥等有机物对地下水和地表水的点源、面源污染上；而工业发展对水资源产生的压力则主要表现在工业排污量的持续增加，虽然科学技术在不断进步，单位产品的排污量也在不断下降，但总体来看，污染物总量还是随着工业的快速发展而不断上升的，这就不可避免地污染水体，对水资源造成的压力会越来越大。经济社会的发展对水资源的压力主要来源于两个方面，一方面是经济社会的发展导致对水资源的需求量越来越大；另一方面是排污量的不断增多，被污染的水资源量也相应增多，即水环境日趋恶化。

（三）水资源问题反作用于经济社会发展，并制约其发展

经济社会的快速发展产生一系列新的水资源问题，水资源压力的增加，带来水资源危机频现。然而，经济社会发展又离不开水，这就使得水资源问题反作用于经济社会发展，并制约其发展。

（四）经济社会发展为水资源的合理开发利用提供条件与保障

对水资源的合理开发利用需要建设相应的开发利用工程，这就需要一定的投入，这种投入包括经济上的投入和科技上的投入，二者投入多少则取决于经济社会的发展状况，经济社会发展程度越高，为水资源的开发利用提供的资金和技术就越多。

总之，经济社会发展与水资源的关系十分密切，二者相互联系、相互制约，又相互促进。因此，在进行水资源需求分析时，要随时考虑二者的关系，不能只考虑经济发展，也不能一味地考虑无限制地开发利用水资源，要实现二者协调、可持续发展。

二、水资源需求变化的影响因素分析

随着经济社会的发展，其对水资源的需求也产生相应的变化，这种变化主要来源于经济增长的需要和水资源的开发利用程度两个方面，具体驱动和制约水资源需求增长的因素可总结为以下几点。

（一）驱动水资源需求增长的因素

驱动水资源需求增长的因素主要有人口的增加和城镇化进程、经济发展以及环境保护与建设 3 个方面。

1. 人口的增加和城镇化进程

随着人口的不断增加，人类也在不断地改变着环境，发展着经济。从本质上说，人类及其生存环境用水都可归结为人的用水。只要人口在不断增加，人类对水资源的需求量也就不断增长。

城镇化进程也会驱动需水的增长。随着经济社会的发展和人类生活水平的不断提高，城镇化进程也在逐步加快，城镇化率不断提高，这种提高使得对水资源的需求量进一步加大。例如，我国是一个传统性的农业大国，1978 年我国城镇化率仅为 18%，2000 年上升到 36%，2007 年已上升到 43.9%，30 年增加了近 1.5 倍，即使这样，与世界发达国家相比，我国的城镇化水平仍然较低。随着改革开放的进一步深入，特别是经济社会的飞速发展，我国的城镇化程度将越来越高，对水资源的需求也会越来越大。从水资源供需分析来看，与广大农村牧区相比人口大量集中于较狭小的城镇，用水也比较集中，宜于建设集中供水设施，提高供水效率。但与此同时，由于城镇居民的生活用水水平明显高于农村居民，城镇居民的人均用水量一般是农村居民的 2 倍以上，如 2000 年、2007 年我国农村居民生活日用水量分别为66 L、71 L，而城镇居民生活日用水量分别为152 L、211 L。因此，从水资源消耗上来看，城镇人口越多，其所消耗的水资源量也就越多。不同时期、不同区域的人均用水量是不一样的。但是在相当长的发展时期，需水的增长仍将取决于人口的增加，人口的增加和城镇化进程作为需水的驱动因素将长期存在。

2. 经济发展

经济发展是人类社会永恒的主题。随着人类经济活动的日益增大，经济发展所消耗的水资源量也越来越多。人类经济活动所消耗的水资源主要包括农业灌溉、工业用水和其他生产用水等。为了满足不断增加的人口对粮食的需求，需大量开发土地和发展灌溉农业，致使灌溉用水量持续增长，统计资料显示，仅20世纪全球农业用水量就增加了5倍。而我国，由于国民经济的持续稳步发展，经济用水量也迅速增长，2000年全国农业用水量约是1949年的3.8倍，工业用水量约是1949年的50倍；到了2007年，全国农业用水量相比2000年略有下降，但仍然达到1949年的3.6倍，工业用水量约是1949年的60倍。从发展的角度看，在今后相当长的一段时期内，全球经济发展总需水量仍会呈增长的趋势，经济发展是需水继续增长的主要驱动因素之一。但这种增长具有阶段性，当经济发展进入工业化后期或后工业化阶段（如西欧许多国家和日本等），经济活动用水量则有可能进入稳定甚至出现所谓的“零增长”阶段，而且随着节水水平的不断提高和先进工艺的广泛采用，经济发展需水有可能呈下降趋势。但我国尚未进入工业化后期或后工业化阶段，在未来相当长的一段时期内，经济发展需水仍会呈增长态势。

3. 环境保护与建设

随着可持续发展战略的进一步实施，环境保护与建设的不断深入，生态用水也将驱动未来区域需水的增长。作为发展中国家，我国正日益面临着经济社会发展用水与生态用水的激烈竞争。这主要是由于我国水资源时空分布极不均匀，导致许多地区在发展经济和维持人类生命用水的需求过程中，牺牲了部分生态对水资源的需求，造成了严重的环境问题，如北方地区许多河流断流、地下水位持续下降、沿海地区海水入侵、众多河流湖泊受到污染、部分河流泥沙含量增大等。面对日益严重的环境问题，国家正在实施可持续发展战略，加强环境保护力度，增加环境保护治理投资。从水资源利用的角度来看，未来环境保护的水资源需求必将有较大的增长。水是生态系统的重要因子，没有良好的水源做保证，环境保护就无从谈起。也就是说，环境保护在今后一段时期内，也将是驱动需水增长的重要因素之一。

（二）制约水资源需求增长的因素

水资源的需求具有有限性和客观性，驱动需水增长的各类因素具有阶段性，需水不是无限制地增长的，而是受到水资源状况、水价与水市场、水利工程条件以及节水与水资源管理水平等因素的影响和制约。

1. 水资源状况

一个区域内的水资源量是有限的，在没有外区域水量调入的情况下，其所能利用的最大水量一般不能超过可利用水资源量。一个区域在一个时期内的水资源可利用量是有限的，需水不可能脱离水资源的可利用量而无限度地增长，这就产生了需水增长的资源制约性。当需水量超过可利用量时，将会破坏水循环规律，引起环境和资源负效应，危胁水循环的稳定和生态的安全，如我国北方地区部分城市由于地下水过度超采，已经形成大面积的地下水降落漏斗，引起地面不同程度的沉降，沿海许多地区也由于超采地下水引发海水倒灌等。这种负面影响一旦形成，在短期内是很难消除的。再如，黄河的断流很大程度上是由于对黄河水资源的过度开发利用而造成的，黄河断流导致下游河道的进一步淤积抬高，这样，一旦遭遇大洪水，就有可能发生毁灭性的破坏，后果不堪设想。因此，在进行需水预测时一定要考虑水资源条件的制约，开发利用过程中也应结合当地水资源状况来进行。

2. 水价与水市场

在经济不断发展的条件下，对水的需求增长将受到水价的抑制，较高的水价一般有利于减少无谓的浪费，并可促进节水工作的有序开展，这就体现出市场机制对供需关系的调整作用。然而，水价的调整对通货膨胀、居民家庭支出结构和产品成本构成都有一定的影响，尤其是农业灌溉水价的调整，其影响面更为广泛。所以，水价调整还有一个承受力的问题。而且根据我国宪法，水资源与其他自然资源一样，都属于国家所有，供水具有较强的区域垄断性，也不能完全由市场来决定水价。目前，尽管一些地区已经出现了水市场的雏形，但其尚未形成完全意义上的"市场机制"。因此，水市场对需水的抑制作用尚待实践和探索，但水价与水市场对需水的影响是毫无疑问的。

3. 水利工程条件

受经济社会发展水平和科学技术发展水平的影响，在社会发展的某一个阶段，水资源的开发利用量是有限度的。从供需平衡分析来看，区域内的用水量不能超过其可能的供水量。从预测的角度来看，由于水资源规划的超前性和安全性，通常情况下需水量的预测值会超过当地供水工程的供水能力，但其又不能与可能的供水量相差太大。也就是说，需水的增长受制于当地的水利工程条件。从科学技术发展的角度来看，许多地区的缺水问题是可以通过兴建水利工程来解决的，但这些工程应具有经济和技术上的可行性。在大型的跨流域、跨区域调水工程没有实施以前，规划区的需水量显然会受到水利工程条件的制约。即便是实施了跨流域或跨区域的调水工程，受水区的需水量预测也会受到投资和技术条件的制约。

4. 节水与水资源管理水平

节水是有效地抑制需水增长的重要措施。通过采取调整产业和产品结构、建设节水型社会、加大节水投入、实施工程措施节水、加强用水管理、提高水价、实行定额管理制度、发展节水技术和培育节水产业、加强节水教育、培养公众节水意识等各类工程措施和非工程措施后，可以取得明显的节水效果。如农业灌溉用水较大的地区，可通过大面积发展节水灌溉，提高节水效果。水资源管理政策对水需求的影响也非常大，面向可持续发展的水资源管理政策，如取水许可制度、水资源管理年报制度、水资源费征收制度、累进制水价体系和节水激励机制等，这些政策的实施，能够有效地影响社会对水的需求。

三、需水预测

需水预测是在充分考虑资源约束和节约用水等因素的条件下，研究各规划水平年，并按生活、农业、工业、建筑业、第三产业和生态用水口径进行分类，同时区分城镇与农村、河道内与河道外、高用水行业与一般用水行业，分别进行各行业净需水量与毛需水量的预测。需水预测时需要考虑市场经济条件下对水需求的抑制，当地的水资源状况、水利工程条件、用水管理与节水水平、水价及水市场因素对需水的调节作用。充分研究节水技术的不断发展及其对需水的抑制效果。需水预测是一个动态预测过程，与节约用水及水资源配置不断循环反馈。需水量的变化与经济发展速度、国民经济结构、城乡建设规模、产业布局等诸多因素有关。需水预测是水资源规划和供水工程建设的重要依据。

（一）需水预测原则

需水预测既要考虑科技进步对未来用水的影响，又要考虑水资源紧缺对经济社会发展的制约作用，使预测符合当地实际发展情况。

需水预测应以区域不同水平年的经济社会发展指标为依据，有条件时应以投入产出表为基础建立宏观经济模型。从人口与经济驱动需水增长的两大内因入手，结合具体的水资源状况、水利工程条件以及过去多年来各部门需水增长的实际过程，分析其发展趋势，采用多种方法进行计算，并论证所采用的指标和数据的合理性。需水预测应着重分析评价各项用水定额的变化特点、用水结构和用水量的变化趋势，并分析计算各项耗水量指标。

需水预测应遵循以下几条原则：

(1)以各规划水平年经济社会发展指标为依据，贯彻可持续发展的原则，统筹兼顾社会、经济、生态和环境等各部门发展对水的需求。

(2)考虑市场经济对需水增长的作用和科技进步对未来需水的影响，分析研究工业结构变化、生产工艺改革和农业种植结构变化等因素对需水的影响。

(3)考虑水资源紧缺对需水增长的制约作用，全面贯彻节水方针，分析研究节水技术、措施的采用与推广等对需水的影响。

(4)重视现状基础资料调查，结合历史情况进行规律分析和合理的趋势外延，使需水预测符合区域特点和用水习惯。

（二）需水预测方法

需水预测按生活、农业、工业、建筑业、第三产业和生态用水口径进行划分，也可按生活、生产和生态用水口径进行划分，如表 11-1 所示。生活需水包括城镇居民生活需水和农村居民生活需水。生产需水是指有经济产出的各类生产活动所需要的水量，包括第一产业的种植业和林牧渔业，第二产业的高用水工业、一般工业、火(核)电工业和建筑业，以及第三产业等。生态需水分河道外和河道内两种情况，表 11-1 列出了河道外生产用水分类，对于河道内生产用水如水电、航运等，因其用水主要是利用水的势能和生态功能，一般不消耗水资源的数量或污染水质，属于非耗损性清洁用水。此外，河道内的生产活动用水具有多功能特点，在满足主要用水要求的同时，可兼顾满足其他用水的要求。因此，通常情况下，河道内生产用水与河道内生态需水一并取外包线统一作为河道内需水考虑；生态需水分维护生态功能和生态建设两类，并按河道内与河道外用水来划分。

需水预测时应按近、中、远期设定不同的规划水平年，各水平年设定时，应结合经济社会发展规划、流域规划、城市规划、农业规划、工业规划、水利规划与生态建设规划等相关发展建设规划，经综合分析后加以确定。

实际上,需水量 = 指标量值 × 用水定额。因此,各行业需水预测的关键就是确定各规划水平年的指标量值和用水定额。

表 11-1　用水户分类口径及其层次结构

一级	二级	三级	四级	备　注
生活	生活	城镇生活	城镇居民生活	城镇居民生活用水(不包括公共用水)
		农村生活	农村居民生活	农村居民生活用水(不包括牲畜用水)
生产	第一产业(农业)	种植业(农田)	水田	水稻等
			水浇地	小麦、玉米、棉花、蔬菜、油料等
		林牧渔业	灌溉林果地	果树、苗圃、经济林等
			灌溉草场	人工草场、灌溉的天然草场、饲草料基地等
			牲畜	大、小牲畜用水
			鱼塘	鱼塘补水
	第二产业	工业	高用水工业	纺织、造纸、石化、冶金
			一般工业	采掘、食品、木材、建材、机械、电子、其他(包括电力工业中非火(核)电部分)
			火(核)电工业	循环式、直流式
		建筑业	建筑业	建筑业
	第三产业	商饮业	商饮业	商业、饮食业
		服务业	服务业	货运邮电业、其他服务业、城市消防、公共服务及城市特殊用水
生态	河道内	生态功能	河道基本功能	基流、冲沙、防凌、稀释净化、水生生物的保护与利用等
			河口生态	冲淤保港、防潮压碱、河口生物等
			通河湖泊与湿地	通河湖泊与湿地等
			其他河道内	根据具体情况设定
	河道外	生态功能	湖泊湿地	湖泊、湿地、沼泽、滩涂等
		生态建设	美化城市景观	绿化用水、城镇河湖补水、环境卫生用水等
			生态建设	地下水回补、防沙固沙、防护林草、水土保持等

1. 指标量值的预测方法

按是否采用统计方法分为统计方法和非统计方法。

按预测时期长短分为即期预测、短期预测、中期预测和长期预测。

按是否采用数学模型方法分为定量预测法和定性预测法。

常用的定量预测方法有趋势外推法、多元回归法和经济计量模型。

1)趋势外推法

根据预测指标时间序列数据的趋势变化规律建立模型,并用以推断未来值。这种方法从时间序列的总体进行考察,体现出各种影响因素的综合作用。当预测指标的影响因素错综复杂或有关数据无法得到时,可直接选用时间 t 作为自变量,综合替代各种影响因素,建立时间序列模型,对其未来的发展变化做出大致的判断和估计。该方法只需要预测指标历年的数据资料,因而工作量大大减少,应用也比较方便。该方法根据建模原理的不同又可分为多种方法，如平均增减趋势预测、周期叠加外延预测（随机理论）与灰色预测等。

2）多元回归法

该方法通过建立预测指标（因变量）与多个主相关变量的因果关系来推断指标的未来值，所采用的回归关系方程多为单一方程。它的优点是能简单定量地表示因变量与多个自变量间的关系，只要知道各自变量的数值就可简单地计算出因变量的大小，方法简单，应用也比较多。

3）经济计量模型

该模型不是一个简单的回归方程，而是两个或多个回归方程组成的回归方程组。这种方法揭示了多种因素相互之间的复杂关系，因而对实际情况的描述会更准确些。

2. 用水定额的预测方法

通常情况下，需要预测的用水定额有各行业的净用水定额和毛用水定额，可采用定量预测方法，包括趋势外推法、多元回归法与参考对比取值法等。其中，参考对比取值法可以结合节水分析成果，考虑产业结构及其布局调整的影响，并可参考有关省（自治区、直辖市）相关部门和行业制定的用水定额标准，再经综合分析后确定用水定额，因此该法较为常用。

（三）用水定额、需水预测结果的影响因素

1. 用水定额的影响因素

在确定各行业的用水定额之前，应首先了解其影响因素。限于篇幅，下面重点介绍工业用水定额和农业灌溉定额的影响因素。

1）工业用水定额的影响因素

工业用水定额可采用万元增加值用水量、万元产值用水量或单位产品用水量等指标。影响工业用水定额的主要因素有以下几点：

（1）生产性质与产品结构。不同行业的用水构成不同，用水特性也不同，造成用水定额的明显差异。通常火电、纺织、造纸、冶金、石化等行业的用水定额相对较大，属于高用水行业；而采掘、机械、电子等行业的用水定额相对较小，属于一般用水行业。高用水行业和一般用水行业的用水定额往往相差几十倍甚至几百倍。对于同类行业，由于其产品结构的不同，用水定额也有一定的差异。

（2）生产工艺、生产设备与技术水平。生产工艺、生产设备等技术条件，不仅影响工业产品的产量和质量，而且对其用水定额也有较大的影响。技术装备好、生产工艺先进的企业，不仅产量高、质量好，而且用水定额也相对较小。技术装备差、生产工艺落后的企业，不仅产量低、效益差，而且用水定额也相对较大。

（3）生产规模。生产规模对企业单位产品用水量影响较大。通常，生产规模越大，其用水量也越大，水费成本也就越高，大企业比小企业更重视节水。

（4）用水水平与节水程度。工业用水重复利用率是反映工业用水和节水水平高低的一个重要指标。重复利用率越高，企业用水水平和节水程度就越高，相应的用水定额就越低。

（5）用水管理水平与水价。在企业生产规模相同、生产工艺相近的情况下，用水管理水平会直接影响单位产出取水量的大小。管理水平较高（如计量设施装置较齐全、设有专门管水的部门和人员、有日抄表记录、将耗水列入成本核算、超罚节奖）的企业，其用水水平也较高。水价对用水定额的影响也很明显，水价较高地区的企业用水定额比水价较低地区的同类企业明显偏低。

(6)自然因素与供水条件。通常情况下，夏季炎热、气温较高，用水定额相对较高；而冬季寒冷、气温较低，用水定额则相对较低。供水条件对企业用水定额的影响也很大，如同样是火电企业，直流式(贯流式)供水方式比起循环式供水方式，其用水定额要高几十倍甚至几百倍。

2)农业灌溉定额的影响因素

农业灌溉包括农田灌溉、牧草地灌溉与林果地灌溉等，其用水定额通常选用亩均灌溉用水量，即灌溉定额，有时也采用单位农产品取水量、万元增加值或万元产值取水量等指标。影响灌溉定额的主要因素有作物需水量、有效降雨量、作物生育期内的地下水补给量等。

2. 需水预测结果的影响因素

需水预测结果的主要影响因素有：①不同经济社会发展情景；②不同产业结构和用水结构；③不同用水定额和节水水平。

(四)各行业需水预测

如上所述，各行业需水预测的关键就是确定各规划水平年的指标量值和用水定额。确定指标量值可采用不同的方法，而确定用水定额时，一般采用参考对比取值法或趋势外推法。下面分别叙述各行业需水的预测方法。

1. 生活需水预测

生活需水分城镇居民生活需水和农村居民生活需水两类，城镇(或农村)生活需水的增长速度是比较有规律的，通常在一定的范围内，因而可以采用趋势外推法来预测，包括用该法来预测用水人口和人均日用水量，或以计划部门不同水平年的用水人口预测数及其增长率为基准来预测。而需水定额以现状用水调查数据为基础，并分析其历年变化情况，考虑不同水平年城镇(或农村)居民生活水平的改善及提高程度，拟定其相应的人均日用水量，这种方法也称人均日用水量法，或简称定额法。生活需水的预测方法如下。

生活净需水量为

$$W_{Ln}^t = 0.365 P^t Q_L^t \tag{11-1}$$

$$P^t = P^{t_0}(1+\varepsilon_L^t)^{t-t_0} \quad 或 \quad P^{t_2} = P^{t_1}(1+\varepsilon_L^{t_2})^{t_2-t_1} \tag{11-2}$$

生活毛需水量为

$$W_{Lg}^t = W_{Ln}^t/\eta_L^t = 0.365 P^t Q_L^t/\eta_L^t \tag{11-3}$$

式中 t——规划水平年序号；

t_0——现状水平年；

t_1、t_2——第 t_1、第 t_2 规划水平年，以下同；

W_{Ln}^t——第 t 规划水平年城镇(或农村)生活净需水量，万 m^3；

P^t——城镇(或农村)的用水人口，万人；

Q_L^t——城镇(或农村)生活需水定额，即人均日用水量，L/(人·d)；

P^{t_0}——现状水平年用水人口数，万人；

ε_L^t、$\varepsilon_L^{t_2}$——现状水平年 t_0 到第 t 规划水平年、第 t_1 到第 t_2 规划水平年间城镇(或农村)人口平均增长率(%)；

$t-t_0$、t_2-t_1——现状水平年 t_0 到第 t 规划水平年、第 t_1 到第 t_2 规划水平年之间的年数，以下同；

W_{Lg}^t——城镇（或农村）生活毛需水量，万 m^3；

η_L^t——城镇（或农村）生活供水系统水利用系数，由供水系统规划成果确定。

2. 农业需水预测

农业需水预测包括农田灌溉需水预测和林牧渔业需水预测。

1）农田灌溉需水预测

农田灌溉需水受自然地理条件的影响，在时空分布上变化较大，同时还与农作物的品种和组成、灌溉方式和技术、管理水平、土壤、水源以及工程设施等具体条件有关。

农田灌溉需水预测通常采用定额法。考虑到不同地区灌溉条件相差较大，农田灌溉需水预测应分区来进行，各分区需水量之和即为整个区域农田灌溉需水量。每一类型作物的灌溉需水预测主要涉及 3 个关键指标，即净灌溉定额、灌溉水利用系数和灌溉面积。各水平年针对每一类型作物的这 3 个指标，通常根据当地现状农业生产水平、发展要求和发展趋势来拟定，有时也采用趋势外推法加以确定。定额法的计算公式为

$$W_{Ag}^t = \sum_{i=1}^{D^t}\sum_{j=1}^{T^t} A_{A,ij}^t m_{A,ij}^t / \eta_{A,i}^t \tag{11-4}$$

式中　W_{Ag}^t——农田灌溉毛需水量，万 m^3；

$A_{A,ij}^t$——第 i 分区第 j 种农作物的灌溉面积，万亩；

$m_{A,ij}^t$——第 i 分区第 j 种农作物的净灌溉定额，m^3/亩；

$\eta_{A,i}^t$——第 i 分区灌区斗口以上渠系水综合利用系数，无量纲，对于井灌区其值等于 1；

D^t、T^t——第 t 规划水平年灌区分区数、农作物种类数。

2）林牧渔业需水预测

林牧渔业需水预测包括林果地灌溉需水预测、草场灌溉需水预测、渔业需水预测和牲畜需水预测等 4 项。

（1）林果地灌溉需水预测、草场灌溉需水预测与农田灌溉需水预测类似，可采用定额法。但一般而言，计算林果地灌溉需水量和草场灌溉需水量时可不进行分区计算。

（2）渔业需水量为鱼塘补水量，是维持鱼塘一定水面面积和相应水深以及渔业养殖功能所需要补充的水量及换水量。渔业需水量包括养殖水面蒸发、渗漏所消耗水量的补充量和换水量。可按式（11-5）计算

$$W_{Fg}^t = \left(\sum_{i=1}^{M^t} R_{F,i}^t + \sum_{j=1}^{L^t} S_{F,j}^t\right) / \eta_F^t \tag{11-5}$$

式中　W_{Fg}^t——渔业毛需水量，万 m^3；

$R_{F,i}^t$——第 i 次充水量，万 m^3；

$S_{F,j}^t$——第 j 次换水量，万 m^3；

η_F^t——鱼塘引水管道系统（或渠系）水综合利用系数，无量纲，对于就地打井补水鱼塘其值等于 1；

M^t、L^t——第 t 规划水平年鱼塘补水、换水次数。

此外，渔业需水量也可按定额法进行预测，即用渔业面积乘以单位面积补换水定额便得到渔业需水量。单位面积补换水定额可根据鱼塘渗漏量及水面蒸发量与降水量的差值、换水次数与每次换水量加以确定。

(3)牲畜需水预测与生活需水预测类似，可采用畜均日用水量法来预测。

3. 工业需水预测

工业需水预测一般分电力行业、高用水工业与一般工业等行业类别来进行。工业需水与产品种类、工业用水重复利用率、生产规模、生产设备、生产工艺与用水工艺等因素有关。

有条件的地区可采用对逐个工业用水户进行统计的方法，以获取可靠的数据作为预测的基础。预测时应充分考虑产业结构的调整和各种节水措施的采用对需水量的影响。有时视实际情况可将行业进一步细分，根据各行业的发展趋势分别选用不同的方法来预测，最后将各行业的需水预测值求和即为整个区域的工业需水量。

工业需水量预测涉及的因素较多。尽管正确地估算未来工业需水量还有诸多困难，但在研究工业用水的发展史、分析工业用水的现状和未来工业用水的发展趋势以及需水水平的变化之后，可从中总结出一些变化规律。工业需水量预测的常用方法有重复利用率提高法、趋势法、相关法、水平衡计算法、工业用水综合定额法等。这些方法有的可直接推断工业需水量，有的通过推断工业用水定额(万元增加值取水量，或万元产值取水量、单位产品取水量)后再计算工业需水量。即

$$W_{In}^t = X_I^t Q_I^t \tag{11-6}$$

$$W_{Ig}^t = W_{In}^t / \eta_I^t \tag{11-7}$$

式中　W_{In}^t——工业净需水量，万 m^3；

X_I^t——工业发展指标(如增加值、产值、产煤量与发电量等产品产量)，万元、万 t 或万 kWh 等；

Q_I^t——工业用水定额，m^3/万元、m^3/万 t 或 m^3/万 kWh 等；

W_{Ig}^t——工业毛需水量，万 m^3；

η_I^t——工业供水系统水利用系数，根据工业供水规划和工业节水方案经分析后拟定。

1)重复利用率提高法

该方法的计算公式为

$$Q_I^{t_2} = (1 - \alpha^{t_2})^{t_2 - t_1} \frac{1 - \zeta^{t_2}}{1 - \zeta^{t_1}} Q_I^{t_1}$$

或

$$Q_I^{t_2} = (1 - \alpha) \frac{1 - \zeta^{t_2}}{1 - \zeta^{t_1}} Q_I^{t_1} \tag{11-8}$$

式中　$Q_I^{t_1}$、$Q_I^{t_2}$——第 t_1、第 t_2 规划水平年工业用水定额(万元增加值取水量，或万元产值取水量、单位产品取水量)，m^3/万元、m^3/万 t 或 m^3/万 kWh 等；

ζ^{t_1}、ζ^{t_2}——第 t_1、第 t_2 规划水平年工业用水重复利用率(%)；

α^{t_2}、α——第 t_1 到第 t_2 规划水平年之间拟定的年均综合影响系数、综合影响系数，也称工业技术进步系数，包括科技进步、产业结构等因素的综合影响，随行业类型而变化，一般取 0.02 ~ 0.05。

2）趋势法

该方法以历年工业用水量的增长率来推算各规划水平年的工业需水量，计算公式为

$$W_{In}^{t} = W_{In}^{t_0}(1 + d_I^{t})^{t-t_0} \tag{11-9}$$

或

$$W_{In}^{t_2} = W_{In}^{t_1}(1 + d_I^{t_2})^{t_2-t_1} \tag{11-10}$$

式中　W_{In}^{t}——第 t 规划水平年工业净需水量，万 m^3；

$W_{In}^{t_0}$——现状水平年 t_0 工业净用水量，万 m^3；

d_I^{t}、$d_I^{t_2}$——现状水平年 t_0 到第 t 规划水平年、第 t_1 到第 t_2 规划水平年间工业净需水量的平均增长率（%）。

趋势法也可用于推断工业用水定额，其公式为

$$Q_I^{t_2} = (1 - r_I^{t_2})^{t_2-t_1} Q_I^{t_1} \tag{11-11}$$

式中　$r_I^{t_2}$——第 t_1 到第 t_2 规划水平年之间工业用（需）水定额的年均递减率，该值可根据工业用水定额的变化趋势，经分析后拟定（%）；

其他符号意义同前。

该法适用于工业用水量计量准确、资料系列较长的工业企业需水量预测，但对中小型城市而言，往往缺少不同工业企业的历年用水量、用水定额资料，这类地区应用该法进行预测时，通常误差较大。此外，该法仅考虑了初始条件和结果，未考虑到生产过程对水的需求，即工艺改进和设备更新等方面都将给趋势外推带来相当的困难。

3）相关法

该方法通过建立工业用水量（需水量）与工业发展指标之间的相关关系，来实现不同规划水平年工业需水量的预测，一般而言，该法所建回归方程的简单形式为

$$\mathrm{Ln}W_{In} = a\ln X_I + b \quad 或 \quad W_{In} = bX_I^{a} \tag{11-12}$$

式中　W_{In}——工业净用水量（净需水量），万 m^3，也可用工业用水的增长率 d_I 来表示（%）；

X_I——工业发展指标（增加值，或产值、产品产量），万元、万 t 或万 kWh 等；

a、b——回归系数。

该法适用于用（需）水量与增加值等工业发展指标之间关系较稳定的工业企业需水预测中。对于工业发展指标不稳定的工业企业，预测误差较大。特别是不同行业之间用水量差异较大，用水量与工业发展指标之间点据散乱，相关不显著，很难建立起稳定可靠的回归方程。若按不同行业类别分别进行相关分析，则会改善预测效果，但工作量也会相应增加。该方法的最大缺点是没有考虑生产用水的循环利用。

4）水平衡计算法（工业用水定额法）

水平衡计算法也称工业用水定额法，该方法根据工业企业水平衡计算公式 $W_{用水} = W_{取水} + W_{重复}$ 和工业用水重复利用率、工业用水定额的概念，可导出如下公式

$$Q_I^{t_2} = \frac{1 - \zeta^{t_2}}{1 - \zeta^{t_1}} Q_I^{t_1} \tag{11-13}$$

式中符号意义同前。

这里的工业用水定额同样可以选用万元增加值用水量、万元产值用水量，也可选用单位产品用水量等。该法直观、可靠、简便实用。其前提假定条件是工业生产设备和工艺在预测时段内保持不变，然而就某一工业产品而言，其产值相同，需水相同，但生产工艺和设备总是不断地发展和进步的，所以该法预测的需水量存在一定的误差。为了改善该法的预测效果，在式(11-13)中引入修正系数 k，将其改写为

$$Q_I^{t_2} = k\frac{1-\zeta^{t_2}}{1-\zeta^{t_1}}Q_I^{t_1} \tag{11-14}$$

式中　k——修正系数，$k=(1-r_I^{t_2})^{t_2-t_1}$；

$r_I^{t_2}$——第 t_1 到第 t_2 规划水平年之间工业用(需)水定额的年均下降率。

将 $k=(1-r_I^{t_2})^{t_2-t_1}$ 代入式(11-14)，得

$$Q_I^{t_2} = (1-r_I^{t_2})^{t_2-t_1}\frac{1-\zeta^{t_2}}{1-\zeta^{t_1}}Q_I^{t_1} \tag{11-15}$$

水平衡计算法(工业用水定额法)和重复利用率提高法的计算公式基本相同，主要区别在于 $r_I^{t_2}$ 和 α^{t_2} 这两个系数的定义和选取上，$r_I^{t_2}$ 代表工业用(需)水定额的年均下降率，多根据趋势外推法来给定，而 α^{t_2} 为年均综合影响系数，可考虑科技进步、工艺改进等方面的综合影响，经合理分析后确定。

水平衡计算法是目前工业需水量预测的常用方法。工业用水定额能综合反映一个地区的节约用水水平、城市缺水程度、效益低的耗水工业数量和工业发展水平等。水平衡计算法适用范围广，它既考虑了工业用水定额与工业用水重复利用率的内在联系，又具有明确的物理概念，尤其是加入修正系数 k 的式(11-14)、式(11-15)，综合考虑了生产设备更新、工艺流程改进等因素的影响，从而使需水量预测更加科学、合理。

5）工业用水综合定额法

该方法以同行业为子块，求出各行业的需水量后再相加来确定工业需水量，然后，再反求出工业用水综合定额，其计算式为

$$Q_I^t = W_{In}^t/X_I^t \quad \text{或} \quad Q_I^t = W_{Ig}^t/X_I^t/\eta_I^t \tag{11-16}$$

式中符号意义同前。

也可通过计算工业用水综合定额，再计算工业需水量，其近似计算式为

$$Q_I^t = \sum_{i=1}^{T^t} a_i^t q_{I,i}^t \tag{11-17}$$

式中　Q_I^t——第 t 规划水平年工业用水综合定额，m^3/万元、m^3/万 t、m^3/万 kWh；

$q_{I,i}^t$——第 i 行业用水定额，m^3/万元、m^3/万 t、m^3/万 kWh；

a_i^t——第 i 行业的用水比重(%)；

T^t——工业的行业数。

4. 建筑业需水预测

建筑业需水预测一般采用单位建筑面积用水定额法，其基本公式为

$$W_{Cg}^t = A_C^t Q_C^t/\eta_C^t \tag{11-18}$$

$$A_C^t = A_C^{t_0}(1+\varepsilon_C^t)^{t-t_0} \quad \text{或} \quad A_C^{t_2} = A_C^{t_1}(1+\varepsilon_C^{t_2})^{t_2-t_1} \tag{11-19}$$

式中　W_{Cg}^t——第 t 规划水平年建筑业毛需水量，万 m^3；

A_C^t——建筑面积，万 m^2；

Q_C^t——拟定的建筑业综合净需水定额，m^3/m^2；

η_C^t——建筑业供水系统水利用系数，无量纲；

$A_C^{t_0}$——现状水平年竣工建筑面积，万 m^2；

ε_C^t——现状水平年到第 t 规划水平年之间建筑面积的年均增长率(%)。

此外，建筑业需水预测有时也采用万元增加值(或产值)用水定额法来进行。

5. 第三产业需水预测

第三产业需水预测与生活需水预测类似，预测公式为

$$W_{Tg}^t = 0.365P^tQ_T^t/\eta_T^t \tag{11-20}$$

式中 W_{Tg}^t——第 t 规划水平年第三产业毛需水量，万 m^3；

P^t——用水人口，计算方法请参见生活需水预测部分，万人；

Q_T^t——拟定的第三产业综合净需水定额，L/(人·d)；

η_T^t——第三产业供水系统水利用系数，由供水系统规划成果确定。

此外，第三产业需水预测有时也采用万元增加值(或产值)用水定额法来进行。

6. 生态需水预测

通常，按水资源的补给功能将流域划分为河道外和河道内两部分，并以此分别计算各部分的生态需水量。河道外生态需水量为水循环过程中扣除本地有效降水后，需要占用一定水资源量以满足植被生存耗水的最基本水量。它主要针对不同的植被类型，分析其生态耗水机理，求出生态系统改善后的所需水量。河道内生态需水量是维系河流或湖泊、湿地生态平衡的最小水量。它主要从实现河流的功能以及考虑不同水体这两个角度出发，包括非汛期河道的基本需水量，汛期河流的输沙需水量，以及防止河道断流、湖泊和湿地萎缩等的需水量。

1)河道外生态需水量计算方法

河道外生态需水量计算步骤，首先，依据一定的标准，如地形、地质差异，径流与人为影响因子，土地利用单元等，将河道外的生态系统进行逐级分区，并识别出不同生态分区中植被(林、灌、草等)覆盖的土地类型面积；其次，参考相关国家生态实验站的草地需水实验、林地需水实验等文献资料，确定不同区域不同植被类型的蒸发量或需水定额；最后，根据不同植被类型的空间分布情况，扣除其消耗的有效降雨量后，确定其消耗的水资源量或需水量，即为现状条件下各种植被的河道外生态需水量。河道外生态需水量的计算方法有直接计算法和间接计算法。

A. 直接计算法

以某一区域某一类型植被的面积乘以其生态需水定额，计算得到的水量即为生态需水量，其计算公式为

$$W_{out} = \sum_{i=1}^{n}(A_iq_i) \tag{11-21}$$

式中 W_{out}——河道外生态需水量，万 m^3；

A_i——第 i 类植被对应的面积，万 hm^2；

q_i——第 i 类植被年需水定额，m^3/hm^2；

n——乔木、灌木、草本等植被类型数量。

B. 间接计算法

根据不同地区不同植被类型的蒸腾量 E_{Ti}，估算出当地的河道外生态需水量，其计算公式为

$$W_{out} = \sum_{i=1}^{n} A_i(E_{Ti} - P)/10 \tag{11-22}$$

式中 W_{out}——河道外生态需水量，万 m^3；

A_i——第 i 种植被对应的面积，km^2；

E_{Ti}——第 i 种植被的年总蒸发量，mm；

P——年降水量，mm；

n——植被类型数量。

在干旱地区，当土壤的含水量 θ 大于土壤的临界含水量 θ_k 时，植被的蒸发是充足的，不受土壤水分的限制；而当土壤的含水量小于土壤的凋萎含水量 θ_P 时，植被的蒸散发停止，植被趋于凋萎。为此，干旱地区植被的实际蒸发量 E_{ci} 的计算公式可表达为

$$E_{ci} = \begin{cases} \beta_i K_{ci} E_0 & (\theta \geqslant \theta_k) \\ \beta_i K_{ci} E_0 \dfrac{\theta - \theta_p}{\theta_k - \theta_p} & (\theta_k > \theta \geqslant \theta_p) \\ 0 & (\theta < \theta_p) \end{cases} \tag{11-23}$$

式中 β_i——第 i 种植被的郁闭度，郁闭度是反映森林中乔木树冠遮蔽地面程度的指标，由林冠的投影面积与林地面积之比计算得出；

K_{ci}——第 i 种植物的蒸发系数；

E_0——水面蒸发量。

以一年为时间区间，对上式进行时间积分，可以得到第 i 种植物相应的年蒸发量为

$$E_{Ti} = \beta_i \overline{K}_{ci} \overline{E}_0 \overline{K}_\theta \tag{11-24}$$

式中 $\overline{K}_{ci}$——第 i 种植物年平均蒸发系数；

$\overline{E}_0$——年水面蒸发量；

$\overline{K}_\theta$——土壤的年平均含水量相对系数。

2）河道内生态需水量计算方法

保持河流水量的多少，视不同的河流而异。一般河道内需水需考虑以下几个方面：①维持河流的水环境容量；②河流水生生物的保护和利用；③多沙河流的水沙平衡；④河流水力发电用水；⑤河流航运等。而在生态需水范畴内所指的河道内需水主要是指具有重大的社会、环境效益，包括防淤冲沙、水质净化、维持野生动植物生存和繁殖、维护河湖沼泽与湿地一定面积等的生态需水，不包括诸如水力发电、航运等生产活动所需的水量。下面对几类河道内生态需水量的计算方法进行介绍。

A. 河道基本生态需水量 W_b

从生态保护的角度出发，为了维持河流的基本生态功能不受破坏，一年内不同时期尤其是枯水期的水量必须维持在一定水平，以防止出现诸如断流等可能导致河流生态功能受

损现象的发生,这部分需水量称为河道基本生态需水量。其计算方法到目前还没有统一,比较常用的是标准流量设定法,具体又包含7Q10法、蒙大拿法、月(年)保证率设定法等。

7Q10法:常用的计算河流最小生态需水量的方法之一,即采用90%保证率最枯连续7 d的平均水量作为河流最小流量设计值。该方法自20世纪70年代传入我国,主要用于计算污染物允许排放量,已在许多大型水利工程的环境影响评价中得到了广泛应用。由于该标准要求比较高,鉴于我国的经济发展水平还比较落后,一般河流采用最近10年最枯月平均流量或90%保证率最枯月平均流量作为最小生态需水量。

蒙大拿(Montana)法:以预先确定的河流年平均流量的百分数作为生态需水量估算的标准。该方法通常在研究优先度不高的河段中作为河流流量推荐值时使用,或作为其他方法的一种检验。对于设有水文站点的河流,年平均流量的估算可以从历史监测资料中获得;而对于没有水文站点的河流,可通过水文分析计算方法来求得。在美国维吉尼亚地区的河流中证实:10%的年平均流量是退化的或贫瘠的栖息地条件;20%的年平均流量提供了保护水生生物栖息地的适当标准;在小河流中,定义30%的年平均流量接近最佳生物栖息地标准。

月(年)保证率设定法:7Q10法和蒙大拿法的一种演化算法。它主要根据水文系列统计资料,在不同的月(年)保证率(如50%、75%、90%)前提下,以不同的天然径流量百分比作为河道生态需水量的等级,分别计算不同保证率、不同等级下的月(年)河道基本生态需水量。

B. 河道输沙需水量 W_s

河道输沙需水量是实现河流输沙功能的基本水量。为了输沙排沙,维持冲刷与侵蚀的动态平衡所需要的那部分生态需水量称之为输沙平衡需水量,简称输沙需水量。

河道内水沙冲淤平衡问题,主要受河道外和河道内两方面因素的制约和影响。河道外的影响主要包括来水来沙条件,它与地质、地貌、降水等自然条件和流域土地资源利用、生态植被保护建设、水土流失治理,以及河流整治等诸多人工要素有关。河道内的影响主要是水动力学条件对河床边界冲刷作用的结果。在输沙总量一定的情况下,输沙需水量主要取决于水流含沙量的大小。由于水流含沙量因流域产沙量的多少、流量的大小以及水沙动力条件的不同而异,因此输送单位泥沙所需的水量也不同。一般情况下,根据来水来沙条件,可将河道输沙需水量分为汛期输沙需水量、非汛期输沙需水量和洪峰期输沙需水量。

对于北方河流系统而言,汛期的输沙量约占全年输沙总量的80%,即河流的输沙功能主要在汛期完成。汛期输沙需水量可由下面的公式计算得出

$$W_s = \frac{S_t}{C_{\max}} \tag{11-25}$$

$$C_{\max} = \frac{1}{n}\sum_{i=1}^{n}\max_j(C_{ij}) \tag{11-26}$$

式中　W_s——汛期输沙需水量;

S_t——汛期多年平均输沙量;

$C_{\max}$——多年最大月平均含沙量的平均值;

C_{ij}——第 i 年第 j 月的月平均含沙量;

n——统计年数。

C. 生物栖息地维持水量 W_e

生物栖息地维持水量，是指维持河流、湖泊、湿地等生物栖息场所处于健康、平衡的良好状态，并能发挥其正常生态功能（如能量平衡、食物网链、多样性、物质循环和自我调节等）所需要的水量。针对不同的生物物种和栖息场所，所选用的方法也差别较大。常用方法有河道湿周法、R2CROSS 法、最小水位法。

河道湿周法：利用河道湿周（指断面上水体与河床接触的那部分长度）作为栖息地的质量评判指标来估算期望的河道内流量值。河道湿周法是基于生态学假设，即保护好临界区域的水生物栖息地的湿周，也将对非临界区域的栖息地提供足够的保护。通过在临界的栖息地区域（通常大部分是浅滩）现场收集河道的几何形状和流量数据，并以临界的栖息地类型作为河流的其余部分的栖息地指标。该法需要确定湿周—流量之间的关系。这种关系可从多个河道断面的几何尺寸—流量关系实测数据经验推求，或从单一河道断面的一组几何尺寸—流量数据中计算得出。河道湿周法河道内流量推荐值是依据湿周—流量关系图中影响点（即湿周—流量关系曲线中的拐点）的位置来确定的（见图 11-2）。

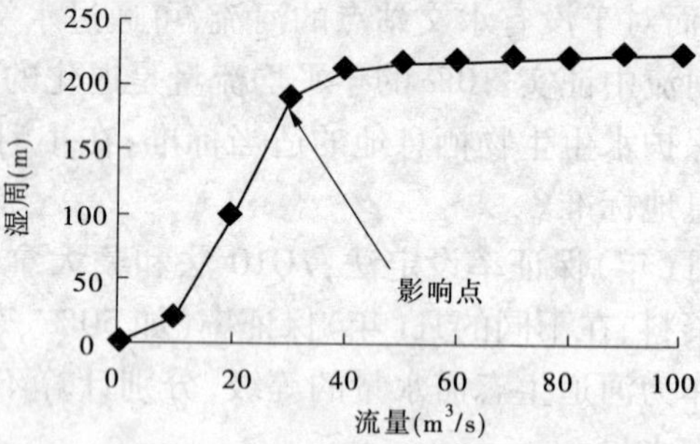

图 11-2　湿周与流量的关系曲线[1]

R2CROSS 法：适用于一般浅滩式的河流栖息地类型。该种方法的河流流量推荐值是基于这样的假设，即浅滩是最临界的河流栖息地类型，而保护浅滩栖息地也保护了其他的水生生物栖息地，如水塘和水道等。该方法确定了平均深度、平均流速以及湿周长百分数作为冷水鱼类栖息地指数，湿周长百分数是湿周长与河床总长之比。这 3 种参数是反映与河流栖息地质量有关的水流指示因子。如能在浅滩类型栖息地保持这些参数在一定的水平，将足以维护冷水鱼类与水生无脊椎动物在水塘和水道的生存环境。

最小水位法：根据湖泊或湿地生态系统的水位和水深来确定其生态需水量的计算方法。不同类型水体的水位和水深与相应生态系统的面积与容积具有明显的相关性。水体生态系统各组成部分生长繁殖所必需的水位和水深不同，同时为实现不同水体的环境功能，所必需的水位和水深也不同。最小水位法可表达为维持湖泊或湿地不同生态系统需求和满足不同环境功能的最小水位中的极大值与水面面积的乘积，可由式（11-27）计算得出，即

$$W_e = H_{\min} S \tag{11-27}$$

式中　$H_{\min}$——维持湖泊不同生态系统需求和满足不同环境功能的最小水位中的极大值；

S——水面面积。

D. 环境纳污需水量 W_p

纳污能力是水体自身维持环境净化功能的一个重要方面。不同水体的水力学特性不同，选用的纳污能力计算方法也有所不同。

河流纳污需水量计算：主要根据其稀释、迁移、自净等环境功能来计算纳污需水量，即由一定目标下的水环境容量来推求河流的最小设计流量。首先将河流划分为若干河段，并将每一小段看作是一个闭合水体，由河流水质模型计算每个河段的水质浓度、污染物入河量和水环境容量，由此计算该河段的环境纳污需水量 $Q_{vi}(i=1,2,\cdots,n)$，最后对各河段求和即可得到整个河流的环境纳污需水量。Q_{vi} 必须同时满足以下条件：① $Q_{vi}\geqslant\lambda Q_{wi}$；② $Q_{vi}\geqslant Q_{ni}(p)(p\geqslant p_0)$，其中 λ 为河流稀释系数；Q_{wi} 为 i 河段达标排放的污水总量；$Q_{ni}(p)$ 为在不同设计保证率 p 下 i 河段的河道流量。

湖泊纳污需水量计算：湖泊水质状况与其蓄水量、出湖流量和污染物排入量有关。可根据湖泊的稀释、自净功能来计算纳污需水量。在现状排放量已定的情况下，满足湖泊稀释、自净能力所需的最小蓄水量如下

$$V=\frac{\Delta T[Q_c-(C_s-C_B)q_s]}{(C_s-C_B)+KC_s\Delta T} \tag{11-28}$$

式中　V——枯水期湖泊所需最小蓄水量；

ΔT——枯水期时段，它取决于湖泊水位年内的变化，枯水时间短，水位年内变化大的可取 60～90 d，常年稳定则可取 90～150 d；

Q_c——现状污废水排入量；

C_s——水质目标浓度；

C_B——背景值浓度；

K——水体中污染物的降解系数；

q_s——计算时段内从湖泊中排泄的流量。

E. 城市河湖需水量 W_c

近年来，随着城市居民生活水平的显著提高，人们对城市景观功能和娱乐休闲的要求也上升到了一个新的高度。集美化环境、休闲娱乐等诸项功能于一体的城市河湖，已融入到现代城市发展和建设的理念之中，成为城市建设的一道亮丽风景线。保证城市河湖用水量是生态需水中的一项重要内容。

目前，对城市河湖需水量的计算主要有两种，即直接计算法和间接计算法。直接计算法，是根据城市河湖水面面积乘以需水定额直接计算得到，计算公式为

$$W_c=AW_D \tag{11-29}$$

式中　A——城市河湖水面面积；

W_D——单位水面需水定额。

间接计算法，是根据城市人均河湖生态需水指标乘以人口数间接计算得到的。计算公式为

$$W_c=PU \tag{11-30}$$

式中　P——城市人口总数；

U——人均城市河湖需水指标。

由于河道内用水在满足某一种主要需水目标时，还可兼顾其他用水要求，因此河道内的生态需水量不是上述各项分量的简单累加，而要根据它们在水循环过程中的相互关系

来综合计算。一种简化的河道内生态需水量计算方法为

$$W_{in} = W_b + W_s + W_e + W_p + W_c - W_d \tag{11-31}$$

式中　W_{in}——河道内总的生态需水量；

W_b——非汛期河道基本生态需水量；

W_s——河道输沙需水量；

W_e——生物栖息地维持水量；

W_p——环境纳污需水量；

W_c——城市河湖需水量；

W_d——河道内生态需水量重复计算部分。

7. 需水预测成果的合理性分析

需水预测成果的合理性分析包括发展趋势分析、结构分析、用水效率分析与人均指标分析，以及和国内外同类地区、类似发展阶段的对比分析等。尤其是应根据当地水资源承载能力，分析经济社会发展指标和需水预测成果与当地水资源条件、供水能力的协调发展关系，验证预测成果的合理性与现实可能性。

例如，这里以内蒙古自治区鄂尔多斯市达拉特旗为对象领域，选 2005 年为现状水平年，2010 年为近期规划水平年，2020 年为远期规划水平年。采用上述预测方法，对各规划水平年不同行业的需水量进行了预测，预测结果如表 11-2 ~ 表 11-10 所示。

表 11-2　达拉特旗各规划水平年生活需水量预测结果

水平年	人口指标（万人）		用水定额（L/(人·d)）		生活需水量（万 m³）		
	城镇	农村	城镇居民	农村居民	城镇居民	农村居民	合计
2005 年（现状）	6.40	26.94	68.80	22.60	160.70	222.20	382.90
2010 年	6.94	29.06	73.10	25.80	185.13	273.67	458.80
2020 年	8.26	34.34	75.00	27.30	226.10	342.19	568.29

表 11-3　达拉特旗各规划水平年农业需水量预测结果

水平年	农业经济指标						用水定额						农业需水量总计（万 m³）
	灌溉面积（万亩）		牲畜（万头）			渔业面积（亩）	灌溉定额（m³/亩）		牲畜用水定额（L/(头·d)）			渔业用水定额（万 m³/亩）	
	农田	林果地	大牲畜	小牲畜	生猪		农田	林果地	大牲畜	小牲畜	生猪		
2005 年（现状）	145.6	41.1	8.5	202.1	18.1	838.0	261.6	52.30	24.8	3.10	14.2	0.050	40 679.8
2010 年	152.0	46.8	25.0	370.0	29.0	910.0	235.0	45.20	25.1	3.90	15.1	0.055	38 799.8
2020 年	161.0	53.9	55.0	578.0	54.0	989.0	200.2	38.10	26.0	4.00	15.6	0.063	36 022.5

表 11-4　达拉特旗各规划水平年电力工业需水量预测结果　（单位：万 m^3）

电厂项目	规模		各规划水平年电力工业需水量		
			2005 年（现状）	2010 年	2020 年
达拉特旗发电厂	一、二期	4×330 MW	3 400	3 400	3 400
	三期	2×330 MW	1 200	1 200	1 200
	四期	4×600 MW		2 040	2 040
	五期	6×600 MW			3 060
	小计	7 980 MW	4 600	6 640	9 700
建滔化工集团有限公司		3×150 MW		150	150
内蒙古埃玛能源化工有限公司	一期	2×150 MW		255	255
	二期	2×150 MW			255
	小计	600 MW		255	510
香港海粤集团	一期	4×300 MW		400	400
	二期	4×300 MW			400
	三期	4×300 MW			400
	小计	3 600 MW		400	1 200
华阳投资有限公司	一期	2×600 MW		400	400
	二期	8×600 MW			1 600
	小计	6 000 MW		400	2 000
北京能源投资（集团）有限公司		4×600 MW		2 040	2 040
内蒙古弘泽煤电开发有限公司		4×300 MW		1 020	1 020
中国能源环保集团有限公司	一期	2×300 MW		510	510
	二期	10×300 MW			2 550
	小计	3 600 MW		510	3 060
合计		25 830 MW	4 600	11 415	19 680

表 11-5　达拉特旗各规划水平年高用水工业需水量预测结果　（单位：万 m^3）

项目名称	产品	各规划水平年高用水工业需水量	
		2010 年	2020 年
新奥集团股份有限公司	甲醇、二甲醚	3 470	6 050
内蒙古亿利化学工业有限公司	PVC、烧碱	3 500	3 500
山东鲁能集团有限公司	甲醇	1 860	5 580
建滔化工集团有限公司	甲醇、尿素	7 850	7 850
内蒙古埃玛能源化工有限公司	PVC、烧碱	1 245	2 490
香港海粤集团	甲醇	235	700
华阳投资有限公司	运煤铁路	400	800
北京能源投资（集团）有限公司	甲醇	1 960	1 960

续表 11-5

项目名称	产品	各规划水平年高用水工业需水量	
		2010 年	2020 年
上海焦化有限公司	焦化产品	500	3 400
内蒙古弘泽煤电开发有限公司	PVC	1 980	1 980
天津荣程联合钢铁集团有限公司	甲醇	1 170	1 170
中国能源环保集团有限公司	甲醇、二甲醚	390	1 940
包头华鼎铜业发展有限公司	铜	300	2 000
河北威远生物化工股份有限公司	阿维菌素	1 000	1 000
内蒙古东达蒙古王集团(造纸)	纸	2 400	2 400
合计		28 260	42 820

表 11-6　达拉特旗各规划水平年煤炭工业需水量预测结果

煤炭项目	规模(万 t)	各规划水平年煤炭工业需水量(万 m^3)		
		2005 年(现状)	2010 年	2020 年
新奥集团股份有限公司	400	320		
	1 000		800	
	1 000			800
合计		320	800	800

表 11-7　达拉特旗各规划水平年一般工业需水量预测结果

水平年	一般工业增加值(亿元)	用水定额(m^3/万元)	一般工业需水量(万 m^3)
2005 年(现状)	4.95	180	891.0
2010 年	14.33	120	1 719.7
2020 年	42.84	70	2 998.6

表 11-8　达拉特旗各规划水平年建筑业和第三产业需水量预测结果

水平年	建筑业需水量预测			第三产业需水量预测		
	建筑面积(万 m^2)	用水定额(m^3/m^2)	建筑业需水量(万 m^3)	城镇人口(万人)	用水定额(L/(人·d))	第三产业需水量(万 m^3)
2005 年(现状)	27.6	1.9	52.4	6.40	46.9	109.6
2010 年	34.5	2.1	72.5	6.94	52.0	131.7
2020 年	51.2	2.2	112.6	8.26	53.0	159.8

表 11-9 达拉特旗各规划水平年生态需水量预测结果

水平年	城镇人口(万人)	造林面积(万亩)	美化城市景观用水定额(L/(人·d))	单位造林面积用水定额(m^3/亩)	生态需水量(万 m^3)				
					河道外需水量			河道内需水量	合计
					美化城市景观	生态建设	小计		
2005 年(现状)	6.40	0.60	11.9	35.3	27.8	21.2	49.0	274.4	323.4
2010 年	6.94	0.70	15.0	33.0	38.0	23.1	61.1	531.0	592.1
2020 年	8.26	0.75	16.5	31.0	49.7	23.3	73.0	1 070.5	1 143.5

表 11-10 达拉特旗各规划水平年需水量汇总 (单位:万 m^3)

水平年	河道外需水量							河道内需水量	总需水量
	生活	农业	工业	建筑业	第三产业	河道外生态	合计		
2005 年(现状)	382.9	40 679.8	5 811.0	52.4	109.6	49.0	47 084.7	274.4	47 359.1
2010 年	458.8	38 799.8	42 031.4	72.5	131.7	61.1	81 555.3	531.0	82 086.3
2020 年	568.3	36 022.5	65 729.8	112.6	159.8	73.0	102 666.1	1 070.5	103 736.6

其中,生活需水预测采用人均日用水定额法;农田灌溉需水预测、林果地灌溉需水预测采用灌溉定额法,牲畜需水预测采用畜均日用水定额法,渔业需水量预测采用亩均补换水定额法;煤炭、电力和高用水工业需水预测采用单位产品用水定额法;一般工业需水预测采用万元增加值用水定额法;建筑业需水预测采用单位建筑面积用水定额法,第三产业需水预测采用人均第三产业用水定额法;河道外生态需水预测采用城市环境美化和单位造林面积用水定额法;鉴于本地区河道内生态需水只有维持河流基本生态功能需水,这里采用河流年最小月径流量的多年平均值乘以年径流月数加以确定。

第五节 水资源供需平衡分析

水资源供需平衡分析的基础是各规划水平年供水量和需水量的预测成果,上一节系统地介绍了需水的预测方法,本节在介绍供水预测的基础上,介绍水资源的供需平衡分析。

一、供水预测

(一)可供水量的概念

可供水量是指在考虑需水要求的情况下,各水平年、不同保证率下已建或拟建供水工程可能提供的水量。可供水量具有如下特点与要求:

(1)考虑需水要求就是把供水和需水联合起来加以考虑,不能被用户利用的水量和各类供水工程的弃水量都不能算做可供水量。

(2)各水平年反映出水资源的开发利用程度,表现在供水工程上则为供水工程的组成、工程管理水平及其状况等。

(3)不同保证率是指丰、平、枯等不同来水情况，同时也间接地表示了供水工程对用户供水的保证程度。同一供水工程在不同保证率下所提供的水量是不同的。

(4)可供水量必须是通过供水工程为用户提供的。供水工程包括地表水源供水工程、地下水源供水工程和其他水源供水工程，有时也包括临时供水工程。未通过供水工程直接为用户利用的水量，诸如农作物根系吸收的包气带土壤水分和地下水等不能作为可供水量。

(5)可供水量不同于供水工程的实际供水量和供水工程的最大供水能力。最大供水能力是指供水工程充分发挥作用时可以提供的最大水量，它没有考虑需水要求，可供水量只是最大供水能力中可以被用户利用的那部分水量。而实际供水量是指供水工程实际提供的水量，实际供水量既没有考虑需水要求，也未必全部被用户所利用。

(6)可供水量可用于近、中、远期不同规划水平年水资源的供需分析中，可以反映不同水平年水资源的余缺程度。

(二)影响可供水量的因素

影响可供水量的因素主要有以下几种。

1. 来水特点

受季风影响，我国大部分地区水资源的年际、年内变化较大。南方地区，最大年径流量与最小年径流量的比值多变化在2~4，汛期径流量占年总径流量的60%~70%。北方地区，最大年径流量与最小年径流量的比值多变化在3~8，干旱地区甚至超过100倍，汛期径流量占年总径流量的80%以上。可供水量的计算与年来水量及其年内变化有着密切的关系，年际间以及年内不同时间和空间上的来水变化，都会使可供水量的计算结果不一致。

2. 供水工程

我国大部分地区，天然水资源的年际、年内变化很大，同时与用水需求的变化不一致，很难直接满足各类用户的需要。因此，需要修建各类供水工程来调节天然水资源的时空分布，蓄丰补枯，以便满足用户的需水要求。供水量总是与供水工程相联系，各类供水工程的改变如现有工程参数的变化，不同的调节运用方式以及不同发展时期新增水源工程等情况，都会使计算所得的可供水量有所不同。

3. 用水条件

不同规划水平年的用水结构、用水要求、用水分布与用水规模等特性，以及节约用水、合理用水情况的不同，都会导致所计算出的可供水量不同。此外，不同用水条件之间也相互影响、互为制约。例如，河道冲淤、河口生态等用水要求，有时会影响到河道外直接供水户的可供水量；而河道上游的用水要求可能影响到下游的可供水量等。

4. 水质状况

不同规划水平年供水水源的水质状况、水源的污染程度等都会影响可供水量的大小。例如，高矿化度地下水，未经处理，不能供生产使用，更不能用于生活。

(三)供水预测及其类型

供水预测就是预测不同规划水平年新增供水水源工程达到供水能力后，和原有工程一起可提供的供水量,其中新增供水水源工程包括现有工程的挖潜配套、污水处理回用、开源节流、海水利用、微咸水利用及雨水利用等工程。

1. 供水能力

供水能力是指区域或供水系统能够提供给用户的供水量大小。它反映了区域内由所有供水工程组成的供水系统,依据系统的来水条件、工程状况、需水要求及相应的运行调度方式和规则,提供给用户不同保证率下的供水量大小。

2. 供水预测分类

根据供水工程的类型,供水预测可分为地表水源供水预测、地下水源供水预测、其他水源供水预测。其他水源主要包括可集蓄雨水、微咸水、中水(污水处理再利用)、海水和深层承压水等。

3. 供水量

对应于供水工程的类型,供水量包括地表水可供水量、浅层地下水可供水量、其他水源可供水量。

地表水可供水量包括蓄水工程供水量、引水工程供水量、提水工程供水量以及外流域调入的水量。一般而言,供需分析时需计算各地表水源工程长系列的可供水量,然而,当需要进行不同保证率下的供需分析时,还需计算各规划水平年不同保证率下的可供水量。

浅层地下水可供水量一般根据地下水源地的富水性、补排特点、地下水可开采资源量以及不同水平年的技术经济条件加以确定,由于地下水系统具有蓄积、调节、延时、传输和平滑等作用,因此地下水源的供水保证率较高,一般可取97% ~98%,有时甚至直接取做100%,调蓄能力较大的地下水源地可供水量的数值一般取用多年平均值。

其他水源可供水量包括深层承压水可供水量、微咸水可供水量、雨水集蓄利用工程可供水量、污水处理再利用水量、海水利用量,这里的海水利用量包括折算成淡水的海水直接利用量和海水淡化量。其中,深层承压水可供水量、微咸水可供水量、海水利用量的供水保证率较高,一般可取97% ~98%,有时直接取为100%;雨水集蓄利用工程与地表水源工程类似,不同保证率下的可供水量是不相同的,通常情况下可根据不同频率下的降水量计算结果加以分析确定;污水处理再利用水量(中水)多来源于城镇居民生活污水量、第三产业污水排放量和达标排放的工业废水量,城镇污水处理回用水量通常较稳定,其供水保证率可取95%。

4. 开发利用潜力分析与可供水量估算

在对现有供水工程的布局、供水能力、运行状况以及水资源开发利用程度与存在问题等方面进行调查分析的基础上,可分析水资源的开发利用前景和开发利用潜力。水资源开发利用潜力是指通过对现有工程的加固配套和更新改造、新建工程的投入运行和非工程措施实施后,分别以地表水可供水量、地下水可供水量和其他水源可供水量,与现状条件相比最大可能提高的供水能力。

可供水量估算要充分考虑技术经济因素、水质状况、对环境的影响以及开发不同水源的有利和不利条件,预测不同水资源开发利用模式下可能的供水量,并进行技术经济比较,拟定水资源开发利用方案。要分析各规划水平年利用当地水资源的可供水量及其耗水量。通过对当地水资源耗用量的分析计算,以水资源可利用量为控制上限,检验当地水资源开发利用潜力及可供水量预测成果的合理性，一个地区水资源的耗水量不应超过该地区水资源可利用总量。

（四）供水工程的安排

在供水预测中，不同规划水平年要合理安排新水源工程，安排的原则主要有以下5点：①在流域或地区水利规划以及供水规划中明确推荐的工程优先安排；②利用当地水资源的工程优先安排；③配套挖潜的工程优先安排；④具有综合利用功能的工程优先安排；⑤开发利用地表水、收集疏干水、污水处理回用、雨水集蓄利用的工程优先安排。

（五）地表水源供水预测

地表水资源开发既要考虑续建配套、更新改造现有水利工程后可能增加的供水能力以及相应的技术经济指标，又要考虑规划的水利工程，其重点是规划拟建的大中型水利工程的供水规模、对象和范围，以及工程的主要技术经济指标，经综合分析提出不同工程方案的可供水量、投资和效益。

地表水可供水量计算，一般以一个完整的河流水系中各类供水工程以及各供水区所组成的供水系统为调算主体，运用水库径流调节的计算方法，按照自上游到下游、先支流后干流的顺序逐级进行调节演算。对于大型水库以及控制面积大、可供水量大的中型水库应采用长系列资料进行调节计算，得到各规划水平年不同保证率下的可供水量，然后再将其分解，分配到不同的计算分区上，最后确定其供水范围、供水用户、供水目标与控制条件等；对于其他中型水库、小型水库和塘坝工程可简化计算，其中中型水库可采用典型年法进行调节计算，小型水库和塘坝可用兴利库容乘以复蓄系数来估算，复蓄系数可通过对不同地区各类工程进行分类，采用典型调查方法，参照邻近及类似地区的成果经综合分析后加以确定。一般而言，复蓄系数，南方较北方大；小Ⅱ型水库和塘坝比小Ⅰ型水库大；丰水年比枯水年大。

引提水工程可供水量应根据取水口处河道径流量、引提水工程的引水、提水能力以及用户需水要求来计算。引水工程的引水能力与进水口水位及引水渠道的过水能力有关；提水工程的提水能力则与设备性能、运行时间等因素有关。引提水工程可供水量可用下式来计算

$$W_{SS}^{t} = \sum_{i=1}^{N} \min(Q_{S,i}^{t}, H_{S,i}^{t}, W_{S,i}^{t}) \tag{11-32}$$

式中　W_{SS}^{t}——地表水可供水量，万 m^3；

$Q_{S,i}^{t}$——i 时段取水口可引（提）水量，等于取水口可引（提）水流量乘以 i 时段长，万 m^3；

$H_{S,i}^{t}$——i 时段引（提）水工程的引（提）水能力，等于引（提）水工程的设计引（提）水流量乘以 i 时段运行时间，万 m^3；

$W_{S,i}^{t}$——i 时段用户需要由地表水供水系统供给的需水量，万 m^3；

N——计算时段数。

规划供水工程要考虑与现有供水工程的联系，与现有供水工程组成新的供水系统，按照新的供水系统进行可供水量的计算。对于双水源或多水源用户，联合调节计算时要避免重复计算可供水量。

在省(自治区、直辖市)际河流上布设新的供水工程,应符合流域综合规划,并充分考虑工程实施后对流域下游、对岸水量及供水工程的影响。以统筹兼顾上下游、左右岸各方利益为原则,合理布置新增水资源开发利用工程。

计算可供水量时应预测不同规划水平年供水工程状况的变化趋势,既要考虑现有工程经更新改造和续建配套后新增的可供水量,又要估算工程老化、水库淤积以及因上游用水增加造成来水量减少等方面对工程供水能力的影响。

(六)地下水源供水预测

地下水源供水预测以矿化度不大于 2 g/L 的浅层地下水资源可开采量作为地下水可供水量估算的依据。采用浅层地下水资源可开采量评价成果确定地下水可供水量时,应考虑相应规划水平年由于地表水开发利用方式和节水措施的变化所引起的地下水补给条件的变化,并相应地调整各水资源分区的地下水资源可开采量,同时以调整后的地下水资源可开采量作为地下水可供水量估算的控制条件;此外,还应根据地下水布井区的地下水资源可开采量作为估算的依据。

由于地下水资源量、地下水可开采量与地表水的利用情况直接相关,因此在评价地下水资源量、地下水可开采量时,应根据现状水平年和各规划水平年的具体情况分别加以计算。有条件的地下水开采区应规划人工补给工程,以便将地表水源工程无法控制的地表水尽可能多地转化为地下水,此时,在计算地下水可供水量时就应考虑这一额外的补给源。

应结合实际地下水开采情况、地下水资源可开采量以及天然和开采后地下水的动态特征,经综合分析,确定尚有开采潜力的地下水分布范围和新增可开采资源量,提出在现状开采水平的基础上可进一步增加的地下水源供水区和可供水量。

地下水可供水量与当地地下水资源可开采量、机电井的提水能力、开采范围和用户的需水量等因素有关。其计算式为

$$W_{GS}^{t} = \sum_{i=1}^{N} \min(H_{G,i}^{t}, Q_{G,i}^{t}, W_{G,i}^{t}) \tag{11-33}$$

式中 W_{GS}^{t}——地下水可供水量,万 m^3;

$H_{G,i}^{t}$——i 时段机电井提水能力,等于机电井设计出水能力乘以 i 时段设计运行时间,万 m^3;

$Q_{G,i}^{t}$——当地地下水资源可开采量,万 m^3;

$W_{G,i}^{t}$——i 时段用户需要由地下水供水系统供给的需水量,万 m^3;

N——计算时段数。

1. 地下水资源可开采量的修正

这里所指的地下水资源可开采量是指布井区范围内的浅层地下水资源可开采量。根据地下水资源评价绘制的浅层地下水资源可开采量模数分区图,及其圈定的各规划水平年布井区范围,估算在现状条件下各规划水平年供水范围内的地下水资源可开采量。同时,要考虑各规划水平年与现状条件相比较地下水系统有关计算参数(渠系渗漏补给系数、渠灌田间入渗补给系数、可开采系数等)的变化,以便对供水范围内的地下水资源可开采量进行修正。

修正浅层地下水可开采量的步骤:根据各规划水平年与现状条件相比渠系灌溉条件、

降水入渗条件的变化(渠首引水量、渠系衬砌情况、渠灌定额、灌水次数与地下水位等),分析有关计算参数以及渠系渗漏量、灌溉入渗量和降水入渗补给量的变化,根据计算参数和入渗补给量的变化程度确定有关修正系数,进而修正地下水资源可开采量。

2. 超采区供水预测

在预测区域地下水可供水量的同时,应对区域地下水超采区进行单独的供水预测。根据超采程度以及引发的环境灾害情况,可将地下水超采区划分为严重、较严重、一般三类。禁采、压采、限采是控制、管理地下水超采区的具体措施。禁采措施一般在严重超采区实施,属终止一切开采活动的举措;压采、限采措施一般在较严重超采区实施,属于强制性压缩、限制现有实际开采量的举措;一般超采区,要采取措施,严格控制地下水的开采量。禁采区、压采区、限采区以及严格控制区与相应的超采区范围是一致的。

地表水和地下水之间存在着复杂的转换关系,有些地区地下水的开发利用,将增加地表水向地下水的补给量(如坎儿井、山丘区侧向补给、傍河河川径流补给)。这些地区只有在地下水开采量超过当地地下水可开采量与增加的地表水补给量之和时,才为超采地下水。

在供水预测中,还应充分考虑当地政府已经和将要采取的措施,对于近期无其他替代水源的一般超采区(或压采、限采区),在保持地下水环境不再继续恶化或逐步有所改善的前提下,近期可适当开采一定数量的地下水。

划定地下水供水区和确定地下水供水量后,在现有地下水工程的基础上,应提出对现有地下水工程的更新改造、续建配套,以及规划地下水工程的规划成果,并提出相应的布局、安排和投资建议。

(七)其他水源供水预测

其他水源利用主要是指参与水资源供需分析的雨水集蓄利用、微咸水利用、污水处理回用、海水利用与深层承压水利用等。

1. 雨水集蓄利用

雨水集蓄利用工程主要是指收集和存储屋顶、场院、道路与坡田等场所的降雨或径流的微型蓄水工程,包括水窖、水窑水池、水柜与水塘等,也称集雨工程。通过调查,分析现有集雨工程的供水量及其对当地河川径流的影响,可提出对象领域不同水平年集雨工程的可供水量。

雨水集蓄利用工程一般包括汇集、蓄存和利用3方面,这3个方面互相衔接,构成完整的雨水集蓄利用系统。

雨水集蓄利用技术与工程主要有城市雨水集蓄利用工程、人畜饮水工程和农业灌溉利用技术与屋顶集水技术等。

1)城市雨水集蓄利用工程

城市雨水集蓄利用工程由汇集工程、蓄水工程、处理工程(简单处理)和利用工程组成。该工程可利用雨水资源量的主要影响因素有降水量、集水面积、集流效率、城市管网雨水收集率和雨水回用可利用率。

由于一定降水的发生都有不同频率,与此相对应也有不同频率下的雨水集蓄量,据此总结出城市雨水集蓄工程可利用雨水资源量的计算公式

$$W_{OSR,i}^{t} = 0.1\xi_{R,i}A_{R}^{t}P_{i}\alpha_{R1}^{t}\alpha_{R2}^{t} \tag{11-34}$$

式中　$W_{OSR,i}^{t}$——第 i 种降雨频率下第 t 规划水平年城市雨水集蓄利用工程年可利用雨水资源量，万 m^3；

P_i——第 i 种降水频率下的年降水量，mm；

A_R^t——第 j 规划水平年的集水面积，km^2；

$\xi_{R,i}$——第 i 种降水频率下的集流效率，无量纲；

α_{R1}^t——城市管网雨水收集率，无量纲；

α_{R2}^t——雨水回用可利用率，无量纲。

根据对象领域的实际情况，合理确定现状与各规划水平年的集水面积、集流效率、城市管网雨水收集率、雨水回用可利用率等参数。

例如，内蒙古自治区鄂尔多斯市达拉特旗 2005 年还没有城市雨水集蓄利用工程，雨水利用率为 0，拟在 2006～2010 年建立该系统。

根据达拉特旗气象站 1954～2005 年年降水量序列，绘制降水量频率曲线，年降水量频率分析结果如表 11-11 所示。

表 11-11　达拉特旗年降水量统计参数计算结果　（单位：mm）

降水量特征参数			不同频率 i 下的降水量 P_i					
均值(mm)	C_v 值	C_s/C_v 值	$i=50\%$	$i=75\%$	$i=90\%$	$i=95\%$	$i=97\%$	$i=98\%$
386.3	0.24	2.0	368.0	326.0	275.0	234.7	237.0	227.0

根据测试，不同质地路面（如混凝土、沥青路面等）的集水效率是不同的，不同频率降水量下的集水效率也是不同的。多年平均年降水量变化在 300～400 mm 时，不同频率降水量下，分别有不同的综合集流效率。达拉特旗树林召镇城区不同频率降水量下的集流效率如表 11-12 所示。

表 11-12　达拉特旗树林召镇不同频率降水量下的城区雨水集蓄量计算结果

项目		多年平均值	不同保证率 i 下的项目取值					
			$i=50\%$	$i=75\%$	$i=90\%$	$i=95\%$	$i=97\%$	$i=98\%$
降水量(mm)		386.30	368.00	326.00	275.00	234.70	237.00	227.00
综合集流效率		0.888	0.831	0.800	0.755	0.747	0.684	0.635
可利用雨水资源量(万 m^3)	2010 年	638.04	568.80	485.09	386.18	326.10	301.52	268.11
	2020 年	1 217.63	1 085.50	925.74	736.99	622.32	575.42	511.66

达拉特旗树林召镇城区现状面积为 34.4 km^2，绿化率为 31.1%；根据城市规划，达拉特旗树林召镇 2010 年城区面积为 50 km^2，绿化率为 38.0%，集水面积为 31%，城市管网雨水收集率为 0.8，雨水回用可利用率为 0.75；2020 年城区面积为 80 km^2，绿化率为 42.0%，集水面积为 46.4%，城市管网雨水收集率为 0.9，雨水回用可利用率为 0.85。

由此可计算出不同频率降水量下的可集蓄水量，结果如表 11-12 所示。由此可知，达拉特旗树林召镇雨水集蓄利用工程在95%保证率下，2010年可利用雨水资源量为326.10万m^3，2020年可利用雨水资源量为622.32万m^3。

2）人畜饮水工程和农业灌溉利用技术

其主要是农村小型人畜饮水工程和农业灌溉利用技术，如图11-3所示，其可利用雨水资源量计算方法与城市雨水集蓄利用工程计算方法类似。

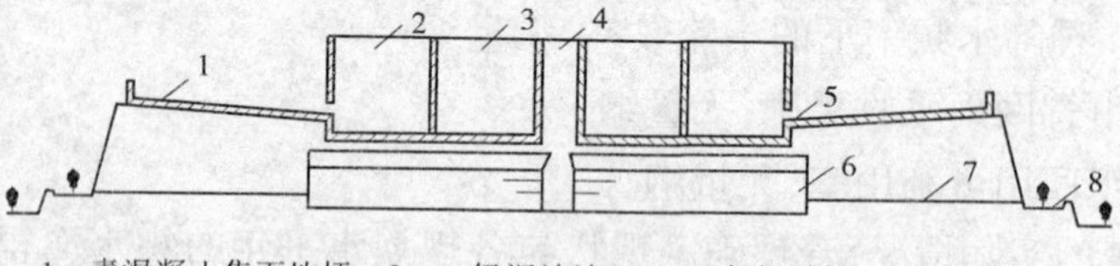

1—素混凝土集面地坪；2—一级沉沙池；3—二级沉沙池；4—窖筒；5—进水口；6—水窖；7—放水管；8—菜园梯田

(a)峁顶光头式水窖配置模式

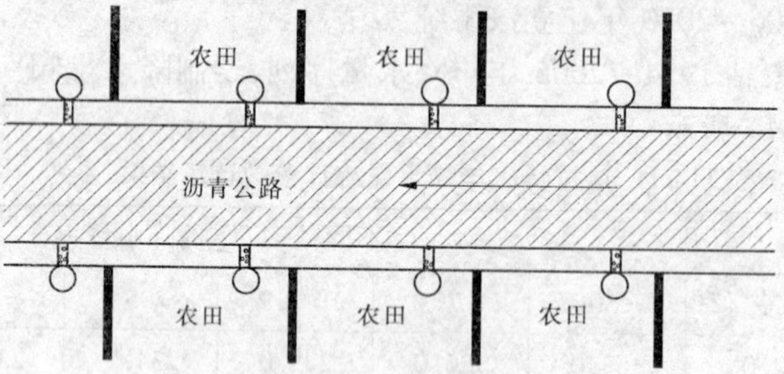

○水窖；╠拦水坝；═排水沟

(b)路旁葡萄串式水窖配置模式

图11-3　农村小型人畜饮水工程和农业灌溉利用技术

3）屋顶集水技术

屋顶集水技术是一个古老而又崭新的话题，在很多情况下，人们利用石板瓦、镀锌铁皮、黏土瓦、铅瓦与石棉瓦等做成的屋顶收集相对洁净的雨水，但这也只是相对的，一般水质很难保证。

2.微咸水利用

微咸水（矿化度2～3 g/L）一般可用做农业灌溉用水的补充，在一些淡水特别缺乏的地区，对于矿化度超过3 g/L的咸水有时也可与淡水混合利用。我国北方的部分平原地区，广泛分布着微咸水，可利用水量也较大，合理有效地开发利用这些地区的微咸水对缓解区域水资源紧缺具有积极的作用。

在对微咸水的分布及其可采区域和需求进行调查分析的基础上，综合评价微咸水的开发利用潜力，进而提出各地区不同水平年微咸水的可利用量。其预测方法同地下水源供水预测方法。

3.污水处理回用

城市污水经集中处理后，在满足一定水质要求的情况下，可用于农业灌溉或生态建设等方面。对缺水较严重的城市，污水处理回用对象可扩大到水质要求不高的工业用水，生态用水和市政用水，如工业冷却用水、城市绿化和冲洗马路用水、河湖补水等。

针对各规划水平年,应结合各行业需水预测结果,考虑到不同水平年污水回收、处理和利用水平的逐步提高,综合计算污水可回用量。城镇主要污水源有生活污水、工业废水、建筑业废水、第三产业污水和城市绿化(河道外生态用水)废水。

污水处理回用量计算公式为

$$W_{OSP}^{t} = \alpha_{P2}^{t}\beta_{P}^{t}\alpha_{P1}^{t}\xi_{P}^{t}Q_{PT}^{t} \tag{11-35}$$

式中 W_{OSP}^{t}——第 t 个规划水平年污水处理回用量,万 m^3;

Q_{PT}^{t}——污水排放源总排水量,万 m^3;

ξ_{P}^{t}——污水产出率,无量纲;

α_{P1}^{t}——污水回收率,无量纲,主要取决于污水管网的建设完善程度;

β_{P}^{t}——污水处理厂污水处理率,无量纲;

α_{P2}^{t}——污水可利用率,无量纲。

现仍以内蒙古自治区鄂尔多斯市达拉特旗为例。达拉特旗各规划水平年污水处理回用水量计算成果如表 11-13 所示。

表 11-13　达拉特旗各规划水平年污水处理回用水量估算

水平年	总用水量(万 m^3)	污水排放源总排水量 Q_{PT}^{t}(万 m^3)	污水产出率 ξ_{P}^{t}(%)	污水产出量(万 m^3)	污水回收率 α_{P1}^{t}(%)	污水处理率 β_{P}^{t}(%)	污水处理量(万 m^3)	污水可利用率 α_{P2}^{t}(%)	污水处理回用水量(万 m^3)
2010 年	82 086.3	42 481.8	32.9	13 976.5	88.0	85.0	10 454.4	80.0	8 363.6
2020 年	103 736.6	66 301.3	18.4	12 199.4	93.0	90.0	10 210.9	85.0	8 679.3

4. 海水利用

海水利用包括海水淡化和海水直接利用两种方式,应分别进行统计分析与预测,其中海水直接利用量应折算成淡水替代量。

预测海水可利用量时,应首先摸清海水利用的现状、具备的条件和各种技术经济指标,在此基础上,进一步了解国内外海水利用的进展和动态,并估计未来科技进步的作用和影响,根据需求和具备的条件分析不同地区、不同时期海水利用的前景和潜力。一般而言,可根据需要和可能,提出各规划水平年两套海水利用方案:一套是正常发展情景下的海水利用量,简称基本利用方案;另一套是考虑科技进步、增加投资力度,加大海水利用程度情景下的海水利用量,简称加大海水利用方案。海水利用多以有条件的沿海城市或极其缺水的地区为单位进行分析计算,并按计算分区进行汇总。

5. 深层承压水利用

深层承压水利用应在分析深层承压水分布、补给和循环规律的基础上,综合评价其可开采潜力。在严格控制其可开采资源量和可开采范围的基础上,提出各规划水平年深层承压水的可供水量。

(八)总供水量预测成果

不同规划水平年各分区的总供水量为原有供水工程和新增水源工程中扣除供水工程

之间相互调用水量后所能提供的供水总量。新增水源工程中挖潜配套所增加的供水量,不能直接作为对象领域总供水量的增加值,必须在扣除供水工程之间的相互调用水量后,经调节计算重新核定可供水量,方能与分区的其他供水量相加。

现仍以内蒙古自治区鄂尔多斯市达拉特旗为例。总供水预测结果如表 11-14 所示。

表 11-14　达拉特旗各规划水平年不同保证率下供水量预测成果　（单位:万 m^3）

水平年	地表水源供水					地下水源供水	
						集中供水	分散供水
	$i=50\%$	$i=75\%$	$i=95\%$	$i=97\%$	$i=98\%$	$i=98\%$	$i=98\%$
2010 年	25 079.0	22 803.9	21 469.5	20 599.6	20 150.0	1 714.6	41 172.2
2020 年	25 079.0	22 803.9	21 469.5	20 599.6	20 150.0	2 055.0	43 897.5
水平年	雨水集蓄利用供水					污水处理回用水	
	$i=50\%$	$i=75\%$	$i=95\%$	$i=97\%$	$i=98\%$	$i=95\%$	
2010 年	568.80	485.09	326.10	301.52	268.11	492.2	
2020 年	1 085.50	925.74	622.32	575.42	511.66	824.8	

二、水资源供需平衡分析

（一）概念及基本思想

水资源供需平衡分析就是综合考虑社会、经济、环境和水资源的相互关系,分析不同发展时期、各种规划方案的水资源供需状况。供需平衡分析就是采取各种措施使水资源供水量和需求量处于平衡状态。

水资源供需平衡的基本思想是开源节流。开源就是增加水源,包括开辟新的水源、海水利用、非常规水资源的开发利用、虚拟水等;节流就是通过各种手段抑制需求,包括通过技术手段提高水资源利用率和利用效率,如通过挖潜减少水资源的需求、改革管理机制、调整产业结构等。

水资源供需分析以流域或区域水量平衡为基本原理,对流域或区域内水资源的供、用、耗、排等进行长系列调算或典型年分析,得出不同水平年各流域(区域)的相关指标。供需分析计算一般应采用 2 ~ 3 次供需分析的方法。

（二）具体要求和注意事项

(1)分析流域或区域内计算分区或控制节点的水资源供、用、耗、排之间的相互联系,并概化出水资源系统网络图,系统网络图应能反映各计算分区间的水力联系,这是水资源供需分析的第一步工作。水资源系统网络图应反映影响供需分析中各主要因素的内在联系,它是构建供需分析计算的基础。

(2)对于一个较大的水资源系统(如一级流域、省级区),要考虑系统内不同区域之间的差异。供需分析中,各项需水量、地表水资源量、地下水资源量,供、用、耗、排水量和污水处理回用、微咸水利用、海水利用等应按计算分区分别统计,并提供流域(区域)主要控制节点的相应成果；跨流域调水要明确供水范围及可供水量。

(3)根据系统网络图按照流域或区域水资源供需调配原则，采用水资源系统分析原理，选择合适的供需计算方法，进行不同方案的水资源供需分析。一般可采用常规计算和模型计算两种方法。可供选用的模型主要有模拟模型和数学规划模型，模拟模型直观易懂、仿真性与可操作性强，宜于构建系统输入—输出之间的响应关系；数学规划模型多为优化模型。有条件的地区可以应用模拟优化耦合模型。具体采用哪种计算方法取决于对象领域的具体情况、以往的工作基础、人员素质和资料条件，同时要考虑计算成果对客观条件扰动的灵敏度。应综合分析水资源系统的特征，在比较不同计算方法的适应条件和优缺点的基础上，考虑现有技术条件，对水资源供需分析方法做出恰当选择。采用模型计算的，应利用已有资料对模型进行率定。

(4)原则上，水资源供需分析应进行长系列调节计算，并给出各分区、控制节点、蓄水工程的供需分析计算月系列成果，以及按不同来水保证率做出的不同供水保证率下各分区的供需分析成果，并以此为基础，提出供水组成、水资源利用程度、污水处理回用、水资源地区分配、缺水量、弃水量等成果，以及发电、航运、冲沙、生态、入海等河道内用水量成果。

(5)如按来水保证率采用典型年法进行供需分析，也应给出各分区和总控制出口按不同来水保证率的供需分析计算成果。按典型年法进行水资源供需分析计算时，应设置蓄水工程年初、年末的蓄水量参数；参数设置的合理与否关系到供需分析计算成果的合理性。对年调节水库的始、末库容一般应设置为兴利库容的50%；对多年调节水库，也不能将多年调节库容完全用于某一个典型年，不同典型年可使用相应分配份额的多年调节库容量。

(6)当拟定的供水不能满足需水预测时，应按优先保证生活用水、统筹考虑工业用水和农业用水的原则，针对各种可能发生的情况，提出有利于当地经济社会可持续发展的对策和措施，并作为反馈信息供进一步制定和修改国民经济发展规划时参考。

(7)在供需平衡分析中，当分区缺水量过大时，应调整供需方案或国民经济发展指标，使供需基本协调。有些地区，经济社会发展指标经调整后仍无法平衡，这时，应留有缺口并提出有关措施，同时分析计算因缺水可能造成的经济损失，供有关部门参考。

(三)三次平衡分析方式

通常，供需平衡分析采用三次平衡分析方式，主要内容如下：

(1)一次平衡：需水分析时应考虑人口的自然增长速度、城镇化程度、经济社会发展和人民生活水平的提高程度等方面；供水分析时应考虑到流域水资源的开发利用现状及其格局，并能充分发挥现有供水工程的潜力。

(2)二次平衡：应强化节水意识、提高污水处理回用力度、注意挖潜配套相结合；以合理提高水价、调整产业结构等方式来有效抑制各用水方的需求，同时也要注重环境的改善。

(3)三次平衡：应加大产业结构和布局的调整力度，进一步强化群众的节水意识；当具有跨流域调水的可能性时，可通过跨流域调水来解决水资源供需平衡问题。

(四)成果检验

对水资源供需分析的计算成果要检验其合理性和精度。通过综合研究与分析，结合各流域或区域特点制定一套合理的成果检验方法，并建立相应的指标体系，对主要成果进行分析计算和统计，评价成果的可靠性。

现仍以内蒙古自治区鄂尔多斯市达拉特旗为例。根据上述各规划水平年不同用水行业需水量及不同保证率下各水源工程供水量的预测结果，对达拉特旗水资源供需平衡进行初步分析。其中，取生活和河道内生态的需水保证率为98%（实际为97%，为了突出它的优先级别），电力工业、采掘业和高用水工业的需水保证率为97%，一般工业、建筑业和第三产业及河道外生态的需水保证率为95%，农业需水的保证率为75%，通过三次平衡分析后，整理成不同保证率下的需水量和供水量预测成果，如表11-15所示。

表11-15　达拉特旗各规划水平年不同保证率下的水资源供需状况（单位：万 m^3）

分类		规划水平年	不同保证率 i 下的项目取值			
			$i=75\%$	$i=95\%$	$i=97\%$	$i=98\%$
现状供用水水平	需水量	2010年	86 772.7	43 534.4	41 795.8	1 022.8
		2020年	115 456.1	68 835.7	65 035.3	1 783.5
	可供水量	2010年	50 553.5	50 008.6	49 962.6	49 903.1
		2020年	50 553.5	50 008.6	49 962.6	49 903.1
实施节水、规划工程措施	需水量	2010年	82 086.2	43 286.4	41 457.8	989.8
		2020年	103 736.5	67 714.0	64 933.2	1 638.8
	可供水量	2010年	66 667.99	65 174.60	63 787.92	63 304.91
		2020年	70 506.94	68 869.12	67 127.52	66 614.16

从表11-15可以看出，在现状供用水水平下，各规划水平年75%保证率下的供水不能满足需水要求；2020年95%、97%保证率下的供水也不能满足需水要求；其他情况下的供水均能满足需水要求。通过三次平衡后，在实施节水措施、调整产业结构、控制经济发展速度和新建各规划水源工程的条件下，除75%保证率下的需水得不到满足外，其他情况下均可满足。即2010年、2020年达拉特旗75%保证率下的缺水量分别为15 418.21万 m^3、33 229.56万 m^3，因此建议黄河下游受益区通过南水北调工程解决其缺水问题后，结余黄河水资源量再重新分配给达拉特旗。尽管不同保证率下的水资源从供需总量上来看是基本平衡的，但需要在不同水源地和各用水户之间进行水资源的合理配置，以实现经济社会和环境效益的协调最优目标。

第六节　水资源合理配置

一、水资源合理配置的目标与原则

水资源合理配置的最终目标是保障水资源可持续利用和区域可持续发展。水资源合理配置的原则概括为以下几点。

（一）可承载原则

社会、经济、资源和环境协调发展的前提是不破坏地球上生命支撑系统（如空气、水、土壤等），即发展应处于资源可承载的最大限度之内，以便保证人类福利水平至少处在可生存的状态之中。

(二)可持续性原则

水资源合理配置应体现可持续原则,不仅应考虑到当代人,而且要顾及到后代人,即维持自然生态系统的更新能力,实现水资源的可持续利用。

(三)开源与节流并重原则

开源和节流是解决水资源需求的两条基本途径,在建立水资源合理配置模型时,要统筹兼顾开源和节流并重的原则。过去,人们对开源比较重视,常常靠兴修水利工程和设施、开发新水源来增加水源的供给能力。但在水资源相对贫乏、现状水资源开发利用率很高的地区,水资源开发利用潜力已不大,尤其是对供水能力已超过水资源可承载能力的地区,此时开源已不可能,只能靠节流。

(四)开发和保护相结合原则

在制定水资源配置方案时应尽可能将废污水的排放减小到最低程度,将其保持在水资源可承载能力之内,实现水资源开发和保护相结合。

(五)兴利和除弊相结合原则

在进行水资源合理配置的同时,一定要关注历史和现在的水灾情况,并与未来可能出现的水灾情况相结合。

(六)综合效益协调最优原则

水资源合理配置应以保护自然环境为基础,以改善和提高生活质量为目标,同时与资源、环境的承载能力相协调,追求经济、社会效益与环境效益的协调最优。

二、水资源合理配置的内容及流程

水资源合理配置的内容较多,其主要内容有:①水资源供需初步分析;②水资源配置方案的生成;③水资源合理配置模型及其求解;④特殊干旱期应急对策。

水资源合理配置的程序复杂,其一般的工作流程如图11-4所示。根据该流程,以下将分述水资源合理配置的主要内容。

(一)水资源供需初步分析

通过对基准年和未来各规划水平年水资源供需的初步分析,可以弄清水资源开发利用过程中存在的主要问题,合理地调整水资源的供需结构和工程布局,确定需水满足程度、余缺水量、缺水程度与水环境状况等指标。缺水程度可用缺水率(指缺水量与需水量的比值,用百分比表示,以反映供水不足时缺水的严重程度)来表示。通过计算分析,辨识各分区内挖潜增供、治污、节水与外调水边际成本的关系,明确缺水性质(资源性、工程性和环境性缺水)和缺水原因,确定解决缺水的措施及其实施的优先次序,为水资源配置方案的生成提供基础信息。

(二)水资源配置方案的生成

1.方案可行域

根据各规划水平年的需水预测、供水预测、节约用水与水资源保护等成果,以供水预测的零方案和需水预测的基本方案相结合作为方案集的下限;以供水预测的高方案和需水预测的强化节水方案相结合作为方案集的上限。方案集上、下限之间为方案集的可行域。

方案设置在方案集可行域内,针对不同流域或不同区域存在的供需矛盾等问题,如工

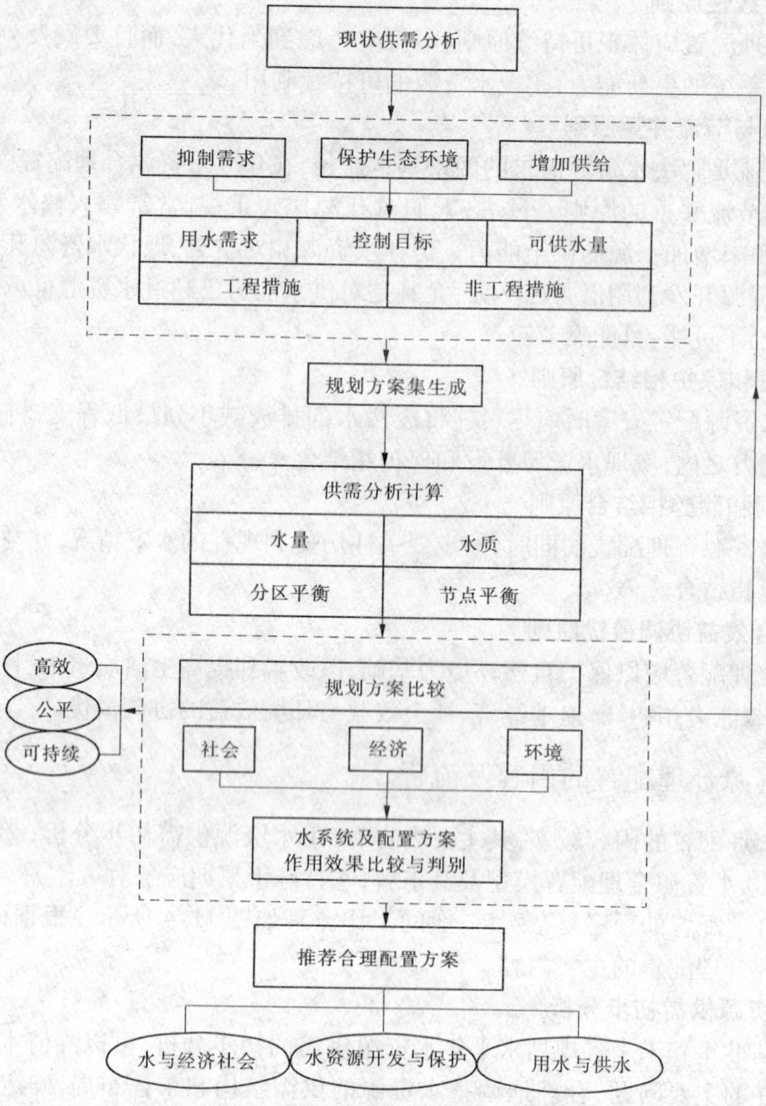

图 11-4 水资源合理配置思路示意图[76]

程性缺水、资源性缺水和环境性缺水等，结合现实可能的投资状况，以方案集的下限为基础，逐渐加大投入，逐次增加边际成本最小的供水与节水措施，提出具有代表性、方向性的方案，并进行初步筛选，形成水资源供需分析计算方案集。方案的设置应依据流域或区域的社会、经济、生态和环境方面的具体情况有针对性地选取增大供水、加强节水等各种措施组合。如对于资源性缺水地区可以偏重于采用加大节水以及扩大其他水源利用量的措施，提高用水效率和效益；对于水资源丰沛的工程性缺水地区，可侧重加大供水投入；对于因水质较差而引起的环境性缺水，可侧重加大水处理或污水处理回用的措施和节水措施。可以考虑各种可能获得的不同投资水平，在每种投资水平下根据不同侧重点的措施组合得到不同方案，但对加大各种供水、节水和水处理、治污力度时所得方案的投资需求应与可能的投入大致相等。

2. 方案调整

在水资源供需分析及其计算方案比选过程中，应根据实际情况对原设置的方案进行合理的调整，并在此基础上继续进行相应的供需分析计算，通过反馈最终得到较为合理的推荐方案。方案调整时，应依据计算结果，将明显存在较多缺陷的方案予以淘汰；对存在某些不合理因素的方案可给予一定有针对性的修改。修改后的新方案再进行供需分析计算，若结果仍有明显不合理之处，则通过反馈再进行调整计算。

（三）水资源合理配置模型及其求解

水资源系统是一个复杂而又庞大的系统。在人类活动未触及之前，它是一个天然系统，其降水补给、产流、汇流、径流过程以及地表水与地下水转化等作用都是按照自然规律来进行的。此时的水资源系统是一个自然的水循环过程。而在人类活动的逐步影响作用下，水资源系统（包括水资源系统结构、径流过程以及作用机理等）被人为地改变了，这就使原来的水资源系统更加复杂[7]。

按照水资源系统过程，可将其分为水资源配置系统和水资源循环系统。

水资源配置系统以人类的水事活动为主体，它是自然、社会诸多过程交织在一起的统一体，其沟通了自然的水资源系统与经济社会系统之间的联系。水资源配置系统一般由4部分组成：①供水系统，包括地表水供水系统、地下水供水系统和其他水源供水系统；②输水系统，包括输水河道、输水渠道、输水管道等；③用水系统，包括生活用水、农业用水、工业用水与生态用水等；④排水系统，包括生活污水排放、工业废水排放、农业灌溉排水及其他排水等。

水资源循环系统以生态系统为主体，它包括水资源的形成、转化等过程，是水资源系统能够为人类提供持续不断的水资源的客观原因。

水资源合理配置就是运用系统工程理论，将区域或流域水资源在不同规划水平年各子区、各用水部门间进行合理分配，也就是要建立一个有目标函数、有约束的优化模型[7]。

首先，需要划分子区、确定水源途径、用水部门。设对象领域划分成 K 个子区，$k=1,2,\cdots,K$；k 子区有 $I(k)$ 个独立水源、$J(k)$ 个用水部门。对象领域内有 M 个公共水源，$c=1,2,\cdots,M$。公共水源 c 分配到 k 子区的水量用 D_c^k 表示。其水量和其他独立水源一样，需要在各用水户之间进行分配。因此，对于 k 子区而言，是 $I(k)+M$ 个水源、$J(k)$ 个用水户的水资源合理配置问题。

其次，要确定模型的目标。通常情况下，水资源合理配置模型追求社会、经济和环境综合效益协调最优。根据目标函数建立方法的不同，可以分为多目标模型和单目标模型。

最后，列出模型的所有约束条件。

以下将介绍基于大系统理论建立的多目标配置模型。水资源合理配置模型的一般形式如下

$$\left.\begin{aligned} Z &= \max[F(X)] \\ G(X) &\leqslant 0 \\ X &\geqslant 0 \end{aligned}\right\} \tag{11-36}$$

式中　X——决策向量；

$F(X)$——综合效益函数；

$G(X)$——约束条件集。

1. 目标函数

水资源的合理配置要做到经济、资源和环境的协调可持续发展。因此,可将目标先分解为3个,即社会效益、经济效益和环境效益,最后将3个目标集成为总的效益。

目标1:社会效益

社会效益不易度量,而区域缺水量大小直接影响社会的发展和安定,是社会效益的一个侧面反映。因此,可以用区域总缺水量最小来间接反映社会效益目标。

$$\max f_1(X) = -\min\left\{\sum_{k=1}^{K}\sum_{j=1}^{J(k)}\left[D_j^k - \left(\sum_{i=1}^{I(k)} x_{ij}^k + \sum_{c=1}^{M} x_{cj}^k\right)\right]\right\} \tag{11-37}$$

式中 D_j^k——k 子区 j 用户的需水量,万 m^3;

x_{ij}^k、x_{cj}^k——独立水源 i、公共水源 c 向 k 子区 j 用户的供水量,万 m^3。

目标2:经济效益

经济效益用供水带来的直接经济效益来表示。

$$\max f_2(X) = \max\left\{\sum_{k=1}^{K}\sum_{j=1}^{J(k)}\left[\sum_{i=1}^{I(k)}(b_{ij}^k - c_{ij}^k)x_{ij}^k a_{ij}^k + \sum_{c=1}^{M}(b_{cj}^k - c_{cj}^k)x_{cj}^k a_{cj}^k\right]\right\} \tag{11-38}$$

式中 b_{ij}^k、b_{cj}^k——独立水源 i、公共水源 c 向 k 子区 j 用户供水的单位供水量效益系数,元/m^3;

c_{ij}^k、c_{cj}^k——独立水源 i、公共水源 c 向 k 子区 j 用户供水的单位供水量费用系数,元/m^3;

a_{ij}^k、a_{cj}^k——独立水源 i、公共水源 c 向 k 子区 j 用户供水的供水效益修正系数,与供水次序、用户类型及子区影响程度有关。

目标3:环境效益

环境效益多与水环境问题相联系,可用废污水排放量最小来衡量。通常,可选择重要污染物的最小排放量来表示。

$$\max f_3(X) = -\min\left\{\sum_{k=1}^{K}\sum_{j=1}^{J(k)} 0.01 d_j^k p_j^k\left(\sum_{i=1}^{I(k)} x_{ij}^k + \sum_{c=1}^{M} x_{cj}^k\right)\right\} \tag{11-39}$$

式中 d_j^k——k 子区 j 用户单位废污水排放量中重要污染物的含量,一般用化学需氧量COD、生化需氧量BOD等水质指标来表示,mg/L;

p_j^k——k 子区 j 用户的污水排放系数。

2. 约束条件

由于水资源系统的复杂性、与经济社会的紧密联系性以及水资源合理配置的多目标性,水资源合理配置模型的约束条件很多,只有将约束条件考虑全面,才能建立合理的模型,所得结果才可行。对于约束条件的选取,一方面要从水资源配水系统的各个环节分别进行分析,另一方面可从社会、经济和环境协调方面进行分析。

1)供水系统的供水能力约束

公共水源

$$\left.\begin{aligned}&\sum_{j=1}^{J(k)} x_{cj}^k \le W(c,k)\\&\sum_{k=1}^{K} W(c,k) \le W_c\end{aligned}\right\} \tag{11-40}$$

独立水源
$$\sum_{j=1}^{J(k)} x_{ij}^{k} \leqslant W_i^k \tag{11-41}$$

式中　W_c、W_i^k——公共水源 c、k 子区独立水源 i 的可供水量上限，万 m^3；

$W(c,k)$——公共水源 c 分配给 k 子区的水量，万 m^3；

其他符号含义同前。

2）输水系统的输水能力约束

公共水源
$$x_{cj}^{k} \leqslant Q_c \tag{11-42}$$

独立水源
$$x_{ij}^{k} \leqslant Q_i^k \tag{11-43}$$

式中　Q_c、Q_i^k——公共水源 c、k 子区 i 水源的最大输水能力，万 m^3。

3）用水系统的供需变化约束

$$L(k,j) \leqslant \sum_{i=1}^{I(k)} x_{ij}^{k} + \sum_{c=1}^{M} x_{cj}^{k} \leqslant H(k,j) \tag{11-44}$$

式中　$L(k,j)$、$H(k,j)$——k 子区 j 用户需水量变化的下限、上限，万 m^3。

4）排水系统的水质约束

达标排放
$$c_{j,r}^{k} \leqslant c_{ro} \tag{11-45}$$

总量控制
$$\sum_{k=1}^{K} \sum_{j=1}^{J(K)} 0.01 d_j^k p_j^k \left(\sum_{j=1}^{I(k)} x_{ij}^{k} + \sum_{c=1}^{M} x_{cj}^{k} \right) \leqslant W_0 \tag{11-46}$$

式中　$c_{j,r}^{k}$——k 子区 j 用户排放污染物 r 的浓度，mg/L；

c_{ro}——污染物 r 达标排放规定的浓度，mg/L；

W_0——允许的污染物排放总量，kg；

其他符号意义同前。

5）非负约束

$$x_{ij}^{k}, x_{cj}^{k} \geqslant 0 \tag{11-47}$$

6）其他约束条件

每个对象领域都有自己的实际情况，对于上述约束条件未涉及的情况，可根据具体情况另增加其他约束条件，如经济社会规模约束、环境约束、风险约束、投资约束、河道最小流量约束、湖泊与湿地最低水位约束、地下水位最低约束等。

前述目标函数和约束条件组合在一起便形成了水资源合理配置模型。该模型是一个十分复杂的多目标多水源多用户的优化模型，模型的求解可采用大系统理论方法、遗传算法和计算机模拟技术等。

最后通过计算即可得出不同方案的可行配置结果，进而生成可行配置方案集。

【例 11-1】　以内蒙古自治区通辽市科尔沁区为例。通过建立水资源合理配置模型，对科尔沁区各规划水平年进行合理配水。

1. 水资源供需现状分析

1）水资源开发利用程度

地表水开发利用程度：科尔沁区地表水只有水库调水，现状年 95% 保证率下地表水资源可利用量为 8 400.0 万 m^3，由于水库水量几乎全部消耗于蒸发及渗漏，所以 2004 年和2005年科尔沁区地表水源供水量均为0。

地下水开发利用程度：科尔沁区多年平均地下水资源量为60 176.0万m^3，地下水可开采量为48 860.0万m^3，2004年和2005年科尔沁区地下水开采量分别为70 206.8万m^3和65 644.5万m^3，部分地区地下水处于超采状态。

总水资源开发利用程度：科尔沁区水资源可利用总量为57 260.0万m^3，2004年和2005年科尔沁区水资源开发利用总量分别为70 206.8万m^3和65 644.5万m^3，总水资源开发利用程度分别为122.6%和114.6%，部分地区水资源处于过度开发状态。

2）现状供用水存在问题分析

通过实地调查与分析，发现科尔沁区现状供用水主要存在以下几个问题。

（1）污水处理率低。科尔沁区所有工业和生活污水大部分进入科尔沁区第一和第二污水处理厂，污水经简单处理后排入周围灌溉渠道中，其中的一小部分被用于灌溉。这样不仅造成周围地下水污染以及环境污染，而且也没有被回收利用，造成水资源的流失。因此，应该立即改善污水处理厂污水处理工艺，以提高污水处理回用力度。

（2）地下水开采井密度大、地下水超采。科尔沁区用水大部分为地下水，地下水开采井数量多，密度大，井距较小，造成部分地区超采，水位持续下降。因此，应充分考虑该地区地下水资源的实际状况，在有效合理布井的同时，可持续利用地下水，使地下水资源在保障生态、经济协调发展的情况下得到合理利用。

（3）工业用水浪费。科尔沁区工业用水浪费现象比较普遍，特别是电力、高用水工业用水浪费严重，因此建议较大企业进一步改善工艺流程，不断提高工业用水的重复利用率，尽量减少水资源的流失，从而提高水资源的利用效率，降低地下水资源的实际开采量。

2. 水资源供需初步分析

根据科尔沁区各规划水平年需水量及不同保证率下不同水源工程供水量的预测结果，对科尔沁区水资源供需平衡进行初步分析。其中，生活和河道内生态用水的保证率为98%（实际为97%，选用98%保证率主要是考虑优先保证生活用水和生态用水），电厂、高用水工业用水的保证率为97%，一般工业、建筑业和第三产业及河道外生态用水的保证率为95%，农业用水的保证率为75%。据此，通过水资源平衡分析后，整理成不同保证率下的需水量和供水量成果，如表11-16所示。

表11-16 科尔沁区各规划水平年不同保证率下的水资源供需状况（单位：万m^3）

项目	规划水平年	不同保证率i下的项目值			
		$i=75\%$	$i=95\%$	$i=97\%$	$i=98\%$
现状用水水平下的用水量	2010年	93 775.2	32 104.9	23 695.5	9 244.2
	2020年	104 949.1	57 254.2	38 714.9	10 321.2
节水措施下的用水量	2010年	73 307.5	26 823.6	20 447.3	8 656.3
	2020年	87 620.8	47 835.5	33 140.0	9 611.3
可供水量	2010年	73 310.0	67 396.6	62 630.5	60 240.0
	2020年	91 698.6	89 598.6	83 088.0	79 830.0

从表11-16可以看出，在未来各类供水水源工程建设实施的前提下，75%保证率下的

供水量不能满足现状用水水平下的用水量，而在大力实施节水措施、调整产业结构和经济发展速度的情况下，各种保证率下的供水均能满足需水要求。尽管如此，这也只是供水保证率综合状态下的一种表现，在实际用水过程中，由于行业用水水源的不同需求，需要在各水源地和用水单元之间进行水资源的合理配置，以实现社会、经济效益和环境效益的协调最优目标。

3. 水资源合理配置方案

科尔沁区地表水资源极其匮乏，几乎所有行业用水全靠开采地下水来维持，无秩序不合理地开采地下水资源，导致部分地区的地下水已经超采。因此，控制未来用水在水资源可利用量以内，同时最大程度地发挥水资源的利用效率和效益是水资源配置的主要目标。

在配置过程中力求实现对科尔沁区内各种水源的统一调配和联合运用。首先，目前科尔沁区现状地表水资源基本未予利用，几乎全部消耗于蒸发和渗漏，为了减少地下水资源的开采，充分利用当地的地表水资源，应优先利用已建和规划建设的各类地表水源工程提供的地表水；其次，为了改善水环境和保护水资源，应加大污水处理回用力度，同时将中水用于对水质要求不高的农业、工业和河道外生态建设等行业；再次，回用城市雨水，用于河道外生态建设和建筑业；最后，使用地下水，用于生活、农业和建筑业、第三产业及部分对水质要求较高的一般工业。根据规划要求，确定 2010 年为中期规划水平年，2020 年为远期规划水平年。

应用前述水资源合理配置模型，经求解得到各规划水平年水资源合理配置方案，以下列举其中一个方案，如表 11-17 和表 11-18 所示。

表 11-17　2010 年科尔沁区水资源合理配置方案　（单位：万 m^3）

<table>
<tr><th colspan="3" rowspan="2">供水水源</th><th colspan="9">用水户</th><th rowspan="2">供水量</th></tr>
<tr><th>河道内生态用水</th><th>城镇生活用水</th><th>农村生活用水</th><th>电力和高用水工业用水</th><th>一般工业用水</th><th>建筑业与第三产业用水</th><th>牲畜饮用水</th><th>农田灌溉、林牧渔业用水</th><th>河道外生态用水</th></tr>
<tr><td rowspan="2">地表水</td><td rowspan="2">引蓄水工程</td><td>各水库泄水</td><td>6 303.0</td><td></td><td></td><td></td><td></td><td></td><td></td><td></td><td></td><td>6 303.0</td></tr>
<tr><td>水库</td><td></td><td></td><td></td><td>11 791.0</td><td></td><td></td><td></td><td>6 617.9</td><td></td><td>18 408.9</td></tr>
<tr><td rowspan="3">地下水</td><td rowspan="2">集中供水工程</td><td>自来水公司水源地</td><td></td><td>1 716.4</td><td></td><td></td><td>1 025.0（食品行业）</td><td>1 341.6</td><td></td><td></td><td></td><td>4 083.0</td></tr>
<tr><td>各村人畜饮水集中供水水源地</td><td></td><td></td><td>636.9</td><td></td><td></td><td></td><td>1 865.9</td><td></td><td></td><td>2 502.8</td></tr>
<tr><td>分散供水工程</td><td>各农业灌溉分散供水区</td><td></td><td></td><td></td><td></td><td></td><td></td><td></td><td>38 000.0</td><td></td><td>38 000.0</td></tr>
<tr><td colspan="3">污水处理回用</td><td></td><td></td><td></td><td></td><td>3 409.9</td><td></td><td></td><td></td><td>230.3</td><td>3 640.2</td></tr>
<tr><td colspan="3">雨水集蓄利用</td><td></td><td></td><td></td><td></td><td></td><td></td><td></td><td></td><td>369.6</td><td>369.6</td></tr>
<tr><td colspan="3">需水量</td><td>6 303.0</td><td>1 716.4</td><td>636.9</td><td>11 791.0</td><td>4 434.9</td><td>1 341.6</td><td>1 865.9</td><td>44 617.9</td><td>599.9</td><td>73 307.5</td></tr>
</table>

表 11-18　2020 年科尔沁区水资源合理配置方案　（单位:万 m^3）

供水水源			用水户									供水量
			河道内生态用水	城镇生活用水	农村生活用水	电力和高用水工业用水	一般工业用水	建筑业与第三产业用水	牲畜饮用水	农田灌溉、林牧渔业用水	河道外生态用水	
地表水	引蓄水工程	各水库泄水										
		水库	6 303.0			23 528.7	4 033.4					33 865.1
地下水	集中供水工程	自来水公司水源地		2 513.1			2 295.8（食品行业）	2 555.8				7 364.7
		各村人畜饮水集中供水水源地			795.1				2 121.8			2 916.9
	分散供水工程	各农业灌溉分散供水区								37 663.5		37 663.5
污水处理回用							5 234.7				22.7	5 257.4
雨水集蓄利用											553.2	553.2
需水量			6 303.0	2 513.1	795.1	23 528.7	11 563.9	2 555.8	2 121.8	37 663.5	575.9	87 620.8

从上面各规划水平年的水资源配置方案可以看出,在充分节水、调整产业结构、控制经济发展速度,以及各规划供水工程得以实施的情况下,2010 年、2020 年在保障人类生活和生态用水的同时,各行业用水可以得到合理保障,水资源配置方案合理可行。在工业用水中,大部分工业使用地表水和污水经处理后可回用中水,食品行业用水水质要求较高,使用地下水。河道内生态用水,2010 年由各水库下泄水量来保障,2020 年上游用水将大幅度提高,下泄水量将急剧减少,因此 2020 年河道内生态用水由水库调水来解决。

按照上述的配水方案实施后,科尔沁区各规划水平年经济发展状况如表 11-19 所示。总体上,实施配水方案后,用水量控制在可供水量以内,地下水位得以逐步恢复,环境状况不断改善,可实现国民经济稳步持续地发展。

表 11-19　各规划水平年配水后的经济发展状况

规划水平年	人口（万人）	灌溉面积（万亩）	大牲畜（万头）	羊（万只）	猪（万头）	工业产值（亿元）	人均工业产值（万元/人）
2005 年(现状)	87.60	181.20	23.24	29.86	84.18	106.87	1.22
2010 年	90.70	177.60	31.50	42.00	90.00	331.96	3.66
2020 年	97.25	176.90	34.00	47.00	100.00	898.59	9.24

第七节　水资源规划方案的比选与制定

一、规划方案比选与制定的基本要求

规划方案的比选与制定是水资源规划工作的最终要求，规划方案多种多样，每个方案都产生自己的效益，方案之间效益不同，优缺点也各异，到底采用哪种方案，一般需要结合实际情况经综合分析来确定。因此，水资源规划方案比选与制定是一项十分重要而又复杂的工作，在比选与制定过程中，应考虑满足以下基本要求：

(1)必须满足技术可行的要求。水资源规划方案中，规划了许多工程措施，这些工程只有在技术上得以保障实施，才可以达到规划方案的效益。如有部分工程在技术上不可行，导致实施困难或不可实施，就会影响规划方案的整体效益，使规划方案得不到完全实施。

(2)必须满足经济可行的要求。水资源规划方案中，工程的实施需要经济条件的保障，工程投资过大，超过区域经济可承受能力，就会导致工程得不到实施。因此，必须将工程投资限定在区域经济可承受范围之内。

(3)规划方案应能满足不同发展阶段经济发展的需要。在制定水资源规划方案时，应针对地区实际情况和具体问题采取相应的措施。如对于工程性缺水，则主要解决工程问题，最大限度地把水资源转化为生产部门可以利用的可供水源；对于资源性缺水，则主要解决资源问题，可实施跨流域调水工程等，以增加本区域的水资源量。

(4)要协调好水资源系统空间分布与水资源合理配置空间不协调之间的矛盾。水资源系统在空间上的分布随区域地形、地貌、水文地质及水文气象等条件的变化而变化，并有较大的差异，而区域经济的发展状况多与水资源系统的空间分布不相一致。因此，在进行水资源合理配置时，必然会出现两者不协调的矛盾，这就要求在制定水资源规划方案时予以考虑。

只有在满足上述基本要求后，制定出的水资源规划方案才合理可行。但规划方案不只一个，而是有很多个方案，这些方案都满足上述条件，都是合理可行的。因此，需要在这些方案之中选择一个较优方案，到底选择哪一个，需要认真分析和研究。选择较优方案的途径主要是通过建立和求解水资源合理配置模型，最后从合理可行的众多方案中选择综合效益最大的方案。

二、规划方案涉及的内容

水资源规划的研究内容广泛，最终的规划方案涉及众多方面的内容，总结起来，制定的规划方案应该涉及社会发展规模、经济结构调整与发展速度、水资源配置方案、水资源保护规划等方面[1,6]。

(一)社会发展规模

水资源规划不仅仅针对水资源系统本身，实际上它还涉及社会、经济、环境等多方面。关于这一点，已在上文有详细论述。在以往的流域规划中，常常要求对规划流域和有关地区的经济社会发展与生产力布局进行分析预测，明确各方面发展对流域治理开发的要求，以此作为确定规划任务的基本依据。不同规划水平年的经济社会发展预测应在国家和地区国土资源规划、国民经济发展规划和有关行业中长期发展规划的基础上进行。要求符合地区实际情况,并与国家对规划地区的治理开发要求和政策相适应。简单地讲,也就是在制定水资源规划方案时,考虑规划区域经济社会发展规划,以适应经济社会发展的需求。

而实际上却并非如此简单,经济社会发展与水资源利用、生态系统保护之间相互交叉、相互促进、互为因果。需要通过水资源优化配置模型来制定一个涉及社会、经济、水资源、生态的系统方案。

1. 人口规划

人口是构成一个地区或一个社会的根本因素,也可以说,人口是研究任何一个地区或社会所有问题的一个非常重要的驱动因子。因此,人口规划是社会发展规划中的一个基础性工作。我国是一个人口大国,人口密度较大,人口问题一直是影响经济社会可持续发展的主要因素。控制人口增长、实行计划生育是我国国民经济发展的一项基本国策。

在水资源规划中,适度控制人口增长,不仅可以减小社会发展对水资源产生的压力,而且会促进区域经济社会的可持续发展和改善环境质量。

人口规划,是以水资源规划前期工作——经济社会发展预测成果为基础,根据水资源配置方案的要求,对经济社会发展预测成果进行合理调整,从而制定合理的人口规划。另外,也可以通过水资源优化配置模型直接得到。这种方法是依据一定的人口预测模型,并在一定约束条件下,满足经济社会可持续发展的目标要求和条件约束。也就是说,在水资源优化配置模型中,包括人口预测子模型,通过模型求解得到人口发展规划方案。

2. 农村发展规划

农村是经济社会区域内农业占主要地位的活动场所,在经济活动中,它是构成国民经济第一产业的主要部分。农村发展规划的主要内容有农业生产布局、农村土地利用和农业区划、农村乡镇企业规划。

3. 城镇发展规划

城市作为人口和经济高度集中的地区,在整个经济社会发展中起到了重要的作用。研究城市的发展趋势并做好城市发展规划工作,将带动整个区域经济的发展。因此,城镇发展规划是一项十分重要的工作,其主要内容包括城市化进程、城市土地利用和城市体系建设[1]。

(二)经济结构调整与发展速度

我国已经根据社会生产活动的历史发展顺序,划分出三类产业,即第一产业(农业)、第二产业(工业和建筑业)和第三产业。

第一产业:农业。农业作为基础生产力,不仅是农村生活的保障,而且是广大城镇人民所需粮食、蔬菜等基本生活资料的来源,是社会生活安定的基本保障。农业又是工业原料的重要来源,也是国民经济积累的重要来源。

第二产业:工业和建筑业。工业是国民经济的支柱,是国家财政的主要来源,是国民经济综合实力的标志。建筑业创造不可移动的物质产品,可以带动建材工业及其他许多相关产业的增长,是今后相当长时间内我国经济发展的重要增长点。

第三产业:第一、第二产业以外的其他部门。第三产业为物质生产部门提供支持,为提高人民生活质量提供服务,为经济发展提供良好的社会环境,是国民经济中越来越重要的组成部分。

在进行水资源规划时，需要按照国家编制的统计资料，并结合地区和行业的不同特点，可以重新对行业进行归并和划分，分别统计分析，以满足用水行业配水的要求。

对于水资源规划工作，最终报告要提出的关于经济规划部分的相关成果，至少要包括以下内容：

(1)对三类产业的总体规划。主要确定三类产业在国民经济建设中的比重，指出重点发展哪些产业，重点扶持哪些产业。明确三类产业的总体布局和结构，实现经济结构合理的发展模式。

(2)对各行业发展速度进行宏观调控。对部分行业或部门(如对低耗水、低污染行业)进行重点支持，合理提高发展速度；对部分行业或部门(如对高耗水、高污染行业)实行限制发展或取消，以逐步适应发展需要。例如，在有些生态系统破坏严重的地区，要限制农业耕作面积的扩大，甚至要求退耕还林还草；而有些行业又要鼓励加强，如旅游业，特别是生态旅游在许多地区很受欢迎。

调整经济结构和发展速度的基础，应是在水资源规划总体框架下，通过水资源优化配置，在一定约束条件下，满足社会、经济、环境综合效益最大的目标。因此，调整经济结构和发展速度规划的一般步骤是：

(1)合理划分经济结构体系，也就是产业类型及行业划分，并分别统计和分析，作为选择水资源规划模型决策变量的依据，这也是调整经济结构和发展速度的参考因素。

(2)建立经济发展模型，并与社会发展模型相耦合，建立经济社会发展预测模型。作为系统结构关系约束条件，嵌入到水资源优化配置模型中。

(3)依据水资源优化配置模型的求解结果，按照经济系统的决策变量，并参考本地区国民经济和社会发展计划，合理调整经济结构和各行业发展规模和速度[1]。

(三)水资源配置方案

水资源配置方案的确定，是水资源规划的中心内容。一方面，其内容是为水资源配置方案的选择及制定服务；另一方面，又通过水资源配置方案的制定来间接调控经济社会发展和生态系统保护。这是可持续发展目标下的水资源规划研究思路，与以往的水资源规划有所不同。

本章已介绍了建立水资源合理配置模型的方法，这是制定水资源配置方案的基础模型。其基本的研究思路和过程介绍如下：

(1)根据研究区的实际情况，制定水资源规划的依据、具体任务、目标和指导思想。重点要体现可持续发展的思想。

(2)了解经济社会发展现状和发展趋势，建立由经济社会主要指标构成的经济社会发展预测模型，对未来不同规划水平年的发展状况进行科学预测。

(3)分析研究区水资源数量、水资源质量和可供水资源量，并建立水量水质模型，以作为研究的基础模型。

(4)依照本章介绍的方法，建立水资源合理配置模型。经济社会发展预测模型、水量水质模型均应包括在水资源优化配置模型中。

(5)通过合理配置模型的求解和优化方案的比选，来制定水资源规划的具体内容。

制定水资源配置方案是水资源规划的重要工作。它应该是在水资源优化配置模型的基础上,结合研究区实际,制定分区、分行业、分部门、分时段(根据解决问题的深度不同来选择详细程度)的配置方案[1]。

(四)水资源保护规划

由于人类不合理的开发利用水资源,在水资源保护问题上重视不够,导致目前水资源问题十分突出。就是在这种情况下,迫使人们重视水资源的保护工作。也使水资源保护规划工作从开始重视到逐步实施,以至于目前成为水资源规划必不可少的一部分。

总体来看,水资源保护规划是在调查、分析河流、湖泊、水库等水体中污染源分布、排放现状的基础上,与水文状况和水资源开发利用情况相联系,利用水量水质模型,探索水质变化规律,评价水质现状和趋势,预测各规划水平年的水质状况,划定水功能区范围及水质标准,按照功能要求制定环境目标,计算水环境容量和与之相对应的污染物消减量,并分配到有关河段、地区、城镇,对污染物排放实行总量控制。同时,根据流域(或区域)各规划水平年预测的供水量和需水量,计算实施水资源保护所需要的生态需水量,最终提出符合流域(或区域)经济社会发展的综合防治措施。这一工作已成为维系水资源可持续利用的关键。有关水资源保护的详细内容可参见本书第十二章。

水资源保护规划的目的在于保护水质,合理地利用水资源,通过规划提出各种措施与途径,使水体不受污染,以免影响水资源的正常用途,从而保证满足水体主要功能对水质的要求,并合理、充分地发挥水体的多功能用途。

进行规划时,必须先了解被规划水体的种类、范围、使用要求和规划的任务等,并把水资源保护目标纳入到水资源优化配置模型中,再通过配置模型的求解和优化方案的选择,可以得到水资源保护规划的具体方案,从而制定水资源保护规划[1]。

思考题

11-1 水资源规划与水资源配置之间的关系是什么?

11-2 简述水资源规划的原则、主要内容和工作流程。

11-3 举例说明经济社会发展与水资源之间的相互作用关系。

11-4 简述在进行水资源规划时,为什么要进行经济社会发展预测,各类经济社会指标预测的方法分别有哪些?

11-5 通常在作水资源规划时,要进行经济社会发展预测,同时要参考地区经济社会发展规划,如果预测结果与规划结果差距较大,即相应需水量预测结果相差较大时,如何处理这个矛盾?

11-6 选择一个流域,收集相关资料,计算该流域河道内生态需水量。

11-7 选择一个地区,通过收集相关资料,分析该地区各行业水资源开发利用现状,并进行未来规划水平年供需水预测,最后进行水资源供需平衡分析。

11-8 简述水资源合理配置的内容及流程。

11-9 选择某一地区,收集相关资料,完成该地区的水资源规划工作,并撰写水资源规划报告。

第十二章　水资源保护

人类所能利用的水资源是有限的，有限的水资源还很容易被污染等破坏，因此人类必须倍加珍惜和保护这一有限的水资源。水资源保护，就是通过行政、法律、工程、经济等手段，保护水资源的质量和供应，防止水污染、水源枯竭、水流阻塞和水土流失，尽可能地满足经济社会可持续发展对水资源的需求。

本章将介绍有关水资源保护方面的基本知识，主要内容包括：水污染特征分析，水功能区划分，污染源调查和预测，水环境容量计算与分配，水资源保护的内容、步骤和措施，地表水资源保护，地下水资源保护。

第一节　水污染特征分析

一、水体中污染物的来源

（一）水体

水体是一个自然生态综合体，是水集中的场所，包括自然水、水体底质、水生生物和水体边界。这里的自然水是指水（H_2O）及其所包含的气体成分（CO_2 和 O_2）、主要离子（Cl^-、SO_4^{2-}、HCO_3^-、CO_3^{2-}、Na^+、K^+、Ca^{2+} 和 Mg^{2+}）、特殊微量元素（Li^+、Ba^{2+}、Mn^{2+}、Fe^{2+}、F^-、Br^-、$HSiO_3$ 和 H_3PO_4 等）、有机物及悬浮固体物质（生物残体、生活代谢物质）。水体底质是水体底部的沉积物质（淤泥），是水体中非可溶性物质及超量溶解物质的沉积产物，包括水环境中的碎屑物质、胶体物质、生物残体、各种有机质和无机化学沉积物及水中生物的代谢产物。水生生物包括漂浮生物（水浮莲、浮萍）、浮游生物（硅藻、绿藻）、底栖生物和自游生物（鱼、虾）。水体边界通常由隔水或相对隔水的固体物质组成，随着水体的演变，其存在状态也发生变化。

水体是一个开放系统，在其形成和演变的过程中与外界发生着复杂的物质和能量的交换作用，不断改变自身的状态和环境特征。自然界的水在地球引力和太阳辐射的作用下，通过蒸发、水汽流动、凝结、降水、入渗、径流，进行着从海洋到陆地的水分大循环以及海洋（陆地）范围的小循环。水中的各种溶解和运载物质也随之循环。在蒸发过程中，水汽很少挟带盐分和其他成分，而在水汽凝结和降水过程中，大气中的气体及凝结核是降水中的主要成分，构成了自然界水中的原始物质成分，这些物质使降水具有弱酸性，使其具有较强的氧化和溶解能力。在降水到达地表产生地表径流及深入岩层形成地下径流的过程中，将其所遇到的可溶性物质冲刷淋溶并带走。水中的溶解物质在随水迁移的过程中，受水热条件和物理化学环境的制约，伴随着溶解和沉淀、胶溶和凝聚、氧化与还原及吸附离子简化等物理化学作用，以及生物的吸收、代谢分解等生物化学作用，使水质在时间和空间上进行演变。

(二)水体污染物的来源

依据《中华人民共和国水污染防治法》定义,水污染是指水体因某种物质的介入,而导致其化学、物理、生物或者放射性等方面特性的改变,从而影响水的有效利用,危害人体健康或者破坏生态环境,造成水质恶化的现象。

由于人类活动的影响和参与,引起天然水体污染的物质来源,称为污染源。它包括向水体排放污染物的场所、设备和装置等(通常也包括污染物进入水体的途径)。

一般来说,形成水体污染物质的来源主要包括以下几个方面。

1. 工业废水

工业废水指的是工业企业排出的生产中使用过的废水,是水体产生污染的最主要的污染源。工业废水的量和成分是随着生产及生产企业的性质而改变的,一般来说,工业废水种类繁多,成分复杂,毒性污染物最多,污染物浓度高,难于净化和处理。工业废水大多未经处理直接排向河渠、湖泊、海域或渗排进入地下水,且多以集中方式排泄,为最主要的点污染源。

工业废水的性质则往往因企业采用的工艺过程、原料、药制、生产用水的量和质等条件的不同而有很大的差异。根据污染物的性质,工业废水可分为:①含无机物废水,如水力发电厂的水力冲灰废水,采矿工业的尾矿水以及采煤炼焦工业的洗煤水等;②含有机物废水,如食品工业、石油化工工业、焦化工业、制革工业等排放的废水中含有碳水化合物、蛋白质、脂肪和酚、醇等耗氧有机物,炼油、焦化、煤气化、燃料工业等排放的含有稠多环芳烃和芳香胺的致癌有机物;③含有毒的化学性质物质废水,如电镀工业、冶金工业、化学工业等排放的废水中含有汞、镉、铅、砷等;④含有病原体工业废水,如生物制品、制革、屠宰厂,特别是医院污水含有伤寒、霍乱等病原菌,医院的废水中含有病毒、病菌和寄生虫等病原体;⑤含放射性物质废水,如原子能发电厂、放射性矿、核燃料加工厂排放的冷却水,倾倒的核废料;⑥生产用冷却水,如热电厂、钢铁废水。

2. 生活污水

生活污水是人们日常生活产生的各种污水的总称,它包括由厨房、浴室、厕所等场所排出的污水和污物。其来源除家庭生活污水外,还有各种集体单位和公用事业等排出的污水。生活污水源主要来自城市。其中,99%以上是水,固体物质不到1%,多为无毒的无机盐类(如氯化物、硫酸盐、磷酸和Na、K、Ca、Mg等重碳酸盐)、需氧有机物(如纤维素、淀粉、糖类、脂肪、蛋白质和尿素等)、各种微量金属(如Zn、Cu、Cr、Mn、Ni、Pb等)、病原微生物及各种洗涤剂。生活污水一般呈弱碱性,pH值为7.2~7.8。

3. 农业污水

农业污水包括农业生活污水、农作物栽培、牲畜饲养、食品加工等过程排出的污水和液态废物等。在作物生长过程中喷洒的农药和化肥,含有氮、磷、钾和氨,这些农药、化肥只有少部分留在农作物上,绝大多数都随着农业灌溉、排水过程及降雨径流冲刷进入地表径流和地下径流,造成水体的富营养化污染。除此之外,有些污染水体的农药半衰期(指有机物分解过程中,浓度降至原有值的1/2时所需要的时间)相当长,如长期滥用有机氯农药和有机汞农药,污染地表水,会使水生生物、鱼贝类有较高的农药残留,加上生物富集,如食用会危害人类的健康和生命。牲畜饲养场排出的废物是水体中生物需氧量和大肠杆菌污染的主要来源。农业污水是造成水体污染的面源，它面广、分散，难于收集、难于治理。

4. 大气降落物（降尘和降水）

大气中的污染物种类多，成分复杂，有水溶性和不溶性成分、无机物和有机物等，它们主要来自矿物燃烧和工业生产时产生的二氧化硫、氮氧化物、碳氢化合物以及生产过程中排除的有害、有毒气体和粉尘等物质，是水体面源污染的重要来源之一。这种污染物质可以自然降落或在降水过程中溶于水中被降水挟带至地面水体内，造成水体污染。例如，酸雨及其对地面水体的酸化等。

5. 工业废渣和城市垃圾

工业生产过程中所产生的固体废弃物随工业发展日益增多，其中冶金、煤炭、火力发电等工业排放量大。城市垃圾包括居民的生活垃圾、商业垃圾和市政建设、管理产生的垃圾。这些工业废渣和城市垃圾中含有大量的可溶性物质或在自然风化中分解出许多有害的物质，并大量滋生病原菌和有害微生物，绝大多数未经处理就任意堆放在河滩、湖边、海滨或直接倾倒在水中，经水流冲洗或随城市暴雨径流汇集进入水体，造成水体污染。

6. 其他污染源

油轮漏油或者发生事故（或突发性事件）引起石油对海洋的污染，因油膜覆盖水面使水生生物大量死亡，死亡的残体分解可造成水体再次污染。

二、水污染的分类

（一）按照污染物的性质分类

水污染可分为化学型污染、物理型污染和生物型污染 3 种主要类型。化学型污染系指随废水及其他废弃物排入水体的酸、碱、有机和无机污染物造成的水体污染。物理型污染包括色度和浊度物质污染、悬浮固体污染、热污染和放射性污染。色度和浊度物质来源于植物的叶、根、腐殖质、可溶性矿物质、泥沙及有色废水等；悬浮固体污染是由于生活污水、垃圾和一些工农业生产排放的废物泄入水体或农田水土流失引起的；热污染是由于将高于常温的废水、冷却水排入水体造成的；放射性污染是由于开采、使用放射性物质，进行核实验等过程中产生的废水、沉降物泄入水体造成的。生物型污染是由于将生活污水、医院污水等排入水体，随之引入某些病原微生物造成的。

（二）按照污染源的分布状况分类

水污染可分为点源污染和非点源污染。点源污染就是污染物由排水沟、渠、管道进入水体，主要指工业废水和生活污水，其变化规律服从工业生产废水和城镇生活污水的排放规律，即季节性和随机性。非点源污染，在我国多称为水污染面源。污染物无固定出口，是以较大范围形式通过降水、地面径流的途径进入水体。面源污染主要指农田径流排水，具有面广、分散、难于收集、难于治理的特点。据统计，农业灌溉用水量约占全球总用水量的 70%。随着农药和化肥的大量使用，农田径流排水已成为天然水体的主要污染来源之一。资料表明，一个饲养 1.5 万头牲畜的饲养场雨季时流出的污水中，其 BOD 相当于一个 10 万人口的城市的排泄量。面源污染的变化规律主要与农作物的分布和管理水平有关。

(三)按照受污染的水体分类

1. 河流污染

河流是陆地上分布最广、与人类关系最密切的水体,一般大的工业区和城市多建立在滨河或近河地带,利用河渠供水,继而又向河流排泄废水和废物,所以河系又称为陆地上最大的排污系统。

污染物进入河流后,不能马上与河水均匀混合,而是先呈带状分布,随后在河流的水动力弥散作用和河水自净的作用下,逐渐扩散、混合、运移和稀释,直到一定距离后,才会达到全部河流断面上均匀混合和水体水质的净化。该距离的长短与河流流量、流速大小及河流断面特征、排污量及污染物质的性质、排污方式和位置因素有关。

河水的污染程度是由河流的径流量与排污量的比值(径污比)决定的。河流的流量大,稀释条件好,相应污染程度低,反之污染严重。河流污染对人的影响很大,可直接通过饮用水、水生生物,也可间接通过灌溉农田,危害人体健康。但因河水交替快、自净能力强、水体范围较小,其污染相对易于控制。

2. 湖泊、水库的污染

湖泊、水库是水交替缓慢的水体,水面广阔,流速小,沉淀作用强,稀释、混合能力较差,污染物主要来源于汇水范围内的面流侵蚀和冲刷、汇湖河流污染物、湖滨和湖面活动产生的污染物直接排入等。

湖泊、水库大多地势低洼,通过暴雨径流汇集流域内的各种工农业废水、废渣和生活污水。污染物多在排污口附近沉淀、稀释,浓度逐渐向湖心减小,形成浓度梯度。污染物在湖流和风浪作用下能与湖水均匀混合。湖泊、水库的水温随季节变化明显,夏季出现分层现象,底部因水流停滞水温低,微生物活动因含氧量不足形成厌氧条件,使底层铁、二氧化碳、锰、硫化氢含量增加。湖泊的污染造成藻类的大量繁殖,生物代谢和繁衍产生大量的有机物,有机物分解常使水体产生大量的还原性气体,水体形成恶臭,需氧生物死亡,水质恶化,底质物质发育,加速湖泊老化。

3. 地下水污染

地下水赋存于分散细小的岩土层空隙系统中,地下水流动一般都非常缓慢,因此地下水污染过程也较缓慢,且不易察觉。地下水污染的主要作用有水动力弥散、分子扩散、过滤和离子交换吸附、生物降解作用等。

地下水污染途径有直接与间接两种。前者是指污染物随各种补给水源和渗漏通道集中或面状直接渗入使水体污染,有间歇入渗(污染物随雨水或灌溉水间断地渗入蓄水层)、连续入渗(污水聚集地或受污染的地表水体连续向含水层渗漏)、越流型(污染物从已受污染的含水层转移到未受污染的含水层)和径流型(污染物通过地下水径流进入含水层污染潜水或承压水)4 种污染方式。后者是指污染过程改变了地下水的物理化学条件,使地下水在含水层介质发生新的地球化学作用,产生原来水中没有的新污染物,使地下水污染。

地下水污染埋藏深,较难净化复原,应以预防为主,最根本的保护措施是尽量减少污染物进入地下水。

三、水污染的主要危害

（一）化学性污染

1. 酸碱污染

酸碱污染会改变水体的pH值，抑制细菌和其他微生物的生长，影响水体的生物自净作用，还会腐蚀船舶和水下建筑物，影响渔业，破坏生态平衡，并使水体不适于做饮用水源或其他工、农业用水。

酸、碱污染物不仅能改变水体的pH值，而且可大大增加水中的一般无机盐类和水的硬度，原因是酸碱中和可产生某些盐类，酸、碱与水体中的矿物相互作用也产生某些盐类。水中无机盐的存在能增加水的渗透压，对淡水生物和植物生长有不良影响。世界卫生组织规定的饮用水标准中pH值的合适范围是7.0~8.5，极限范围是6.5~9.2，在渔业水体pH值一般不低于6.0或不高于9.2；pH值为5.0时，其他某些鱼类的繁殖率下降，某些鱼类死亡。对于农业用水pH值在4.5~9.0。世界卫生组织规定的饮用水标准中无机盐总量最大合适值是500 mg/L，极限值是1 500 mg/L。对农业用水来说，无机盐总量一般以低于500 mg/L为宜。

2. 重金属污染

重金属是指比重大于或等于5.0 g/cm^3 的金属。重金属在自然环境的各部分均存在着本底含量，在正常的天然水中含量均很低。重金属对人体健康及生态环境的危害极大，重金属污染物最主要的特性是不能被生物降解，有时还可能被生物转化为毒性更大的物质（如无机汞被转化成甲基汞）；能被生物富集于体内，既危害生物，又能通过食物链成千上万倍地富集，而达到对人体相当高的危害程度。在环境污染方面所说的重金属主要指Hg、Cd、Pb、Cr等生物毒性显著的重元素，还包括具有重金属特性的Zn、Cu、Co、Ni、Sn等。

Hg（汞）具有很强的毒性，人的致死剂量为1~2 g，Hg的浓度为0.006~0.01 mg/L时可使鱼类或其他水生动物死亡，浓度为0.01 mg/L时可抑制水体的自净作用。甲基汞能大量积累于脑中，引起乏力、动作失调、精神混乱甚至死亡。最著名的例子就是1953~1968年日本水俣病事件。

Cd（镉）是一种积累富集型毒物，进入人体后，主要累积于肝、肾内和骨骼中。能引起骨节变形，自然骨折，腰关节受损，有时还引起心血管病。这种病潜伏期10多年，发病后难以治疗。Cd浓度为0.2~1.1 mg/L时可使鱼类死亡，浓度为0.1 mg/L时对水体的自净作用有害，如1955~1968年日本富山痛痛病事件。

Pb（铅）也是一种积累富集型毒物，如摄取Pb量每日超过0.3~1.0 mg时，就可在人体内积累，引起贫血、肾炎、神经炎等症状。Pb对鱼类的致死浓度为0.1~0.3 mg/L，Pb浓度达到0.1 mg/L时，可破坏水体自净作用。

3. 非金属毒物污染

这类物质包括毒性很强且危害很大的氰化物、As（砷）、有机氯农药、酚类化合物、多环芳烃等。

氰化物是剧毒物质，一般人只要误服0.1 g左右的KCN或NaCN便立即死亡。含氰废水对鱼类有很大毒性，当水中 CN^- 含量达0.3~0.5 mg/L时，鱼便死亡，世界卫生组织定出了鱼的中毒限量为游离氰 0.03 mg/L；生活饮水中氰化物不许超过 0.05 mg/L；地表水中最高容许浓度为 0.1 mg/L。

As 是传统的剧毒物，As_2O_3 即砒霜，对人体有很大毒性。长期饮用含 As 的水会慢性中毒，主要表现是神经衰弱、腹痛、呕吐、肝痛、肝大等消化系统障碍，并常伴有皮肤癌、肝癌、肾癌、肺癌等发病率增高现象。

水体中的酚浓度低时能影响鱼类的繁殖，酚浓度为 0.1～0.2 mg/L 时鱼肉有酚味，浓度高时引起鱼类大量死亡，甚至绝迹。酚有毒性，但人体有一定解毒能力。如经常摄入的酚量超过解毒能力时，人会慢性中毒，发生呕吐、腹泄、头疼头晕、精神不安等症状。酚浓度超过 0.002～0.003 mg/L 时，若用氯法消毒，消毒后的水有氯酚臭味，影响饮用。根据酚在水中对人的感官影响，一般规定饮用水挥发酚浓度为 0.001 mg/L，水源的水中最大允许浓度可以是 0.002 mg/L，地表水最高容许浓度为 0.01 mg/L。

4. 需氧性有机物污染（耗氧性有机物污染）

有机物在无氧条件下和在厌氧微生物作用下转化，主要产物为 CH_4、CO_2、H_2O、H_2S、NH_3 等，其产物既有毒害作用，又有恶臭味，严重影响环境卫生，造成公害。

有机物在有氧分解过程中要消耗水体或环境中的溶解氧，会使水中溶解氧的含量下降，当水中溶解氧降至 4 mg/L 以下时，鱼类和水生生物将不能在水中生存。如果完全缺氧，则有机物将转入厌氧分解。

5. 营养物质污染

氮、磷等物质过量排入湖泊、水库、港湾、内海等水流缓慢的水体，会造成藻类大量繁殖，导致水质恶化，水体外观呈红色或其他色泽，通气不良，溶解氧含量下降，鱼类死亡，严重的还可导致水草丛生，湖泊退化。1972 年 8 月 17～21 日，日本濑户内海一次严重的赤潮，死鱼达 1 420 万尾，损失达 71 亿日元。另外，硝酸盐超过一定量时有毒性，当亚硝酸盐进入人体后，有致畸、致癌的危险。

（二）物理性污染

1. 悬浮物污染

悬浮物污染造成的危害主要是提高了水的浊度，增加了给水净化工艺的复杂性；降低了光的穿透能力，减少了水的光合作用；水中悬浮物可能堵塞鱼鳃，导致鱼的死亡；吸附水中的污染物并随水漂流迁移，扩大了污染区域。

海洋石油污染的最大危害是对海洋生物的影响。水中含油 0.01～0.1 mL/L 时对鱼类及水生生物就会产生有害影响。油膜和油块能粘住大量鱼卵和幼鱼。有人做过试验，当油的浓度为 10.4～10.5 mL/L 时，到出壳的瞬间只有 55%～89% 的鱼卵有生活能力。在含油浓度为 4～10 mL/L 时，所有破卵壳而出的幼鱼都有缺陷，并在一昼夜内死亡。在石油浓度为 5～10 mL/L 时，畸形幼鱼的数量是 23%～40%。所以说，石油污染对幼鱼和鱼卵的危害很大。

2. 热污染

热污染主要来源于工矿企业向江河排放的冷却水，当温度升高后的水排入水体时，将引起水体水温升高，溶解氧含量下降，微生物活动加强，某些有毒物质的毒性作用增加等，对鱼类及水生生物的生长有不利的影响。

3. 放射性污染

放射性物质是指各种放射性元素，如铀 238、镭 236 和钾 40 等。这类物质通过自身的衰变而放射具有一定能量的射线，如 α、β、γ 射线，能使生物和人体组织因电离而受到损伤，引起各种放射性病变，最易产生病变的组织有血液系统和造血器官、生殖系统、消化系统、眼睛的水晶体及皮肤等。引起的病变有白血病和再生障碍性贫血，诱发癌症如肝癌、血癌、皮肤癌等，胚胎畸形或死亡，免疫功能破坏加速衰老，肠胃系统失调，出血及白内障等畸形或慢性病变。

(三)生物性污染

生物性污染主要指致病病菌及病毒的污染。生活污水，特别是医院污水和某些工业(如生物制品、制革、酿造、屠宰等)废水污染水体，往往可带入一些病原微生物，它们包括致病细菌、寄生虫和病毒。常见的致病细菌是肠道传染病菌，如伤寒、霍乱和细菌性疾病等，它们可以通过人畜粪便的污染而进入水体，随水流而传播。一些病毒(常见的有肠道病毒和肝炎病毒等)及某些寄生虫(如血吸虫、蛔虫等)也可通过水流传播。这些病原微生物随水流迅速蔓延，给人类健康带来极大威胁。如印度新德里市 1955 ~ 1956 年发生了一次传染性肝炎，全市 102 万人，将近 10 万人患肝炎，其中黄疸型肝炎 29 300 人。

第二节　水功能区划分

一、水功能区划的目的和意义

水是重要的自然资源。随着我国经济社会的发展和城市化进程的加快，水资源短缺、水污染严重已经成为制约国民经济可持续发展的重要因素。2000 年在全国 11 136 万 km 评价河长中，水质为Ⅳ类及劣于Ⅳ类的占 37. 16%[77]，一些城市的供水水源地水质恶化，直接影响到人民身体健康。造成这些现象，主要是因为工业及生活废污水大量增加、废污水不经达标处理直接排放、水域保护目标不明确、入河排污口不能规范管理、污水随意排放等。

为了解决目前水资源开发利用和保护存在的不协调，为了保护我们珍贵的水资源，使水资源能够持续利用，需要根据流域或区域的水资源状况，同时考虑水资源开发利用现状和经济社会发展对水量和水质的需求，在相应水域划定具有特定功能、有利于水资源的合理开发利用和保护的区域，如将河流源头设置为水资源保护区、将经济较发达的区域设置为水资源开发利用区、考虑经济社会的发展前景设置水资源保留区等，使水资源充分合理利用，发挥最大的效益。同时通过水功能区划，实现了水资源利用和水资源保护的预先协调，极大地避免了水资源先使用后治理的问题。

水功能区划的内容是依据国民经济发展规划和水资源综合利用规划，结合区域水资源开发利用现状和社会需求，科学合理地在相应水域划定具有特定功能、满足水资源合理开发利用和保护要求并能够发挥最佳效益的区域(即水功能区)；确定各水域的主导功能及功能顺序，制定水域功能不遭破坏的水资源保护目标；科学地计算水域的水环境容量，达到既能充分利用水体自净能力、节省污水处理费用，又能有效地保护水资源和生态系统、满足水域功能要求的目标；进行排污口的优化分配和综合整治，将水资源保护的目标管理落实到污染物综合整治的实处，从而保证水功能区水质目标的实现；通过各功能区水资源保护目标的实现，保障水资源的可持续利用。因此，水功能区划是全面贯彻《中华人民共和国水法》，加强水资源保护的重要举措，是水资源保护措施实施和监督管理的依据，对实现以水资源的可持续利用保障经济社会可持续发展的战略目标具有重要意义。

二、水功能区划指导思想及原则

（一）指导思想

水功能区划是针对水资源三级区内的主要河流、湖库、国家级及省级自然保护区、跨流域调水及集中式饮用水水源地、经济发达城市水域，结合流域、区域水资源开发利用规划及经济社会发展规划，根据水资源的可再生能力和自然环境的可承受能力，科学、合理地开发和保护水资源，既满足当代和本区域对水资源的需求，又不损害后代和其他区域对水资源的需求。促进经济、社会和生态的协调发展，实现水资源可持续利用，保障经济社会的可持续发展。

（二）区划原则

1. 前瞻性原则

水功能区划应具有前瞻性，要体现社会发展的超前意识，结合未来经济社会发展需求，引入本领域和相关领域研究的最新成果，为将来高新技术发展留有余地。如在工业污水排放区，区划的目标应该以工艺水平提高、污染治理效果改善后工业潜在的污染为区划的目标，减少排放区污染物浓度，减少水资源保护的投入，增大水资源的利用量。

2. 统筹兼顾，突出重点原则

水功能区划涉及上下游、左右岸、近远期以及经济社会发展需求对水域功能的要求，应借助系统工程的理论方法，根据不同水资源分区的具体特点建立区划体系和选取区划指标，统筹兼顾，在优先保护饮用水水源地和生活用水前提下，兼顾其他功能区的划分。

3. 分级与分类相结合原则

水资源开发利用涉及不同流域、不同行政区，大到一个流域、一个国家，小到一条河、一个池塘。水功能区的划分应在宏观上对流域水资源的保护和利用进行总体控制，协调地区间的用水关系；在整体功能布局确定的前提下，再在重点开发利用水域内详细划分各种用途的功能类别和水域界线，协调行业间的用水关系，建立功能区之间横向的并列关系和纵向的层次体系。

4. 便于管理，实用可行原则

水资源是人们赖以生存的重要的自然资源，水资源质和量对地区工业、农业、经济的发展起着重要的作用。如一些干旱地区，没有灌溉就没有产量；城市如果缺水可能导致社会的不安定。为了合理利用水资源，杜绝“抢”、“堵”、“偷”等不正当的水资源利用现象，也为了便于管理，实现水资源利用的“平等”，水功能的分区界限尽可能与行政区界一致。利用实际使用的、易于获取和测定的指标进行水功能区划分。区划方案的确定既要反映实际需求，又要考虑技术经济现状和发展，力求实用、可行。

5. 水质水量并重原则

水功能区划分，既要考虑对水量的需求，又要考虑对水质的要求，但常规情况下对水资源单一属性（数量和质量）要求的功能不作划分，如发电、航运等。

三、水功能区划步骤和依据

我国江、河、湖、库水域的地理分布、空间尺度有很大差异，其自然环境、水资源特征、开发利用程度等具有明显的地域性。对水域进行的功能划分能否准确反映水资源的自然属性、生态属性、社会属性和经济属性，很大程度上取决于功能区划体系（结构、类型、指标）的合理性。水功能区划体系应具有良好的科学概括、解释能力，在满足通用性、规范性要求的同时，类型划分和指标值的确定与我国水资源特点相结合，是水功能区划的一项重要的标准性工作。

遵照水功能区划的指导思想和原则，通过对各类型水功能内涵、指标的深入研究、综合取舍，我国水功能区划采用两级体系，如图 12-1 所示，即一级区划和二级区划。

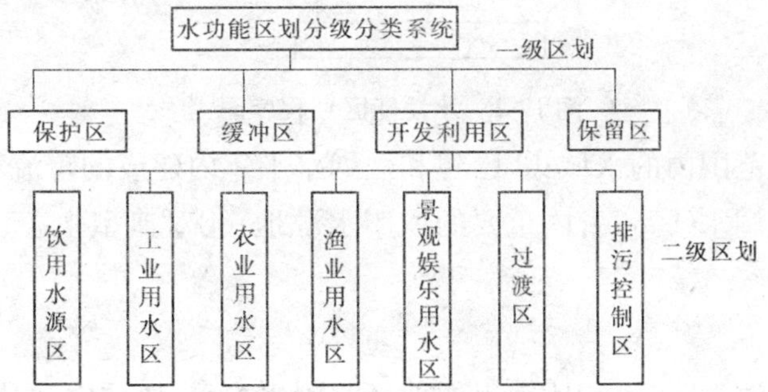

图 12-1　水功能区划分级分类体系[78]

一级区划宏观上解决水资源开发利用与保护的问题，主要协调地区间关系，并考虑发展的需求；二级区划主要协调用水部门之间的关系。

水功能区划的一级划分在收集分析流域或区域的自然状况、经济社会状况、水资源综合利用规划以及各地区的水量和水质的现状等资料的基础上，按照先易后难的程序，依次划分规划为保护区、缓冲区和开发利用区及保留区。二级区划则首先确定区划的具体范围，包括城市现状水域范围和城市规划水域范围，然后收集区域内的资料，如水质资料、取水口和排污口资料、特殊用水资料（鱼类产卵场、水上运动场）及城区规划资料，初步确定二级区的范围和工业、饮用、农业、娱乐等水功能分布，最后对功能区进行合理检查，避免出现低功能区向高功能区跃进的衔接不合理现象，协调平衡各功能区位置和长度，对不合理的功能区进行调整。水功能区划程序如图 12-2 所示。

（一）水功能一级区分类及划分指标

1. 保护区

保护区指对水资源保护、饮用水保护、生态环境及珍稀濒危物种的保护具有重要意义的水域。

具体区划依据：①源头水保护区，即以保护水资源为目的，在主要河流的源头河段划出专门涵养保护水源的区域，但个别河流源头附近若有城镇，则划分为保留区；②国家级

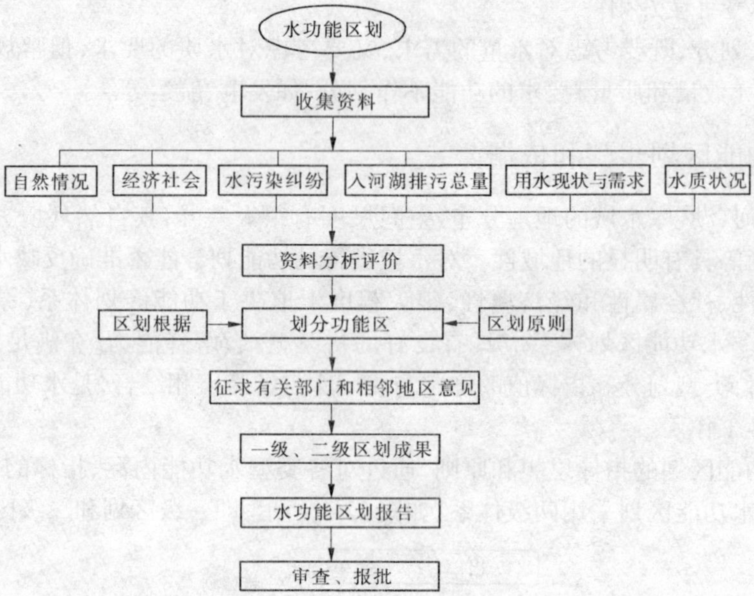

图 12-2 水功能区划程序图[79]

和省级自然保护区范围内的水域;③已建和规划水平年内建成的跨流域、跨省区的大型调水工程水源地及其调水线路,省内重要的饮用水源地;④对典型生态、自然生境保护具有重要意义的水域。

2. 缓冲区

缓冲区指为协调省际间、矛盾突出的地区间用水关系,协调内河功能区划与海洋功能区划关系,以及在保护区与开发利用区相接时,为满足保护区水质要求需划定的水域。

具体划分依据:跨省、自治区、直辖市行政区域河流、湖泊的边界水域;省际边界河流、湖泊的边界附近水域;用水矛盾突出地区之间水域。

3. 开发利用区

开发利用区主要指具有满足工农业生产、城镇生活、渔业、娱乐和净化水体污染等多种需水要求的水域和水污染控制、治理的重点水域。

具体划分依据:取(排)水口较集中,取(排)水河长较大的水域,如流域内重要城市江段、具有一定灌溉用水量和渔业用水要求的水域等。开发利用程度采用城市人口数量、取水量、排污量、水质状况及城市经济的发展状况(工业值)等能间接反映水资源开发利用程度的指标,通过各种指标排序的方法,选择各项指标较大的城市河段,化为开发利用区。

4. 保留区

保留区指目前开发利用程度不高,为今后开发利用和保护水资源而预留的水域。该区内水资源应维持现状不遭破坏。

具体划区依据:受人类活动影响较少,水资源开发利用程度较低的水域;目前不具备开发条件的水域;考虑到可持续发展的需要,为今后的发展预留的水域。

（二）水功能二级区分类及划分指标

1. 饮用水源区

饮用水源区指城镇生活用水需要的水域。功能区划分指标包括人口、取水总量、取水口分布等。

具体划区依据：已有的城市生活用水取水口分布较集中的水域，或在规划水平年内城市发展设置的供水水源区；每个用水户取水量需符合水行政主管部门实施取水许可制度的细则规定。

2. 工业用水区

工业用水区指城镇工业用水需要的水域。功能区划分指标包括工业产值、取水总量、取水口分布等。

具体划区依据：现有的或规划水平年内需设置的工矿企业生产用水取水点集中的水域；每个用水户取水量需符合水行政主管部门实施取水许可制度的细则规定。

3. 农业用水区

农业用水区指农业灌溉用水需要的水域。功能区划分指标包括灌区面积、取水总量、取水口分布等。

具体划区依据：已有的或规划水平年内需要设置的农业灌溉用水取水点集中的水域；每个用水户取水量需符合水行政主管部门实施取水许可制度的细则规定。

4. 渔业用水区

渔业用水区指具有鱼、虾、蟹、贝类产卵场、索饵场、越冬场及洄游通道功能的水域，养殖鱼、虾、蟹、贝、藻类等水生动植物的水域。功能区划分指标：渔业生产条件及生产状况。

具体划区依据：具有一定规模的主要经济鱼类的产卵场、索饵场、洄游通道，历史悠久或新辟人工放养和保护的渔业水域；水文条件良好，水交换畅通；有合适的地形、底质。

5. 景观娱乐用水区

景观娱乐用水区指以景观、疗养、度假和娱乐需要为目的的水域。功能区划分指标：景观娱乐类型及规模。

具体划区依据：休闲、度假、娱乐、运动场所涉及的水域；水上运动场；风景名胜区所涉及的水域。

6. 过渡区

过渡区指为使水质要求有差异的相邻功能区顺利衔接而划定的区域。功能区划分指标：水质与水量。

具体划区依据：下游用水要求高于上游水质状况；有双向水流的水域，且水质要求不同的相邻功能区之间。

7. 排污控制区

排污控制区指接纳生活、生产污废水比较集中，所接纳的污废水对水环境无重大不利影响的区域。功能区划分指标：排污量、排污口分布。

具体划区依据：接纳污废水中污染物可稀释降解，水域的稀释自净能力较强，其水文、生态特性适宜作为排污区。

四、水功能区水质目标拟定

水功能区划定后,还要根据水功能区的水质现状、排污状况、不同水功能区的特点以及当地技术经济条件等,拟定各水功能一、二级区的水质目标值。水功能区的水质目标值是相应水体水质指标的确定浓度值。

在水功能一级区中,保护区应按照《地表水环境质量标准》(GB 3838—2002)中Ⅰ、Ⅱ类水质标准来定,因自然、地质原因不满足Ⅰ、Ⅱ类水质标准的,应维持水质现状;缓冲区应按照实际需要来制定相应水质标准,或按现状来控制;开发利用区按各二级区划来制定相应的水质标准;保留区应按现状水质类别来控制。

在水功能二级区中,饮用水源区应按照《地表水环境质量标准》(GB 3838—2002)中Ⅱ、Ⅲ类水质标准来定;工业用水区应按照《地表水环境质量标准》(GB 3838—2002)中Ⅳ类水质标准来定;农业用水区应按照《地表水环境质量标准》(GB 3838—2002)中Ⅴ类水质标准来定;渔业用水区应按照《渔业水质标准》(GB 11607—89),并参照《地表水环境质量标准》(GB 3838—2002)中Ⅱ、Ⅲ类水质标准来定;景观娱乐用水区应按照《景观娱乐用水水质标准》(GB 12941—91),并参照《地表水环境质量标准》(GB 3838—2002)中Ⅲ、Ⅳ类水质标准来定;过渡区和排污控制区应按照出流断面水质达到相邻水功能区的水质要求选择相应的水质控制标准来定。

第三节　污染源调查和预测

一、污染源调查

(一)污染源调查的目的和内容

在环境科学的研究工作中,把污染源、环境和人群健康看成一个系统。污染源向环境中排放污染物是造成环境问题的根本原因。污染源排放污染物质的种类、数量、方式、途径及污染源的类型和位置,直接关系到它危害的对象、范围和程度。污染源调查就是要了解、掌握上述情况及其他有关问题。通过污染源调查,可以找出一个工厂或一个地区的主要污染源和主要污染物,资源、能源及水资源的利用现状;为企业技术改造、污染治理、综合利用、加强管理指出方向;为区域污染综合防治指出防治什么污染物,在哪防治;为区域环境管理、环境规划、环境科研提供依据。因此,污染源调查是污染综合防治的基础工作。

污染源调查的内容丰富而广泛,按污染源分类的不同和调查目的的不同,可分为工业污染源调查、农业污染源调查、生活污染源调查、交通污染源调查,也可分为大气污染源调查、水污染源调查、噪声污染源调查等。水体污染源的调查是控制水体污染、保护水资源的重要环节。调查内容随污染源的分类而不同。

在进行一个地区的污染源调查,或某一单项污染源调查时,都应进行自然环境背景调查和社会背景调查。根据调查的目的不同及项目不同,可以有所侧重。自然背景包括地质、地貌、气象、水文、土壤、生物;社会背景调查包括居民区、水源区、风景区、名胜古迹、工业区、农业区和林业区。

1. 面污染源调查

面污染源调查包括:①水体所在流域内地表径流的数量,经地表径流带入水体内污染物的种类和数量;②水体水面大气降水的数量及经大气降水(包括降尘)带入水域内污染物的种类和数量;③水域内化肥、农药使用情况,农田灌溉后排出水体的数量及所含污染物的种类、浓度;④水域内地下水流入水体的数量及挟带污染物的种类和浓度;⑤水域内的村镇等居民状况,直接或间接排入水体的人、畜用水的数量及挟带污染物的种类和浓度。

2. 点污染源调查

点污染源调查包括:①排污口的地理位置及分布;②污水量及其所含污染物的种类、浓度或各种污染物的绝对数量;③排污方式,污水是经过污水处理厂后排入水体还是未经处理直接排入水体,是岸边排放还是送入水体中间排放,是明渠排放还是管道排放等;④排放规律,是稳定排放还是非稳定排放,是连续排放还是间断排放,以及间断的时间、次数等;⑤排污对水体环境的影响,污染物进入水体后对浮游植物、浮游动物、鱼贝等水生生态系统的影响及对周围居民身体健康的影响(直接或间接)等。

3. 工业污染源调查

工业污染源调查的主要内容是企业所在地的地理位置、地形地貌、四邻状况及所属环境功能区(如商业区、工业区、居民区、文化区、风景区、农业区、林业区及养殖区等)的环境现状;企业名称、规模、厂区占地面积、水源类型、供水方式、工艺流程、生产水平、水平衡、堆渣场位置、企业环境保护机构名称、环境保护管理机构编制、环境管理水平、工艺改革、治理方法、治理规划或设想等反映污染物种类、数量、成分、性质、排放方式、规律、途径、排放浓度、排放量(日每年)、排放口位置、类型、数量、控制方法、历史情况、事故排放等方面的内容。

4. 生活污染源调查

生活污染源主要指住宅、学校、医院、商业及其他公共设施。它排放的主要污染物有污水、粪便、垃圾、污泥、废气等。调查内容包括城市总人数、总户数、流动人口、人口构成、人口分布、密度、居住环境;城市集中供水(自备水源)、不同居住环境每人用水量、办公楼、旅馆、商店、医院及其他单位的用水量,下水道设置情况(有无下水道、下水去向);垃圾种类、成分、数量,垃圾输送方式、处置方式、处理站自然环境,处理效果,垃圾场的分布、投资、运行费用、管理人员、管理水平。

5. 农业污染源调查

农业是环境污染的主要受害者,由于它施用农药、化肥,当使用不合理时也产生环境污染,自身也受害。调查内容有农药品种,使用剂量、方式、时间,施用总量、年限,有效成分含量(有机氯、有机磷、汞制剂、砷制剂等);化肥的品种、数量、使用方式、使用时间,农作物秸秆、牲畜粪便、农用机油渣;汽车和拖拉机台数、耗油量、行驶范围和路线,其他机械的使用情况等。

6. 水污染事故调查

大量高浓度污水排入水体,有毒物质大量泄漏或翻沉进入水体,以及其他易出现或突发性水质恶化的事件,都属于水污染事故。一般水污染事故由当地水环境监测中心协同有关部门进行调查。应调查发生的时间、水域、污染物数量、人员受害和经济损失情况。

重大水污染事故应调查事故发生的原因、过程，采取的应急措施，处理结果，事故直接、潜在或间接的危害，社会影响，遗留问题和防范措施等。跨地、市和重大水污染事故由省水环境监测中心协同有关部门进行调查或经授权由省级水环境监测中心组织调查；跨省河流和重要江、河干流发生水污染事故由流域水环境监测中心组织调查。此外，对污染事故可能影响的水域，应组织实施监视性监测；对大污水团集中下泄造成的污染事故，当地水环境监测中心应跟踪调查和监测。

7. 污染物入河量调查

入河排污口是指直接排入水功能区水域的排污口。由排污口进入功能区水域的废污水量和污染物量，统称废污水入河量和污染物入河量。以入河排污口为调查对象，调查的主要内容为入河排污口的分布、位置、类型，对应污染源的名称、污染源距入河排污口的距离、入河排污口的废污水入河量和主要污染物（污水量、COD、BOD、pH、SS、氨氮、挥发酚、总氮、总磷、汞、镉及区域特征污染物，其中污水量、COD 和氨氮为必选项）排放量等。重点分析流经大城市的河段和水域的入河排污口及其排污情况。

（二）污染源调查程序与方法

1. 污染源调查程序

根据污染源调查的目的和要求，先制定出调查工作计划、程序、步骤、方法，一般污染源调查可分为 3 个阶段：准备阶段、调查阶段、总结阶段。

（1）准备阶段：明确调查目的、制定调查计划、做好调查准备（组织准备、资料准备、分析准备、工具准备）、搞好调查试点（普查试点、详查试点）

（2）调查阶段：生产管理调查、污染物治理调查、污染物排放情况调查、污染物危害调查、生产发展调查。其中，污染物排放情况调查包括污染源种类、排放量、排放方式、释放规律等方面的内容。

（3）总结阶段：数据处理、建立档案、评价、文字报告、污染源分布图。

2. 调查方法

污染源的调查，一般可采用点面结合的方法，分为详查和普查两种。详查是对重点污染源调查。普查是对区域内所有的污染源进行全面调查，但各类污染源应有各自的侧重点，同类污染源中，应选择污染物排放量大、影响范围广、危害程度大的污染源作为重点污染源。

（1）普查一般多由主管部门发放普查表，以填表方式进行。对于调查表格，可以依据特定的调查目的自行制定表格，进行一个地区的污染源调查时，要统一调查时间、项目、方法、标准和计算方法。

（2）详查一般在普查之后进行，在做详查时，应派调查小组蹲点到详查单位进行调查，详查的工作内容从广度和深度上都超过普查，重点污染源对一地区的污染影响较大，要认真调查好。

（三）污染物排放量的计算

污染物排放量的确定是污染源调查的核心问题。确定污染物排放量的方法有 3 种：物料衡算法、经验计算法（排放系数、排污系数法）和实测法。

（1）物料衡算法：根据物质不灭定律，在生产过程中，投入的物料量应等于产品所含

这种物料的量与这种物料流失量的总和。计算公式为

$$Q = \sum G - \sum G_1 - \sum G_2 \tag{12-1}$$

式中　Q——污染物排放量,g/s;

$\sum G$——单位时间内投入物料总量,g/s;

$\sum G_1$——单位时间内生产的产品中所含这种物料的量,g/s;

$\sum G_2$——单位时间内物料总流失量,g/s。

如果物料的流失量全部由烟囱排放或由排水排放,则污染物排放量(或称源强)就等于物料流失量。

(2)经验计算法:根据生产过程中单位产品的排放系数进行计算,求得污染物的排放量,该方法称为经验计算法。计算公式为

$$Q = KW \tag{12-2}$$

式中　K——单位产品经验排放系数,kg/t;

W——单位产品的单位时间产量,t/h。

关于各种污染物排放系数的计算,国内外文献中已有大量报道,都是在特定条件下产生的。由于各地区、各单位的生产技术条件不同,污染物排放系数和实际排放系数可能有很大差距。因此,在选择时,应根据实际情况加以修正,在有条件的地方,应调查统计出本地区的排放系数。

对拟建工程的污染源进行排放量预测时,若上述两种方法均无法进行,则可采用类比法进行预测,收集国内外和拟建工程性质、规模、工艺、产品、产量大体相近的生产厂(或设备)的污染物排放系数,作为参考数据,估算拟建工程污染源的排放量。

(3)实测法:实测法是通过对某个污染源现场测定,得到污染物的排放浓度和流量(烟气或废水),然后计算出排放量,计算公式为

$$Q = CL \tag{12-3}$$

式中　C——实测的污染物算术平均浓度;

L——烟气或废水的流量。

这种方法只适用于已投入的污染源。测流量的方法有流速仪法、堰板法、浮标法、容器法等。具体方法和适用范围可查有关文献资料。废水中污染物的浓度,可在各采样点取得样品,测定不同时间的浓度值,也可以按流量的大小加权计算,取某一时段浓度加权平均值。

(四)污染物入河量估算

1.污染物入河系数

水功能区对应的陆域范围内的污染源所排放的污染物,仅有一部分能最终流入功能区水域,进入功能区水域的污染物量占污染物排放总量的比例即为污染物入河系数。

影响入河系数的因素很多,情况复杂,区域差异大。污染物入河系数可通过对不同地区典型污染源的污染物排放量和入河量的监测、调查,充分利用各职能部门的污染物排放量和污染物入河量资料确定。在确定现状污染物入河系数时,应考虑已建成的污水处理厂的效应。

【例 12-1】 某城镇2000年综合入河系数计算示例如下：由环保调查统计资料查得该城镇2000年污废水排放量 $1.04\times10^8\ m^3$，COD年排放量 $2.77\times10^4\ t$；同期由该城镇的所有入河排污口监测分析得年污废水排放量 $8\ 036\times10^4\ m^3$，COD年排放量 $2.49\times10^4\ t$。试计算污废水入河系数和COD入河系数。

解：1. 污废水入河系数

$$入河系数=\frac{污染物入河量}{污染物排放量}=\frac{8\ 036\times10^4}{1.04\times10^8}=0.773$$

2. COD入河系数

$$入河系数=\frac{污染物入河量}{污染物排放量}=\frac{2.49\times10^4}{2.77\times10^4}=0.899$$

2. 污染物入河量

对有水质监测资料的入河排污口，根据废污水排放量和水质监测资料，按下式估算主要污染物排放量为

$$W_{排}=Q_{排}C_{排} \tag{12-4}$$

式中 $W_{排}$——污染物入河量；

$Q_{排}$——废污水入河量；

$C_{排}$——污染物的入河浓度。

二、水污染源预测

（一）污染源预测

污染源预测，就是对未来某个水平年或几个水平年污染源所排放的污染物的特性、排污量、污染物种类及浓度等指标，作出具体的估计。常用预测的方法有时间统计模型、弹性系数模型和投入产出模型等。由于预测范围不同，需要掌握资料的多少和准确度及选用的预测方法与精度均不相同，视具体情况而定。下面介绍时间统计模型、弹性系数模型。

1. 时间统计模型

时间统计模型方法视各级历年污染源监测资料，寻求污染物或污水排放量与时间的关系进行预测。在经济社会结构没有重大变化的情况下，这种方法简单易行。若污染源排放的污染物或排放量与时间呈简单的线性关系，则可用下式预测，即

$$Q=a+bt \tag{12-5}$$

式中 Q——预测年的污染物或污水排放量；

t——基准年到预测年份的时间；

a、b——常数，可以根据多年监测数据用最小二乘法求得。

如果污染物或污水排放量与时间不呈线性关系，也可采用下面的指数关系式预测，即

$$Q=Q_0(1+a)^{(t-t_0)} \tag{12-6}$$

式中 Q、Q_0——预测年、基准年的污染物或污水排放量；

t、t_0——预测年、基准年；

a——参数，表示年增长率，可根据历史资料求得。

【例 12-2】 已知某城市1975~1984年的一组 SO_2 排放数据如表12-1所示。试预测

1990 年的 SO_2 排放量。

表 12-1　某城市 1975 ~ 1984 年的一组 SO_2 排放数据　（单位：万 t/a）

年份	1975	1976	1977	1978	1979	1980	1981	1982	1983	1984
SO_2 排放量	1.052	1.081	1.123	1.119	1.150	1.212	1.254	1.315	1.420	1.440

解：将 SO_2 排放量与年份绘成图形，如图 12-3 所示，基本上可以用一直线来表示。求其截矩和斜率分别为 $a=-86.27$，$b=0.044$，则有预测公式 $Q=-86.27+0.044\ t$。当 $t=1\ 990$ 时，代入预测公式得 $Q=-86.27+0.044\times1\ 990=1.676$（万 t/a）。

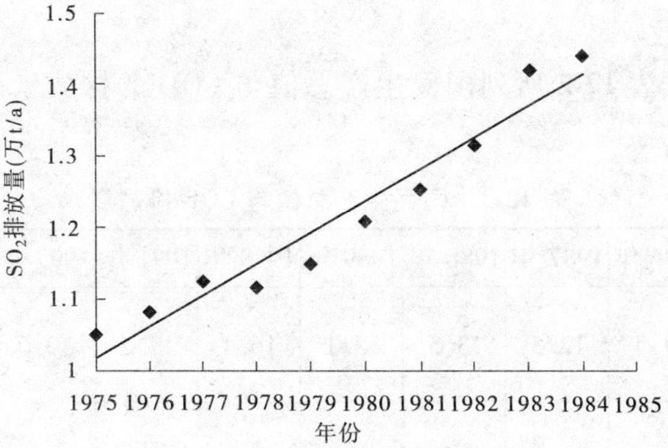

图 12-3　SO_2 排放量变化曲线

另外，也可以使用最小二乘法估计参数。公式如式(12-7)、式(12-8)所示，n 为监测数据个数，$n=10$，Q_i、t_i 为各年的 SO_2 排放量和年份。

$$a=\frac{\sum Q_it_i\sum t_i-\sum Q_i\sum\ t_i^{\,2}}{(\sum t_i)^2-n\sum\ t_i^{\,2}}\tag{12-7}$$

$$b=\frac{\sum Q_i\sum t_i-n\sum Q_it_i}{(\sum t_i)^2-n\sum\ t_i^{\,2}}\tag{12-8}$$

经计算 $a=-86.265$，$b=0.044\ 2$。所以，$Q=-86.265+0.044\ 2t$。

当 $t=1\ 990$ 时，得 $Q=-86.265+0.044\ 2\times1\ 990=1.676$（万 t/a）。

2. 弹性系数模型

这里的弹性系数是指污染物或污水量的年增长率与国民生产总值的年增长率的比值。如果由历史资料求得弹性系数，就可以根据国民生产总值的发展趋势来预测污染物或污水排放量。

设 α、β 分别为污染物、污水排放量的年增长率与国民生产总值的年增长率的比值，则

$$Q=Q_0(1+\alpha)^{t-t_0}\tag{12-9}$$

$$M=M_0(1+\beta)^{t-t_0}\tag{12-10}$$

因而可求得

$$\varepsilon = \frac{\alpha}{\beta} = \frac{\left(\dfrac{Q}{Q_0}\right)^{\frac{1}{t-t_0}} - 1}{\left(\dfrac{M}{M_0}\right)^{\frac{1}{t-t_0}} - 1} \tag{12-11}$$

如果已经知道 M_0、Q_0 和 M,就可以计算预测年的污染物或污水

$$Q = Q_0\left\{1 + \varepsilon\left[\left(\frac{M}{M_0}\right)^{\frac{1}{t-t_0}} - 1\right]\right\}^{(t-t_0)} \tag{12-12}$$

式中　M、M_0——历史资料终止年(t)、初始年(t_0)的国民生产总值;

Q、Q_0——历史资料终止年(t)、初始年(t_0)的污染物或污水排放量;

t、t_0——历史资料终止年(t)、初始年(t_0);

ε——弹性系数。

【例 12-3】　根据表 12-2 所列国民生产总值与 COD 的排放量,预测 10 年后 COD 的总排放量。

表 12-2　国民生产总值与 COD 排放量

项目	1986 年	1987 年	1988 年	1989 年	1990 年	1991 年	1992 年	1993 年	1994 年	1995 年
国民生产总值(亿元/a)	11. 1	12. 5	13. 5	15. 1	16. 4	17. 5	19. 0	20. 3	22. 0	22. 2
COD 排放量($\times 10^3$ t/a)	14. 9	15. 5	16. 5	17. 2	18. 0	19. 1	20. 1	21. 11	22. 1	23. 3

解:

$$\varepsilon = \frac{\left(\dfrac{Q}{Q_0}\right)^{\frac{1}{t-t_0}} - 1}{\left(\dfrac{M}{M_0}\right)^{\frac{1}{t-t_0}} - 1} = \frac{\left(\dfrac{23.3}{14.9}\right)^{\frac{1}{9}} - 1}{\left(\dfrac{22.2}{11.1}\right)^{\frac{1}{9}} - 1} = 0.635\ 4$$

$$Q = Q_0\left\{1 + \varepsilon\left[\left(\frac{M}{M_0}\right)^{\frac{1}{t-t_0}} - 1\right]\right\}^{(t-t_0)}$$

$$= 23.3 \times \left\{1 + 0.635\ 4 \times \left[\left(\frac{2.16 \times 22.2}{22.2}\right)^{\frac{1}{10}} - 1\right]\right\}^{10} = 24.48$$

(二)工业废水排放量预测

工业废水排放量预测,通常采用下式,即

$$W_t = W_0(1 + r_m)^t \tag{12-13}$$

式中　W_t——预测年工业废水排放量;

W_0——基准年工业废水排放量;

r_m——工业废水排放量年平均增长率;

t——基准年至某水平年的时间间隔。

在上式中,预测工业废水排放量的关键是求出 r_m,如果资料比较充足,则可采用统计回归方法求出 r_m,如果资料不太完善,可结合经验判断方法估计 r_m。

(三)工业污染物排放量预测

工业污染物排放量预测可采用下式进行,即

$$W_i = (q_i - q_0)\rho_{B_0} \times 10^{-2} + W_0 \tag{12-14}$$

式中　W_i——预测年份某污染物排放量,t;

q_i——预测年份工业废水排放量,万 m^3;

q_0——基准年工业废水排放量,万 m^3;

ρ_{B_0}——含某污染物废水工业排放标准或废水中污染物浓度,mg/L;

W_0——基准年某污染物排入量,t。

(四)生活污水量预测

对于生活污水,其排放预测可据下式计算,即

$$Q = 0.365AF \tag{12-15}$$

式中　Q——生活污水量,万 m^3;

A——预测年份人口数,万人;

F——人均生活污水量,L/(人·d);

0.365——单位换算系数。

通常,预测年份人均生活污水量可用人均生活用水量替代,这可根据国家有关标准换算。预测年份人口可采用地方人口规划数据,无地方人口规划数据时,可根据基准年人口增长率计算获得。其计算式为

$$A = A_0(1 + p)^n \tag{12-16}$$

式中　A_0——基准年人口;

p——人口增长率;

n——规划年与基准年的年数差值。

(五)污染物入河量的预测

1. 规划水平年污染物入河系数的确定

规划水平年污染物入河系数的确定,要在对区域现状污染物入河系数进行调查计算的基础上,对规划水平年区域城市化水平和城市发展规划进行充分的分析,研究城市规模发展、截污工程建设、管网改造、污水入河方案调整和排污口优化等基础设施的改变及对污染物入河系数的影响。要紧密结合规划水平年区域及城市产业布局和工业结构调整的规划,对可能造成预测区域污染物组成和污染物入河系数变化的因素,予以充分考虑和修正。

污染物入河系数与城市污水处理厂的治理情况密切相关,但在拟定规划水平年污染物入河系数时,一般不应考虑目前未列入建设计划的污水处理厂治理削减效应。

在实际工作中,可参考已取得的现状污染物入河系数,根据实际情况和在综合考虑上述因素的基础上,经对现状值进行适当的修正和调整后,作为规划水平年污染物的入河系数。

在其他条件不变的情况下,污染物入河系数确定的一般规律是集中排污比分散排污值大,有收水管网条件的比无收水管网条件的值大,无集中污水处理设施的比有集中污水处理设施的值大,短距离排污比长距离排污值大,不易降解的废污水比易降解的废污水轻。因排水区域环境状况不同和污水性质的差异,污染物入河系数一般为0.5~0.9。

2. 规划水平年污染物入河量计算

以水功能区为单元对规划水平年废污水和污染物的入河量进行预测，并按行政区和水资源分区进行汇总统计，得到规划水平年各统计范围的废污水和主要污染物入河量。将各规划水平年的污染物排放量预测值与相应规划水平年污染物入河系数相乘，得到规划水平年的污染物入河量。

第四节　水环境容量的计算与分配

一、水环境容量的定义和影响因素

水环境容量是指在不影响水的正常用途的情况下，水体所能容纳的污染物的量或自身调节净化并保持生态平衡的能力。

水环境容量的影响因素主要是水体特征、水质目标和污染物特性。

(1)水体特征。包括水体的几何参数，如河宽、水深；水文参数，如流量、流速；地球化学背景参数，如主要水化学成分，污染源的背景水平，水的 pH 值；水体的物理自净作用，如稀释、扩散、沉降、分子态吸附；物理化学自净作用，如离子态吸附；化学自净作用，如水解、氧化、光化学等；生物降解作用，如水解、氧化还原、光合作用等。这些参数决定着水体对污染物的扩散稀释能力和自净能力，从而决定着水体环境容量的大小。

(2)水质目标。水体对污染物的纳污能力是相对于水体满足一定的使用功能而言的。水体的用途不同，允许存在于水体的污染物浓度也不同。我国将地面水质标准按污染程度分为五类，每类水体允许的水质标准影响水环境容量的大小。

(3)污染物特性。污染物本身具有的化学特性和在水体中的含量不同，则水体对污染物自净作用不同；不同污染物对人体健康的影响和对水生生物的毒性作用是不相同的，相应地，允许存在于水体的污染物浓度也不相同。所以，针对不同的污染物有不同的水环境容量。

二、水环境容量的计算

水环境容量大小与水体特征、水质目标及污染物特性有关，同时还与污染物排放的方式以及排放的时空分布有密切关系。因此，需要运用水质迁移转化基本方程来求解水体中污染物的时间、空间分布过程，再根据水体的水功能区目标和要求，来计算水环境容量大小。

由于污染物进入水体后，主要受到稀释、迁移和转化作用，因此水环境容量实际上由三部分组成，其表达式为

$$W_T = W_d + W_t + W_s \tag{12-17}$$

式中　W_T——水体对污染物的总环境容量；

W_d——水体对污染物的稀释容量；

W_t——水体对污染物的迁移容量；

W_s——水体对污染物的净化容量。

下面将以河流一维水质基本方程为例，来介绍水环境容量的计算方法及解析解。

1. 稀释容量

稀释容量是由水体对污染物的稀释作用所引起的，它与水体体积和污径比有关。

设水体的流量为 Q，污染物在水体中的背景浓度为 C_B，污染物的水环境质量标准为 C_s，排入水体的污水流量为 q，则水体对该污染物的稀释容量可表达为

$$W_d = Q(C_s - C_B)(1 + \frac{q}{Q}) \tag{12-18}$$

令 $V_d = Q, P_d = (C_s - C_B)(1 + \frac{q}{Q})$，则有

$$W_d = V_d P_d \tag{12-19}$$

式中 P_d——水体对污染物稀释容量的比容。

2. 迁移容量

水体对污染物的迁移容量是由水体的流动引起的，与水体流速、扩散系数等水力学特征有关。其数学表达式为

$$W_t = Q(C_s - C_B)(1 + \frac{q}{Q})\left\{\frac{\sqrt{4\pi E_x t}}{u}\exp\left[\frac{(x - ut)^2}{4E_x t}\right]\right\} \tag{12-20}$$

式中各符号意义同前。

令 $V_t = Q, P_t = (C_s - C_B)(1 + \frac{q}{Q})\left\{\frac{\sqrt{4\pi E_x t}}{u}\exp\left[\frac{(x - ut)^2}{4E_x t}\right]\right\}$，则有

$$W_t = V_t P_t \tag{12-21}$$

式中 P_t——水体对污染物迁移容量的比容。

3. 净化容量

水体对污染物的净化容量主要是由于水体对污染物的生物或化学作用使之降解而产生的，所以净化容量是针对可衰减污染物而言的。假定这类污染物的衰减过程遵守一级反应动力学规律，则其反应速率 R 可写为

$$R = -kC \tag{12-22}$$

式中 k——反应速率常数，其大小反映污染物在水体中被净化的能力，τ 为 k 的倒数，它反映了污染物被降解的难易程度，τ 越大，污染物在环境中停留的时间越长，水体对它的容量越小；

C——污染物浓度；

R——反应速率，与污染物浓度 C 及 τ 有关，它反映水体对污染物自净的快慢程度。

由上述若干物理量得出水体对污染物净化容量的表达式为

$$W_s = Q(C_s - C_B)(1 + \frac{q}{Q})\left[1 - \exp(-\frac{x}{\tau u})\right] \tag{12-23}$$

令 $V_s = Q, P_s = (C_s - C_B)(1 + \frac{q}{Q})\left[1 - \exp(-\frac{x}{\tau u})\right]$，则有

$$W_s = V_s P_s \tag{12-24}$$

式中 P_s——水体对污染物净化容量的比容。

4. 总水环境容量

水体对污染物的稀释容量、迁移容量和净化容量之和称为总水环境容量，其大小为

$$W_T = Q(C_s - C_B)(1 + \frac{q}{Q})\left\{2 + \frac{\sqrt{4\pi E_x t}}{u}\exp\left[\frac{(x - ut)^2}{4E_x t}\right] - \exp(-\frac{x}{\tau u})\right\} \quad (12\text{-}25)$$

如果污染物是难降解的，则 $k=0$，那么 $\exp(-\frac{x}{\tau u})=1$，这时

$$W_T = Q(C_s - C_B)(1 + \frac{q}{Q})\left\{1 + \frac{\sqrt{4\pi E_x t}}{u}\exp\left[\frac{(x - ut)^2}{4E_x t}\right]\right\} \quad (12\text{-}26)$$

说明水体对难降解污染物只有稀释容量和迁移容量，而无净化容量。

如果扩散作用的效果很不显著，以至于可以忽略不计，即 $E_x = 0$，这时 $\frac{\sqrt{4\pi E_x t}}{u}\exp\left[\frac{(x-ut)^2}{4E_x t}\right] \to 0$，则式(12-26)变为

$$W_T = Q(C_s - C_B)(1 + \frac{q}{Q}) \quad (12\text{-}27)$$

此式表明，对于难降解污染物，在不考虑水体的扩散作用时，不存在迁移容量和净化容量，水体的总水环境容量就等于稀释容量。

三、污染物排放总量控制

(一)实施污染物排放总量控制的意义

我国在水环境监测和管理上，多年来一直采用浓度控制的管理模式。浓度控制就是控制废污水的排放浓度，要求排入水域的污染物的浓度达到污染物排放标准，即达标排放。污染物排放标准有行业排放标准和国家污水综合排放标准等。

应该说，浓度控制对污染源的管理和水污染的控制是有效的，但也存在一些问题。由于没有考虑受纳水体的承受能力，有时候即使污染源全部都达标排放，但由于没法控制排放总量，受纳水体水质还是被严重污染；加上全国性的工业废水排放标准往往不能把所有地区和所有情况都包括进去，在执行中会遇到一些具体问题，如对于不同纳污能力的水体，同一行业执行同一标准，环境效益却不同，纳污能力大的水体能符合要求，而纳污能力小的水体可能已受到污染。这些问题的解决，一方面，可通过制定更加严格的地区水污染排放标准；另一方面，就是实行总量控制。

总量控制是根据受纳水体的纳污能力，将污染源的排放数量控制在水体所能承受的范围之内，以限制排污单位的污染物排放总量。1996 年我国开始推行"一控双达标"的环保目标。"一控"指的是污染物总量控制，就是控制各省、自治区、直辖市所辖区主要污染物的排放量在国家规定的排放总量指标内。总量控制并非对所有的污染物都控制，而是对二氧化硫、工业粉尘、化学耗氧量、汞、镉等 12 种主要工业污染物进行控制。"双达标"指的是工业污染源要达到国家或地方规定的污染物排放标准；空气和地表水按功能区达到国家规定的环境质量标准。按功能区达标指的是城市中的工业区、生活区、文教区、商业区、风景旅游区、自然保护区等，不是执行一个环境质量标准，而是分别达到不同的环境质量标准。我国从 2000 年开始实行污染物总量控制。据国家环保总局(现环境部)发布

的《2005年中国环境状况公报》,2005年全国工业废水排放达标率为91.2%,比2004年提高0.5个百分点。其中,重点企业工业废水排放达标率为92.8%,比2004年提高0.9个百分点;非重点企业工业废水排放达标率为80.6%,与2004年持平。其说明使用总量控制有利于环境条件的改善。

污染物排放总量可依据功能区域水域纳污能力,反推允许排入水域的污染物总量,这种方法称为容量控制法。也可依据一个既定的水环境目标或污染物削减目标,正推限定排污单位污染物排放总量,称为目标总量控制法。由此可见,在研究水功能区纳污能力,建立功能区水质目标与排放源的输入响应关系的基础上,将功能区污染物入河量分配到相应陆域各排放源,是总量控制的重要环节,也是总量控制中的技术关键问题。只有了解和掌握水域污染物控制量和削减量,才能达到有效控制水污染的目的。因此,制定污染物控制量和削减量方案是实施污染物排放总量控制的前提,对于控制水环境污染,改善和提高水环境质量具有重大的意义。

(二)污染物控制量和削减量的确定

1.污染物入河控制量

为了保证功能区水体的功能,水质要达到功能区水质目标,在一定的规划设计水平条件下,功能区水体的纳污能力是一定的,必须要对进入功能区水体的污染物入河总量进行控制。

根据水功能区的纳污能力和污染物入河量,综合考虑功能区水质状况、当地技术经济条件和经济社会发展,确定污染物进入水功能区的最大数量,称为污染物入河控制量。污染物入河控制量是进行功能区水质管理的依据。不同的功能区入河控制量按不同的方法分别确定,同一功能区不同水平年入河控制量可以不同。

不同的水功能区入河控制量可采用以下方法来确定,即当污染物入河量大于水环境容量时,以水环境容量作为污染物控制量;当污染物入河量小于水环境容量时,以现状条件下污染物入河量作为入河控制量。

2.污染物入河削减量

水功能区的污染物入河量与其入河控制量相比较,如果污染物入河量超过污染物入河控制量,其差值即为该水功能区的污染物入河削减量。

功能区的污染物入河控制量和削减量是水行政主管部门进行水功能区管理的依据;是水行政主管部门发现污染物排放总量超标或水域水质不满足要求时,提出排污控制意见的依据;同时,也是制定水污染防治规划方案的基础。

3.污染物排放控制量

为保证功能区水质符合水域功能要求,根据陆域污染源污染物排放量和入河量之间的输入响应关系函数,由功能区污染物入河控制量所推出的功能区相应陆域污染源的污染物排放最大数量,称为污染物排放控制量。污染物排放控制量在数值上等于该功能区入河控制量除以入河系数。

4.污染物排放削减量

水功能区相应陆域的污染物排放量与排放控制量之差,即为该功能区陆域污染物排放削减量,陆域污染物排放削减量是制定污染源控制规划的基础。

水污染物排放削减量有两种分配方法：一是将规划区域的水污染物允许排放量作为总量控制目标，分配到各个水污染控制单元，然后再根据污染现状和污染变化预测，分别计算各个污染控制单元的各个污染源的削减量；二是由全规划区域统一计算出总的水污染物削减量，作为主要水污染物排放总量削减指标，直接分配到各个水污染源。

四、水环境容量的分配

环境容量是一种功能性资源，它具有商品的一般属性，排污权分配的实质是对环境容量资源这种特殊商品的一种配置。排污指标应该有价值和使用价值。排污指标被企业无偿占有，其弊端有二：一是失去了用经济手段调整污染项目的市场准入功能，二是企业占用的现有排污指标无法流通，市场配置环境资源的功能难以发挥出来。

水环境容量的分配就是以污染物排放总量控制为目标，根据排污地点、数量和方式，结合污染物排污总量削减的优先顺序，考虑技术、经济的可行性等因素，用水环境中污染物最大允许排放量分配各控制区域的环境容量资源，确定各污染源的最大允许排放量或需要削减量。

根据污染负荷总量分配出发点的不同，可以将其分为优化分配和公平分配两种。前者以环境经济整体效益最优化为目标，后者则追求公平，兼顾公平与效率。

（一）总量分配原则

污染物允许总量的分配关系到各污染源的切身利益，分配应以公平性原则为根本，同时追求经济效率，即以较低的社会成本达到区域内总的允许排放量最大的环境效益。

尽管在社会资源、利益分配上关于公平的度量还有很多争议，难以有一个被普遍接受的“公平原则”，但就污染物总量分配而言，以下原则可以指导具体污染源的排放总量的分配。

1. 考虑功能区域差异

在污染物允许排放量的分配中应该考虑到不同功能区域中不同行业的自身特点。按照不同的功能区域进行划分，由于各种行业间污染物产生数量、技术水平或污染物处理边际费用的差异，处理相同数量污染物所需费用相差很大或生产单位产品排放污染物数量相差甚远，因此在各个功能区域间分配污染物允许排放量时应该兼顾这种功能划分的差别，适当进行调整，以较小的成本实现环境的达标。

2. 环境容量充分利用

各个排污系统或各单元分配的容量要使得区域的允许排放总量为最大，以体现环境容量得到充分利用。

3. 集中控制原则

对于位置邻近、污染物种类相同的污染源，首先要考虑实行集中控制，然后再将排放余量分配给其他污染源。

4. 规模差异原则

在已经划分的功能区内部，污染物允许排放量与企业规模成正比。在新开发区的具体实践中，推荐采用按照地块面积分配区域内部污染排放量的方法。

5. 清洁生产原则

允许排放量的分配中应该按照行业先进的生产标准设计排污指标，促使企业采用清洁生产技术。削减废水排放量与降低生产、生活用水量有密切关系，合理开发利用水资源、节约用水、提高水的重复利用率是削减废水排放量的根本途径。

（二）常用的总量分配方法与特点

1. 等比例分配方法

等比例分配方法是在承认各污染源排放现状的基础上，将受总量控制的允许排放总量等比例地分配到各水功能区或污染控制单元所对应的污染源中，各污染源等比例分担排放责任。该方法思路简单，通过绝对量上的公平进行总量分配，但是忽略了排污企业的生产工艺、生产设备、能源结构、资源利用率、污染治理水平等多方面的差别。

2. 按贡献率削减排放量分配方法

该方法是依据各个污染源对总量控制区域内环境质量的影响程度大小，按污染物贡献率大小来削减污染负荷。即以浓度排放标准和等标准污染负荷率值控制标准加权平均，求得各污染源的基础允许排放量和基础削减量。该方法在一定程度上体现了每个污染源平等共享环境容量资源，同时也平等承担超过其允许负荷量的责任。但是它不能反映不同行业污染治理费用的差异，因而在污染治理费用方面存在一定不公平性。

3. 费用最小分配方法

该方法是以治理费用最小作为目标函数，以环境目标值作为约束条件，建立优化数学模型，求得各污染源的允许排放负荷，使系统的污染治理投资费用总和最小。该方法只是从理论上追求社会整体效益最大，忽略了各排污者之间的公平性问题，忽略了监督和管理的成本因素和实践中污染治理效率、边际治理费用的高低，这将导致管理得力的污染源负担更多的削减量。允许排放量分配的不公平不利于企业在平等的市场交换条件下开展竞争，严重挫伤企业防治污染的积极性，激发企业的抵触情绪，从而导致规划方案难以落实，国内外的大量实践均表明，只依照最小费用方法分配允许排放量的做法在实践中遇到了极大的阻力。

除了以上三种应用最为广泛的分配方法外，还有排污指标有偿分配方法、行政协调分配方法、多目标加权评价方法等多种分配方法。这些分配方法对推动我国总量控制工作的深入开展起到了积极的作用，但是由于方法的局限性和地区的差异性，各种负荷分配方法都很难在较大范围内得到推广。无论采用什么分配方法都要与本地区的社会、经济和环境状况相适应。

第五节　水资源保护的内容、步骤和措施

一、水资源保护的内容和目标

水是人类生产、生活不可替代的宝贵资源。合理开发、利用和保护有限的水资源，对保证工农业生产发展、城乡人民生活水平稳步提高，以及维护良好的生态环境，均有重要的实际意义。

我国水资源总量居世界第六位，人均、耕地亩均占有水资源量却远低于世界平均水平。加上地区分布不均，年际变化大、水质污染与水土流失加剧，使水资源供需矛盾日益突出，加强水资源管理，有效保护水资源已迫在眉睫。

为了防止因不恰当地开发利用水资源而造成水源污染或破坏水源，所采取的法律、行政、经济、技术等综合措施，以及对水资源进行积极保护与科学管理，称为水资源保护。

水资源保护内容包括地表水和地下水的水量与水质。一方面，是对水量合理取用及其补给源的保护，即对水资源开发利用的统筹规划、水源地的涵养和保护、科学合理地分配水资源、节约用水、提高用水效率等，特别是保证生态需水的供给到位；另一方面，是对水质的保护，主要是调查和治理污染源、进行水质监测、调查和评价、制定水质规划目标、对污染排放进行总量控制等，其中按照水环境容量的大小进行污染排放总量控制是水质保护方面的重点。

水资源保护的目标是在水量方面必须要保证生态用水，不能因为经济社会用水量的增加而引起生态退化、环境恶化以及其他负面影响；在水质方面，要根据水体的水环境容量来规划污染物的排放量，不能因为污染物超标排放而导致饮用水源地受到污染或危胁到其他用水的正常供应。

二、水资源保护工作的步骤

水资源保护工作的步骤是在收集水资源现状、水污染现状、区域自然、经济状况资料的基础上，根据经济社会发展需要，合理划分水功能区、拟定可行的水资源保护目标、计算各水域使用功能不受破坏条件下的纳污能力、提出近期和远期不同水功能区的污染物控制总量及排污削减量，为水资源保护监督管理提供依据。水资源保护工作的步骤如图 12-4所示。

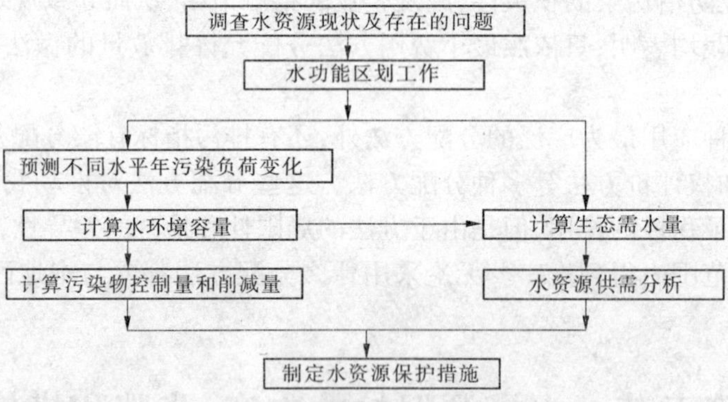

图 12-4　水资源保护工作的步骤

三、水资源保护工程措施

(一)水利工程措施

水利工程在水资源保护中具有十分重要的作用。通过水利工程的引水、调水、蓄水、排水等各种措施，可以改善或破坏水资源状况。因此，要采用正确的水利工程来保护水资源。

1. 调蓄水工程措施

通过江河湖库水系上一系列的水利工程,改变天然水系的丰、枯水期水量不平衡状况,控制江河径流量,使河流在枯水期具有一定的水域来稀释净化污染物质,改善水体质量。特别是水库的建设,可以明显改变天然河道枯水期径流量,改善水环境状况。

2. 进水工程措施

从汇水区来的水一般要经过若干沟、渠、支河而流入湖泊、水库,在其进入湖库之前可设置一些工程措施控制水量水质:①设置前置库。对库内水进行渗滤或兴建小型水库调节沉淀,确保水质达到标准后才能汇入到大中型江、河、湖、库之中。②兴建渗滤沟。此种方法适用于径流量波动小、流量小的情况,这种沟也适用于农村、畜禽养殖场等分散污染源的污水处理,属于土地处理系统。在土壤结构符合土地处理要求且有适当坡度时可考虑采用。③设置渗滤池。在渗滤池内铺设人工渗滤层。

3. 湖、库底泥疏浚

这是解决内源磷污染释放的重要措施。能将污染物直接从水体取出,但是又产生污泥处置和利用问题。可将疏浚挖出的污泥进行浓缩,上清液经除磷后打回湖、库中。污泥可直接施向农田,用做肥料,并改善土质。

(二)农林工程措施

1. 减少面源

在汇流区域内,应科学管理农田,控制施肥量,加强水土保持,减少化肥的流失。在有条件的地方,宜建立缓冲带,改变耕种方式,以减少肥料的施用量与流失量。

2. 植树造林,涵养水源

植树造林,绿化江河湖库周围山丘大地,以涵养水源,净化空气,减少氮干湿沉降,建立美好生态环境。

3. 发展生态农业

建立养殖业、种植业、林果业相结合的生态工程,将畜禽养殖业排放的粪便有效利用于种植业和林果业,形成一个封闭系统,使生态系统中产生的营养物质在系统中循环利用,而不排入水体,减少对水环境的污染和破坏。积极发展生态农业,增加有机肥料,减少化肥施用量。

(三)市政工程措施

1. 完善下水道系统工程,建设污水/雨水截流工程

截断向江河湖库水体排放污染物是控制水质的根本措施之一。我国老城市的下水道系统多为合流制系统,这是一种既收集、输送污水,又收集、输送降雨后地表排水的下水道系统。在晴天,它仅收集、输送污水至城市污水处理厂处理后排放。在雨天,由于截流管的容量及输水能力的限制,仅有一部分雨水、污水的混合污水可送至污水处理厂处理,其余的混合污水则就近排入水体,往往造成水体的污染。为了有效地控制水体污染,应对合流下水道的溢流进行严格控制,其措施与办法主要为源控制、优化排水系统、改合流制为分流制、加强雨水及污水的贮存、积极利用雨水资源。

2. 建设城市污水处理厂并提高其功能

进行城市污水处理厂规划,选择合理流程是一个十分重要又十分复杂的过程。它必须基于城市的自然、地理、经济及人文的实际条件,同时考虑到城市水污染防治的需要及经济上的可能;它应该优先采用经济价廉的天然净化处理系统,也应在必要时采用先进高效的新技术新工艺;它应满足当前城市建设和人民生活的需要,也应预测并满足一定规划期后城市的需要。总之,这是一项系统工程,需要进行深入细致的技术经济分析。

3. 城市污水的天然净化系统

城市污水天然净化系统的特点,是利用生态工程学的原理及自然界微生物的作用,对废水污水实现净化处理。在稳定塘、水生植物塘、水生动物塘、湿地、土地处理系统以及上述处理工艺的组合系统中,菌藻及其他微生动物、浮游动物、底栖动物、水生植物和农作物及水生动物等进行多层次、多功能的代谢过程,还有相伴随的物理的、化学的、物理化学的多种过程,可使污水中的有机污染物、氮、磷等营养成分及其他污染物进行多级转换、利用和去除,从而实现废水的无害化、资源化与再利用。因此,天然净化符合生态学的基本原则,而且具有投资省、运行维护费低、净化效率高等优点。

(四)生物工程措施

利用水生生物及水生态环境食物链系统达到去除水体中氮、磷和其他污染物质的目的。其最大特点是投资省、效益好,且有利于建立合理的水生生态循环系统。

第六节　地表水资源保护

一、水质标准

制定合理的水质标准,是水资源保护的基础工作。保护水资源的目标,并非使自然水体处于绝对纯净状态,而是使受污染的水体恢复到符合当地经济发展最有利的状态,这就需要针对不同用途制定相应的水质标准。

水环境质量标准是根据水环境长期和近期目标而提出的、在一定时期内要达到的水环境的指标,是对水体中的污染物或其他物质的最高容许浓度所做的规定。除了制定全国水环境质量标准外,各地区还要参照实际水体的特点、水污染现状、经济和治理水平,按水域主要用途,会同有关单位共同制定地区水环境质量标准。按水体类型可分为地表水质量标准、海水质量标准和地下水质量标准等;按水资源的用途可分为生活饮用水水质标准、渔业用水水质标准、农业用水水质标准、娱乐用水水质标准和各种工业用水水质标准等。由于各种标准制定的目的、适用范围和要求不同,同一污染物在不同标准中规定的标准值也是不同的。

目前,我国已经颁布的水质标准中主要的水环境质量标准有《地表水环境质量标准》(GB 3838—2002)、《地下水质量标准》(GB/T 14848—93)、《海水水质标准》(GB 3097—82)、《生活饮用水卫生标准》(GB 5749—2006)、《渔业水质标准》(GB 11607—89)、《农田灌溉用水水质标准》(GB 5084—85)等。此外,排放标准有《污水综合排放标准》(GB 8987—88)、《医院污水排放标准》(GB J48—83)和一批工业水污染物排放标准有《造纸工业水污染物排放标准》(GB 3544—83)、《甘蔗制糖工业水污染物排放标准》(GB 3546—83)、《石油炼制工业水污染物排放标准》(GB 3551—83)、《纺织染整工业水污染物排放标准》(GB 4287—92)等。

二、水质监测

(一)水质监测的目的

(1)对江、河、水库、湖泊、海洋等地表水和地下水中的污染因子进行经常性的监测,以掌握水质现状及其变化趋势。

(2)对生产、生活等废(污)水排放源排放的废(污)水进行监视性监测,掌握废(污)水排放量及其污染物浓度和排放总量,评价是否符合排放标准,为污染源管理提供依据。

(3)对水环境污染事故进行应急监测,为分析判断事故原因、危害及制定对策提供依据。

(4)为国家政府部门制定水环境保护标准、法规和规划提供有关数据和资料。

(5)为开展水环境质量评价和预测预报及进行环境科学研究提供基础数据和技术手段。

(二)水质监测项目

水质监测项目受人力、物力、财力的限制,不可能将所有的监测项目都加以测定,只能是对那些优先监测污染物(难以降解、危害大、毒性大、影响范围广、出现频率高和标准中要求控制)加以监测。

1. 地表水监测项目

水温、pH、溶解氧、高锰酸盐指数、化学需氧量、五日生化需氧量、氨氮、总氮(湖、库)、总磷、铜、锌、硒、砷、汞、镉、铅、铬(六价)、氟化物、氰化物、硫化物、挥发酚、石油类、阴离子表面活性剂、粪大肠菌群。

2. 生活饮用水监测项目

肉眼可见物、色、嗅和味、浑浊度、pH、总硬度、铝、铁、锰、铜、锌、挥发酚类、阴离子合成洗涤剂、硫酸盐、氯化物、溶解性总固体、耗氧量、砷、镉、铬(六价)、氰化物、氟化物、铅、汞、硒、硝酸盐、氯仿、四氯化碳、细菌总数、总大肠菌群、粪大肠菌群、游离余氯、总 α 放射性、总 β 放射性。

3. 废(污)水监测项目

第一类是在车间或车间处理设施排放口采样测定的污染物,包括总汞、烷基汞、总镉、总铬、六价铬、总砷、总铅、总镍、苯并(a)芘、总铍、总银、总 α 放射性、总 β 放射性。

第二类是在排污单位排放口采样测定的污染物,包括 pH、色度、悬浮物、生化需氧量、化学需氧量、石油类、动植物油、挥发性酚、总氰化物、硫化物、氨氮、氟化物、磷酸盐、甲醛、苯胺类、硝基苯类、阴离子表面活性剂、总铜、总锌、总锰。

(三)水质监测站网规划

水质监测站网是开展水质监测工作的基础。我国 1974 年开始筹建水质监测化验室,截至 2003 年[80],水利系统已建成由水利部、流域、省及其地(市)水环境监测中心、分中心,共 251 个监测机构组成的四级水质监测体系;水质监测站点 3 240 处,基本覆盖了全国主要江河湖库。水质监测站网的布设多采用划区设站法，即首先根据水质状况划分若干个自然区域；其次，按人类活动影响程度划分次级区；最后，按影响类别进一步划出类型区。每个区域设站的数目要根据该区域面积大小、水资源的实际价值，以及设站难易程度来确定。各类型区设站的具体数目要考虑区域的特殊性、重要性、地区大小、污染特征、污染影响等因素。

国家水质监测站可分为4类：

(1)本底站(基准站)。设在自然状态区域内或水源受人为污染影响微小的地方，最好设在水资源将有可能被利用而尚未污染的水域，以便监测到自然状态的水质资料。

(2)受污站(影响站)。设在水资源已被利用、水质受到人类活动影响的地方，以便提供污染状态下的水质资料。此类站一般分为基本站和辅助站两种。基本站是为长期掌握水质变化动态、收集积累水质基本资料而设置的测站。辅助站则是为配合基本站，进一步掌握水质状况而设的测站。

(3)国际站。设在具有国际性或全球意义的重大河流或湖泊上，一般安排在政治或地理分界线附近，有的则根据国际性水环境研究需要按大区布设，或作为国际性学术研究站网的组成部分。这种站可能是本底站，也可能是受污站。

(4)实验站。为专门研究农业、矿山、城市降雨产流、产污和污水出流规律，或在受污河段深入研究水体自净、水环境容量等课题而设的测站，一般均设在有代表性的区域或河段上。

(四)水质监测断面布设

对于流经城镇和工业区的一般河流(污染区对水体水质影响较大的河流)，监测断面可分对照断面、基本断面和削减断面3种布设。

(1)对照断面。布设在河流进入城镇或工业排污口前，不受本污染区影响的地方。

(2)基本断面(又称控制断面)。布设在能反映该河段水质污染状况的地方，一般设在排污口下游500~1 000 m处。

(3)削减断面。布设在基本断面下游、污染物得到稀释的地方，一般设在至少离排污口下游1 500 m处。

湖(库)采样断面应按水域部位分别布设在主要出入口，以及湖(库)的进水区、出水区、浅水区、中心区。或者根据水的用途在饮用取水区、娱乐区、鱼类产卵区等布设断面。

(五)采样位置、采样时间和采样频次

1.采样位置

对于江、河水系的每个监测断面，当水面宽小于50 m时，只设1条中泓垂线；水面宽50~100 m时，在左右近岸有明显水流处各设1条垂线；水面宽为100~1 000 m时，设左、中、右3条垂线(中泓、左、右近岸有明显水流处)；水面宽大于1 500 m时，至少要设置5条等距离采样垂线；较宽的河口应酌情增加垂线数。

在一条垂线上，当水深小于或等于5 m时，只在水面下0.3~0.5 m处设1个采样点；水深5~10 m时，在水面下0.3~0.5 m处和河底以上约0.5 m处各设1个采样点；水深10~50 m时，设3个采样点，即水面下0.3~0.5 m处1点，河底以上约0.5 m处1点，1/2水深处一点；水深超过50 m时，应酌情增加采样点数。

对于湖、库监测断面上采样点位置和数目的确定方法与河流相同,这里不再赘述。

2. 采样时间和采样频次

除特殊要求外,采样频次及采样时间规定如下:

河流基本站至少每月取样1次,最高、最低水位期间,应适当增加测次。辅助站则根据水质污染程度和丰、平、枯水期的水质特征,每年采样6~12次。专用实验站的采样次数由监测目的和要求确定。

湖泊(水库)一般每两个月采样一次。大于100 km^2 的湖泊(水库),每年采样3次,布置在丰、平、枯水期。对污染严重的湖(库),按不同时期每年采样8~12次。

三、水质评价

为表示某一水体水质污染情况,常利用水质监测结果对各种水体质量进行科学的评定。水质评价的目的是准确地反映水质污染状况,找出主要污染物的影响,为水资源保护、水污染防治和水质管理提供依据。关于地表水质评价的详细内容已在本书第四章第六节介绍过,这里不再赘述。

四、地表水资源保护途径

(一)减少工业废水排放

1. 改革生产工艺

通过改革生产工艺,尽量减少生产用水;尽量不用或少用易产生污染的原料、设备及生产工艺。如发展海水型工业,将大量的冷却、冲洗用水以海水代替;发展气冷型工业,把水冷变成风冷;采用无水印染工艺,可消除印染废水的排放;采用无氰电镀工艺,可以使废水中不再含氰化物;用易于降解的软型合成洗涤剂代替难以降解的硬型合成洗涤剂,可大大减轻或消除洗涤剂的污染。

2. 重复利用废水

采用重复用水及循环用水系统,以使废水排放量减至最少。根据不同生产工艺对水质的不同要求,可将甲工段排的废水送往乙工段使用,实现一水两用或一水多用,即为重复用水。如利用轻度污染废水作为锅炉的水力排渣用水或作为炼焦炉的洗焦用水。

将生产废水经适当处理后,送回本工段再次利用,称为循环用水。如高炉煤气洗涤废水经沉淀、冷却后可再次用来洗涤高炉煤气,并可不断循环,只需补充少量的水补偿循环中的损失。循环用水的最终目标是达到零排放。

3. 回收有用成分

尽量使流失至废水中的原料和成品与水分离,就地回收,这样做既可减少生产成本,增加经济效益,又可大大降低废水浓度,减轻污水处理负担。如造纸废水碱度大、有机物浓度高,是一种重要的污染源。如能从中回收碱和其他有用物质,即可变污染源为生产源。含酚浓度为1 500~2 000 mg/L的废水,经萃取回收后,可使含酚浓度降至100 mg/L左右,即可从每立方米废水中回收2 kg酚。

(二)妥善处理城市及工业废水

采取上述措施后,仍将有一定数量的工业废水和城市污水排出。为了确保水体不受污染，必须在废水排入水体之前，对其进行妥善处理，使其实现无害化，不致影响水体的卫生性及经济价值。

废水中的污染物质是多种多样的，不能预期只用一种方法就能够把所有污染物质都去除干净。不论对何种废水，都往往需要通过几种方法组成的处理系统，才能达到处理的要求。按照不同的处理程度，废水处理系统可分一级处理、二级处理和深度处理等不同阶段。一级处理只去除废水中呈悬浮状态的污染物。废水经一级处理后，一般仍达不到排放要求，尚须进行二级处理，因此对于二级处理来说，一级处理是预处理。二级处理的主要任务是大幅度地去除废水中呈胶体和溶解状态的有机污染物。通过二级处理，一般废水均能达到排放标准。但在处理后的废水中，还残存有微生物不能降解的有机物和氮、磷等无机盐类。一般情况下，它们数量不多，对水体无大危害。深度处理是进一步去除废水中的悬浮物质、无机盐类及其他污染物质，以便达到工业用水或城市用水所要求的水质标准。

（三）对城市污水的再利用

随着工业及城市用水量的不断增长，世界各国普遍感到水资源日益紧张，因此开始把处理过的城市污水开辟为新水源，以满足工业、农业、渔业和城市建设等各个方面的需要。实践表明，城市污水的再利用优点很多，它既能节约大量新鲜水，缓和工业与农业争水以及工业与城市生活争水的矛盾，又可大大减轻纳污水体受污染的程度。

1. 城市污水回用于工业

城市污水一般可回用于冷却水、锅炉供水、生产工艺供水以及其他用水，如油井注水、矿石加工用水、洗涤水及消防用水等。其中尤以冷却水最为普遍。利用城市污水做冷却水时，应保证在冷却水系统中不产生腐蚀、结垢，以及对冷却塔的木材不产生水解侵蚀作用。此外，还应防止产生过多的泡沫。

2. 城市污水回用于农业

随着城市污水的大量增加，利用污水灌溉农田的面积也在急剧扩大，据统计，1963 年我国污灌面积仅有 63 万亩，1980 年为 2 000 万亩，1998 年污灌面积发展为 5 427 万亩，占全国灌溉总面积的 7.3%。尽管污灌水都是经二级处理后的城市污水，但是还是含有这样或那样的有害物质，若使用不当、盲目乱灌，也会对环境造成污染危害，甚至导致作物明显减产或土壤污毒化、盐碱化，所以应根据土壤性质、作物特点及污水性质，采用妥善的灌溉制度和方法，并制定严格的污水灌溉标准。

3. 城市污水回用于城市建设

城市污水回用于城市建设，主要用做娱乐用水或风景区用水。在把处理过的城市污水用于与人体接触的娱乐及体育方面的用途时，必须符合相关标准，对水质的要求必须洁净美观，不含有刺激皮肤及咽喉的有害物质，不含有病原菌。

第七节　地下水资源保护

地下水具有水质好、水量稳定、分布广、供水延续时间长以及可恢复性等特点，目前已广泛应用于工农业生产和城市供水。据统计，全国地下淡水天然资源多年平均量为 8 800

亿 m^3，约占全国水资源总量的1/3，其中山区为6 500 亿 m^3，平原为2 300 亿 m^3；地下淡水可开采资源多年平均量为3 500 亿 m^3，其中山区为2 000 亿 m^3，平原为1 500 亿 m^3。全国地下水开采量主要集中在平原、山间盆地，大部分又集中在北方平原地区。如海滦河流域水资源利用中地下水占44%，淮河干流以北地区占29%，河北、山东、河南三省的井灌区面积分别相当于各省总灌溉面积的78%、49%、56%。

人类经济社会活动对地下水资源的量与质产生着日益深刻而剧烈的影响，随之出现诸如水质污染、地下水位大面积下降、地面沉降等一系列环境问题。2003 年全国地下水资源评价调查显示，全国195 个城市中，97%的城市地下水受到不同程度的污染，全国约有1/2 城市市区的地下水污染比较严重，地下水水质呈下降趋势。因此，保护地下水资源已成为一项十分紧迫而艰巨的任务。

一、地下水污染特征

（一）地下水污染过程缓慢，不易觉察

由于地下水存蓄于岩石、土壤空隙中，流速缓慢，污染物在地下水的弥散作用很慢，一般从开始污染到监测出污染征兆要经过相当长时间。同时，污染物通过含水层时有部分被吸附和降解，从观测井（孔）取得的水样都是一定程度净化了的水样。这些都给地下水质的监测、预报、控制带来很大困难。

（二）地下水污染程度与含水层特性密切相关

地下水埋藏于地下，其贮存、运动、补给、开采等过程都与含水层特性有密切关系，这些又直接影响到地下水污染状况的变化。地下含水层特性主要指它的水理性质，即容水性、给水性和透水性，而其中最主要的是透水性。含水层按透水性能可分为强透水含水层、弱透水含水层；按空间变化可分为均质含水层与非均质含水层；按透水性和水流方向的关系又可分为各向同性含水层与各向异性含水层。如污染源处于地下水流上游方向，且含水层透水性向下游方向越来越强，则污染物随补给进入地下后，可能向下游方向移动相当远的距离；如污染源处于地下水汇流盆地中心处，且含水层透水性很弱，则污染物不易向四周扩散，污染程度会日益增强。

（三）确定地下水污染源难，治理更难

由于地区间水文地质结构千差万别，岩石透水性的强弱不仅取决于空隙大小、空隙多少和形态，而且与裂隙、岩溶发育情况直接有关。可以说污染物从污染源排出后进入地下水的通道是错综复杂的。附近的污染源可能由于坐落在不透水岩层上，而使所排的污染物难以进入地下水体；相反，较远处的污染源排出的污染物，可能通过岩层裂隙或地下溶洞很容易污染地下水域。这就给确定污染源带来较大困难，而且水量更替周期长，加之即使切断污染物补给源，吸附于含水层中的污染物在一定时期内仍能污染流经其中的地下水。因此，可以说地下水一旦污染，很难治理。

二、地下水污染物及其来源

（一）地下水污染物

一般情况下，地下水的污染物质分为以下几类：

(1)构成地下水化学类型和反映地下水性质的常规化学组成的一般理化指标为 K^+、Na^+、Ca^{2+}、Mg^{2+}、SO_4^{2-}、Cl^-、HCO_3^-、CO_3^{2-}、NH_4^+、NO_2^-、NO_3^-、pH、矿化度、总硬度等。

(2)常见的金属和非金属物质为 Hg、Cr、As、Cd、F、CN^- 等。

(3)有机有害物质为酚、石油、有机磷、有机氯等。

(4)生物污染物为细菌、病毒、寄生虫卵等。

(二)地下水污染来源

地下水的污染源和污染途径主要有以下几方面。

1. 工业生产中的废物

工业生产中往往有不少“三废”(废水、废渣、废气)排入环境,其中,工业废水可能直接或间接进入地下水;向大气排放的污染物可能由于重力沉降、雨水淋洗等作用而降落到地表面,然后有可能被水挟带而渗入地下水;周围固体废弃物中的有害物质,则可通过淋滤作用而进入地下水。

2. 现代农业的废物

现代农业的废物主要是由于污水灌溉、农药及化肥的使用造成地面污染,通过大气降水的淋滤作用而进入地下水。有害物质可以通过施肥(化肥、厩肥、生活垃圾、工业废液、水处理厂污泥等)、喷药(杀虫剂、杀菌剂、除草剂等)、污水灌溉回归等形式渗滤地下,污染地下水。

3. 矿山开采中的废物

采矿所产生的地下水污染物主要是有色金属、放射性矿物和酸性矿水等。如采煤时会引起共生矿物黄铁矿氧化而产生硫酸污染地下水。油田开采中漏油或勘探中使用的某些化学药品,都可能进入淡水含水层而污染地下水。

4. 自然灾害

许多自然灾害可能直接或间接造成地下水污染。例如,火山爆发将喷发出大量的熔岩流、火山灰和有害气体,它们均可能直接或间接污染地下水;地震可能造成局部构造的破坏,从而增强地面污水向地下水的入渗;洪水泛滥将会增大向地下水的入渗量,同时将会较多地挟带污染物进入地下。

三、地下水质量评价

国民经济的用途不同,对地下水质提出的要求也不尽相同,通过对地下水质进行评价,可以确定其满足某项要求的程度,为地下水资源的合理开发利用提供科学依据。关于地下水质评价的详细内容已在本书第四章第六节介绍过,这里不再赘述。

四、地下水污染的控制与治理

(一)加强“三废”治理,减少污染负荷

地下水中的污染物主要来源于工业“三废”、城市污水和农业的污染(污水灌溉,农药、化肥的下渗)。因此,地下水污染的控制首先要抓污染源的治理。

第一,必须搞好污染源调查。在城市及工业企业地区,主要查明有多少工厂,生产什么产品和副产品,生产过程使用什么化学药品,“三废”物质的成分、浓度、排放量,以及各工厂的“三废”处理措施及效果等。在农村，主要查明农药、化肥的用量及品种，耕地土质情况，灌溉水源的水质及渠道位置、集中积肥堆肥位置等。在矿区，应调查矿区范围、矿产品种及所含物质，矿渣堆放场及运输情况等。

第二，加强污染源治理。使污染物在排放前进行无害化处理，杜绝超标排放。在工矿企业中通过改革生产工艺，逐步实现无污染、少污染工艺或实行闭路循环系统，以最大限度地减少排污负荷。对于超标排污的单位，要限期治理。在限期内不能治理的，应通过行政和法律手段，令其关、停，并、转。

第三，要防止新污染源的产生。对新建和扩建的建设项目，必须经过论证，有关部门审批，严格执行“三同时”（建设项目中防治污染的设施必须与主体工程同时设计、同时施工、同时投产使用）原则和环境影响报告书制度。

（二）建立地下水监测系统

为掌握地下水动态变化和查明污染程度、范围、成分、来源、危害情况与发展趋势，应在水源地及水源地周围可能影响地区建立专门观测井孔，形成监测网，进行长期监测。同时，还应经常观察周围污水排放、污水灌溉、传染病发病等情况。目的是随时了解地下水质变化情况，以便及时采取必要的防污治污措施。

（三）加强对地下水资源开发的管理

当前，不少地区出现严重的水资源紧缺状况，地下水资源盲目开采、任意污染的现象相当普遍。为了充分有效地开发利用地下水资源，避免水质污染，并尽量预见未来发展和对策，必须加强对地下水资源的管理。

首先，要建立权威性水资源管理机构，实现水资源统一管理。过去，城建、水利、地质、环保等部门“多龙治水”，给地下水管理工作带来很大困难，必须理顺各部门间的关系，建立一个真正有权威的水资源管理机构，加强水资源保护的监督和协调作用。

其次，制定切实可行的地下水开发利用规划和水资源保护规划，对地下水的开发利用、防护与治理，实行科学管理、统筹安排、宏观调控，以达到既充分利用水资源，发挥其最大经济效益，又避免发生不良性后果的目的。

最后，增强法制观念，以法治水。目前，国家已颁布有《中华人民共和国环境保护法》、《中华人民共和国水法》、《中华人民共和国水污染防治法》、《中华人民共和国海洋环境保护法》等有关法律，各地区也制定了一些法令、规定、实施细则等法律文件，给以法治水创造了良好条件。地下水资源的开发要做到有法必依，执法必严，违法必究。

思考题

12-1　根据污染物的性质，工业废水可分为哪几类？

12-2　水体污染源有哪些？

12-3　试举例说明水污染的危害。

12-4　什么是水功能区划？为什么要做水功能区划？如何区划？有什么标准和依据？

12-5　试举例说明水功能区水质目标。

12-6　污染源调查有哪些？试设计一个生活污染源调查表。

12-7　什么是污染物入河系数？怎么确定污染物入河系数？

12-8　污染源预测有什么方法？

12-9　什么是水环境容量？为什么要计算水环境容量？

12-10　什么是污染物排放总量控制？

12-11　怎样确定污染物排放削减量？

12-12　什么是水环境容量的分配？为什么要进行水环境容量的分配？

12-13　常用污染物排放总量分配方法有哪些？

12-14　水资源保护的工程措施有哪些？你还知道哪些水资源保护措施？举例说明。

12-15　为什么要进行水质监测？水质监测项目怎么确定？

12-16　地下水污染的特征有哪些？地下水污染的来源有哪些？

第十三章　水资源管理

水是人类赖以生存、经济社会赖以发展的基础自然资源之一，而当今世界普遍存在的水资源短缺、水环境污染、洪水灾害等问题，都影响到了水资源长久有效的利用，影响到人类社会可持续发展的实现。有效地解决各种水资源危机的一个重要方法就是进行科学的水资源管理。通过水资源的合理分配、优化调度、科学管理，科学、合理地开发利用水资源和保护水资源，才能保障经济社会的资源基础，实现人类社会的可持续发展。

本章将主要阐述水资源管理的主要内容和工作流程，系统介绍水资源管理的组织体系、法规体系，水资源管理的经济、技术等措施以及水资源管理信息系统等内容。

第一节　水资源管理的基本内容及工作流程

水资源管理是在水资源开发利用和保护的实践当中产生，并在实践中发展起来的。随着各种用水问题的出现，水资源管理也在不断发展深化，它是解决水危机的希望所在。

一、水资源管理的基本内容

水资源管理，是指对水资源开发、利用和保护的组织、协调、监督和调度等方面的实施，包括运用行政、法律、经济、技术和教育等手段，组织开发利用水资源和防治水害；协调水资源的开发利用与经济社会发展之间的关系，处理各地区、各部门间的用水矛盾；监督并限制各种不合理开发利用水资源和危害水源的行为；制定水资源的合理分配方案，处理好防洪和兴利的调度原则，提出并执行对供水系统及水源工程的优化调度方案；对来水量变化及水质情况进行监测与相应措施的管理等[81]。

水资源管理是水行政主管部门的重要工作内容，它涉及水资源的有效利用、合理分配、保护治理、优化调度以及所有水利工程的布局协调、运行实施及统筹安排等一系列工作。其目的是通过水资源管理的实施，以做到科学、合理地开发利用水资源，支持经济社会发展，保护生态系统，并达到水资源开发、经济社会发展及生态系统保护相互协调的目标。

水资源管理是一项复杂的水事行为，其内容涉及范围很广。归纳起来，水资源管理工作主要包括以下几部分内容[1]。

（一）加强宣传教育，提高公众觉悟和参与意识

加强对有关水资源信息和业务准则的传播和交流，广泛开展对用水户的教育。提高公众对水资源的认识，应该让公众意识到水资源是有限的，只有在其承受能力范围内利用，才能保证水资源利用的可持续性；如果任意引用和污染，必然导致水资源短缺的后果。公众的广泛参与是实施水资源可持续利用战略的群众基础。因此，水资源管理工作具有宣传的义务和职责。

（二）制定水资源合理利用措施

制定目标明确的国家和地区水资源合理开发利用实施计划和投资方案；在自然、社会和经济的制约条件下，实施最适度的水资源分配方案；采取征收水费、调节水价以及其他经济措施，以限制不合理的用水行为，这是确保水资源可持续利用的重要手段。因此，水资源管理工作具有制定决策和实施决策的功能和义务。

（三）制定水资源管理政策

为了管好水资源，必须制定一套合理的管理政策。比如，水费和水资源费征收政策、水污染保护与防治政策等。通过需求管理、价格机制和调控措施，有效推动水资源合理分配政策的实施。因此，水资源管理工作具有制定管理政策的义务和执行管理政策的职责。

（四）水资源统一管理

坚持利用与保护统一，开源与节流统一，水量与水质统一。保护和涵养潜在水资源，开发新的和可替代的供水水源，推动节约用水，对水的数量和质量进行综合管理。这些是水资源统一管理的要求，也是实施水资源可持续利用的基本支撑条件。

（五）实时进行水量分配与调度

水行政主管部门具有对水资源实时管理的义务和职责，在洪水季节，需要及时预报水情、制定防洪对策、实施防洪措施；在旱季，需要及时评估旱情、预报水情、制定并组织实施抗旱具体措施。因此，水资源管理部门具有防止水旱灾害的义务。

二、水资源管理的原则

水资源管理是由国家水行政主管部门组织实施的、带有一定行政职能的管理行为，它对一个国家和地区的生存和发展有着极为重要的作用。加强水资源管理，必须遵循以下原则[1]。

（一）坚持依法治水的原则

我国现行的法律、规范是指导各行业工作正常开展的依据和保障，也是水利行业合理开发利用和有效保护水资源、防治水害、充分发挥水资源综合效益的重要手段。因此，水资源管理工作必须严格遵守我国相关法律法规和规章制度，如《中华人民共和国水法》、《中华人民共和国水污染防治法》、《中华人民共和国水土保持法》、《中华人民共和国环境法》等，这是水资源管理的法律依据。

（二）坚持水是国家资源的原则

水，是国家所有的一种自然资源，是社会全体共同拥有的宝贵财富。虽然水资源可以再生，但它毕竟是有限的。过去，人们习惯性地认为水是取之不尽、用之不竭的。实际上，这是不科学的、浅显的认识，它可能会引导人们无计划、无节制地用水，从而造成水资源的浪费。因此，加强水资源管理首先应该从观念上认识到水是一种有限的宝贵资源，必须精心管理和保护。

（三）坚持整体考虑和系统管理的原则

前面提到过，人类所能利用的水资源是非常有限的。因此，某一地区、某一部门滥用水资源，都可能会影响相邻地区或其他部门的用水保障；某一地区、某一部门随便排放废水、污水，也可能会影响相邻地区或其他部门的用水安全。因此，必须从整体上来考虑对水资源的利用和保护，系统管理水资源，避免各自为政、损人利己、强占滥用的水资源管理现象发生。

（四）坚持用水价来进行经济管理的原则

长期以来，人们认为水是一种自然资源，是无价值、可以无偿占有和使用的，这导致了水资源的滥用，浪费极大。用经济的手段来加强水资源管理是可行的。水本身是有价值的，应把加强水权管理摆在战略位置，明确水是商品，通过改革水价体制、制定合理的水价来实现对水资源管理的宏观调控，调节各行各业的用水比例，达到水资源合理分配、合理利用的目标。同时，适时、适度地调整水资源费和水费的征收幅度，还可调动全社会节水的积极性。

三、水资源管理的工作流程

水资源管理的工作目标、流程、手段差异较大，受人为作用影响的因素较多，而从水资源配置的角度来说，其工作流程基本类似，可概括如图13-1所示。

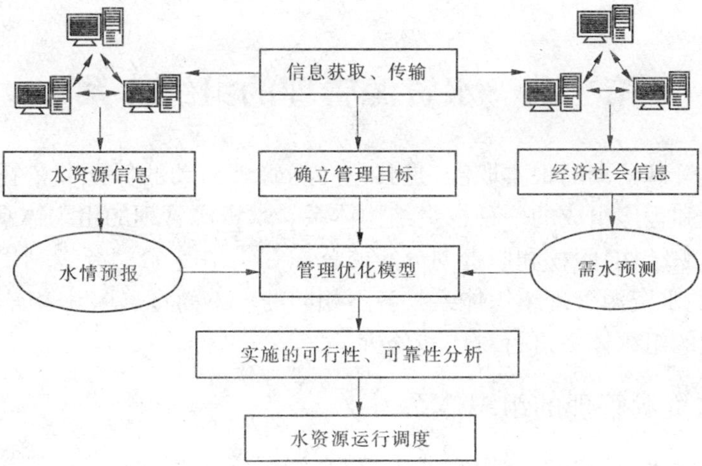

图13-1　水资源管理一般工作流程[7]

（一）确立管理目标

与水资源规划工作相似，在开展水资源管理工作之前，也要首先确立管理的目标和方向，这是管理手段得以实施的依据和保障。如在对水库进行调度管理时，丰水期要以防洪和发电为主要目标，而枯水期则要以保障供水为主要目标。

（二）信息获取与传输

信息获取与传输是水资源管理工作得以顺利开展的基础条件，只有把握瞬息万变的水资源情势，才能更有效地调度和管理水资源。通常需要获取的信息有水资源信息、经济社会信息等。水资源信息包括来水情势、用水信息以及水资源质量和数量等。经济社会信息包括与水有关的工农业生产变化、技术革新、人口变动、水污染治理以及水利工程建设等。总之，需要及时了解与水有关的信息，对未来水利用决策提供基础资料。

为了对获得的信息迅速做出反馈，需要把信息及时传输到处理中心。同时，还需要对获得的信息及时进行处理，建立水情预报系统、需水量预测系统，并及时把预测结果传输到决策中心。资料的采集可以运用自动测报技术，信息的传输可以通过无线通信设备或网络系统来实现。

（三）建立管理优化模型，寻找最优管理方案

根据研究区的经济社会条件、水资源条件、生态系统状况、管理目标，建立该区水资源管理优化模型。通过对该模型的求解，得到最优管理方案。关于模型的类型及其求解方法已在前文介绍过。

（四）实施的可行性、可靠性分析

对选择的管理方案实施的可行性、可靠性进行分析。可行性分析，包括技术可行性、经济可行性，以及人力、物力等外部条件的可行性；可靠性分析，是对管理方案在外部和内部不确定因素的影响下实施的可靠度、保证率分析。

（五）水资源运行调度

水资源运行调度是对传输的信息，在通过决策方案优选，实施可行性、可靠性分析之后做出的及时调度决策。可以说，这是在实时水情预报、需水预报的基础上所做的实时调度决策[1]。

第二节　水资源管理的组织体系

组织职能是管理活动的根本职能，是其他一切管理活动的保证和依托。组织体系是按照一定的目的和程序组成的一种权责结构体系。水资源管理的组织体系是关于水资源管理活动中的组织结构、职权和职责划分等的总称[82]。在水资源开发利用与保护的实践当中，各个国家的水资源管理组织体系是各不相同的。下面将选取几个有代表性的国家，对其水资源管理的组织体系进行对比和分析。

一、美国水资源管理的组织体系

美国在长期的水资源开发利用实践中，其水资源管理的形式经历了分散—集中—分散的过程。20 世纪 50 年代以前，美国的水资源管理形式是十分分散的，对水资源的管理主要通过流域委员会来执行。1965 年，鉴于水资源的分散管理形式不利于全盘考虑水资源的综合开发利用，由国会通过了水资源规划法案，成立了全美水资源理事会，负责水资源及其有关的土地资源的综合开发利用。在这期间，美国的水资源管理走向集中。但这样又导致联邦政府与州政府之间在水资源管理上的矛盾和冲突。到 20 世纪 80 年代初，美国联邦政府撤销了水资源理事会，成立了国家水政策局，只负责制定有关水资源的各项政策，而不涉及具体业务，把具体业务交给各州政府全面负责，其水资源管理形式又趋于分散。

美国现在的水资源管理机构分为联邦政府机构、州政府机构和地方（县、市）政府机构三级。在联邦政府的水利机构中，最重要的是陆军工程兵团、内务部垦务局、地质调查局、农业部土壤保持局。其中，美国陆军工程兵团归属于国防部，主要负责联邦政府投资项目的设计、施工，编制流域水资源开发利用规划，审查地方政府做的规划及设计；垦务局归属于内务部，是美国西部 17 个州水管理的一个职能部门，主要承担由联邦政府投资的跨州工程或其他重大工程，职能是呼吁美国公众关注水及相关的水环境和水资源管理、发展、保护。此外，直属于联邦机构的还有环境保护局、田纳西流域管理局、国家水政策局以及一些流域委员会等，它们的职能主要是起协调作用[14]。而各州具体的水业务，由各州下属的水资源局完成，负责本州的水资源开发与管理，承担本州内工程的规划、设计、监理、评估、分析、管理等业务。

美国是联邦国家，各州在立法上与联邦政府平权，因此在美国水资源管理的组织体系中，各州都根据自己的实际情况对水资源保护、开发利用等制定有不同标准的法律法规，由各州相应的水资源管理部门负责组织实施。州政府与联邦政府之间的关系相对比较松散，因此目前在水资源管理上是以州为基本单位的管理体制。由于美国在水资源管理方面还没有全国统一的水法，以各州自行立法与州际协议为基本管理规则，州际间水资源开发利用矛盾则由联邦政府有关机构（如垦务局、陆军工程兵团等）负责协调[1]。

二、英国水资源管理的组织体系

20 世纪，英国水资源经历了从地方分散管理到流域统一管理的历史演变。英国早在 20 世纪 40 年代设立了河流局，负责排水、发电、防洪、渔业、防止污染和水文测验等。自 60 年代起，英国开始改革水资源管理体制，改河流局为河流管理局，在英格兰和威尔士共设 29 个河流管理局和 157 个地方管理局。到 70 年代进一步对水资源实行统一管理，把河流管理局又合并为 10 个水务局，每个水务局对本流域与水有关的事务全面负责、统一管理。水务局不再是政府机构，而是由法律授权、具有很大自主权、自负盈亏的公用事业单位。到 80 年代中期，英国政府大力推行私有化政策，顺应这一形势的需要，1989 年英格兰和威尔士的水务局实现私有化，改为水公司。而在苏格兰和北爱尔兰，供水部门至今仍为国营公共事业单位。英国郡、区、乡镇等地方政府不设水管理机构，只有地方议会负责管理排水及污水管道设施。

1989 年英国议会通过了新水法。依据新水法，国家对水资源管理体制进行了改革，在环境部下设国家流域管理局，其中英格兰和威尔士按流域适当归并成立了 8 个流域管理局，其管理范围与 10 个水务局职责范围完全一致。一个流域中的两个机构职责分工明确：流域管理局担负水资源管理和保护的行政职能，负责水质监测和洪水防御；水务局实行民营化运作，统一负责水资源开发、调配、节约、治理、保护等方面的具体工作[1]。

三、法国水资源管理的组织体系

法国对水资源的管理基本上采取以流域为主的方式，属于分散管理模式。由流域委员会及其执行机构——流域水务局负责保护水资源、监测水质、防止污染、征收排污费和水费等[1]。

法国共有 6 大流域，流域委员会是流域水资源管理的最高决策机构，它由三部分组成：一部分是代表国家利益的政府官员和专家代表，一部分是代表地方群众利益的地方行政当局代表，另一部分是代表企业和农民利益的用户代表。三方代表各占 1/3。流域委员会的主要任务是审议和批准水务局提交的五年规划方案和各年度的具体工作计划。流域水务局是一个独立于地区和其他行政辖区的流域性公共管理机构，它受环境部的监管，负责流域水资源统一管理的具体事务，同时在流域内又必须执行流域委员会的指令。流域水务局的主要任务是对流域各地区的水污染防治活动进行金融和技术激励，确保各用水户之间的水资源供需平衡，加强对水资源的保护以满足法律规定的水质标准等[83]。

四、日本水资源管理的组织体系

日本的水资源管理是多部门分管负责的形式，属于分散管理模式。在中央政府中与水资源管理工作有关的机构较多，在 2001 年 1 月政府机构大规模改革之前涉及 6 个部级（日本称为“省”）机构，分别是环境厅（水质保全局负责水质的保护）、国土厅（水资源部负责水资源规划）、厚生省（生活卫生局水道环境部负责饮用水的卫生）、农林水产省（林野厅指导部负责河流上游的流域治理）、通商产业省（环境立地局负责工业用水，资源能源厅负责水力发电的规划管理）、建设省（河川局负责河流的治水和用水，都市局下水道部负责下水道的规划和综合协调）。2001 年 1 月政府机构改革之后，因国土厅和建设省都被合并在国土交通省之内，相关的部级机构减少为 5 个，分别是环境省、国土交通省、厚生劳动省、经济产业省和农林水产省，但从具体负责的局级机构来看并无实质性变化[84]。

根据日本水资源开发促进法，有关水资源的开发由内阁总理大臣组织制定基本计划，有关管理事宜由经济企划厅处理。综合利用水利工程由国家和县进行建设，由国家负担费用或给予补助。工程项目的勘测、设计、施工和管理等工作，由各省、厅交给水资源开发公团或地方承担。

日本河流受地形、地质和气候条件的影响，大部分河流流程短，流域面积小。对河流的管理则按照日本河川法的规定，一级河流由建设大臣任命的建设省河流审议会管理，二级河流由河流所在的都、道、府、县知事管理，其余河流由市、町、村负责。总体来说，日本的水资源管理属于分部门、分级管理的类型[1]。

五、中国水资源管理的组织体系

我国是世界上开发水利、防治水患最早的国家之一，历史上设有水行政管理机构。中华人民共和国成立后，中央人民政府设立水利部，而农田水利、水力发电、内河航运和城市供水分别由农业部、燃料工业部、交通部和建设部负责管理，水行政管理并不统一，在相当长的一段时间内，在国家一级部门之间水资源管理也是各行其责的分管形式。直到 20 世纪 80 年代初，由于“多龙治水”的局面影响到水资源的开发利用和保护治理，国务院规定由当时的水利电力部归口管理，并专门成立了全国水资源协调小组，负责解决部门之间在水资源立法、规划、利用和调配等方面的问题。1988 年，国家重新组建水利部，并明确规定水利部为国务院的水行政主管部门，负责全国水资源的统一管理工作。1994 年，国务院再次明确水利部是国务院水行政主管部门，统一管理全国水资源，负责全国水利行业的管理等职责。此后，在全国范围内兴起的水务体制改革则反映了我国水资源管理方式由分散管理模式向集中管理模式的转变。

在我国的水资源管理组织体系中，水利部是负责国家水资源管理的主要部门，其他各部门也管理部分水资源，如地矿部管理和监测深层地下水，国家环保部负责水环境保护与管理，建设部管理城市地下水的开发与保护，农业部负责建设和管理农业水利工程。省级组织中有水利部所属流域委员会和省属水利厅，更下级是各委所属流域管理局或水保局及市、县水利局。两个组织系统并行共存，内部机构设置基本相似，功能也类似，不同之处是流域委员会管理范围以河流流域来界定，而地方政府水利部门只以行政区划来界定其管辖范围。我国水利部系统水资源管理组织体系如图13-2所示。

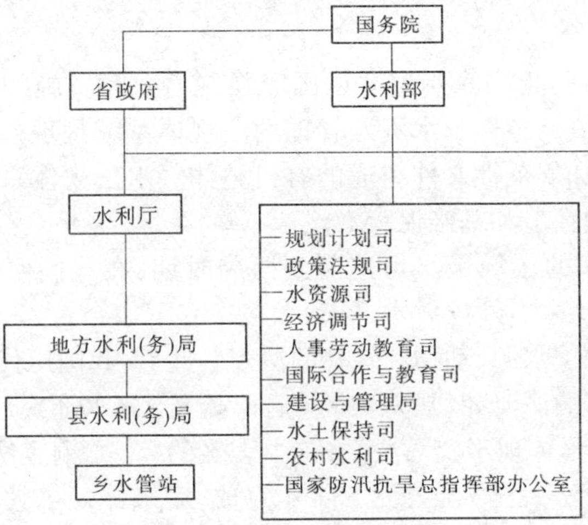

图13-2　中国水资源管理组织体系(水利部系统)[82]

我国水资源管理体制中存在着两个根本问题，一个是“多龙治水”，影响水资源的开发利用和保护治理。这一问题在我国一些城市已经得到了很好的解决。1993年，我国广东深圳市和陕西洛川县为解决当地严重的水灾和水荒，率先实施水务一体化管理体制，成立水务局，在经过改革尝试后取得显著的成效，于是水务管理体制改革逐步在全国各地悄然兴起。到2002年底，全国除北京、西藏以外的29个省、自治区、直辖市成立的水务局及由水利系统实施水务统一管理的单位共计1 097个，占全国县级以上行政区总数的46%。水务管理体制克服了部门职能交叉、办事效率低下的弊端，体现了精简、高效的机构设置原则，同时有利于制定统一的水管理法规和技术标准，有利于维护水资源系统的完整性和协调性[83]。另一个问题是水资源行政管理中的行政区域管理人为地将一个完整的流域划分开来，责权交叉多，难以统一规划和协调，极不利于我国水资源和水环境的综合利用和治理。同时，我国虽然成立了七大流域委员会，但它们都不是权力机构，而省级水利厅按照自身利益考虑流域管理，就使得流域机构与各地环保局、各省市有关部门在处理水问题时无法统一指挥，无法做到全流域的统筹规划和管理。因此，虽然我国水资源管理是流域管理与行政区管理相结合的水管理体制，但实际上是以各省(市、自治区)到地方各级的水管理机构为主的分块管理机制在发挥主导作用，而以流域机构为主体的流域统一管理机制并未发挥其应有功能[85]。因此，在我国要深入推行流域统一管理，仍需对水资源管理体制进一步改革。

第三节　水资源管理的法规体系

依法治国，是我国《宪法》所确定的治理国家的基本方略。水资源关系国民经济、社会发展的基础，在对水资源进行管理的过程中，也必须通过依法治水才能实现水资源开发、利用和保护的目的，满足经济、社会和环境协调发展的需要。

一、概述

法规体系，也叫立法体系，是指国家制定并以国家强制力保障实施的规范性文件系统，是法的外在表现形式所构成的整体。水资源管理的法规体系就是现行的有关调整各种水事关系的所有法律、法规和规范性文件组成的有机整体。水法规体系的建立和完善是水资源管理制度建设的关键环节和基础保障[1]。

中国古代有关水资源管理的法规最早可追溯到西周时期，在我国西周时期颁布的《伐崇令》中规定："毋坏屋、毋填井、毋伐树木、毋动六畜。有不如令者，死无赦。"这大概是我国古代最早颁布的关于保护水源、动物和森林的法令。此后，我国历代封建王朝都曾颁布过类似的法令。历代著名的法典如《唐六典》、《唐律疏义》、《水部式》等都有水法规可考[86]。在欧洲，水法规则最早体现于罗马法系，其中著名的《十二铜表法》颁布于公元前450年前后，而《查士丁尼民法大全》于公元534年完成，后来体现于大陆法系和英美普通法系的民法中。

近代经济社会发展对水资源的需求不断增加，很多地方出现了供水水源不足、水污染、生态环境恶化的趋势。世界各国都开始重视水资源管理的法规制定，很多国家制定了关于水资源开发、利用和保护等各项水事活动的综合性水法，有些国家还制定了水资源开发利用的专项法律。如美国的《水资源规划法规》，日本的《河川法》、《水资源开发促进法》、《水污染防治法》、《防洪法》等专项法规。

我国在1930年颁布了《河川法》，1942年颁布了《水利法》。此后，随着水问题的不断发展，我国的水资源管理的法规也在不断修改、不断完善。

新中国成立后，我国在水资源方面颁布了大量具有行政法规效力的规范性文件，如1961年颁布的《关于加强水利管理工作的十条意见》，1965年颁布的《水利工程水费征收使用和管理试行办法》，1982年颁布的《水土保持工作条例》等。1984年颁布施行的《中华人民共和国水污染防治法》是中华人民共和国的第一部水法律。1988年颁布的《中华人民共和国水法》是我国调整各种水事关系的基本法。此后又颁布了《中华人民共和国环境保护法》、《中华人民共和国水土保持法》、《中华人民共和国防洪法》等法律。此外，国务院和有关部门还颁布了相关配套法规和规章，各省、自治区、直辖市也出台了大量地方性法规，这些法规和规章共同组成了一个比较科学和完整的水资源管理的法规体系。针对形势的变化和一些新出现的问题，我国在2002年8月29日又通过修改后的《中华人民共和国水法》，并已于2002年10月1日开始实施。新《中华人民共和国水法》吸收了十多年来国内外水资源管理的新经验、新理念，对原水法在实施实践中存在的问题做了重大修改。新《中华人民共和国水法》规定，开发、利用、节约、保护水资源和防治水害，应当全面规划、统筹兼顾、标本兼治、综合利用、讲求效益，发挥水资源的多种功能，协调好生活、生产经营和生态用水。因此，水法对于合理开发、利用、节约和保护水资源，防治水害，实现水资源的可持续利用，适应国民经济和社会发展的需要具有重要意义。它的出台，标志着中国进入了依法治水的新阶段。

二、水资源管理法规体系的作用、性质和特点

水资源管理的法规与其他法律规范一样，具有规范性、强制性、普遍性等特点，但因其主要调整与水资源开发、利用、保护等行为相关的过程中人与人的关系、人与自然的关系，因此又具有其特殊的性质和特点。

（一）水资源管理法规体系的作用

水资源是人类赖以生存和发展的一种必需的自然资源，随着人类社会和经济的发展，对水资源的需求范围也越来越广，需求量越来越大。然而水资源又是一种有限资源，因此必然会出现水资源的供需矛盾。这一矛盾的加剧又会带来水资源开发利用中人与人之间、人与自然之间的冲突发展。因此，必须用法律法规来规范人类的活动，进行有效的水资源管理。概括地说，水资源管理的法规体系，其主要作用就是借助国家强制力，对水资源开发、利用、保护、管理等各种行为进行规范，解决与水资源有关的各种矛盾和问题，实现国家的管理目标[87]。具体表现在以下几个方面。

1. 确立水资源管理的体制

水资源管理是关系水资源可持续开发利用的事业，是关系国计民生的工作，其有效开展需要社会各界、方方面面的配合。因此，就需要建立高效的组织机构来承担指导和协调任务。一方面要确保有关水资源管理机构的权威性，另一方面要尽量避免管理机构及其人员滥用职权。因此，有必要在有关水资源管理的法规中明确规定有关机构设置、分工、职责和权限，以及行使职权的程序。我国水资源管理的法规规定了我国对水资源实行流域管理与行政区域管理相结合的管理体制，这是我国水管理的基本原则。同时，科学界定了水行政主管部门、流域管理机构和有关部门的职责分工，明确了各级水行政主管部门和流域管理机构负责水资源统一管理和监督工作，各级人民政府有关部门按照职责分工负责水资源开发、利用、节约和保护的有关工作。

2. 确立一系列水资源管理制度和措施

水资源管理的法律法规确立了进行水资源管理的一系列制度，如水资源配置制度、取水许可制度、水资源有偿使用制度、水功能区划制度、排污总量管理制度、水质监测制度、排污许可审批制度、饮用水水源保护制度等，并以法律条文的形式明确了进行水资源开发、利用、保护的具体措施。这些具有可操作性的制度和措施，以法律的形式固定下来，成为有关主体必须遵守的行为规范，更好地指导人们进行水资源开发、利用和保护工作。

3. 确定有关主体的权利、义务和违法责任

各种水资源管理的法律、法规规定了不同主体（指依法享有权利和承担义务的单位或个人，主要包括国家、国家机关、企事业单位、其他社会组织和公民个人）在水资源开发利用中的权利和义务，以及违反这些规定时应依法承担的法律责任。有关法规使人们明确什么样的行为是法律允许的，保障主体依法享有的对水资源进行开发、利用的权利。同

时，也使得主体明确什么行为是被禁止的，违反法律规定要承担什么样的责任。只有对违法者进行制裁，受害人的权利才能得到有效保障。通过对主体权利、义务和责任的规定，法规对人们的水事活动产生规范和引导作用，使其符合国家的管理目标，有利于促进水资源的可持续利用。

4. 为解决各种水事冲突提供了依据

各国水资源管理的法律法规中都明确规定了水事法律责任，并可以利用国家强制力保证其执行，对各种违法行为进行制裁和处罚，从而为解决各种水事冲突提供了依据。而且，明确的水事法律责任规定，使各行为主体能够预期自己行为的法律后果，从而在一定程度上避免了某些事故、争端的发生，或能够减少其不利影响[87]。

5. 有助于提高人们保护水资源和生态环境的意识

通过对各种水资源管理相关的法律法规的宣传，对违法水事活动的惩处等，能够有效地推动不同群体、不同个人对节约用水、保护水资源和生态环境等理念的认识，这也是提高水资源管理效率，实现水资源可持续利用的根本[87]。

（二）水资源管理法规体系的性质

对于法的性质，马克思主义法学认为，法是统治阶级意志的体现，是统治阶级意志的一种形态，而统治阶级意志的内容是由统治阶级的物质生活条件来决定的，指出了法的阶级性和社会性。

水资源管理法规是环境法的一个分支，而环境法是随着各国社会、经济的发展而产生的调整人们在资源开发利用中人与人之间关系的法律规范，是法律总体系中的一个重要组成部分，它具有一般法律的共性，也就是阶级性和社会性的统一。但其产生并不是因为阶级矛盾的不可调和，而是因为人与自然矛盾的加剧；现代环境法的目的（实现可持续发展）具有很强的公益性；而且，环境法的制定不但受统治阶级意志和社会规律制约，更受到客观自然规律的制约。因此，环境法的社会性更为突出。而水资源管理的法规体系，作为环境法体系的一部分，也具有阶级性和社会性统一、社会性更突出的特点[87]。

（三）水资源管理法规体系的特点

水资源管理的有关法规，除了具有普通法律法规所具备的规范性、强制性、普遍性等特点以外，因其调节对象本身的原因，还具有以下特点[87]。

（1）调整对象的特殊性。水资源管理的法律规范所调整的对象，与其他法律规范一样，也是人与人之间的关系。它通过各种相关的制度安排，规范人们的水事活动，明确人们在水资源开发利用当中的权利和义务关系，从而调整人与人之间的关系。但是，水资源管理的法律规范，其最终目的是通过调整人与人之间的关系达到调整人与自然关系的目的，促进人类社会与水资源、生态环境之间关系的协调。这也是所有环境法规的最终目的，通过间接调整人与人的关系，实现最终对人与自然关系的调整。但是这一过程的实现又依赖于人类对人与自然关系认识的不断深入。

（2）技术性。水资源管理法规的调整对象包括了人与水资源、生态环境之间的关系，而水资源系统的演变具有其自身固有的客观规律，只有遵循这些自然规律才能顺利实现水资源管理的目标。同时，要制定能够实现既定管理目标的法律规范，必须依赖于人们对水资源相关的客观规律的研究和认识。这就使得水资源管理的法规具有了很强的科学技术性，众多的技术性规范如水质标准、排放标准等都是水资源管理的法规体系中的基础。

(3)动态性。随着人类社会的发展，对水资源的需求不断增加，所面临的水问题也越来越复杂。相关的水问题是在不断发展、不断演化的，因此与其配套的水资源管理的法规必然也具有不断发展、不断演化的动态特性。

(4)公益性。水资源具有公利、公害双重特性。不管是规范水资源开发利用行为、促进水资源高效利用的法律制度安排，还是防治水污染、防洪抗旱的法律制度安排，都是为了实现人类社会的持续发展，具有公益性。

三、水资源管理的法规体系分类

水资源管理的法规体系包括了一系列法律法规和规范性文件，按照不同的分类标准可以分为不同的类型。

从立法体制、效力等级、效力范围的角度来看，水资源管理的法规体系由宪法、与水有关的法律、水行政法规和地方性水法规等构成。

从水资源管理的法规内容、功能来看，水资源管理的法规体系应包括综合性水事法律和单项水事法律法规两大部分。综合性水事法律是有关水的基本法，是从全局出发，对水资源开发、利用、保护、管理中有关重大问题的原则性规定，如世界各国制定的《水法》、《水资源法》等。单项水事法律法规则是为解决与水资源有关的某一方面的问题而进行的较具体的法律规定，如日本的《水资源开发促进法》、荷兰的《防洪法》、《地表水污染防治法》等。目前，单项水事法律法规的立法主要从两个方面进行，分别是与水资源开发、利用有关的法律法规和与水污染防治、水环境保护有关的法律法规。

此外，水资源管理的法规体系还可以分为实体法和程序法；专门性的法律法规和与水资源有关的民事、刑事、行政法律法规；奖励性的法律法规和制裁性的法律法规等。对一些单项法律法规还可以根据所属关系或调整范围的大小分为一级法、二级法、三级法、四级法等[87]。

四、我国水资源管理的法规体系构成

我国从20世纪80年代以来，先后制定、颁布了一系列与水有关的法律法规，如《中华人民共和国水污染防治法》、《中华人民共和国水法》、《中华人民共和国水土保持法》、《中华人民共和国防洪法》等。尽管我国进行水资源管理立法的时间较短，但立法数量却大大超过一般的部门法，初步形成了一个由中央到地方、由基本法到专项法再到法规条例的多层次的水资源管理的法规体系。下面将按照立法体制、效力等级的不同对我国水资源管理的法规体系进行介绍[87]。

(一)宪法中的有关规定

宪法是一个国家的根本大法，具有最高法律效力，是制定其他法律法规的依据。《中华人民共和国宪法》中有关水的规定也是制定水资源管理相关的法律法规的基础。宪法第9条第一、第二款分别规定，“水流属于国家所有，即全民所有”，“国家保障自然资源的合理利用”。这是关于水权的基本规定以及合理开发、利用和保护水资源的基本准则。对于国家环境保护方面的基本职责和总政策，宪法第二十六条做了原则性的规定，“国家保护和改善生活环境和生态环境,防治污染和其他公害"[87]。

(二)基本法

1988年颁布实施的《中华人民共和国水法》是我国第一部有关水的综合性法律,在整个水资源管理的法规体系中,处于基本法地位,其法律效力仅次于宪法。但由于当时认识上的局限以及资源法与环境法分别立法的传统,原《中华人民共和国水法》偏重于水资源的开发、利用,而关于水污染防治、生态保护方面的内容较少。2002年,在原《中华人民共和国水法》的基础上经过修订,颁布了新的《中华人民共和国水法》,内容更为丰富,是制定其他有关水资源管理的专项法律法规的重要依据。其主要内容叙述如下。

《中华人民共和国水法》规定:水资源属于国家所有。水资源的所有权由国务院代表国家行使。农村集体经济组织的水塘和由农村集体经济组织修建管理的水库中的水,归各农村集体经济组织使用。

《中华人民共和国水法》第一章(总则)规定:国家对水资源依法实行取水许可制度和有偿使用制度。国家保护水资源,采取有效措施,保护植被,植树种草,涵养水源,防治水土流失和水体污染,改善生态系统。国家厉行节约用水,大力推行节约用水措施,推广节约用水新技术、新工艺,发展节水型工业、农业和服务业,建立节水型社会。各级人民政府应当采取措施,加强对节约用水的管理,建立节约用水技术开发推广体系,培育和发展节约用水产业。单位和个人有节约用水的义务。

《中华人民共和国水法》第二章(水资源规划)规定:开发、利用、节约、保护水资源和防治水害,应当按照流域、区域统一制定规划。制定规划,必须进行水资源综合科学考察和调查评价。规划一经批准,必须严格执行。建设水工程,必须符合流域综合规划。在国家确定的重要江河、湖泊和跨省、自治区、直辖市的江河、湖泊上建设水工程,其工程可行性研究报告在报请批准前,有关流域管理机构应当对水工程的建设是否符合流域综合规划进行审查并签署意见;在其他江河、湖泊上建设水工程,其工程可行性研究报告报请批准前,县级以上地方人民政府水行政主管部门应当按照管理权限对水工程的建设是否符合流域综合规划进行审查并签署意见。水工程建设涉及防洪的,依照防洪法的有关规定执行;涉及其他地区和行业的,建设单位应当事先征求有关地区和部门的意见。

《中华人民共和国水法》第三章(水资源开发利用)规定:开发、利用水资源,应当坚持兴利与除害相结合,兼顾上下游、左右岸和有关地区之间的利益,充分发挥水资源的综合效益,并服从防洪的总体安排;应当首先满足城乡居民生活用水,并兼顾农业、工业、生态用水以及航运等需要,在干旱和半干旱地区,还应当充分考虑生态用水需要。国家鼓励开发、利用水能资源。在水能丰富的河流,应当有计划地进行多目标梯级开发。建设水力发电站,应当保护生态系统,兼顾防洪、供水、灌溉、航运、竹木流放和渔业等方面的需要。国家鼓励开发、利用水运资源。在水生生物洄游通道、通航或者竹木流放的河流上修建永久性拦河闸坝,建设单位应当同时修建过鱼、过船、过木设施,或者经国务院授权的部门批准采取其他补救措施,并妥善安排施工和蓄水期间的水生生物保护、航运和竹木流放,所需费用由建设单位承担。

《中华人民共和国水法》第四章(水资源、水域和水工程的保护)规定:在制定水资源开发、利用规划和调度水资源时,应当注意维持江河的合理流量和湖泊、水库以及地下水的合理水位,维护水体的自然净化能力。从事水资源开发、利用、节约、保护和防治水害等水事活动,应当遵守经批准的规划;因违反规划造成江河和湖泊水域使用功能降低、地下水超采、地面沉降、水体污染的,应当承担治理责任。国家建立饮用水水源保护区制度,禁止在饮用水水源保护区内设置排污口。禁止在江河、湖泊、水库、运河、渠道内弃置、堆放阻碍行洪的物体和种植阻碍行洪的林木及高秆作物。禁止围湖造地,禁止围垦河道。单位和个人有保护水工程的义务,不得侵占、毁坏堤防、护岸、防汛、水文监测、水文地质监测等工程设施。

《中华人民共和国水法》第五章(水资源配置和节约使用)规定:县级以上地方人民政府水行政主管部门或者流域管理机构应当根据批准的水量分配方案和年度预测来水量,制定年度水量分配方案和调度计划,实施水量统一调度;有关地方人民政府必须服从。国家对用水实行总量控制和定额管理相结合的制度。水行政主管部门根据用水定额、经济技术条件以及水量分配方案确定的可供本行政区域使用的水量,制定年度用水计划,对本行政区域内的年度用水实行总量控制。直接从江河、湖泊或者地下取用水资源的单位和个人,应当按照国家取水许可制度和水资源有偿使用制度的规定,向水行政主管部门或者流域管理机构申请领取取水许可证,并缴纳水资源费,取得取水权。

《中华人民共和国水法》第六章(水事纠纷处理与执法监督检查)规定:不同行政区域之间发生水事纠纷的,应当协商处理;协商不成的,由上一级人民政府裁决,有关各方必须遵照执行。在水事纠纷解决前,未经各方达成协议或者共同的上一级人民政府批准,在行政区域交界线两侧一定范围内,任何一方不得修建排水、阻水、取水和截(蓄)水工程,不得单方面改变水的现状。单位之间、个人之间、单位与个人之间发生的水事纠纷,应当协商解决;当事人不愿协商或者协商不成的,可以申请县级以上地方人民政府或者其授权的部门调解,也可以直接向人民法院提起民事诉讼。在水事纠纷解决前,当事人不得单方面改变现状。县级以上人民政府水行政主管部门和流域管理机构应当对违反水法的行为加强监督检查并依法进行查处。

《中华人民共和国水法》第七章(法律责任)规定:出现下列情况的将承担法律责任(包括刑事责任、行政处分、罚款等):水行政主管部门或者其他有关部门以及水工程管理单位及其工作人员,利用职务上的便利收取他人财物、其他好处或者工作玩忽职守;在河道管理范围内建设妨碍行洪的建筑物、构筑物,或者从事影响河势稳定、危害河岸堤防安全和其他妨碍河道行洪活动的;在饮用水水源保护区内设置排污口的;未经批准擅自取水以及未依照批准的取水许可规定条件取水的;拒不缴纳、拖延缴纳或者拖欠水资源费的;建设项目的节水设施没有建成或者没有达到国家规定的要求,擅自投入使用的;侵占、毁坏水工程及堤防、护岸等有关设施,毁坏防汛、水文监测、水文地质监测设施的;在水工程保护范围内,从事影响水工程运行和危害水工程安全的爆破、打井、采石、取土等活动的;侵占、盗窃或者抢夺防汛物资,防洪排涝、农田水利、水文监测和测量以及其他水工程设备和器材,贪污或者挪用国家救灾、抢险、防汛、移民安置和补偿及其他水利建设款物的;在水事纠纷发生及其处理过程中煽动闹事、结伙斗殴、抢夺或者损坏公私财物、非法限制他人人身自由的;拒不执行水量分配方案和水量调度预案的,拒不服从水量统一调度的,拒不执行上一级人民政府的裁决的,引水、截(蓄)水、排水,损害公共利益或者他人合法权益的。

（三）单项法规

在我国水资源管理的法规体系中，除了有基本法外，还针对我国水污染防治、水土保持、洪水灾害防治等的需要，制定了《中华人民共和国水污染防治法》、《中华人民共和国水土保持法》和《中华人民共和国防洪法》等专项法律，为我国水资源保护、水土保持、洪水灾害防治等工作的顺利开展提供法律依据。

（四）由国务院制定的行政法规和法规性文件

从1985年《水利工程水费核定、计收和管理办法》到2001年《长江三峡工程建设移民条例》期间，由国务院制定的与水有关的行政法规和法规性文件达20多件，内容涉及水利工程的建设和管理、水污染防治、水量调度分配、防汛、水利经济、流域规划等众多方面。如《中华人民共和国河道管理条例》（1988年）、《中华人民共和国防汛条例》（1991年）、《国务院关于加强水土保持工作的通知》（1993年）和《中华人民共和国水土保持法实施条例》（1993年）、《取水许可制度实施办法》（1993年）等，与各种综合性法律相比，这些行政法规和法规性文件的规定更为具体、详细。

（五）由国务院及所属部委制定的相关部门行政规章

由于我国水资源管理在很长一段时间内实行的是分散管理的模式，因此不同部门从各自管理范围、职责出发，制定了很多与水有关的行政规章，以环境保护部门和水利部门分别形成的两套规章系统为代表。环境保护部门侧重于水质、水污染防治，主要是针对排放系统的管理，出台的相关行政规章主要有：管理环境标准、环境监测的《环境标准管理办法》（1983）、《全国环境监测管理条例》（1983）；管理各类建设项目的《建设项目环境管理办法》（1986）及《建设项目环境保护管理程序》（1990）；行政处罚类的《环境保护行政处罚办法》（1992）及《报告环境污染与破坏事故的暂行办法》；排污管理方面的《水污染物排放许可证管理暂行办法》、《排放污染物申报登记管理规定》、《征收排污费暂行办法》、《关于增设"排污费"收支预算科目的通知》、《征收超标准排污费财务管理和会计审核办法》等。水利部门则侧重于水资源的开发、利用，出台的相关行政规章主要有：涉及水资源管理方面的，如《取水许可申请审批程序规定》（1994）、《取水许可水质管理办法》（1995）、《取水许可监督管理办法》（1996）等；涉及水利工程建设方面的，如《水利工程建设项目管理规定》（1995）、《水利工程质量监督管理规定》（1997）、《水利工程质量管理规定》（1997）等；有关水利工程管理、河道管理的，如《水库大坝安全鉴定办法》（1995）、《关于海河流域河道管理范围内建设项目审查权限的通知》（1997）等；关于水文、移民方面的，如《水利部水文设备管理规定》（1993）、《水文水资源调查评价资质和建设项目水资源论证资质管理办法（试行）》（2003）；以及关于水利经济方面的，如《关于进一步加强水利国有资产产权管理的通知》（1996）、《水利旅游区管理办法（试行）》（1999）等。

（六）地方性法规和行政规章

水资源时空分布往往存在很大差异，不同地区的水资源条件、面临的主要水资源问题以及地区经济实力等都各不相同。因此，水资源管理需要因地制宜地展开，各地方可制定与区域特点相符合、能够切实有效解决区域问题的法律法规和行政规章。目前，我国已颁布很多件与水有关的地方性法规、省级政府规章及规范性文件。

(七)各种相关标准

为了方便水资源管理工作的开展,控制水污染,保护水资源,保证水环境质量,保护人体健康和财产安全,由行政机关根据立法机关的授权而制定和颁布的各种相关标准,同样具有法律效力,是水资源管理的法规体系的重要组成部分。如《地面水环境质量标准》(1983)、《渔业水质标准》(1979)、《农田灌溉水质标准》(1985)、《生活饮用水卫生标准》(1985)、《景观娱乐用水水质标准》(1991)、《污水综合排放标准》(1996)和其他各行业分别执行的标准等。这些标准一经批准颁布,各有关单位必须严格贯彻执行,不得擅自变更或降低。

(八)立法机关、司法机关的相关法律解释

这是指由立法机关、司法机关对以上各种法律法规、规章、规范性文件做出的说明性文字,或是对实际执行过程中出现问题的解释、答复,大多与程序、权限、数量等问题相关。如《全国人大常委会法制委员会关于排污费的种类及其适用条件的答复》、《关于"特大防汛抗旱补助费使用管理办法"修订的说明》(1999)等,这些都是水资源管理法规体系的有机构成。

(九)其他部门法中相关的法律规范

由于水资源问题涉及社会生活的各个方面,除了以上直接与水有关的综合性法律、单项法规、行政法规和部门规章外,其他的部门法如《中华人民共和国民法通则》、《中华人民共和国刑法》、《中华人民共和国农业法》中的有关规定也适用于水法律管理[87]。

新中国成立以来,我国十分重视有关水利、水资源保护与管理方面的法制建设,并先后通过或颁布一些有关的法规、条例和技术规范。现以通过或颁布的时间先后,把有关的主要法规、条例和技术规范列出如下:

1973 年 11 月 17 日	《工业"三废"排放试行标准》(GB J4—73)
1979 年 9 月 13 日	《中华人民共和国环境保护法(试行)》(1989 年修订)
1982 年 2 月 5 日	《征收排污费暂行办法》(2002 年修订为《排污费征收使用管理条例》)
1982 年 6 月 30 日	《水土保持工作条例》
1983 年 7 月 21 日	《全国环境监测管理条例》(2007 年修订为《环境监测管理办法》)
1983 年 9 月 14 日	《地面水环境质量标准》(GB 3838—83)(2002 年修订)
1983 年 11 月 11 日	《中华人民共和国环境保护标准管理办法》
1984 年 5 月 11 日	《中华人民共和国水污染防治法》(1996 年修订,2008 年第二次修订)
1985 年 4 月 25 日	《农田灌溉水质标准》(GB 5084—85)(1992 年第一次修订,2005 年第二次修订)
1985 年 8 月 16 日	《生活饮用水卫生标准》(GB 5749—85)(2006 年修订)
1988 年 1 月 21 日	《中华人民共和国水法》(2002 年修订)
1988 年 3 月 20 日	《水污染物排放许可证管理暂行办法》
1988 年 4 月 5 日	《污水综合排放标准》(GB 8978—88)(1996 年修订)

1988 年 5 月 9 日　《污水处理设施环境保护监督管理办法》
1988 年 6 月 3 日　《中华人民共和国河道管理条例》
1988 年 12 月 20 日　《关于防治造纸行业水污染的规定》
1989 年 7 月 1 日　《水利水电工程环境影响评价规范》(SD J3020—88)
1989 年 7 月 10 日　《饮用水水源保护区污染防治管理规定》
1989 年 7 月 12 日　《中华人民共和国水污染防治法实施细则》
1989 年 8 月 12 日　《渔业水质标准》(GB 11607—89)
1989 年 12 月 26 日　《中华人民共和国环境保护法》(修订)
1991 年 6 月 16 日　《景观娱乐用水水质标准》(GB 12941—91)
1991 年 6 月 24 日　《超标污水排污费征收标准》
1991 年 6 月 29 日　《中华人民共和国水土保持法》
1992 年 1 月 4 日　《农田灌溉水质标准》(GB 5084—92)(第一次修订,2005 年第二次修订)
1993 年 12 月 10 日　《地下水质量标准》(GB/T 14848—93)
1994 年 3 月 28 日　《地表水资源质量标准》(SL 63—94)
1994 年 6 月 9 日　《取水许可申请审批程序规定》(水利部令第 4 号)(已废止)
1995 年 12 月 23 日　《取水许可水质管理规定》(水利部水政资[1995]485 号)(已废止)
1996 年 5 月 15 日　《中华人民共和国水污染防治法》(修订)
1996 年 7 月 29 日　《取水许可监督管理办法》(水利部令第 6 号)(已废止)
1996 年 10 月 4 日　《污水综合排放标准》(GB 8978—96)(修订)
1996 年 10 月 31 日　《地下水监测规范》(SL/T 183—96)
1997 年 5 月 16 日　《水文调查规范》(SL 196—97)
1997 年 6 月 24 日　《江河流域规划编制规范》(SL 201—97)
1997 年 8 月 29 日　《中华人民共和国防洪法》
1997 年 12 月 23 日　《取水许可水质管理规定》(修订)(水政资[1997]525 号)(已废止)
1998 年 7 月 20 日　《水环境监测规范》(SL 219—98)
1999 年 4 月 29 日　《水资源评价导则》(SL/T 238—1999)
2000 年 6 月 14 日　《水文情报预报规范》(SL 250—2000)
2002 年 1 月 30 日　《排污费征收使用管理条例》(修订)
2002 年 4 月 26 日　《地表水环境质量标准》(GB 3838—2002)(修订)
2002 年 8 月 29 日　《中华人民共和国水法》(修订)
2005 年 7 月 21 日　《农田灌溉水质标准》(GB 5084—2005)(第二次修订)
2006 年 10 月 23 日　《水域纳污能力计算规程》(SL 348—2006)
2007 年 1 月 26 日　《生活饮用水卫生标准》(GB 5749—2006)(2006 年修订,2007 年 1 月 26 日发布)
2007 年 7 月 25 日　《环境监测管理办法》(修订)

2008 年 2 月 28 日　《中华人民共和国水污染防治法》(第二次修订)
2008 年 4 月 9 日　《取水许可管理办法》(中华人民共和国水利部令第 34 号)。1994 年 6 月 9 日水利部发布的《取水许可申请审批程序规定》(水利部令第 4 号)、1996 年 7 月 29 日水利部发布的《取水许可监督管理办法》(水利部令第 6 号)以及 1995 年 12 月 23 日水利部发布并经 1997 年 12 月 23 日水利部修正的《取水许可水质管理规定》(水政资[1995]485 号、水政资[1997]525 号)同时废止。

第四节　水资源管理的经济措施

水资源管理是一项复杂的水事行为，包括很广的管理内容。要实现水资源管理的目标，协调好水资源管理中方方面面的关系，需要借助于一系列的手段实现，如行政、法律、经济、技术和教育等手段。其中，经济手段是在市场经济体制不断完善的条件下，经济理论应用在水资源管理实践中的产物。运用经济理论进行水资源管理，可以综合考虑水资源的实际特点，制定科学合理的经济政策，有针对性地选择和运用相应的经济措施和经济手段，对于充分发挥经济机制和市场机制的作用、协调主体间的利益、缓解水资源供需矛盾、促进水资源的优化配置、合理利用和有效保护水资源等都具有重要意义。

因此，水资源管理的经济手段，就是以经济理论作为依据，由政府制定各种经济政策，运用有关的经济政策作为杠杆，来间接调节和影响水资源的开发、利用、保护等水事活动，促进水资源可持续利用和经济社会可持续发展。具体来说，水资源管理的经济措施，目前应用比较广泛的有水价和水费政策、排污收费制度、补贴措施以及水权和水市场等，下面分别进行详细介绍。

一、水价和水费政策

(一)水价、水费和水资源费

水价是水资源使用者为获得水资源使用权和可用性需支付给水资源所有者的一定货币额，它反映了资源所有者与使用者之间的经济关系，体现了对水资源有偿使用的原则、水资源的稀缺性、所有权的垄断性及所有权和使用权的分离，其实质就是对水资源耗竭进行补偿[88]。在不同的时期，人们对水价内涵认识不同，由此核定的水费也不同。

水费是水利工程管理单位(如电灌站、闸管所)或供水单位(如自来水公司)为用户提供一定量的水而收取的一种用于补偿所投入劳动的事业性费用[89]。水费的标准应当在核算供水成本的基础上，根据国家经济政策和当地的水资源状况、经济水平等制定，并由省、自治区、直辖市人民政府核定。

水资源费是指根据《中华人民共和国水法》直接取用地下水、江河、湖泊等地表水的单位和个人，向水资源主管部门缴纳的费用。它是由水资源的稀缺性、国家对水资源的所有权、水资源开发利用的间接费用和外部成本等所决定的。

水费和水资源费是水资源用户向供水单位或水资源主管部门缴纳的水资源有偿使用

的费用，而水价是其确定的基础。当水价为供水价格时，在数量上等于水费。当水价为严格意义上的水资源资产价格时，水资源费是水价中的资源水价部分；就我国现行情况来看，水费在数量上要小于水价。

（二）我国的水价制度

水价制度作为一种有效的经济调控杠杆，涉及经营者、普通用户、政府等多方面因素，用户希望获得更多的低价用水，经营者希望通过供水获得利润，政府则希望实现其社会稳定、经济增长等政治目标。但从整体角度来看，水价制度的目的在于在合理配置水资源，保障生态系统、景观娱乐等社会效益用水以及可持续发展的基础上，鼓励和引导合理、有效、最大限度地利用可供水资源，充分发挥水资源的间接经济、社会效益。

新中国成立以来，我国的供水行业经历了公益性无偿供水阶段（1949～1965年）、政策性有偿供水阶段（1965～1985年）、水价改革起步阶段（1985～1995年）和水价改革发展阶段（1995～2003年）[89]。1949～1965年，全国各地基本上实现无偿供水，不收取水费，无水价可言，包括国家投资修建大量水利工程提供的水源，其工程的维修、运行和水利管理等经费都靠国家拨款来维持。1965年10月13日，由原水利电力部制定的《水利工程水费征收使用和管理试行办法》，经国务院批准颁布实施，该办法建立了水费制度，但是这时的水费属于计划经济体制下的部分成本核算回收，收费标准很低，远低于实际的供水价格，并且在实践中由于种种原因，没能贯彻执行。1985年国务院颁布《水利工程水费核定、计收和管理办法》，规定"工业、农业和其他一切用水户，都应按规定向水利工程管理单位交付水费"，这使得我国进入有偿供水、核算成本、按量收费的阶段。1994年和1997年，水利部继续颁布文件，再次强调对水利工程供水价格加强管理、核定供水成本的内涵，水价政策实行成本补偿、合理收益的原则，并区别不同用途，逐步调整到位。2002年我国新修订的《中华人民共和国水法》颁布，规定使用水利工程供应的水，应当按照国家规定向供水单位缴纳水费。2003年7月国家发展和改革委员会与水利部联合发布《水利工程供水价格管理办法》，并于2004年1月1日在我国正式实行，这也是我国现行的水价政策。该办法将水费由"费"推向"价"的层次，将水费从行政事业性收费的性质推向经营性收费，完全纳入市场经济的商品价格范畴，不再作为预算外资金纳入财政专户管理。水价属于商品价格范畴，按商品核算法则计算交易价格，并建立了规范的水价核定和执行机制，我国的水价开始以供水价格的形式出现[89]。2004年4月，国务院办公厅印发了《关于推进水价改革促进节约用水保护水资源的通知》，把水资源费、水利工程供水价格、城市供水价格、污水处理费、再生水价格作为一个有机的水价体系，确立了水价改革的目标。2006年2月，国务院第460号令公布了《取水许可和水资源费征收管理条例》，明确了《中华人民共和国水法》中规定的水资源费征收制度。我国的水价体系正逐步完善，水价总体水平在逐步提高，我国水价管理工作已经进入了法制化、规范化、合理化、科学化的轨道。

（三）"三元"水价

随着人们水环境保护意识的增强和市场经济的发展、水资源价值理论的逐步成熟，水价的构成理论也逐步完善，理论研究的进步为指导实践中水价的确定提供了依据。那么，水价究竟要包含哪些部分？2000年，水利部前部长汪恕诚在《水权和水市场——谈实现水资源优化配置的经济手段》的讲话中提出:“水价有3个组成部分,即资源水价、工程水价和环境水价。资源水价是水资源费,卖的是使用水的权利;工程水价是生产成本和产权收益,卖的是一定量和质的水体;环境水价是水污染处理费,卖的是环境容量。三者构成完整意义上的水价。”他在2003年出版的《资源水利——人与自然和谐相处》一书中再次强调了这一观点[89]。现在学术界普遍的观点就是认为水价由资源水价、工程水价、环境水价三部分构成,即所谓的“三元”水价。用公式表示为

$$P = P_1 + P_2 + P_3$$

式中　P——水价;

P_1——资源水价;

P_2——工程水价;

P_3——环境水价。

资源水价,是水资源资产归国家所有在经济上的实现,即国家作为水资源资产的拥有者,让个人或企业使用水资源所获得的报酬。它包括水资源耗费的补偿、水生态环境影响的补偿,为加强对短缺水资源的保护、促进技术开发、促进节水、保护水资源和海水淡化技术进步的投入等[89]。它是通过对使用者收取水资源费来实现的。从本质上看,资源水价的制定其实是国家政治权力的体现。资源水价是虚幻价格,是无法用计算劳动价值的方法来计算的,没有规定的计算模式,只能以形成“赋税”的决策方式,形成“垄断”的价格。它是根据国家政治、经济的需要,参照相似土地资源的“绝对租、级差租、稀缺租”以及自然水所应承担的义务等虚幻价值因子,进行宏观分析、微观决策而形成的[90]。

工程水价,即指通过具体的或抽象的物化劳动把资源水变成产品水进入市场成为商品水所花费的代价,它体现了从水资源的取用开始到形成水利工程供水这一商品的全部劳动价值量。按照《水利工程管理单位财务制度》(1994年12月26日财政部颁布)表述,主要包括4个部分:成本、费用、利润和税金。其基本构成如图13-3所示。工程水价是在经济活动中客观发生的,相对固定。它只随工程投资的大小和运行成本的高低而变化,只需根据图13-3如实核算。目前,我国所采取的水价制度,基本上还在沿用政府定价模式,主要考虑的还是工程水价,并没有反映水资源的真正价值。

- 工程水价
  - 生产成本
    - 直接工资
    - 直接材料
    - 其他直接支出
    - 制造费用
  - 费用
    - 管理费用
    - 财务费用
    - 营业费用
  - 利润—各投资者分利之和
  - 税金
    - 营业税或增值税
    - 利润中的所得税

图13-3　工程水价的基本构成

环境水价,是指经过使用的水排出用户范围后,污染了他人或公共的水环境,而为治理污染和保护水环境所付出的代价。它是为获得排污的环境容量必须支付的环境代价,可以通过治污的机会成本(机会成本是指把一定资源投入某一用途后所放弃的在其他用途中可能获得的最大利益)计算,即污水处理设施的生产成本和产权收益。环境水价从本质上来说,是社会力作用的结果,其形成受人们对退水(废污水)治理效用性认识程度的影响而调整。它可以由专家根据不同行业对水环境的污染程度来制定不同的费率确定[89]。

(四)我国水价的制定方法

我国目前的水价制定主要以《水利工程供水价格管理办法》(国家发展和改革委员会

与水利部联合发布,2004 年 1 月 1 日起施行)为依据,基本上是行政主管部门核算,全面实行有利于用水户合理负担的分类水价。根据用水的不同性质,统筹考虑不同用水户的承受能力,实行了分类水价体系,报经物价部门核定批准后执行。近年来全国各地积极探索适合本地的水价管理方式,全国绝大多数省区适当下放了水价审批权,实行按区域定价和按单价工程定价相结合的管理办法。城市供水价格引入了听证会制度,水价决策的规范化、民主化和透明化程度逐步提高。

(五)我国现行《水利工程供水价格管理办法》简介

我国现行的水价政策,是以《水利工程供水价格管理办法》(以下简称《水价办法》)为指导的。该办法是根据《中华人民共和国价格法》、《中华人民共和国水法》,为健全水利工程供水价格形成机制、规范水利工程供水价格管理、保护和合理利用水资源、促进节约用水、保障水利事业的健康发展而制定的。

《水价办法》中的水利工程供水价格,是指供水经营者通过拦、蓄、引、提等水利工程设施销售给用户的天然水价格,并规定水利工程供水价格由供水生产成本、费用、利润和税金构成。供水生产成本是指正常供水生产过程中发生的直接工资、直接材料费、其他直接支出以及固定资产折旧费、修理费、水资源费等制造费用。供水生产费用是指为组织和管理供水生产经营而发生的合理销售费用、管理费用和财务费用。利润是指供水经营者从事正常供水生产经营获得的合理收益,按净资产利润率核定。税金是指供水经营者按国家税法规定应该缴纳,并可计入水价的税金。

《水价办法》规定水利工程供水实行分类定价。水利工程供水价格按供水对象分为农业用水价格和非农业用水价格。农业用水价格按补偿供水生产成本、费用的原则核定,不计利润和税金。非农业用水价格在补偿供水生产成本、费用和依法计税的基础上,按供水净资产计提利润,利润率按国内商业银行长期贷款利率加 2 ~ 3 个百分点确定。

《水价办法》指出,水利工程供水应逐步推行基本水价和计量水价相结合的两部制水价。具体实施范围和步骤由各省、自治区、直辖市价格主管部门确定。基本水价按补偿供水直接工资、管理费用和 50% 的折旧费、修理费的原则核定。计量水价按补偿基本水价以外的水资源费、材料费等其他成本、费用以及计入规定利润和税金的原则核定。

二、排污收费制度

排污收费制度是对于向环境排放污染物或者超过国家排放污染物标准的排污者,根据规定征收一定的费用。这项制度运用经济手段可以有效地促进污染治理和新技术的发展,又能使污染者承担一定污染防治费用。排污收费制度是我国现行的一项主要的环境管理制度,在水资源管理过程中,也发挥着重要的作用。

我国现行的排污收费制度,主要是遵照 2003 年颁布的《排污费征收使用管理条例》和《排污费征收标准管理办法》、《排污费资金收缴使用管理办法》等执行。

《排污费征收使用管理条例》和《排污费征收标准管理办法》中规定:对向水体排放污染物的,按照排放污染物的种类、数量计征排污费;超过国家或者地方规定的水污染物排放标准的,按照排放污染物的种类、数量和本办法规定的收费标准计征的收费额加一倍征收超标准排污费。对向城市污水集中处理设施排放污水、按规定缴纳污水处理费的,不再征收污水排污费。对城市污水集中处理设施接纳符合国家规定标准的污水，其处理后排放污水的有机污染物（化学需氧量、生化需氧量、总有机碳）、悬浮物和大肠菌群超过国家或地方排放标准的，按上述污染物的种类、数量和本办法规定的收费标准计征的收费额加一倍向城市污水集中处理设施运营单位征收污水排污费，对氨氮、总磷暂不收费。对城市污水集中处理设施达到国家或地方排放标准排放的水，不征收污水排污费。在《排污费征收标准管理办法》中详细规定了污水排污费征收标准及计算方法。

对于征收到的排污费资金，则纳入财政预算作为环境保护专项资金管理，主要用于污染防治项目和污染防治新技术、新工艺推广项目的拨款补助和贷款贴息，以达到促进污染防治、改善环境质量的目的。此外，通过向企业征收排污费，使得企业承担起污染环境的责任，同时，企业为了减少缴纳的排污费，会进行工艺的改革、减少污染物的排放，这样也可以使得企业达到清洁生产的目标。

三、补贴措施

补贴措施是消除水资源开发利用活动所产生的外部性的一个重要手段。外部性理论是环境经济学的基础理论之一。外部性是指在实际经济活动中，生产者或消费者的生产或消费活动对其他的生产者或消费者带来的非市场性的影响。这种影响可以是有利的，也可以是不利的。如果是有利的影响称为外部经济性，也叫正外部性；如果是不利的影响则称为外部不经济性，也叫负外部性。

在水资源管理过程中，除了制定水价、征收水费这一经济措施外，对于那些在市场经济中产生正外部性的企业、由于自身实力较差而产生负外部性的企业，政府相关部门都可以根据实际情况进行适当的补贴，以消除外部性对资源配置的不利影响，增加社会总福利。可以收到补贴的对象主要有以下 3 类[91]。

(1)为水环境保护作出贡献的企业。由于水环境的公共性很强，在完全的市场机制条件下，那些从事水资源保护、水污染治理等的企业，虽然其生产行为可以为社会带来益处，产生巨大的正外部性，但是就企业自身而言，因为企业的净收益很少，企业的生产积极性会受到影响，最终可能会缩减生产规模。通过补贴，可以使这些对水环境保护有贡献的企业生产的积极性增强，有利于产生更多的正外部性。

(2)水环境的污染者。我国水资源时空分布不均匀，人均水资源量更是远低于世界平均水平。在一些水资源较为短缺的地区，再加上受某些经济技术条件限制，一些单位或企业对有限的水资源过度开发、利用，排放超过水环境承载能力的污染物，会造成水环境的严重污染。这时，如果没有从外部注入一种资金和机制就不可能改善环境。此时的补贴手段主要是政府对造成水环境的污染者补足其减少污染前后的收益差额，使得企业在减少污染产生量的同时仍然可以得到原来的收益。常用的方式有发放补助金、提供低息贷款、减免税款等。通过政府对这类企业的技术、资金援助，帮助其改善生产工艺水平，减少污染物排放量，减轻对水环境的不利影响。但是，这类补贴手段的总体效果不如征税（征费）手段理想，实际应用中不一定能保证企业减少污水排放或促进污染者研制和采用先进的污染控制技术，甚至有可能导致污染企业故意提高补贴前的污染水平以获得更多的补助金。

(3)水环境污染的受害者。受害者包括两类:①水环境破坏过程中的受害者,如取用受污染水体进行养殖的渔业单位;②在治理污染过程中的受害者,如为治理环境停开的一些排污较严重的企业。对于这些受害者,政府给予的补贴应等于其受害前后收益的差额。这种补贴形式的缺点是有可能导致受害者减少甚至放弃使用防污措施,尤其当被污染者采取防污措施的成本低于污染者采取治污措施的成本时,政府补贴措施的经济效率就会损失。

四、水权和水市场

(一)水权

1. 概念及内涵

水权,是水资源所有权,包括占有权、使用权、收益权、处分权以及与水资源开发利用相关的各种权利和义务的总称,也可以称为水资源产权[92]。在经济学中,产权表现为人与物之间的某些归属关系,是以所有权为基础的多种权利组合,具有明确性、排他性、可变性、强制性等特点。因此,就决定了水权和其他产权一样,权属明确,受法律保护,不可能同时被两个人拥有,但在双方自愿的基础上,可转变权属关系。

以水权为基础构建的水权制度,其核心是产权(财产权)的明晰和确立。它是在水资源开发、利用、治理、保护和管理过程中,调节个人之间、地区之间和部门之间以及个人、集体和国家之间使用水资源行为的一整套规范、规则。

2. 我国水权制度的发展

水权制度的起源是由于水资源的短缺、不足引起的。在水资源丰沛、人口稀少的地方,水资源取之不尽、用之不竭,也就谈不到水权。随着经济的发展、人口的增长,水资源逐渐成为一种稀缺资源,这时水权制度就在国民经济发展的过程中逐渐产生并逐步完善。

水权制度在欧、美、澳大利亚、日本等发达国家以及印度、巴基斯坦、墨西哥、秘鲁等发展中国家,早已得到确立和广泛应用。在我国,水权制度正处于迅速发展阶段。改革开放以来,随着水资源稀缺范围扩大,我国逐步建立了水资源行政分配和计划用水体系,明确了一部分地区、团体和个体的用水控制指标。由于水价的提高和用水竞争的加剧,以及市场经济改革带来行政权力下放和地方利益增强,为了提高用水效率、吸引水利投资和调节水冲突,客观上要求赋予各地区、团体和个体更为明确的用水权利。此种形势催生了“所有权与使用权分离”的改革思路,即国家仍然持有水资源的所有权,将水的使用权赋予用水户,它的实质是在强调国家对水的政治权力的同时,一定程度上承认用水户合法的用水权益[93]。这一改革思路在2000年左右引发了热烈的“水权和水市场”大讨论,水权因此成为社会关注的热点话题。

2001年,水利部提出了完整的水权制度建设方案,即“总量控制和定额管理相结合”的改革思路,主张确立总量和定额两套指标。一套是宏观的总量指标,把用水指标逐级分解,把水资源的使用权量化到每个流域、每个地区、每个城市、每个单位,层层有控制指标;另一套是微观定额指标,结合总量指标,核定单位工业产品、人口、灌溉面积的用水定额。两套指标同时实施,实行总量和定额双控制,把水权落实到每一个用水单元。近几年来,政策制定部门在上述思路的指导下,在水权法规建设方面取得了一系列新的进展。在

2002年的新《中华人民共和国水法》中，明确了总量控制与定额管理制度，强调加强用水管理，实施取水许可制度和水资源有偿使用制度，首次提出取水权的概念。2005年1月，水利部颁布了《水权制度建设框架》，要求各级水利部门要充分认识水权制度建设的重要性，结合实际，有重点、有步骤、有计划地开展相关制度建设，逐步建立符合我国国情的水权制度体系。同时发布的还有《关于水权转让的若干意见》，对水权转让提出了具体指导意见，该文件进一步推进了水权制度建设，规范了水权转让行为，推动了水市场的发展。2006年2月，国务院公布了《取水许可和水资源费征收管理条例》，对1993年颁布的《取水许可制度实施办法》作了全面修订，从内容与程序方面完善了取水许可制度，有助于实践中落实水权管理，推进可交易的水权制度建设，也有助于推动水权转让的实践[93]。2007年颁布的《物权法》，将取水权纳入了用益物权（用益物权是指权利人依法对他人的不动产或者动产享有占有、使用和收益的权利，比如土地承包经营权、建设用地使用权、宅基地使用权）的保护范畴，是水权质量得到提高的一个重要标志。

3. 水权的意义

水权的出现，水权制度的建立和发展，对社会、经济、环境的协调可持续发展，无论是在宏观层次上还是在微观层次上都具有重要意义。主要表现在以下几个方面：

（1）消除了水资源的公共物品属性，使其在一定意义上归私人所有，避免了在水资源使用过程中滥用、浪费的现象，使其得到合理、高效的利用。这有利于实现水资源的可持续利用，节省了资源，也保护了环境。

（2）利用水权作为一种产权具有可变性的特点，可以使其在不同的用户间进行转让，水资源有富余的区域或用户可以通过市场交易，跟缺水区域或用户间进行水权流转。通过水市场，让水资源流向最需要的地方，交易双方实现双赢，最终达到水资源的优化配置。

（3）防治水污染现象。水资源权属明确，水资源所有者为了能够更好地对水资源进行开发利用，必然会加强对其水资源的保护和治理。如果一些单位或个人随意向水环境中排放污染物，将可能会侵犯他人的合法权益，需要依法对他人进行赔偿。这在一定程度上也遏制了随意排污行为，起到防治水污染的效果。

（4）水资源权属明确，有利于避免水资源开发利用中的一些水事纠纷发生，可以有效化解各种利害冲突。比如，河流流域范围内上下游不同区域间的用水竞争问题等，可以通过明晰水权，得到有效解决。

（5）水权的明晰，水权制度的建立，增强了各级政府、企业、社会团体以及公民个人对水资源作为一种资源资产价值的认识，培养了公众的节水意识。

（二）水市场

1. 概述

从广义上来说，水市场是指水资源及与水相关商品的所有权或使用权的交易场所，以及由此形成的人与人之间各种关系的总和。水权制度的发展，也使得水市场的相关研究取得了显著进展。实际上，水市场包含的范围非常广泛，如取水权市场、供水市场、排污权市场、废水处理市场、污水回用市场等。因此，从严格意义上来讲，水费的征收也可以看作是水权明晰下的供水市场交易。

目前，我国的水市场刚刚起步，在水市场的建设和相关研究中，比较受人们关注的还是水权市场，通过水权交易实现水资源相关权利在不同主体间进行流转。随着我国市场经济的发展、水权制度的不断完善，水市场也更加成熟，更加繁荣，在我国水资源优化配置中发挥重要的作用。

2. 水市场的作用

水市场是市场经济作用下的一个产物，是实现水资源高效管理、水资源优化配置的一个有效的经济手段，具体地说，它的作用主要有以下几个方面：

(1)水市场可以优化水资源配置，通过市场交易，使水资源流向最需要的用户，不同用水户之间通过市场交易可以使得各自的需要得到满足。

(2)水市场的出现，运用市场机制和经济杠杆调节水价，促进了节约用水，提高了用水效率，减少了水资源的无谓浪费。

(3)水市场的建立是以水权明晰为前提，同时水市场的发展也促使了水权制度的改进和完善。

(4)通过水市场进行水权及水相关商品的交易，缓解了不同用户间的用水竞争，减少了水事纠纷。

(5)排污权市场、废水处理市场、污水回用市场等的出现，有助于有效地防治水污染，并促进了污水的回收再利用，水环境保护力度加大。

(6)运用市场机制，拓宽资金筹集渠道，有利于促进水利基础设施建设[94]。

(7)水市场的构建和发展，有助于培养公众对水是一种战略性经济资源的认识，培养公众形成水资源与水环境有偿使用、水权有偿取得和有偿转让的观念，从而使得全社会的节水意识、水环境保护意识增强。

3. 水市场交易原则

水市场是市场经济条件下的产物，在进行水资源及水相关商品的所有权或使用权的市场交易时，除了要遵循市场经济条件下市场的交易原则外，因水资源本身的特殊性，还有一些特殊的原则需要考虑。结合水利部《关于水权转让的若干意见》，总结水市场交易原则如下：

(1)持续性原则。水资源是关系国计民生的基础自然资源，在进行水市场交易时，除了尊重水的商品属性和价值规律外，更要尊重水的自然属性和客观规律。水资源的开发利用必须从人类长远利益出发，保证人类社会可持续发展的需求，协调好水资源开发利用和节约保护的关系，充分发挥水资源的综合功能，实现水资源的可持续利用。

(2)公平和效率原则。水市场交易要充分发挥效率原则，利用经济规律作用，使得水资源向低污染、高效率产业转移。此外，市场经济在追求效率的同时，也要兼顾公平的原则，必需保证城乡居民生活用水，保障农业用水的基本要求，满足生态系统的基本用水；防止为了片面追求经济效益，而影响到用水户对水资源的基本需求。

(3)有偿转让和合理补偿的原则。水市场中交易的双方主体平等，应遵循市场交易的基本准则，合理确定双方的经济利益。因转让对第三方造成损失或影响的必须给予合理的经济补偿。

(4)整体性原则。水资源交易时，应着眼于整体利益，达到整体效益最佳，即实现社会效益、经济效益、环境效益的统一。在实现水资源高效配置，取得较大经济效益的同时，也要考虑到社会效益、环境效益。

(5)政府调控与市场调节相结合的原则。在市场经济条件下，能够高效地实现水资源的优化配置，但是市场经济过分追求效益的同时，会失去很多对公平的考虑。为了能够保证遵循公平原则、整体性原则进行水市场交易，在注重市场对水资源配置调节的同时，政府的宏观调控也是必不可少的。国家对水资源实行统一管理和宏观调控，各级政府及其水行政主管部门依法对水资源实行管理。要建立起政府调控与市场调节相结合的水资源配置机制。

4. 前景

目前，水市场在我国已经初步确立，并在水资源优化配置中发挥了重要的作用。从2000年东阳—义乌水权交易开始，实践中有越来越多的水市场交易事件涌现。例如，漳河利用水市场手段实现跨省调水、调节用水矛盾；甘肃张掖农民用水户之间的灌溉水权转让；宁夏、内蒙古两自治区"投资节水、转让水权"大规模、跨行业的水权转换……水市场的引入，实现了水资源优化配置和科学管理，提高了水资源利用效率和效益，缓解了水资源供求矛盾。

经过一系列理论和实践探索，我国水利部已经形成了一套完整的"明晰水权、引入市场"的水权改革思路。2005年1月，水利部正式发布了《关于水权转让的若干意见》，将可转让的水权转让的主体界定为在一定期限内拥有节余水量或者通过工程节水措施拥有节余水量的取水人，该文件的出台对水权转让提出了具体指导意见，进一步推进了水权制度建设，规范了水权转让行为，推动了水市场的发展。展望将来，随着水权明晰工作的推进，水权市场的事例还将越来越多的涌现。然而，水市场的建立和发展会涉及到一系列复杂的经济、社会和生态问题，因此单独依靠水权或水市场构建我国水资源配置的体系是不够的，需要加入政府的宏观调控。同时，要想使得水市场在我国资源配置中更充分地发挥作用，需要完善水市场的监管体制，构建一个完整的水市场模型。这需要理论研究的不断深入和实践的不断发展作为基础。

第五节　水资源管理的技术措施

人类社会的不断发展，使得水资源问题越来越突出，类型也越来越复杂。解决人类所面临的各种水问题，实现对水资源合理的开发、利用和保护，是水资源管理的主要目标，而这一目标的实现，需要借助于各种手段。现代科学技术的不断发展与进步，为人类进行科学的水资源管理提供了有利的技术支持，使得水资源管理工作的开展更科学、合理和高效。"3S"技术、计算机信息技术、节水灌溉技术、污水处理技术等在水资源管理中都发挥了有力的作用。本节将对这些技术作一简单介绍。

一、"3S"技术

(一)"3S"技术简介

所谓"3S"技术是以地理信息系统(GIS)、遥感技术(RS)、全球定位系统(GPS)为基础，将GIS、RS、GPS三种技术与其他高科技(如网络技术、通信技术等)有机结合成一个整体而形成的一项新的综合技术。它充分集成了RS、GPS高速、实时的信息获取能力和GIS强大的数据处理和分析能力，可以有效地进行水资源信息的收集处理和分析，为水资源管理决策提供强有力的基础信息资料和决策支持。

地理信息系统(GIS，Geographical Information System)是以空间地理数据库为基础，利用计算机系统对地理数据进行采集、管理、操作、分析、模拟显示，并用地理模型的方法，实时提供多种空间信息和动态信息，为地理研究和决策服务而建立起来的综合的计算机技术系统。GIS以计算机信息技术作为基础，增强了对空间数据的管理、分析、处理能力，有助于为决策提供支持。

遥感(RS，Remote Sensing)技术是20世纪60年代发展起来的，是一种远距离、非接触的目标探测技术和方法，它根据不同物体因种类和环境条件不同而具有反射或辐射不同波长电磁波的特性来提取这些物体的信息，识别物体及其存在环境条件的技术。遥感技术可以更加迅速、更加客观地监测环境信息，获取的遥感数据也具有空间分布特性，可以作为地理信息系统的一个重要的数据源，实时更新空间数据库。

全球定位系统(GPS，Global Positioning System)是利用人造地球卫星进行点位测量导航技术的一种。通过接收卫星信息来给出(记录)地球上任意地点的三维坐标以及载体的运行速度，同时它还可给出准确的时间信息，具有记录地物属性的功能，具有全天候、全球覆盖、高精度、快速高效等特点，在海空导航、精确定位、地质探测、工程测量、环境动态监测、气候监测以及速度测量等方面应用十分广泛。

"3S"技术的出现，为科学研究、政府管理、社会生产提供了新一代的观测手段、描述语言和思维工具。但是三者各有优缺点，"3S"结合应用，取长补短，RS和GPS向GIS提供或更新区域信息及空间定位，GIS进行相应的空间分析，从RS和GPS提供的海量数据中提取有用的信息，并进行综合集成，以辅助科学决策[95]。三者的集成利用，大大提高了各自的应用效率，在水资源管理中发挥着重要的作用。

(二)"3S"技术在水资源管理中的应用

1. 水资源调查、评价

根据遥感获得的研究区卫星像片可以准确查清流域范围、流域面积、流域覆盖类型、河长、河网密度、河流弯曲度等。使用不同波段、不同类型的遥感资料，容易判读各类地表水的分布，还可以分析饱和土壤面积、含水层分布以及估算地下水储量。利用GPS进行野外实地定点定位校核，建立起勘测区域校核点分类数据库，可对勘测结果进行精度评价。

2. 实时监测

遥感资料具有获取迅速、及时、数据精确等特点，GPS有精确的空间定位功能，GIS具有强大的空间数据分析能力，可以用于水资源和水环境的实时监测。利用"3S"技术，可以对河流的流量、水位、河流断流、洪涝灾害等进行监测，可以对水环境质量进行监测，也可以对造成水环境污染的污染源、扩散路径、速度等进行监测等。"3S"技术的出现使人类更方便、快捷、及时地掌握水体的水量和水质相关信息，方便进行水文预测、水文模拟和分析决策。

3. 水文模拟和水文预报

GIS 对空间数据具有强大的处理、分析能力。将所获取的各种水文信息输入 GIS 中，使 GIS 与水文模型相结合，充分发挥 GIS 在数据管理、空间分析、可视化等方面的功能，构建基于数字高程模型的现代水文模型，模拟一定空间区域范围内的水的运动。也可以通过 RS 接收实时的卫星云图、气象信息等资料，结合实时监测结果，基于 GIS 平台并利用预测理论和方法，对各水文要素如降水、洪峰流量及其持续时间和范围等进行科学、合理的预测。水文模拟和水文预报在水资源管理中应用非常广泛。比如，可以利用水文模拟进行水库优化调度，利用水文预报为水量调度和防汛抗灾等决策提供科学、合理和及时的依据等。

4. 防洪抗旱管理

"3S"技术在洪涝灾害防治以及旱情分析预报等工作中都有应用。基于 GIS 的防洪决策支持系统可以建立防洪区域经济社会数据库，结合 GPS 和 RS 可以动态采集洪水演进的数据、分析洪水情势，并借助于系统强大的数据管理、空间分析等功能，帮助决策者快速、准确地分析滞洪区经济社会重要程度，选择合理的泄洪方案。此外，"3S"技术的结合还可对洪灾损失及灾后重建计划进行评估，也可以利用 GIS 结合水文学和水力学模型用于洪水淹没范围预测。同样，"3S"技术也可以用于旱灾的实时监测和抗旱管理中。遥感传感器获取的数据可以及时地直接或间接反映干旱情况，再利用 GIS 的数据处理、分析等功能，显示旱情范围、程度，预测其发展趋势，辅助决策制定。

5. 水土保持和泥沙淤积调查

利用"3S"技术可以建立影响水土流失因素（地质条件、地貌类型等因素）的数据库，具体方法目前主要是根据各类主题图进行数字化输入，然后从卫星影像上提取已经变化的土地利用类型和植被覆盖度，再从数字高程模型中计算出坡度、坡长，利用水土流失量和各流失因子之间的数学模型计算出流失量，进行土壤侵蚀和水土流失研究，最后输出结果。根据上述水土流失各因子的数据库和自然因素的变化，考虑人类活动影响的现状及将来的发展趋势，可在 GIS 的支撑下作出水土保持规划。此外，利用遥感技术能够真实、具体、形象、及时地反映下垫面情况的特点，可以作为河道、河口、湖泊、水库等泥沙淤积调查的首选工具，并在监测的基础上基于 GIS 平台对淤积及由此引起的水势变化进行分析、预测，为防洪、航运、水库调度等提供决策支持。

6. 构建水资源管理信息系统

基于"3S"技术，结合网络、通信、数据库、多媒体等技术可以构建水资源管理信息系统，自动生成流域自然地理和社会要素地图，以及流域水资源供需图、灌溉规划图、水污染分布图、土地利用图等，利用这些图库的属性数据结合空间数据，支持水资源规划和管理活动，可以有效地提高效率、减少重复劳动、节约投资。

7. 水资源工程规划和管理

"3S"技术也可应用于大型水利水电工程及跨流域调水工程对生态环境的监测和评价中。如利用"3S"技术进行水利水电枢纽工程地质条件的调查、评价及动态监测，对水利工程的选址进行勘察、分析、评价，对水库上游水土流失调查以及对水库淤积进行趋势预测等[87]。"3S"技术的应用，也为流域综合规划和管理提供了有效的技术手段。

二、水资源监测技术

水资源监测技术是有关水资源数据的采集、存储、传输和处理的集成，可以为水资源管理提供支持。随着科技水平的不断发展，水资源监测技术也在不断进步。特别是“3S”技术的发展，也推动着水资源监测在实时性、精确性、自动化水平等方面的提高。

水资源监测技术主要指的是水文监测，主要监测江、河、湖泊、水库、渠道和地下水等的水文参数，如水位、流量、流速、降雨(雪)、蒸发、泥沙、冰凌、墒情、水质等。传统的人工监测技术对数据的记录以模拟方式为主，精确度不高，即使是数字方式的记录也很难方便地输入计算机进行处理，且数据处理基本靠人工处理判断，费时易错；采集的水文信息实时性和准确性都较差。自动化技术的发展，使得水文监测的效率大大提高，如用于监测水位的浮子式水位计、压力式水位计、电子水尺和超声波水位计等，用于降雨量监测的翻斗式雨量计，都可以自动完成相关数据的采集，并通过数据采集终端与通信网络实时传输到各个需要的地方，为当地和全国的防汛救灾、水资源调度等提供了重要基本资料。

水质监测是水资源监测中的一项重要内容。特别是由于水污染的不断加剧，对水质的监测越来越引起人们的重视。早期的水质监测主要是定时定点地在某些监测站点抽取水样，带回实验室分析，这种监测方法称为实验室监测。但是这种人工抽查式的监测方法不能及时、准确地获取水质不断变化的动态数据，也使得决策的成效大大减弱。为了及时发现水质的异常变化，进行水质污染预报，并追踪污染源、辅助决策制定，研究水的自净规律，国际上在完善实验室监测的同时，发展了水质移动监测系统和自动监测系统[96]。水质移动监测系统以移动监测车为基本监测单元，以便携水质实验室和现场水质多参数分析仪为分析工具，可以对采集的样本迅速进行现场监测，测定其基本污染物质，采录污染现场，并通过 GPRS/GSM 移动通信设备及时将第一手资料回传至上级部门和信息管理中心。水质自动监测系统以监测水质污染综合指标及其某些特定项目为基础，通过在一个水系或一个地区设置若干个有连续自动监测仪器的监测站，由一个中心站控制若干个子站，随时对该区的水质污染状况进行连续自动监测，形成一个连续自动监测系统。监测所得到的水质状况实时信息也可以通过通信网络实时地传回水质监测中心。

物理学、化学、生物学、计算机科学、通信技术、“3S”技术等的发展，都为水资源监测技术的发展提供了有力的学科基础和技术支持，推动了水资源监测更及时、更准确、更有效的开展，从而为水资源管理决策提供了更精确、实时的信息来源，使得决策更科学合理。

三、节水技术

地球上水资源总量丰富，而易于人类直接开发利用的淡水资源量却极为有限，不到全球水资源总量的1%。随着人口的增长和经济的发展，人类对淡水资源的需求量也在不断增加，加上水质恶化，使得缺水成为制约社会和经济发展的主要因素。为了解决这一问题，很多国家都行动起来，通过经济、技术、法律、行政、宣传教育等一系列手段，在各行各业中推广节水技术[97]。我国目前也在大力推行节水工作，并在 2005 年 4 月由国家发展和改革委员会、科学技术部会同水利部、建设部和农业部组织制定了《中国节水技术政策大纲》，以求建立一个节水型社会。

节水管理的进行，除了借助于经济、法律、教育、行政等措施外，还依赖于节水技术的发展与进步。目前，就各国所推广的各种节水技术来看，主要是从农业、工业、城市生活等几个方面推广节水技术。

农业节水方面，发达国家推广的节水技术主要有以下几类：①采用计算机联网进行控制管理，精确灌水，达到时、空、量、质上恰到好处地满足作物不同生长期的需水；②培育新的节水品种，从育种的角度更高效地节水；③通过工程措施节水，如采用管道输水和渠道衬砌提高输水效率；④推广节水灌溉新技术；⑤推广增墒保水技术和机械化旱地农业，如保护性与带状耕作技术、轮作休闲技术、覆盖化学剂保墒技术等[97]。根据《中国节水技术政策大纲》，我国所积极推广的节水技术除了以上几个方面以外，还包括降水和回归水利用技术，如降水滞蓄利用技术、灌溉回归水利用技术、雨水集蓄利用技术等；非常规水利用技术，如海水淡化、人工增雨等技术；另外，还有养殖业节水技术以及村镇节水技术等。

工业用水主要包括冷却用水、热力和工艺用水、洗涤用水。工业节水可以通过以下几个途径进行：①加强污水治理和污水回用；②改进节水工艺和设备，提倡一水多用，提高水的利用效率；③减少取水量和排污量；④减少输水损失；⑤开辟新的水源。据此，常用的工业节水技术有工业节水重复利用技术，如在工厂内部建立闭合水循环系统、发展蒸汽冷凝水回收再利用技术、外排废水回用和"零排放"技术等。冷却节水技术，工业冷却水用量要占工业用水总量的80%左右，节水空间巨大，具体的冷却节水技术如高效换热技术、高效循环冷却水处理技术、空气冷却技术等。此外，还有热力和工艺系统节水技术，洗涤节水技术，给水和废水处理节水技术，输用水管网、设备防漏和快速堵漏修复技术，非常规水资源利用技术等。

随着城市化进程的不断加快，城市生活用水占城市用水总量的比例也越来越高。因此，城市生活节水对于促进城市节水具有重要意义。目前，在各国采用的城市生活节水技术中，非常普遍的一种就是采用节水型器具，如节水龙头、节水马桶、节水淋浴头、节水洗衣机等。有些国家甚至通过一定的法律、规章对节水器具的节水标准进行强制性要求，要求生产商只能生产低耗水的卫生洁具。此外，城市生活节水技术还有城市再生水利用技术，包括城市污水处理再生利用技术、建筑中水处理再生利用技术和居住小区生活污水处理再生利用技术等；城区雨水、海水、苦咸水利用技术；城市供水管网的检漏和防渗技术；公共建筑节水技术；市政环境节水技术等。

节水技术的发展，可以大大地提高水资源的利用效率，有效缓解水资源短缺的压力，而节水技术的发展，除了要以科技进步作为基础外，还需要配套的法制建设、行政管理以及经济刺激等机制。

四、水处理技术

大量工业废水、生活废水及农业废水的产生，使得清洁的淡水资源受到污染，加剧了水资源短缺的危机，更严重的是威胁到了人类健康。因此，治理水污染目前已经成为全球水资源可持续利用和国民经济可持续发展的重要战略目标。在污水处理过程中，"无害化"是人们要达到的一个目标，而随着水资源短缺问题的不断加剧，"资源化"成为污水处理的另一个追求。特别是城市生活废水，因其来源、数量、性质都比较稳定，处理流程固定，经过处理后可成为城市用水的一个很好水源，在一定程度上可以大大缓解城市缺水问题。

目前，人类所使用的水处理方法按照作用原理不同可以分为物理处理法、化学处理法、生物处理法三大类。常用的物理处理法有过滤、沉淀、离心分离、气浮等；常用的化学处理法有中和、混凝、化学沉淀、氧化还原、吸附、萃取等；生物处理法有好氧生物处理、厌氧生物处理、稳定塘等。

随着物理学、化学、生物学研究的不断发展，水处理的技术也得以不断进步，一些新兴的、绿色高效的水处理方法不断产生。如高级氧化技术，它是通过强活性自由基来降解有机污染物的一种先进水处理技术，根据强活性自由基产生的条件不同，又有湿式氧化方法、超临界水氧化技术、光化学氧化技术、电化学氧化技术等；纳米技术，纳米材料有高的比表面积和大的表面自由能，在机械性能、磁、光、电、热等方面与普通材料有着很大的不同，具有较强的辐射、吸收、催化和吸附等特性，用其作为催化剂的载体可以提高反应速度，作为吸附剂可以进行离子交换吸附，用于过滤时具有优良的截流率。

在废水处理过程中，根据废水中的污染物类型、性质，可以选择不同的处理方法，联合起来构成废水处理的工艺流程进行废水处理，实现废水无害排放的目标。同时，根据实际情况也可以对废水经过多级处理之后，达到一定回用水水质要求，实现废水的循环再利用。

五、海水利用技术

地球上虽然淡水资源有限，但是海水资源却极其丰富，如果能将海水资源合理地开发利用以满足人们的用水需求，在很大程度上可以解决水资源短缺问题，并能解决沿海城市超采地下水所造成的环境问题。沿海地区距海近，海水资源丰富，开发利用的优势非常显著。目前，世界上已经有很多国家将目光投向海洋，开发利用海水资源，取得了显著的经济效益，也使得水资源管理工作得以顺利、高效地开展。在缓解沿海地区所面临的淡水资源短缺危机方面，海水淡化和海水直接利用是经济、有效的最佳选择。

海水淡化包括从苦涩的高盐度海水以及含盐量比海水低的苦咸水通过脱盐生产出淡水。海水淡化技术的发展已经经历了半个多世纪之久，国外在20世纪40年代就开始了以蒸馏法为主的海水淡化技术研究。美国最早于1952年首先开发了电渗析盐水淡化技术，继而在60年代初又开发了反渗透淡化技术。近年来反渗透技术飞速发展，因其具有投资小、能耗低、占地少、建造周期短、安全可靠等优势，在水工业中得到广泛应用。我国也在20世纪50年代末期开始了电渗析的研究，之后的几十年中，海水淡化技术的研究取得了长足发展并被广泛的应用。目前，中国已掌握了国际上商业化的蒸馏法和膜法海水淡化主流技术，在天津、河北、山东、浙江等地建立了大量海水淡化工程，进行海水淡化以满足各种用水需求。海水淡化的方法按脱盐过程来分，主要有热法、膜法和化学方法三大类。其中，热法海水淡化技术主要有蒸馏法和结晶法，前者主要包括多级闪蒸、多效蒸馏和压汽蒸馏等方法，后者则由冷冻法和水合物法构成；膜法海水淡化技术包含了反渗透法和电渗析法等方法；化学方法主要是离子交换法。目前，使用较广的方法有蒸馏法、反渗透法和电渗析法等。

海水除了经淡化满足生活、工业等用水需求外，还可以直接利用。海水直接利用技术是以海水为原水，直接代替淡水作为工业用水、生活杂用水和灌溉用水等有关技术的总称[98]。海水直接利用途径主要有三个方面：一是用海水替代淡水直接作为工业用水，其中用量最大的是工业冷却用水，其次是用于工业生产工艺，如印染、洗涤、溶剂、脱硫、除尘等。二是作为生活杂用水，主要是利用海水代替淡水冲厕。三是用于农业，主要用在农业灌溉、水果和蔬菜洗涤、牲畜饮用、沿海水禽养殖等方面。这些技术目前在我国及世界都有广泛的应用。然而，由于海水水质较差，直接利用涉及的技术问题很多，其中最主要的一个是系统腐蚀问题，另一个是海洋生物附着问题。要解决这些问题，必须不断进行新技术、新方法的研发工作。

对海水资源的开发利用，除了海水淡化和直接利用外，还可以加大海洋地质调查研究的深度和广度，认识海底淡水资源的形成和分布规律，并在此基础上进行海底淡水资源的开发利用。

六、现代信息技术

20 世纪人类最伟大的创举就是造就了信息技术，并使其迅速发展，因其本身数据处理能力强大、运算速度快、效率高等优势，被迅速地应用于各个领域。在水资源管理中，水资源管理对象复杂，内容庞杂，对实效性要求高，信息技术的应用大大提高了水资源管理的效率，是构建水资源管理信息系统必不可少的硬件。先进的网络、通信、数据库、多媒体、“3S”等技术，加上决策支持理论、系统工程理论、信息工程理论可以建立起水资源管理信息系统，通过该系统可将信息技术广泛地应用于陆地和海洋水文测报预报、水利规划编制和优化、水利工程建设和管理、防洪抗旱减灾预警和指挥、水资源优化配置和调度等各个方面[87]。

除了以上所谈到的技术措施外，在水资源管理过程中所用到的技术手段还有很多。从开源、节流、减排、治污等几个方面进行考虑，加强管理，可以找到更多提高水资源利用效率、解决水问题的技术措施，保证水资源管理工作的高效开展。

第六节 水资源管理信息系统

人口剧增、社会发展，使得水问题越来越复杂。要解决好各种水问题，实现水资源的优化调度，必须加强对水资源综合管理，构建一个考虑全面的、功能强大的水资源管理系统。而科技发展，计算机、网络、通信、数据库、多媒体、“3S”等高新技术的出现为构建这样一个系统提供了强有力的支持和保障，使得水资源管理进入了系统化、信息化的管理阶段。水资源管理信息系统应运而生。本节将简要介绍水资源管理信息系统的特点、建设目标和设计原则、结构和功能等内容。

一、水资源管理信息系统的特点

水资源管理信息系统（Information System of Water Resources Management）是传统水资源管理方法与系统论、信息论、控制论和计算机技术的完美结合，它具有规范化、实时化和最优化管理的特点,是水资源管理水平的一个飞跃[1]。

二、水资源管理信息系统的建设目标和设计原则

(一)目标

水资源管理信息系统的建立,是实现新时期水利信息化的一个重要方面。其总体目标是根据水资源管理的技术路线,以可持续发展为基本指导思想,体现和反映经济社会发展对水资源的需求,分析水资源开发利用现状及存在的问题,利用先进的网络、通信、遥测、数据库、多媒体、地理信息系统等技术,以及决策支持理论、系统工程理论、信息工程理论,建立一个能为政府主要工作环节提供多方位、全过程服务的管理信息系统。系统应具备实用性强、技术先进、功能齐全等特点,并在信息、通信、计算机网络系统的支持下,达到以下几个具体目标[6]:

(1)实时、准确地完成各类信息的收集、处理和存储;

(2)建立和开发水资源管理系统所需的各类数据库;

(3)建立适用于可持续发展目标下的水资源管理模型库;

(4)建立自动分析模块和人机交互系统;

(5)具有水资源管理方案提取及分析功能,辅助科学决策。

(二)设计原则

为了确保水资源管理信息系统建设的目标实现,在系统设计时应遵循以下原则[6]:

(1)实用性原则。系统各项功能的设计和开发必须紧密结合实际,满足实际所需,使其能够真正运用于生产过程中。

(2)先进性原则。要保证系统使用先进的软件开发技术和硬件环境建立,以确保系统具有较强的生命力,高效的数据处理、分析等能力。

(3)简捷性原则。系统的使用对象并非全都是计算机专业人员,因此要求系统的表现形式简单、直观,操作简便,界面友好,窗口清晰。

(4)标准化原则。系统要强调结构化、模块化、标准化,特别是接口要标准统一,保证连接通畅,可以实现系统各模块之间、各系统之间的资源共享。

(5)灵活性原则。一方面指系统各功能模块之间能灵活实现相互转换,另一方面指系统能随时为使用者提供所需的信息和动态管理决策。

(6)开放性原则。系统与外界系统界面为开放状态,可以获得外界数据来源,保证系统信息实时更新;同时,系统也可以实现与其他外界系统的资源共享。

三、水资源管理信息系统的结构和功能

为了完成水资源管理信息系统的主要工作,一般的水资源管理信息系统应由数据库、模型库、人机交互系统3个部分组成[6]。各部分有以下主要功能。

(一)数据库功能

(1)数据录入。所建立的数据库应能录入水资源管理需要的所有数据,并能快速简便地供管理信息系统使用。

(2)数据修改、记录删除和记录浏览。可以修改一个数据,也可修改多个数据,或修

改所有数据;可删除单个记录、多个记录和所有记录。

(3)数据查询。可进行监测点查询、水资源量查询、水工程点查询以及其他信息查询等。

(4)数据统计。可对数据库进行数据处理,包括排序、求平均值以及其他统计计算等。

(5)打印。用于原始数据表打印和计算结果表打印。

(6)维护。为了避免意外事故发生,系统应设计必要的预防手段,进行系统加密、数据备份、文件读入和文件恢复。

(二)模型库功能

模型库是由所有用于水资源管理信息处理、统计计算、模型求解、方案寻优等的模型块组成,是水资源信息系统完成各种工作的中间处理中心。

(1)信息处理。与数据库连接,对输入的信息有处理功能,包括各种分类统计、分析。

(2)水资源系统特性分析。包括水文频率计算、洪水过程分析、水资源系统变化模拟、水质模型以及其他模型。

(3)经济社会系统变化分析。包括经济社会主要指标的模拟预测、需水量计算等。

(4)生态系统变化分析。包括环境评价模型、生态系统变化模拟模型等。

(5)水资源管理优化模型。这是用于水资源管理方案优选的总模型,可以根据以上介绍的方法来建立模型。

(6)方案拟定与综合评价。可以对不同水资源管理方案进行拟定和优选,同时对不同方案的水资源系统变化结果以及带来的各种社会、经济、环境效益进行综合评价。

(三)人机交互系统功能

人机交互系统是为了实现管理的自动化,进行良好的人机交互管理而开发的一种界面。目前,开发这种界面的软件很多,如 Visual Basic、Visual C 等。

在实际工作中,人们希望建立的水资源管理信息系统至少具有信息收集与处理、辅助管理决策功能,并具有良好的人机对话界面。因此,水资源管理信息系统与决策支持系统(Decision Support System,简称 DSS)比较接近。DSS 以数据库、模型库和知识库为基础,把计算机强大的数据存储、逻辑运算能力和管理人员所独有的实践经验结合在一起,它将管理信息系统与运筹学、统计学的数学方法、计算模型等其他方面的技术结合在一起,辅助支持各级管理人员进行决策,是推进管理现代化与决策科学化的有力工具。同时,DSS 也是一个集成的人机交互系统,它利用计算机硬件、通信网络和软件资源,通过人工处理、数据库服务和运行控制决策模型,为使用者提供辅助的决策手段。

水资源管理信息系统是以水资源管理学、决策科学、信息科学和计算机技术为基础,建立的辅助决策者解决水资源管理中的半结构化决策问题的人机交互式计算机软件系统。它主要由数据库管理系统、模型库管理系统和人机交互系统三部分组成(见图 13-4),具有 DSS 的基本特征。

四、新疆博斯腾湖流域水资源管理信息系统介绍

（一）概述

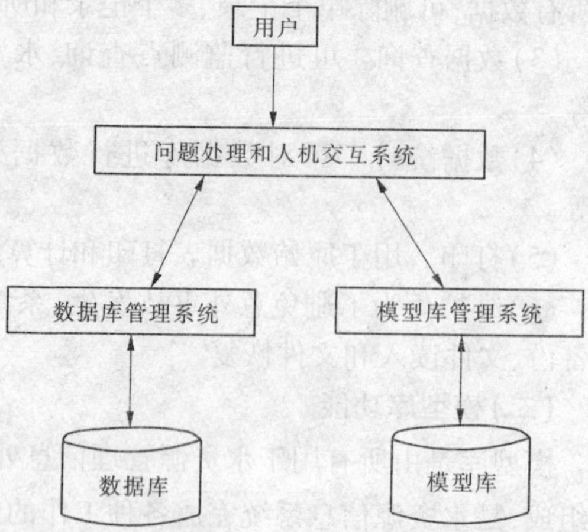

图 13-4　水资源管理信息系统的基本结构图[6]

为了科学管理博斯腾湖流域水资源，实现水资源管理信息化，在大量调查和研究的基础上，开发了博斯腾湖流域水资源管理信息系统软件。该软件是基于水资源可持续利用理论研究和应用研究成果，采用比较流行的 Visual Basic 6.0 操作系统面向对象，可直接为博斯腾湖水资源可持续利用管理服务，为水管理者决策提供技术支持，为水管理部门制定水资源调度预案提供依据。这里把它作为一个实例来简单介绍水资源管理信息系统的应用。

（二）系统的主要功能及特点

该系统的主要功能包括三部分：第一是资料的浏览、数据添加、数据修改和查询；第二是计算功能部分，包括水文频率计算、洪水过程分析、特征水位确定、水资源系统变化预测、湖泊水量调度等模块；第三是系统帮助部分。

该系统软件开发的基本指导思想是程序模块化、人机交互界面友好、操作方便。采用功能强大、应用普遍、面向对象的 Visual Basic 6.0 和 Access 等作为系统软件开发工具，选用 Windows 2000 作为软件开发平台。

该系统软件具有以下特点：

（1）具有功能齐全的资料浏览、添加、修改、查询等管理功能，可以作为水资源管理的工具软件，进行动态管理。

（2）系统管理与决策相结合。该软件不仅有数据和信息管理功能，而且可以进行水文频率计算、洪水过程分析、特征水位确定等一些常规的分析功能，同时也具有湖泊水位变化、矿化度变化、下泄水量计算等预测功能以及湖泊水量调度的决策功能。

（3）模块化管理、工作流程清晰。在软件开发方面，采用模块化的开发思路，对每一模块均按实际的工作流程，实现工作流程计算机化。

（三）系统安装与运行

该软件是用 Access 作为后台数据库支持系统的单机版本，采用 Visual Basic 6.0 系统开发，可在多种操作系统平台如 Windows 98、Windows 2000、Windows XP 下安装，运行环境为 586 以上多媒体微机，使用方便，操作简单。

该软件安装与一般的 Windows 应用程序安装方法一致，主要过程为起动 Windows，并将系统安装光盘插入 CD - RAM；从安装光盘上找到安装文件（setup. exe），点击后就可以一步一步安装；在安装过的计算机中，就可以从“开始”菜单中运行该软件。

在主界面启动之前，该软件设立了：①欢迎界面；②登录密码识别；③一段美妙的音乐。形式如图 13-5 所示。只有输入正确的用户名称和密码，系统才可能进入主界面。用

户可以在“帮助”菜单中更改密码。

图 13-5　系统主界面之前的登录设计[99]

主界面既是系统的入口，也是系统的出口，反映系统的整体功能概貌。通过主界面，用户根据需要可进入系统的所有功能模块，并可方便地实现各功能模块之间的转换。系统主界面由标题栏（显示系统名称）和文件管理、资料管理、水文频率计算、洪水过程分析、特征水位、水资源系统变化预测、发展态势、湖泊水量调度以及系统帮助等功能模块组成。系统主界面如图 13-6 所示。关于该软件的详细使用说明可以查阅其帮助系统。

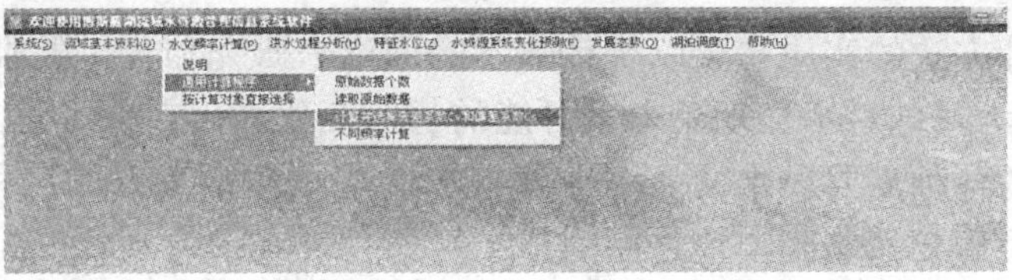

图 13-6　系统主界面（标题栏）[99]

（四）水资源管理资料信息模块

在水资源管理过程中，对资料的收集、统计、分析及整理要求较高。一般的水资源基础信息主要包括降水量、蒸发量、径流量、生态系统状况（如养殖、芦苇等）、灌溉面积、引水量统计及其他经济社会指标等。该软件在资料管理模块中包括降水量、蒸发量、径流量、水质（矿化度）、灌溉面积、引水量及其他经济社会发展指标。

其功能包括以下几个方面。

1. 资料浏览

当用户需要查询数据库中的某些数据，而这些数据又非常集中且没有什么特殊条件时，用户就可以用“数据库浏览”来查询这些数据。数据库浏览就是浏览数据库中不同表的全部内容。点击菜单栏中的“流域基本资料”，再点击“资料浏览”，用户便可以选择要浏览的数据表的类型及数据表的名称，进入浏览界面，接着用户可以对所浏览的数据表进行各种操作，包含“第一个”、“下一个”、“上一个”、“最后一个”、“另存为”、“退出”。

2. 数据添加

这是对数据库中原来数据的动态添加，录入追加新的数据记录。这就需要执行系统中的“数据添加”菜单下的命令，进行数据添加。

3. 数据修改

数据库中的数据需要不断的更新，不光要添加，而且还会删除、修改，以此来整理和维护数据库。点击菜单栏中的“流域基本资料”、“数据修改”，再选择要修改的数据名称，即可进行修改和删除。

4. 数据查询

点击菜单栏中的“流域基本资料”、“数据查询”，出现查询界面，选择数据表名称、“条件字段”，输入条件，根据所列条件，对数据进行自动查询。

（五）计算功能模块

为了实现水资源管理目标，在水资源管理信息系统中需要针对具体特点和要求，开发一些必要的计算功能模块。在博斯腾湖流域水资源管理信息系统中，主要的计算功能模块包括水文频率计算、洪水过程分析、特征水位确定、水资源系统变化预测、湖泊水量调度等模块。

1. 水文频率计算

水文现象受众多因素的影响，在其发生、发展和演变的过程中包含着必然性的一面，也包含着随机性的一面。从必然性方面探索水文现象短期的变化规律就是水文预报中常用的成因分析法，而从随机性方面研究水文现象长期性的变化规律就需要用到水文频率统计方法。

水文频率统计方法的实质在于以统计数学的理论来研究和分析随机水文现象的统计变化特性，并以此为基础对水文现象未来可能的长期变化做出在概率意义下的定量预测，以满足工程计算的各种需要。水文频率计算是水文学中非常重要的一种分析方法，也是该软件模型库中很重要的基础模块之一。

该软件关于水文频率计算的途径设计为两种，一种是从一般的计算方法入手，从数据的读入、计算、特征值的选取、频率计算再到最后结果显示，可以适用于不同类型水文频率计算；另一种是针对博斯腾湖实际需要计算的几个问题直接进行选择，这里包括径流量（各水文站）、降水量（主要观测站）、蒸发量（主要观测站），可以通过点击这些选择，进行资料追加和频率计算。

2. 洪水过程分析

这一模块是进行博斯腾湖洪水调节计算的基础模块，其主要功能有：①洪水频率分析。可以选择最大一日洪量或最大一月洪量，采用水文频率计算方法，对其进行频率分析。②典型洪水过程线确定。根据历史上发生的洪水，按照一定频率确定不同水文站的典型洪水过程线。③洪水演进过程。根据洪水演进模型，计算上游洪水演进到入湖时的时间和洪水量大小。通过这一计算，可以随时预报入湖洪水的时间和大小，对湖泊调度和防洪有十分重要的意义。

3. 特征水位确定

根据特征水位的确定方法，主要完成两方面的重要计算：一是兴利调节计算；一是洪水调节计算。分别计算不同的特征水位和特征库容，包括兴利库容、正常蓄水位、防洪库容、防洪限制水位、防洪水位等。

4. 水资源系统变化预测

合理计算不同条件和调度运行方式下的湖泊水量水质变化是一项十分重要的工作。这里包括湖泊水位变化预测、湖泊水体矿化度变化预测、下泄水量预测。其计算的前提条件是在其他基础条件一定的情况下，通过模型计算得到不同的输出结果。

5. 湖泊水量调度

这一模块又包括两个子模块：①湖泊调度图绘制与调度。这是常规的水库调度方法，根据计算确定的特征水位，考虑历史的湖泊水位变化过程，根据调度图绘制方法绘制常规的水库调度图，作为博斯腾湖水资源调度的参考依据。②湖泊优化调度方案。根据对该湖泊水资源可持续利用的研究，采用优化调度函数方法，确定该湖泊的优化调度方案，主要包括下泄流量确定、湖泊适宜水位确定，并确定相应的调度对策，主要包括防洪或抗旱方案的确定、调度策略等。

（六）帮助系统

本次开发的软件系统，和任意一个完整的软件系统一样，建立了一个为用户提供详细的、易于理解的联机帮助文档。该帮助文档的建立，利用了Microsoft公司的HTML Help Workshop软件。首先采用FrontPage2000软件做一套帮助文件的网页，然后再利用HTML Help Workshop将做好的帮助文件网页编译为标准的帮助文件。

该帮助文档内容包括对各种功能以及软件的使用说明，基本上能满足该软件运用时的各种疑难问题的解答和使用向导。

第七节　水资源系统综合运行管理

水资源管理工作是一项涉及范围广、内容多、非常复杂的工作。在水资源管理中很重要的一项内容就是进行水资源合理配置、优化调度，实现水资源高效开发利用。水资源系统综合运行管理正是以此为目标提出来的。本节将简要介绍水资源综合运行管理的内容及灌溉、供水、水能、航运系统运行管理的任务。

一、水资源系统综合运行管理概述

水资源系统是一个动态的系统，在水资源系统运行过程中，如何实现对水资源的利用是水资源系统综合运行管理主要解决的问题。水资源系统综合运行管理包括与水资源配置、调度和控制有关或有影响的所有内容，如供水系统（包括城市、工业、农业供水等）、污水处理（直接排放的污水、经处理后的污水）、水力发电（蓄水、河川径流等）、航运、渔业、休闲和娱乐等。

在水资源的开发利用过程中，为了实现某些效益可能会带来其他的一些损失。因此，要实现水资源的合理利用，需要在一定的约束条件下，构建水资源利用的优化模型，通过模型分析求解可得到水资源系统的最优运行策略，指导水资源开发利用实践。

水资源系统综合运行管理涉及很多方面，可以对区域水资源系统进行运行管理，也可以对某一部门内部的水资源系统进行运行管理。以下以灌溉系统、供水系统、水能系统、航运系统为例进行简要介绍。

二、灌溉系统

灌溉系统是指从水源取水,通过渠道、管道及附属建筑物输水、配水至农田进行灌溉的工程系统。灌溉系统在许多国家已存在了数千年,并对这些国家农业及经济的发展起到十分重要的作用。

灌溉系统运行管理主要是通过对灌溉系统中水资源动态变化的分析,并根据作物的需水情况,制定合理的灌溉用水策略,确定供水时间、供水地点及供水数量,达到既不超出水资源承载能力,又能提高作物产量的目的。

三、供水系统

供水系统是指从水源取水,经过净化、传输等过程,将水配给最终用户的工程系统。供水系统是保证人民生活、生产的基础设施,对国家的稳定、国民经济的发展也起到非常重要的作用。

随着人口的剧增,社会、经济的发展,水资源短缺问题也越来越严峻。特别是城市缺水问题更为严重,甚至影响到城市居民的生产生活。供水系统运行管理主要的任务就是通过对水资源的优化配置,尽可能确保供水区域居民的各种权益,实现经济效益、社会效益、环境效益的最优。具体的运行管理中,根据供水区域水源与用户的实际分布情况确定供水模式,可以选择集中连片供水模式或分散供水模式,构建水资源配置模型,选取优化配置对策,辅助决策进行,实现水资源优化配置,并保证各种效益最优以达到推动节水工作开展的目的。

四、水能系统

水能资源是水资源的重要组成部分,是清洁可再生的绿色能源,具有独特的自然属性、社会属性和经济属性,是我国经济社会发展的战略性能源资源。开发利用水能资源是水资源管理的重要内容。水能作为水在流动过程中产生的能量,是水的动能和势能的统一体,属于水资源的范畴,是水资源具有的一种功能。水能系统是采用设备利用水的动能或势能,通过物理过程产生各种形式的能源,经过传输、转化满足人类需求的工程系统。

水能资源的用途多样,水力发电只是其中的一种。由于水能开发利用成本低、效益显著,加上管理欠缺,在其利用过程中水能资源过度开发、资源无偿使用、抢占资源现象严重,水事纠纷较多。水能系统运行管理的出现,完善了水资源管理的内容,主要任务是协调水能利用与水环境保护、水资源其他利用方式(如供水)之间的矛盾,在规章、法规、政策等的指导下,在不影响水环境、不损害水资源正常利用的条件下,充分发挥水能资源优势,满足经济社会发展对能源的需求。

五、航运系统

航运系统是由船舶、港口、航道、通信及支持系统共同组成的综合系统。航运是国民经济发展的基础产业之一，它具有基本建设投资大、建设期长、国民经济效益显著等特点。航运的发展可以缓解铁路、飞机等的压力，降低货物运输或出行成本。

目前，由于水资源短缺问题加剧，部分河段某些时间可能出现断流的情况，在一定程度上限制了航运的发展。同时，航运的发展在某种程度上会加剧水体污染。如何在发展航运、便利交通的同时避免对水环境的不利影响，提高航运的经济效益，这正是航运系统运行管理所要解决的问题。航运系统运行管理的主要任务就是通过对航道水文情势的监测、分析、预报，选择合适的航行时间、航行路线等，取得较高的经济效益，同时尽可能减轻对水环境的不利影响。

思考题

13-1　简述水资源管理的主要内容，并说明其重要意义。

13-2　根据你的理解，水资源管理应该坚持哪些原则？为什么？

13-3　简述水资源管理工作流程。

13-4　比较美国、英国、法国、日本、中国水资源管理的组织体系有何不同。

13-5　进一步学习《中华人民共和国水法》，论述水资源管理的法规体系建设的意义。

13-6　水资源管理的经济措施有哪些？

13-7　水价、水费、水资源费之间是什么关系？水权和水市场有什么关系？

13-8　水资源管理的技术措施有哪些？

13-9　试选择某一地区，搜索相关资料，制定一套水资源管理对策方案。

13-10　举例阐述水资源管理信息系统的作用和意义。

第十四章 建设项目水资源论证

2002年3月24日,水利部、国家发展计划委员会联合发布的《建设项目水资源论证管理办法》标志着建设项目水资源论证制度在我国正式实行。水资源论证工作服务于取水许可审批,是深化取水许可制度管理的要求,它与取水许可审批是一个整体,是两个相连环节。

本章主要介绍建设项目水资源论证的主要内容及相关规定、取用水合理性分析、地表取水水源论证、地下取水水源论证、取水和退水影响论证、特殊水源水资源论证与混合水源水资源论证、建设项目水资源论证工作大纲及报告书编写。

第一节 建设项目水资源论证概述

一、建设项目水资源论证的意义

随着我国经济社会的发展,水资源短缺和水环境污染日益严重,必然要求经济发展布局、城市建设总体规划、重大建设项目的兴建要充分考虑水资源条件,依靠科学管理来抑制水的无序需求,依据一套行之有效的制度来协调竞争性用水,保证水资源合理配置的实现,通过政府有效的宏观调控、市场运作、经济手段来统筹解决水资源问题。而实施取水许可,开展水资源论证就是为加强政府宏观调控建立的一项重要制度。建设项目水资源论证既为取水许可审批提供技术依据,亦为水资源科学管理、宏观调控提供决策支持,以保障水资源可持续利用、经济社会可持续发展。

二、建设项目水资源论证制度的形成和主要规定

(一)水资源论证制度的形成

水资源论证制度的整体实施构想和实施原则规定都已明确写入水利部、国家发展计划委员会第15号令《建设项目水资源论证管理办法》中(以下简称《办法》)。该《办法》是开展水资源论证工作最为重要的指导性文件。为了让读者充分理解《办法》的主要精神,在这里有必要对其形成过程及政策法律依据作一简要介绍。

1993年国务院颁布实施《取水许可制度实施办法》之后,为了加强建设项目取水管理和水资源合理配置,1997年由国家计划委员会和水利部联合下发了《关于建设项目办理取水许可预申请的通知》,在实践的过程中,许多省如江苏、山东等积极组织开展了建设项目取水源论证工作,收到了较好的效果;同时,也发现对重大建设项目在办理取水预申请时对水资源论证要求较简单、较粗糙,审批取水量难于准确把握,影响科学化决策等问题。于是要求加强建设项目水资源论证逐渐形成共识。首先,由国家发展计划委员会制定、国务院印发的《水利产业政策》(国发[1997]735号)要求“国民经济的总体规划及重

大建设项目的布局必须考虑防洪安全与水资源条件,必须有防洪除涝、供水、水资源保护、水土保持、水污染防治、节约用水等方面的专项规划和论证”。这一要求又写入了1998年国务院批准的《水利部主要职责、内设机构和人员编制规定》方案(简称“三定”方案)中,明确指出组织建设项目水资源论证是水利部的管理工作职责。1998年底,水利部就组织有关单位对山东聊城电厂取用地下水源进行了论证。2000年国务院下发了《关于加强城市供水节水和水污染防治工作的通知》(国发[2000]36号)文件,更明确要求“强化取水许可和排污许可制度,建立建设项目水资源论证制度和用水、节水评估制度”,“凡需要办理取水许可的建设项目都必须进行水资源论证”。修订后的《中华人民共和国水法》一直强调水资源论证,九届全国人大第二十九次会议通过的新《中华人民共和国水法》第二十三条明确规定:“国民经济和社会发展规划以及城市总体规划的编制、重大建设项目的布局,应当与当地水资源条件和防洪要求相适应,并进行科学论证”,这为建立水资源论证制度奠定了坚实的法律基础。2002年5月1日,《建设项目水资源论证管理办法》正式实施,明确提出了需要申请取水许可的建设项目,对取用水资源进行专题论证制度[100]。

(二)水资源论证制度的主要规定

水资源论证制度的建立以《建设项目水资源论证管理办法》为标志。该办法主要突出了以下5方面的规定[100]。

1.适用范围的规定

《办法》第二条规定:对于直接从江河、湖泊或地下取水并需申请取水许可证的新建、改建、扩建的建设项目(以下简称建设项目),建设项目业主单位(以下简称业主单位)应当按照本《办法》的规定进行建设项目水资源论证,编制建设项目水资源论证报告书。该条文规定了一切需要办理取水许可的新建、改建、扩建的建设项目,必须编制水资源论证报告书。同时,为了提高行政效率,《办法》第十五条规定:建设项目取水量较少且对周边影响较小的,可不编制建设项目水资源论证报告书。具体要求由省、自治区、直辖市人民政府水行政主管部门规定。业主单位可以直接进入取水许可(预)申请程序,按照取水许可审批程序的规定,填报有关文件。

2.从业单位资质的规定

《办法》第五条、第六条规定:从事建设项目水资源论证工作的单位,必须取得相应的建设项目水资源论证资质,并在资质等级许可的范围内开展工作。业主单位应当委托有建设项目水资源论证资质的单位,对其建设项目进行水资源论证。

3.审查权限的规定

水利部或流域管理机构负责对以下建设项目水资源论证报告书进行审查:①水利部授权流域管理机构审批取水许可(预)申请的建设项目;②兴建大型地下水集中供水水源地(日取水量5万t以上)的建设项目。

其他建设项目水资源论证报告书的分级审查权限由省、自治区、直辖市人民政府水行政主管部门确定。例如,河北省规定:地表水、地下水年取水超过100万m^3由省主管部门审查,低于100万m^3由市主管部门审查。

4.报告书的审查规定

建设项目水资源论证报告书,由具有审查权限的水行政主管部门或流域管理机构组织有关专家和单位进行审查，并根据取水的急需程度适时提出审查意见。

建设项目水资源论证报告书的审查意见是审批取水许可（预）申请的技术依据。

5. 取水许可受理与项目可行性报告批准的规定

《办法》第八条规定：业主单位应当在办理取水许可预申请时向受理机关提交建设项目水资源论证报告书；不需要办理取水许可预申请的建设项目，业主单位应当在办理取水许可申请时向受理机关提交建设项目水资源论证报告书；未提交建设项目水资源论证报告书的，受理机关不得受理取水许可（预）申请。

《办法》第十一条规定：业主单位在向计划主管部门报送建设项目可行性研究报告时，应当提交水行政主管部门或流域管理机构对其取水许可（预）申请提出的书面审查意见，并附具经审定的建设项目水资源论证报告书；未提交取水许可（预）申请的书面审查意见及经审定的建设项目水资源论证报告书的，建设项目不予批准。

三、建设项目水资源论证的主要内容

（一）建设项目所在区域水资源及其开发利用现状分析

建设项目所在区域水资源及其开发利用现状分析是水资源论证的基础。主要是确定分析范围，分析研究该范围内自然地理、河流水系、气候状况、经济社会等基本情况；区域水资源数量、质量及分布状况；区域水资源开发利用现状、用水水平；并通过水资源供需平衡分析揭示其存在的问题。

（二）建设项目取水水源论证

取水水源论证包括对地表水源、地下水源、再生水源和混合水源水量与水质的论证。取水水源论证是水资源论证的重要内容之一，主要解决以下几方面问题：①以现状条件下的水资源状况来确定建设项目水资源开发规模和取水规模，真正做到以水定产，以水定规模；②在现状水质状况下，能否满足建设项目取水的水质要求；③合理确定取水位置和取水方式，包括地下水源取水井群布局、取水层位；④要解决地表水、地下水、再生水的混合配置问题，论证三种水源的取水规模，提出单水源或多种水源开发的推荐意见。

（三）建设项目用水合理性论证

建设项目用水合理性论证是水资源论证又一重要内容，也是贯彻国家节水产业政策，发展节水产业，建设节水型工业、节水型农业、节水型服务业和节水型社会，从源头上抓清洁生产、节水减污的重要手段。用水合理性分析要结合新《中华人民共和国水法》确定的用水总量控制和用水定额制度，遵照由省（自治区、直辖市）人民政府颁布的用水定额执行。对于省级人民政府尚未出台用水定额的地方，可参考行业和地区制定的用水定额标准，合理确定用水工艺和节水技术，使得建设项目用水符合当地的产业发展方向，符合区域或行业的用水定额。

（四）建设项目退水影响分析

退水影响分析是指在确定的影响范围内，对水功能区、不确定的影响对象及其有直接影响的第三者而进行的分析论证工作。因此，退水论证要紧紧围绕项目用水后的退水水质进行分析，要重点突出对不确定影响对象的论证，要结合水功能区划、纳污能力，合理确定退水地点，对于不能满足退水要求的项目要寻求污水治理的方案，并提出污水处理回用的意见,对不能使用处理后的污水要选择合理地点进行排放。同时,要将污水治理方案、退水地点在项目初步设计中加以明确,在项目建设时加以落实,作为项目竣工后取水许可证发放验收的前提。

(五)建设项目开发影响补偿方案论证

水资源论证不仅要论证其他用水户对本建设项目取水的影响,确定建设项目取水的保证程度,还要考虑建设项目取水对第三者取水权益的影响程度,特别是对社会效益、生态效益产生不利影响的退水要着重进行分析论证,对于造成取水影响的,要制定出补偿的方案。

四、建设项目水资源论证程序

建设项目水资源论证工作程序大致可分为4个阶段,如图14-1所示。

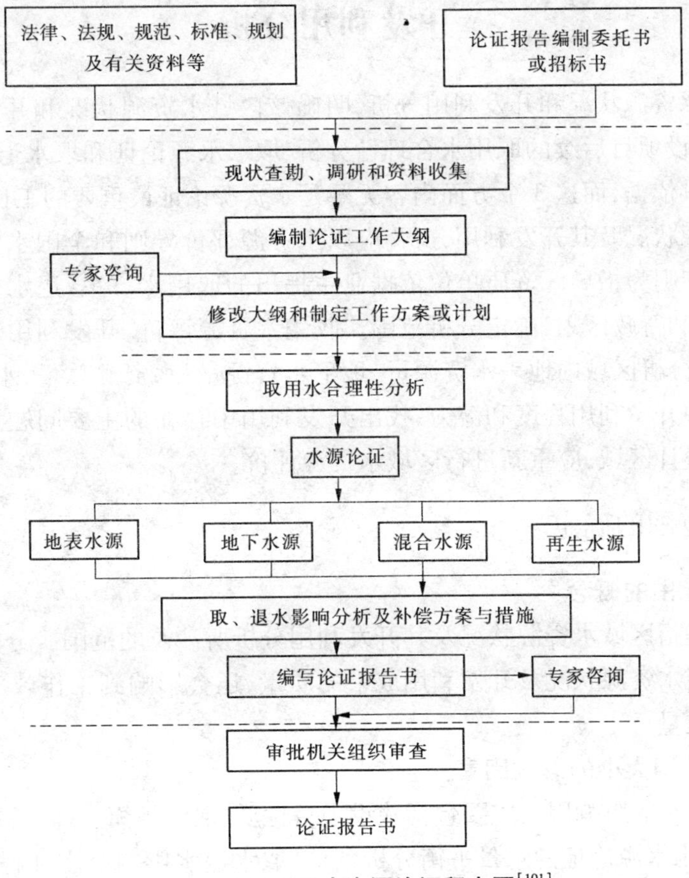

图14-1　建设项目水资源论证程序图[101]

(一)准备阶段

业主单位在国家发展和改革委员会批复项目建议书之后,根据法律法规、规范标准、规划及有关资料编制委托书或招标书。论证资质单位在招标后要现场勘查、调研和资料收集。需收集的资料包括水文、气象、经济社会、用水及建设期可研报告等资料。

(二)工作大纲阶段

资质单位编制报告书大纲,并邀请水行政主管部门和部分专家进行咨询,确定工作重点。

(三)报告书编制阶段

资质单位根据业主提出的取用水方案或要求,分析项目取用水的合理性,提出取用水方案和取退水及补偿方案,编制完成报告书初稿,经过专家审查,修改后完成报告书终稿。

(四)审查阶段

业主单位向具有水资源论证报告书审查权的水行政主管部门或流域管理机构提请报告书审查。

第二节 建设项目所在区域水资源状况及其开发利用分析

通过区域水资源状况和开发利用分析,明确该区域水资源状况和开发利用存在的问题等,可为该建设项目后续的取用水合理性分析、取水水源论证和取水退水影响分析等3个方面论证提供依据,而这3个方面内容无疑是水资源论证最重要的工作。

区域水资源状况及其开发利用分析,应以水资源评价导则和全国水资源综合规划技术大纲及技术细则为指导。资质单位依据业主提出的取用水方案、退水方案和水资源分区、水功能区划和行政区划,确定分析范围。收集水资源评价、开发利用现状和规划等方面的已有成果,分析区域内地表水资源量、地下水资源量、水资源总量、水资源质量,确定区域现状水资源开发利用程度和潜力,找出开发利用中存在的主要问题。没有水资源评价最新成果的设计区域,应重新进行区域水资源评价。

一、分析范围的确定

(一)分析范围的概念

分析范围是指区域水资源状况及其开发利用分析所涉及的范围。分析范围是否合理直接影响到区域水资源状况及开发利用成果的质量,还会影响到工作效率和整个水资源论证报告书的质量。

(二)分析范围大小的影响因素

分析范围大小的影响因素主要包括建设项目性质、取水规模、水源所在地水资源开发及利用状况、取水水源论证的水量平衡分析条件、取水退水影响范围和程度、分析所需资料条件。

(三)确定分析范围应遵循的原则

(1)确定的分析范围不宜太大,也不宜太小。太大了,会增加不必要分析工作量,太小了,不能充分说明问题。

(2)统筹考虑流域与行政区域相结合,以便与现有成果及资料配套和水资源供需平衡分析,一般以行政区为宜。

(3)一般应覆盖取水水源、取水和退水的影响范围。

(四)分析范围的确定方法

一般以水资源综合规划的计算分区作为分析范围,对于取水规模小或工作等级为三级的建设项目,可取县级行政区为分析范围,对于影响全流域的建设项目,分析范围应扩大到整个流域,对于大型跨流域调水工程,分析范围可能涉及多个流域。

(五)分析范围确定的要求

对于确定的分析范围,在报告书中应明确说明,并附分析范围图。一般在流域水系或行政区地图的基础上,明确标出分析范围,说明其主要水系、水功能区、供水工程、主要取用水位置等。对于分析范围与取水水源的论证范围完全重合的,可与论证范围图合并。

二、区域水资源状况及其开发利用

(一)区域概况

有针对性地介绍区域概况,突出区域特点。一般应包括基本情况(自然地理、经济社会、河流水系、气候特征等)、水文及水文地质条件、水利工程、水功能区划和已有规划配置成果等。

(二)水资源状况

根据现有成果概述水资源状况,不同分区或不同水系水资源数量与质量,现状情况及其变化趋势,并针对建设项目的取水水源,突出重点。若取水水源为地表水,介绍时应着重介绍地表水资源状况,地下水资源状况可简化;反之,若取水水源为地下水,应着重介绍地下水资源状况,地表水资源状况可简化。在有条件情况下,应尽可能取用再生水,此时应着重论述区域污水排放量、污水回收量、污水处理能力及再生水可利用情况。

(三)水资源开发利用现状

现状年一般选取与进行水源论证接近的年份,尽量避免特枯或特丰水年。开发利用现状分析内容主要包括供水系统、供水能力、现状供水量和用水量、现状供需平衡和开发利用程度、开发利用潜力。水资源供需平衡分析尽量采用已有最新成果,或重新进行水资源评价,水资源丰沛地区和平原水网地区可适当简化。

(四)区域用水水平分析

一般需分析计算分析范围内的综合用水指标、农业用水指标、工业用水指标和生活用水指标,评价其用水水平和用水效率及其变化情况。对区域用水水平进行不同时期和不同地区的比较,特别是与国内外先进水平、有关部门制定的用水与节水标准的比较。

(五)水资源开发利用存在的问题

现状水资源开发利用中存在的主要问题应有针对性,主要包括水资源的开发利用程度、水资源质量状况与供水安全、现有取水工程的利用率、污水排放和处理回用、主要行业的用水水平与节水,地下水超采以及与地下水开采有关的环境问题等。分析说明现状存在的问题,要定性和定量相结合,加强比较,注意对问题的原因进行剖析[102]。

第三节　建设项目取用水合理性分析

建设项目取用水合理性分析的目的是对业主单位提供的取用水方案给出是否合理的分析结论，为取水审批服务，应从取水和用水两个方面进行分析。建设项目取用水合理性是一个相对的概念，主要应从宏观和微观两个层面分析、比较和评价。

一、建设项目取水合理性分析

从宏观层面分析取水合理性的内容和要求。原则上讲，建设项目取水要体现国家和地方的产业政策，符合水资源规划、配置和管理要求，考虑所在区域水资源条件，符合有关用水管理方面的规定。

（一）从产业政策分析取水合理性

建设项目是否属于国家鼓励发展的项目、产品和技术，或者是否属于国家明令淘汰的、重复建设的项目。对于国家和地方鼓励发展的高新技术、新材料、新工艺、新装备建设项目，在水源和水量安排上要优先给予支持。对于国家和地方明令淘汰的落后生产能力、工艺、产品及低水平重复建设项目，一般不予安排供水水源。

（二）从水资源配置与管理分析取水合理性

建设项目是否符合水资源配置与管理要求应当根据流域、区域统一规划，具体从以下几个方面考虑：

（1）论述建设项目是否符合流域和区域水资源规划和管理要求。

（2）根据所在省、自治区、直辖市目前实际用水情况，与现状实际水量分配相比，论证是否还有用水量余额指标。

（3）根据区域水资源规划，论述建设项目在目前供水工程和生态状况下，建设项目水资源配置的可行性和取水合理性。

二、普通类建设项目用水水平评价

（一）工业建设项目

目前，普通类建设项目中开展水资源论证最多的是工业建设项目，这类项目应按照我国新时期治水方针，力求节水减污，努力提高用水效率。工业建设项目的用水合理性论证首先应分清工业用水的类型和特点，在此基础上对取水、用水、退水进行水平衡（所谓水平衡是指一台设备、一个车间、一个工厂或一个其他用水体系，在其生产中，所用全部水量的收支平衡）分析。对于业主提供的水平衡图要分析检查其中所标数据的准确性，并弄清用水不同环节的来龙去脉，不同子系统间的关系等，检查是否符合国家标准。在水平衡分析的基础上，根据建设项目具体情况选择计算指标，考核工业用水各项评价指标。检查用水指标是否符合现有发展规划、规范、标准以及技术性文件的规定；用水指标在所属区域用水水平中的位置是平均水平还是高水平，抑或是低水平；评价用水指标在行业内是先进的、一般的或是落后的；与国内外同类用水水平进行比较。

(二)农业建设项目

农业建设项目通常是灌区项目,其用水包括农田灌溉用水、农村居民生活用水和牲畜用水等,有的可能有部分工业用水和城市生活用水。农业用水的合理性分析主要是分析论证农业建设项目取水量的合理性,包括灌溉制度选择、渠系利用系数设计的合理性等。

(三)生活建设项目

生活建设项目一般为集中式供水项目,即自来水厂,统一供给居民生活用水、工业用水、公共设施用水及其他用水。在水资源论证中常见的是城市自来水厂项目,其取用水合理性应根据城市的地理位置、水资源状况、城市性质和规模、产业结构、国民经济发展和居民生活水平、工业回用水率等因素确定。

三、建设项目节水潜力分析

建设项目节水潜力分析是针对项目提出的取用水方案而言的。其大小为采用了建议的节水措施后,项目取用水所能减少的取用水量。通过分析建设项目的用水设备、用水工艺、用水流程和可研报告中提出的节水措施,根据对当地水资源条件、经济社会发展状况、科学技术水平、水价等因素的综合分析,参考省内、省外、国外先进用水水平的指标与参数,以及有关部门制定的相关节水标准与用水标准,分析建设项目的节水潜力,根据节水潜力的大小提出相应的技术和管理措施,并相应提出建设项目的建议取水量。不同类型、不同地区、不同行业、不同规模的建设项目节水潜力,要依据具体提出的节水措施建议进行分析。其关键是项目通过节水要达到什么样的用水标准或用水水平,用水标准的选择是分析节水潜力的关键,即采用什么样的用水标准,就相应有什么样的节水措施建议,进而有什么样的节水潜力。

四、特殊类建设项目用水合理性分析

“特殊类”建设项目,按照目前公认的概述:其一,指的是过去取水许可审批中不常见的水土保持建设项目和林业生态建设项目;其二,指的是水电站建设项目。对这类建设项目用水合理性分析,实践较少,有待提高。

第四节 建设项目地表取水水源论证

地表取水水源论证应该在建设项目所在区域水资源状况、开发利用现状以及取用水合理性分析的基础上进行,应遵循水资源的合理配置、高效利用和有效保护的原则,分析现状和规划水平年取水水源不同保证率的来水量、论证范围内的用水量、可供水量以及水资源供需平衡情况,分析评价取水水源的水质,论证取水口设置的合理性以及取水的可靠性和可行性等内容[100]。

一、论证的工作等级及论证范围

(一)工作等级

地表取水水源论证工作等级的划分主要考虑以下几个方面:①建设项目取水规模;

②区域的水资源条件或地表水开发利用程度;③取水水源所在地或取水许可的管理权限;④取水和退水对区域水资源状况以及第三者的影响范围与程度等。具体划分要求如表 14-1 所示。

表 14-1　地表取水水源论证工作等级划分

分类	分类指标	等级		
		一级	二级	三级
地表取水	水资源状况	紧缺	一般	丰沛
	开发利用程度(%)	≥30	5~30	≤5
	农业用水水量(m^3/s)	≥20	3~20	≤3
	工业取水量(万 m^3/d)	≥2.5	1~2.5	≤1
	生活取水量(万 m^3/d)	≥15	5~15	≤5
	灌区(万亩)	大型(≥50)	中型(3~50)	小型(≤3)
	水库、水闸	大型	中型	小型
	水电站(万 kW)	≥30	5~30	≤5

(二)论证工作深度

地表取水水源论证,对不同级别的建设项目应有不同论证工作深度的要求。论证工作深度应综合考虑建设项目的重要性、取用水规模、取水水源地的水资源条件与开发利用程度、取退水对第三者的影响等多方面因素。按照其重要性分为一级、二级和三级,说明论证的工作深度和具体要求。具体技术要求如表 14-2 所示。

(三)论证范围

地表取水水源论证范围的确定,应综合考虑取水水源地来水情况、现有工程和供水情况、水资源开发利用的程度、水文站网、建设项目取水和退水可能影响的范围等因素。应充分考虑水量平衡计算的边界条件、来水量分析的集水范围和资料条件等因素,并易于与现有成果和资料配套,以突出重点、兼顾一般为原则确定论证范围[101]。

对于直接从河道中取水的,以建设项目取水河段水量控制断面至废污水排放影响的水功能区区间作为论证范围。

以蓄水工程作为水源地,一般应考虑蓄水区、来水区和供水区。论证范围应考虑蓄水工程以上流域。论证重点为蓄水工程主要来水控制站至蓄水工程出口控制断面的区间,并应兼顾蓄水工程的用水区和建设项目取水后对其下游和其他取用水户的影响范围。

二、地表取水水源的水量分析

(一)论证区域来水量分析与计算

来水量的分析与计算主要依据实测水文资料,调查收集的用水资料和已有的水资源调查评价与规划等成果。分析与计算时需明确论证范围来水量计算所考虑的来水流域、水量平衡分析的范围和水量控制断面,说明资料来源和采用的系列,按建设项目取水的保证率要求，确定分析时段和取样方法，分现状水平年和规划水平年计算不同保证率的来水量。

表 14-2 地表取水工作深度技术要求

类别	等级		
	一级	二级	三级
现场查勘及资料收集	应进行现场查勘，水文资料系列要求在 30 年以上，并全面分析资料的一致性、代表性和可靠性。用水量资料为 5 ~ 10 年	应进行现场查勘，水文资料系列一般要求在 30 年以上，最低不应少于 15 年，分析论证资料的一致性、代表性和可靠性。用水量资料不应少于 3 年	宜进行现场查勘，收集实测水文资料、已有成果、用水量资料或相似流域（地区）的有关资料
来水量分析	依据实测资料分析计算，确定不同水平年来水量	依据实测资料分析计算，或在已有水资源评价成果基础上，采用简化方法处理，确定不同水平年来水量	依据实测资料或类比法分析计算，或引用已有的成果，确定不同水平年来水量
可供水量计算	应充分考虑现有工程和规划工程条件，对不同的工程条件和需水水平进行多方案调节计算，对于具有多年调节功能的蓄水工程，在典型年调节计算的基础上，应进行多年调节计算。对于保证率要求较高的建设项目，应对连续枯水年进行调节计算	应充分考虑现有工程和规划工程条件，对不同的工程条件和需水水平进行典型年多方案调节计算。有条件时可进行多年调节计算	可供水量的计算要说明计算依据和考虑的工程条件，宜进行典型年调节计算
供水可靠性分析	应进行供水可靠性分析，要求对各种影响可供水量的因素进行全面评估，并进行风险分析，定量给出规划水平年不同保证率可供水量的可靠程度	应进行供水可靠性分析，要求对各种影响可供水量的因素进行评估，适当考虑供水风险，定量或定性给出规划水平年可供水量的可靠程度	论述供水可靠性，定性给出规划水平年可供水量的可靠程度

（二）论证区域用水量分析与计算

论证区域的用水量包括现状用水量和规划用水量。现状用水量主要通过调查和收集的资料估算，规划用水量需要根据经济社会发展指标和统计分析的用水指标进行预测。规划用水量主要指的是论证区域规划水平年的需水量预测，因为论证区域规划水平年用水量的增加，势必影响建设项目取用水的可靠性。通常，当有论证区域规划水平年需水预测成果时，可直接引用；如没有，则需要进行单独预测，详见第十一章介绍。

（三）论证区域可供水量分析与计算

可供水量是指不同水平年不同来水情况下，通过各项工程设施，在合理开发利用的前提下,能满足一定的水质要求,可供各部门使用的水量。可供水量强调的是不同水平年和不同来水保证率下,可提供满足一定水质要求的供水量。可供水量是在需水量预测和工程规划的基础上,将工程设计供水能力与来水、用水过程相结合,通过水量调节计算而确定的供水量,既不是工程的最大供水量,也有别于已经发生的实际供水量。地表水资源的可供水量是指在经济合理,技术可行,同时满足生态环境需水和必要的河道内用水需求的前提下,通过调节控制措施可供河道外一次性利用的最大水量。

三、地表取水水源的水质分析

地表取水水源的水质分析,主要是指污染源和水质方面的调查与分析。污染源调查重点是入河排污口的基本情况、实测或调查的污废水量、主要污染物的来源与浓度、历年的变化情况等;水质的调查包括监测断面、取样频率、监测项目、监测机构及历年的监测值和评价结果等。另外,还需收集论证范围内河流的水功能区划、水质保护目标、水污染治理工程、水污染事故和水污染纠纷等方面的调查与分析成果。地表取水水源的水质评价基准年一般与水资源量分析的现状水平年一致。

四、取水口位置的合理性分析

(一)取水口位置的合理性分析需考虑的因素

建设项目水资源论证对取水口的合理性进行分析,分析的依据是业主方提出的取水工程布置方案与取水口的位置。因此,进行合理性分析时需要考虑的主要因素包括取水河段的水功能区划、取水工程自身的安全性(河床稳定性的影响)、取水口附近现有工程的安全性(仅定性描述)、取水水量和水质的安全性等。分析时,主要从河床稳定性、取水口的高程以及与现有取水口和入河排污口的关系等方面进行。对于取水工程对现有工程的安全影响必须分别论证,不属于水资源论证的范畴,如对防洪的影响,需要做防洪影响分析报告;对航运或桥梁的影响,交通部门有专门的规定;对现有城镇民用或工业建筑物的影响、城建及有关部门也都有规定。就水资源论证而言,主要从水源的角度对取水口合理性进行分析论证。当然,需要简要说明取水工程布置及取水口位置的安排是否符合防洪规划的要求。

(二)取水口位置的合理性分析内容与要求

分析内容主要包括取水口河段河床的稳定性分析,新建取水口与现有取水口、排污口的关系以及取水口与所在河段水功能区划的功能及水质目标的关系等。

对于河床稳定性分析,应在建设项目业主方提供的有关资料的基础上进行,分析方法详见《水利水电工程水文计算规范》(SD J214—83)。

为满足取水水量的要求,在设计保证率条件下取水口(或取水头部)应保证有一定的水深,根据取水量及取水口结构设计的要求确定,还应考虑取水口底部距河床的距离。

为满足取水水质要求,应对取水口上游河段的入河排污口的位置、排污量和主要污染物等进行分析说明,取水口布设时应避开污染带。

(三)应注意的问题

需注意的是水资源论证对取水口的合理性分析只是从水量、水质和河床稳定性以及对其他用户的影响方面进行的，不要对超出范围的合理性下结论，如对防洪的影响。若取水口布设不合理，需改变取水口位置或另辟水源地的，应说明原因和提出建议。如果业主方按建议位置重新提出取水口布置方案，可以做进一步分析。如果经分析后，新设取水口在某些情况会因水质恶化不能满足建设项目用水要求，或对其他用水户有影响的，应说明补救措施，并得出有条件的结论。

五、建设项目取水的可靠性和可行性分析

通过对地表水水源地现状和规划水平年不同保证率的来水量、用水量和水质的分析论证和评价，按照建设项目取水量的要求进行调节计算，已经得出可供建设项目的用水量和保证程度，直接给出取水可靠性的结论即可。一般情况下，尤其是对于水资源丰沛地区或建设项目取水量占论证区域可供水量的比例不大的情况更是如此。但对于水资源相对缺乏、现状水资源开发利用程度较高或水源地比较敏感甚至有矛盾的地区，考虑到水文要素的不确定性，尤其是来水量和用水量预测与估算中存在不确定性因素，这时需要在上述工作的基础上，对可供水量作进一步的风险分析，即考虑来水量的增减、用水量的增减以及两者的各种有利与不利组合等多种方案进行分析，得出各种组合方案的供水保证率或不同保证率条件下可供水量的抗风险能力，经综合分析与比较后给出取水可靠性的结论。

取水可行性分析是指在取水可靠性分析的基础上，结合建设项目取水对区域水资源状况和其他用户的影响分析、建设项目用水合理性分析以及取水口合理性分析结论，给出建设项目取水是否可行的结论。

第五节 建设项目地下取水水源论证

地下取水水源论证是在建设项目区用水合理性分析的基础上进行的，通过合理确定建设项目地下水取水水源论证工作等级及分析范围，分析以下内容：①区域水文地质条件；②地下水开发利用现状；③对论证范围内地下水数量与质量进行计算和评价；④计算确定地下水的开采量；⑤分析取水水源的可靠性，取水对周边水资源状况和环境的影响；⑥取水井布设的合理性及可能受到的影响[101]。

一、论证的工作等级及论证范围

(一)工作等级

地下取水水源论证工作等级的划分主要考虑以下几个方面：①建设项目取用地下水的水量和水质要求；②水文地质条件的复杂程度；③区域的水资源条件和地下水开发利用程度。具体划分要求如表 14-3 所示。

(二)论证工作深度

地下取水水源论证，对不同级别的建设项目应有不同论证工作深度的要求。论证工作深度应综合考虑建设项目的重要性、取用水规模、取水水源地的水资源条件与开发利用程度、取退水对第三者的影响等多方面因素。据初步经验，按照其重要性拟分为一级（很重要）、二级（重要）和三级（一般）说明论证的工作深度和具体要求，供学习时参考[100]。

具体技术要求如表 14-4 所示。

表 14-3　地下取水水源论证工作等级划分[101]

分类	分类指标	等级		
		一级	二级	三级
地下取水	工业取水(万 m^3/d)	≥1	0.3～1	≤0.3
	生活取水(万 m^3/d)	≥5	1～5	≤1
	地质条件	复杂	中等	简单
	开发利用程度(%)	≥70 (或超采区)	50～70 (或平衡区)	≤50 (或有潜力区)

表 14-4　地下取水水源论证工作深度技术要求[101]

类别	等级		
	一级	二级	三级
水文地质条件分析	查明含水层特征,地下水的补给、径流、排泄等情况	基本查明含水层特征,地下水的补给、径流、排泄等情况	概略分析含水层特征,地下水的补给、径流、排泄等情况
水文地质参数	通过现场勘探和实验确定,满足建立地下水资源评价模型要求	通过室内实验和现场简易实验确定	通过现场简易实验,或利用类比资料、经验资料确定,并以经验值为主
地下水资源评价	详细评价	初步评价	初步估算
开采建议	可开采量开采方案建议	水源地方案比较	开采建议

(三)论证范围

地下水水资源论证范围的确定,应以满足区域水资源合理配置、用水户对水量和水质的要求,并便于查明水文地质边界条件为原则。确定的步骤是:①根据水文地质条件、取水量和分析范围内地下水资源调查评价的成果等实际要求,确定地下水取水水源地开发利用的目标含水层组;②确定选定的开发利用目标含水层组的空间分布规律;③根据建设项目所在地区的实际情况来初步确定地下取水水源论证的范围。

确定的方法:①一般地区。论证范围一般应达到较为完整和独立的水文地质单元,至少包括建设项目可能影响的范围。②开采地区。在已经开采的地区,为了掌握地下水条件改变引起的地下水系统的变化,一般应包含地下水水位降落漏斗。

二、地下取水水源的水量分析

地下取水水源论证中主要工作就是确定水源地的可开采量。地下水可开采量的分析计算主要包括浅层地下水、深层地下水、裂隙水和岩溶水的计算。常用方法有水量均衡法、数值法和概率统计分析法。水量均衡法是全面研究一定地区在一定时间内浅层地下水的补给量、存储量和排泄量之间的数量转化关系的平衡计算。对一个均衡区来说,在补给和消耗的不平衡发展过程中,任一时间段内的补给量和排泄量之差,等于这个系统中水体积的变化量。应用水量均衡法的步骤是:①划分均衡区,确定均衡期,建立均衡方程;②测定每个均衡区的各项均衡要素值;③计算评价。数值法主要是有限差分法、有限单元法和边界元法。数值法建立在数学模型基础上,运用模型进行水量和水质评价。对于概率统计分析法用的最多的是回归分析法,应特别注意的是必须找出最主要的影响地下水动态的因素。

三、地下水水质分析

各种不同目的用水水质标准是地下水水质分析评价的准则,这些标准是在生产实践中不断地总结、修改和完善的,所以在进行水质评价时应当以最新的标准为依据。主要评价标准有《生活饮用水卫生标准》(GB 5749—85),《地热资源地质勘查规范》(GB 11615—89),《天然矿泉水》(GB 8537—1995)等[100]。

四、机井位置的合理性分析

对一级论证的建设项目应进行地下水取水井布设的合理性分析。取水井布设的合理性主要包括取水井平面或剖面上的布置形式和井间距离与井数等内容,并得出有条件的结论。

五、建设项目取水的可靠性和可行性分析

通过对地下水水源现状和规划水平年可开采量和水质的分析论证和评价,按照建设项目取水量的要求,得出可供建设项目的用水量和保证程度。在水资源丰沛地区,如果地下水可开采量大于建设项目的需水量,可直接得出水源地可开采量、水质能满足建设项目要求的结论。但对于水资源紧缺、地下水开采强度大的地区,如果资源量计算结果表明该区域已达到采补平衡或超采,就需要从区域水资源合理配置角度,通过取水许可量的调整分配,分析建设项目取水的可行性,同时进一步分析建设项目需水量。论证其节水可行性,以降低需水量指标。如果水质评价结果不完全满足建设项目对水质的需求,但在现行技术、经济合理的条件下,水质通过处理可以达标,在论证报告中要提出采用技术处理措施方案的建议。

第六节　取水和退水影响论证

建设项目取、退水产生的影响与措施控制，是建设项目水资源论证的重要内容。取、退水影响论证是在前述取用水合理性论证基础上进行的。取、退水影响论证重点部分是通过分析取水和退水对水资源特性、条件和分布状况的影响，论证产生的水功能降低、水生态失衡和对第三方取用水的损害问题。论证中，要注意遵循以下工作原则：①取水和退水影响论证工作，应遵循国家资源管理和经济社会建设的基本原则，要体现人与自然和谐相处，体现资源合理配置和促进经济社会的协调发展；②取水和退水影响论证工作，应遵循国家资源管理和经济社会建设的基本原则，体现以人为本，促进水权的科学调控，体现资源、环境和经济发展的统一。

一、论证的工作等级及论证范围

（一）工作等级

建设项目取、退水论证工作等级划分为三级，主要考虑以下几个方面：①建设项目取水和退水的规模与特点；②建设项目所在区域的水资源条件、状况、取水和退水水域规模；③地下水及地表水功能的管理和保护要求；④论证范围内水资源和水生态问题的敏感程度；⑤与其他取用水户的关系；⑥退水主要污染影响因素等。具体划分要求如表 14-5 所示。

（二）论证工作深度

建设项目取、退水论证，对不同级别的建设项目应有不同论证工作深度的要求。论证工作深度应综合考虑建设项目取、退水行为的复杂性，取、退水影响范围，水功能区的水体功能要求以及区域水生态敏感度。据初步经验，按照其重要性拟分为一级（很重要）、二级（重要）和三级（一般）来说明论证的工作深度和具体要求，供工作时参考。具体技术要求如表 14-6 所示。

（三）论证范围

取、退水影响论证范围应在充分考虑现状调查范围的基础上，根据相应论证等级所要开展的工作内容界定，范围大小一般因建设项目取、退水影响程度的不同而有区别。取、退水影响因素越复杂、影响范围和程度越大，则需开展的论证工作范围也越大。在范围界定时，要注意以下两点：①在一般情况下，取、退水影响论证的预测范围不应小于现状调查范围。若取、退水的影响超出现状调查范围，原则上要求将所有的影响区均纳入影响论证范围。②取、退水所在水功能区是影响论证的主要工作区间，如在开展地表水三级论证时，其影响论证的预测和评价范围一般控制在项目取、退水所在的二级水功能区内。但如果取、退水周边区域水功能保护目标较高，区域水生态系统敏感，影响区域有重要水生生物生境存在，以及取、退水行为可能对所相邻的水功能区产生明显影响时，根据工作分级要求应实施一级或二级论证，相应的影响论证范围应扩展至受到影响的下游若干个水功能区（特殊水域如感潮河段、湖泊等水域应视情况，论证范围可扩展至上游水功能区）[102]。

表 14-5　取水和退水论证工作等级划分[101]

分类	分类指标	等级		
		一级	二级	三级
取水和退水影响	水资源利用	对流域或区域水资源利用产生影响	对第三者取用水影响显著	对第三者取用水影响轻微
	生态	1. 现状生态问题敏感 2. 取水对水文情势和生态水量产生明显影响 3. 退水有水温或水体富营养化影响问题	1. 现状生态问题较为敏感 2. 取水可能对水文情势和生态水量产生一般影响 3. 退水有潜在水体富营养化影响	1. 现状无敏感生态问题 2. 取水和退水对生态影响轻微
	水域管理要求	1. 涉及保护区、保留区、省际缓冲区及饮用水水源区等区域 2. 涉及两个以上水功能二级区	1. 涉及过渡区、省级以下多个行政区的水功能区等区域 2. 涉及两个水功能二级区	涉及单个水功能二级区
	退水污染类型	含有毒有机物、重金属或多种化学污染物	含有多种可降解化学污染物	含有少量可降解的污染物
	退水量(缺水地区)(m^3/s)	≥0.1	0.05～0.1	≤0.05

二、取退水对地表水体功能的影响

(一)地表水取水影响论证

地表水取水影响论证主要分析建设项目通过地表取水方式获取水源后,改变区域或流域水资源总量及时空分布,影响论证区域水量、水位及流速等水资源特性和状况,从而产生的水功能、水生态和其他第三方影响问题。开展建设项目地表取水论证时,应考虑论证范围内已建或已批规划建设取水项目的叠加和累积影响问题。

建设项目地表取水影响论证主要考虑如下方面:①考虑对水量时空分布与水文情势的影响;②考虑对水域纳污能力的影响;③考虑对水能资源的影响;④考虑对特定第三者的影响;⑤考虑对水域及生态系统的影响;⑥考虑对沿岸陆域生态系统的影响;⑦考虑对土壤盐渍化的影响。

表 14-6　取水和退水论证工作深度技术要求[101]

类别		等级		
		一级	二级	三级
取水影响	地表水	1. 应详细分析水量过程、分布和配置的时空变化，全面调查和分析对河流生态基流的影响； 2. 应定量分析对水域纳污能力的影响； 3. 应论证水资源特性改变对重要湿地和敏感水生物生境的影响	1. 应分析水量分布和配置的时空变化影响，分析对河流生态基流的影响； 2. 应定量分析对水域纳污能力的影响； 3. 应对取水产生的一般性水生态影响进行分析	1. 分析说明对河流生态基流的影响； 2. 分析说明对水域纳污能力的影响
	地下水	应分析地下水位下降、漏斗范围扩展情况，以及对区域地下水利用条件和生态环境的影响	应分析区域地下水水位下降及由此产生的地表污染物迁移条件改变	一般可不开展论证分析工作
退水影响		1. 应论证和定量分析对退水口所在水域和相邻水功能一级与二级区的水利用功能、水域纳污能力、水质、水温和水生态的影响； 2. 应对影响水功能区内的水源地和其他利益相关者水资源利用权益情况进行分析； 3. 应论证水资源特性改变对水体富营养化、重要湿地和其他保护性生境，以及农业生态的影响； 4. 应论证可能对地下水质量的影响； 5. 论证项目入河排污口（退水口）设置的可行性	1. 应论证对退水口所在水功能一级与二级区使用功能、水域纳污能力、水质、水温和水生态等方面的影响； 2. 应分析对相关水域水源地和第三者取用水户水资源利用权益的影响； 3. 应分析水资源特性改变可能产生的生态影响； 4. 应对可能产生的地下水质量影响进行分析； 5. 论证项目入河排污口（退水口）设置的可行性	1. 分析说明对退水口所在二级水功能区的影响； 2. 分析说明退水对影响水功能区内水源地和其他利益相关者水资源利用权益的影响； 3. 分析项目退水对生态的影响； 4. 论证项目入河排污口（退水口）设置的可行性
水资源保护措施与影响补偿建议		1. 应提出建设项目进一步采取的节水减污综合控制措施和污水资源化的对策方案，以及进一步改善相关区域水资源条件的建议； 2. 应对取水和退水造成第三者用水权益的损失进行计算，并提出具体的工程补偿或经济补偿方案建议	1. 应提出建设项目采取的节水减污综合控制措施和污水资源化的对策方案，提出改善相关区域水资源条件的建议； 2. 应对取水和退水造成第三者用水权益的损失进行分析，提出具体的工程补偿或经济补偿方案建议	1. 应分析提出建设项目采取的节水减污控制措施和污水资源化的对策方案，提出改善相关区域水资源条件的建议； 2. 分析取水和退水造成第三者用水权益的损失，并提出补偿方案建议

(二)地表水退水影响论证

建设项目地表水退水主要分为三类:城市综合退水、工业项目退水和农业项目退水。退水的影响,主要是退水所含有害物质对纳污水域水功能和水生态的影响问题。在论证中应正确解读建设项目水污染物达标排放、排污总量、水域限制排污总量和环境总量控制的概念,建设项目退水必须满足水功能区管理的要求,新设置的入河排污口应符合有关规定。我国水功能区划分采用两级体系,即一级区划和二级区划。其中,一级功能区分为保护区、保留区、缓冲区和开发利用区,二级功能区是在开发利用区内按用水功能进一步具体化,分为饮用水水源区、工业用水区、农业用水区、渔业用水区、景观娱乐用水区、过渡区、排污控制区。根据区划原则,保护区内禁止与水资源保护无关的开发活动及人为污染,原则上禁止建设项目的取、退水行为;保留区水质和纳污水平原则上应维持现状不遭破坏;缓冲区作为边界和功能缓冲区域,应保证相衔接水域水功能目标的实现。

水资源论证工作必须针对建设项目的取、退水行为,预测和评价项目建设对水功能区水质和纳污能力的影响。

三、取退水对地下水体功能的影响

(一)地下水取水影响论证

地下取水在一定范围内可能造成水位降低的情况,因取水论证范围水文地质情况的差异,又可能在特定区域产生继发性环境影响问题。原则上地下取水若发生环境地质的明显影响时,应评判为该取水项目建设不可行,在地下取水水源论证中即予以否认。一般单个地下取水项目的影响是局部和较小的,在论证时要注意论证项目与区域已建或已批规划建设地下取水项目的叠加影响问题,并在论证中予以分层次阐述。

建设项目地下取水影响论证主要考虑:①影响区域地下水位;②影响地下水水质;③对生态与地质灾害影响。在地下取水影响论证中,应分析的首要问题是取水对地下水位的影响。论证工作需评述开采地下水、矿区开发、大型建筑基坑排水对区域地下水的影响程度和范围,并论证地下水开采对其他已有取用水户的影响。地下取水可能产生区域水位下降情况并出现漏斗现象,激发周边地表和地下水对漏斗区的补给,若补给水体存在污染问题,则可能对取水水源区的地下水构成污染影响。在涉及该类型的论证中应考虑开发地下水后可能产生的补给污染影响问题,要在分析地表水和地下水水力联系的基础上,根据取水对地下水位影响的程度和范围,预测论证建设项目开采地下水后,区域地下水可能受污染地表水的影响[100]。

(二)地下水退水影响论证

建设项目地下水退水影响论证主要包括对地下水位的影响和对地下水水质的影响。建设项目对地下水位的改变,可能引起土壤盐渍化现象发生,在水资源论证工作中要针对性地进行评价。建设项目退水中污染物质影响途径分为间歇入渗型、连续入渗型、越流型和径流型等,有些情况下,地下水污染途径可能是复合型的。分析地下水退水影响主要依靠水质模型,通过模型分析为水资源论证提供依据。

四、水资源保护措施

建设项目取水和退水产生显著影响问题时,应根据水资源开发、利用和保护要求,以项目建设预防、控制和影响减量化为原则，确定业主应采取的工程和非工程预防与补救措施，消除或减缓项目取水和退水所产生的不利影响。要注意论证报告所提出的水资源保护措施内容应有针对性，并具备技术上合理、经济上可行，便于操作、实施并能够有效落实。

（一）工程措施

（1）实施节水减污工艺；

（2）项目取水和退水计量装置建设；

（3）明确项目应落实的节水减污监控手段；

（4）节水减污投资估算；

（5）建立生态水量工程保障体系；

（6）水功能和水生态的修复与重建工程。

（二）非工程措施

（1）建立健全建设项目水务管理体制；

（2）建设项目事故或非正常工况入河的监控预案；

（3）提出取水和退水方案的监督管理要求；

（4）提出项目退水控制的管理方案建议；

（5）制定必要的水质监控计划；

（6）提出保护地下水的措施。

五、影响的补偿

补偿的目标是引导建设项目对水资源进行合理利用，控制不合理的需求和消费，促进水资源的优化配置和可持续利用。建设项目取、退水造成了负面影响应采取补救措施和给予经济补偿。采取补救措施和给予经济补偿主要是为了协调影响双方利益，在补偿中应以有利于水资源的优化配置为目的，论证提出必要的工程或经济补偿措施。在实际工作中，有些负面影响是难以量化和用经济进行补偿的，且有些影响是当前还难以评估的。一般来讲，工程补偿易量化，但经济社会补偿的量化较为困难。

第七节　特殊水源水资源论证与混合水源水资源论证

一、特殊水源水资源论证

（一）论证总体要求

本节所指特殊水源是污水处理厂处理后的中水。特殊水源水资源论证即是中水水源论证。污水处理再生利用是指建设项目利用污水处理厂处理后的水作为取水水源。中水水源论证应在已通过审查或批准的污水处理厂规划、可行性研究、初步设计报告和收集的实际运行有关资料的基础上进行。论证的内容包括污水再生利用系统可供建设项目利用的水量及其可靠性、水质及其稳定性。污水再生利用的水量一般为污水处理厂实际处理水量的50%～70%，最大不应超过80%[100]。

对于水源为已建污水处理厂，在收集工程运行有关资料的基础上，分析污水处理厂的实际处理能力、污水收集系统和可收集的污废水量、处理后的水量、出水水质、中水利用的已有用户和可供建设项目利用的水量及其可靠性、水质评价等。根据这些实际资料，计算可供建设项目利用的中水水量与保证率。

对于水源为规划建设污水处理厂，水源论证应以污水处理厂批准的最新成果为主要依据，论证时应阐述污水处理厂的建设地点、规模、污水收集系统、可收集的污废水量、污水处理方案和出水水质等。重点论证规划污水处理厂可供建设项目利用的中水水量和保证率以及水质[100]。

中水水源论证主要是分析说明能够为建设项目提供的中水水量和保证程度、中水的水质与稳定情况。以污水处理厂的中水作为取水水源论证，不同于污水处理厂自身的规划或论证，即对污水处理厂的规模与建设方案不必进行分析或论证。主要根据污水处理厂的有关资料来分析说明能够为建设项目提供的中水水量和保证情况，不必对污水处理厂的污水处理工艺或中水的再处理方案进行论证。只有当污水处理厂规划所采用的资料较陈旧、污水收集范围内的城市发展或用水量发生较大变化时，应根据现状条件和补充收集的资料对原规划的处理规模进行复核，论证可利用的中水水量。

(二)中水水量分析

中水水量分析主要包括工业废水水量和生活废水水量的计算。污水量计算方法有定额法、污水量增长率推算法、比流量法和根据城市用水量推算法。目前，多采用城市用水量推算法，即污水量 = 用水量 × 折污系数 × 污水收集系数。

(三)中水水质分析

污水处理厂出水水质设计值应根据回用水的用途，并结合国家污水回用工程有关标准、规定和规程综合确定。当回用水同时用于多种用途时，其水质标准应按最高要求确定。对于向服务区域内多用户供水的城市再生水厂，可按用水量最大的用户的水质标准确定。个别水质要求更高的用户，可自行补充处理，直至达到该水质标准。

(四)中水水源可靠性和可行性分析

中水作为水源首先取决于城市逐日逐时用水量；其次，用水量要转化为废污水排放量和“二级”污水处理进水量；再次，污水厂进水量要通过其出水量转化为深度处理厂进水量；最后，深度处理厂出水量要满足建设项目的逐日逐时供水要求。以上每个环节都存在水量保证问题，既要有总量保证，又要有逐时保证，同时也要求水质有保证。

二、混合水源水资源论证

本节所讨论的混合水源是指建设项目采用一种水源不能满足用水需求，必须取用地下水、地表水、中水等两种或两种以上水源的取水方式。采用混合取水水源的，应在各单一水源分别论证的基础上，按照社会、经济和环境三方面效益总体最优的原则，进行多方案比较，确定各种水源的取水比例，提出合理的取水方案。

混合水源论证的基本原则是最先考虑利用地表水，充分利用中水，少用浅层地下水，严格控制深层地下水。

第八节　建设项目水资源论证工作大纲及报告书编写

按照建设项目水资源论证程序,编制论证工作大纲和编写论证报告书是建设项目水资源论证工作的首尾重要环节。论证工作大纲要求把涉及论证的工作范围、深度、思路、原则、内容、重点、进度、经费以及提交成果等事项确定下来,其编制好坏直接影响整个水资源论证工作的质量。论证报告书是资质单位向委托论证的建设项目业主提交的最后成果,论证报告书将由业主提交给具有审批权限的水行政主管部门或流域管理机构组织有关专家进行审查。因此,编制好论证工作大纲和编写好论证报告书,保证它们的质量,提高它们的质量水平,值得参与论证的技术人员深入研究和高度重视[100]。

一、建设项目水资源论证工作大纲的编制

(一)水资源论证工作大纲的编制

工作大纲应包括以下几个方面内容:

(1)项目的来源。说明项目由谁委托以及委托的项目名称。

(2)建设项目概况。说明建设项目的性质和任务,建设项目的地点、规模、取水、用水及退水情况等。

(3)工作思路。说明工作原则、依据和需要采取的技术路线。

(4)主要工作内容。包括确定水资源论证的工作范围、深度以及工作的重点;建设项目所在流域或区域水资源开发利用现状;建设项目用水量合理性分析;建设项目取水水源论证,对取地表水或地下水有不同的要求;建设项目退水情况及其对水环境影响分析;建设项目开发利用水资源对水资源状况及其他取水户的影响;水资源保护措施;影响其他用水权益的补偿方案等。

(5)资料、分析方法及周边限制要求。资料调查与收集包括水文、用水和水质等方面资料以及对资料选取的要求。计算方法包括现状用水的调查统计方法,现状水质评价方法,实测水文资料的还原方法,水资源评价方法,需水预测的方法等;边界限制条件包括分水方案或协议对供水的限制,取水和排水区所处的水功能区及其对水质的要求,可利用水资源量对供水的限制,节水标准对用水定额的限制等。

(6)论证进度安排。按照建设项目前期整体工作推进和立项的时间要求,安排建设项目水资源论证的工作进度,分阶段安排不同阶段的工作任务和需要提交的成果。

(7)论证工作人员。包括项目负责人、主要论证技术人员等。

(8)论证经费。取水工程水资源论证经费一般包括初步查勘、资料收集、测试分析、委托专题费;水资源论证报告书编写及印刷费;水资源论证工作大纲、专题报告、报告书等审查费和其他不可预见费等。

(二)水资源论证工作计划的制定

为使论证工作保质按期完成,在工作大纲审查通过后,论证单位要认真制定论证工作计划,内容包括工作进度,各阶段工作重点和要求、具体分工,采用的技术标准和方法,拟使用的设备等,计划完成日期与合同规定的完成日期应保持一致。论证工作计划应送建

设项目业主单位备案以便接受监督和管理。

二、建设项目水资源论证工作大纲编写范例

(一)总论

1　项目的提出

2　工程建设的必要性

其主要内容包括:(1)企业自身发展的需要;(2)市场发展趋势的要求;(3)发展当地经济的需要;(4)环境保护的需要;(5)项目建设符合我国国情。

3　编制目的

4　编制依据

其主要内容包括:(1)法律法规;(2)规程规范;(3)采用标准;(4)参考资料。

5　建设项目取水方案

6　论证等级、论证范围与水平年

7　委托单位与承担单位

(二)建设项目基本情况

1　建设项目名称、项目性质

2　项目建设地点、规模、期限及建设内容

3　投资规模及资金构成

4　建设项目取水方案

5　建设项目废污水排放方案

(三)建设项目所在区域水资源开发利用现状分析

1　区域概况

其主要内容包括:(1)地理位置及地形地貌;(2)河流水系;(3)气象水文;(4)经济社会状况;(5)区域水利工程概况。

2　区域水资源现状

3　区域水资源开发利用现状

其主要内容包括:(1)生产、生活用水量;(2)主要用水指标。

4　水资源开发利用中存在的问题及研究对策

其主要内容包括:(1)存在的问题;(2)研究对策。

(四)建设项目用水量合理性分析

1　生产规模、主要产品及生产工艺

2　用水过程和用水量

3　用水合理性分析

4　建设项目退水情况

其主要内容包括:(1)项目排水系统;(2)项目排水量;(3)项目污水处理系统。

5　建设项目水量平衡分析

6　节水措施与节水潜力分析

(五)建设项目取水水源论证

1　论证原则

2　地表水水源论证

其主要内容包括:(1)降水量;(2)自产水量;(3)入境水量。

3　地下水水源论证

其主要内容包括:(1)水文地质;(2)地下水资源量;(3)地下水水质分析;(4)地下水水源可行性分析。

4　中水水源论证

其主要内容包括:(1)用、排水现状;(2)中水水量预测;(3)水质分析;(4)中水水源可行性分析。

(六)水资源保护措施

1　工程措施

2　非工程措施

(七)建设项目取水和退水影响补偿建议

(八)结论

1　建设项目特点及意义

2　建设项目用水的合理性

3　取水的合理性及可靠性

4　取退水对周围水环境的影响

三、建设项目水资源论证报告书的编写

报告书是论证单位向业主单位提交的最终成果,是业主单位提请水行政主管部门组织审查的对象,是申请取水许可和立项的技术依据。

报告书编写应满足以下基本要求:①满足《建设项目水资源论证管理办法》和导则的要求;②内容全面、思路清晰、重点突出;③依据的资料翔实,采用的数据可靠;④技术路线可行、分析方法正确;⑤结论明确、附件齐全;⑥规范审核、严格把关。

思考题

14-1　建设项目水资源论证包括哪些论证项目?

14-2　取水、退水论证中应分析论证哪些项目?

14-3　建设项目水资源论证报告书的编写包括哪些内容?应注意哪些问题?

第十五章　课程设计指导

《水资源利用与管理》课程设计是在完成课程理论教学后，进行的综合应用该课程基本知识和技能的一个教学环节，通过课程设计培养学生解决实际问题的能力和对所学基本知识的综合应用能力。它对学生提出了高于基本理论知识的掌握要求。因此，学生应该在基础知识掌握的基础上，根据课程设计指导书，在指导教师的指导和帮助下，进行一次较为完整的解决实际问题的训练。

第一节　课程设计的目的、任务及要求

一、课程设计的目的和作用

课程设计是课程教学的重要环节，是对课程理论教学的一次全面总结和巩固，也是课程实践教学的重要环节。它是学生在教师指导下运用所学到的课程知识和技能，解决具体问题的一次尝试，其主要目的如下：

(1)巩固、联系、充实、加深、扩大所学的课程知识；

(2)提高综合应用所学多方面知识解决实际问题的能力；

(3)敢于创新，并能正确地将独创精神与科学态度相结合；

(4)初步掌握设计工作的流程和方法；

(5)熟练运用计算机等现代工具，提高工作效率；

(6)养成严肃认真、刻苦钻研、实事求是的工作作风。

课程设计对于学生是一个很重要的实践过程，它的作用主要体现在以下 3 个方面：

(1)可以提高学生多方面的能力，包括综合应用所学知识的能力、发现和解决问题的能力、资料查阅能力、计算机应用能力、报告撰写能力、协调合作能力等。强调综合应用所学知识能力的锻炼与培养。一个好的课程设计题目，通常需要综合应用本门课程内容，有时甚至需要用到相关课程的知识。

(2)可以加强师生间交流，发现教学上的不足，尽量缩小教与学之间的不同步差异。

(3)可以发掘学生中的优秀人才，并发现一些有价值的研究成果。

《水资源利用与管理》是水利工程相关专业系统学习水资源利用与管理基本知识的一门重要课程。为了进一步加强对所学内容的理解和应用，特设置该课程设计。其目的在于，通过本次课程设计，使学生进一步掌握水资源利用与管理的基本理论和基本知识，培养学生实际分析问题与解决问题的能力。具体就是掌握水资源评价、水资源开发利用途径及工程、节约用水、水资源合理配置与规划、水资源保护、水资源管理、建设项目水资源论证等内容。

二、课程设计的任务和要求

根据指导教师指定的课程设计题目和所提供的课程设计基本资料，参加课程设计的学生要在综合分析所学理论知识和查阅大量文献的基础上，按时完成如下任务：①撰写课程设计报告；②绘制相关图件。

为了保障课程设计的顺利进行，课程设计过程中应作如下要求：

（1）认真阅读课程设计的任务及要求，分析提供的课程设计基本资料，选择合适的理论方法，准确计算、科学设计，并最终撰写课程设计报告，绘制相关图件。

（2）在课程设计过程中，对待疑难问题，一方面可以向指导教师请教，一方面可以查阅相关文献，提高自己解决问题的能力，另外，同学们之间也可以相互讨论。总之，对待疑难问题要多方面寻求解决的途径，并最终能够设法解决。

（3）要求学生认真对待课程设计。课程设计在一定程度上是实际工作的演练。因此，要求学生工作态度要细致认真，工作作风要踏实努力，工作方法要科学严谨，从而真正达到课程设计的目的。

第二节　课程设计内容及重点

根据本课程的主要内容，在课程设计中可以涉及以下几方面内容。

一、水资源形成过程认识与水量平衡计算

该主要内容包括自然界的水循环与水资源形成过程认识、水量平衡计算、水资源量组成及计算。

重点掌握水资源形成过程认识与水资源量计算。

二、水资源评价

水资源评价主要内容包括降水量计算、地表水资源量评价、地下水资源量评价、水资源总量计算、水资源质量评价、水资源可利用量计算、水资源开发利用及其影响评价。

重点掌握水资源量评价方法、水资源质量评价方法。

三、水资源开发利用工程设计

水资源开发利用工程设计主要内容包括水源地的选择，取水构筑物的选择及工程布局，输水工程的选择及布局。

重点掌握取水构筑物和输水工程的选择与布局。

四、用水量计算

用水量计算主要内容包括生活用水量、工业用水量、农业用水量以及生态用水量的计算，节约用水途径和规划。

重点掌握用水量的计算方法和节水规划报告编写。

五、水资源合理配置与规划

水资源合理配置与规划主要内容包括水资源规划的工作流程与主要内容、水资源规划指导思想、规划成果要求、水资源需求分析及预测、水资源供需平衡分析、水资源合理配置的概念及模型、水资源规划方案的比选与制定、水资源规划报告编写。

重点掌握水资源配置模型、水资源规划对策制定方法以及水资源规划报告编写。

六、水资源保护

水资源保护主要内容包括水污染特征分析，水功能区划分，污染源调查和预测，水环境容量计算与分配，水资源保护的内容、步骤及措施，地表水和地下水资源保护规划。

重点掌握水环境容量计算与分配，水资源保护规划报告编写。

七、水资源管理

水资源管理主要内容包括水资源管理的工作流程，水资源管理目标及内容，水资源管理的组织体系、法规体系，经济措施、技术措施等的制定，水资源管理信息系统。

重点掌握水资源管理措施的制定。

八、建设项目水资源论证

建设项目水资源论证主要内容包括建设项目取水合理性分析、水源论证、影响论证、建设项目水资源论证工作大纲及报告书编写。

重点掌握建设项目水资源论证工作大纲及报告书编写。

第三节　课程设计案例

一、课程设计案例1——水资源规划

（一）课程设计目的

（1）掌握水资源规划编制过程中涉及到的基本理论和基本方法。

（2）熟悉水资源规划报告编写内容及要求，并在教师指导下学习编写水资源规划报告。

（二）水资源规划工作内容

在完成了水资源规划所要求的分析计算工作之后，需要提交一份《水资源规划报告书》及其附图、附表，作为水资源规划工作的最终成果。

水资源规划编制应根据国民经济和社会发展总体部署，遵循自然和经济发展规律，确定水资源可持续利用的目标、方向、任务、重点、步骤、对策和措施，统筹水资源的开发、利用、治理、配置，规范水事行为，促进水资源可持续利用和保护。

规划的主要内容包括水资源调查评价、水资源开发利用情况调查评价、需水预测、供水预测、水资源配置、总体布局与实施方案等。

(1)水资源调查评价。通过水资源调查评价,可为其他部分工作提供水资源数量、质量和可利用量的基础数据和成果,是水资源规划的重要基础工作。

(2)水资源开发利用情况调查评价。通过水资源开发利用情况的调查评价,可提供对现状用水方式、水平、程度、效率等方面的评价成果;提供现状水资源问题的定性与定量识别和评价结果;为需水预测、供水预测、水资源配置等部分的工作提供分析成果。

(3)需水预测。需水预测是在水资源开发利用情况调查评价的基础上,根据经济社会发展规律和研究区自然条件,对经济社会需水、生态需水、河道内其他需水等所做的预测,为水资源配置提供需水方面的预测成果。

(4)供水预测。供水预测是在对现有供水设施的工程布局、供水能力、运行状况以及水资源开发程度与存在问题等综合调查分析的基础上,充分考虑技术经济因素、水质状况、对生态系统的影响以及开发不同水源的有利和不利条件,对供水量所做的预测成果。

(5)水资源配置。在进行供需分析多方案比较的基础上,通过经济、技术和环境分析论证与比选,确定合理配置方案。水资源配置以统筹考虑流域水资源供需分析为基础,将流域水循环和水资源利用的供、用、耗、排水过程紧密结合,并按照公平、高效和可持续利用的原则来进行。水资源配置在接收上述各部分工作成果输入的同时,也为上述各部分工作提供中间和最终成果的反馈,以便相互叠代,取得优化的水资源配置布局;同时为总体布局、水资源工程和非工程措施的选择及其实施确定方向和提出要求。

(6)总体布局与实施方案。根据水资源条件和合理配置结果,提出对调整经济布局和产业结构的建议,提出水资源调配体系的总体布局,制定合理抑制需求、有效增加供水、积极保护生态系统的综合措施及其实施方案,并对实施效果进行检验。

(三)水资源规划报告书的编写提纲

根据一般流域或区域水资源规划的撰写步骤,并参考《全国水资源综合规划技术细则》(2002),列出水资源规划报告书编写的一般内容如下:

前言

1. 概述

1.1　规划范围及规划水平年

1.2　区域概况

1.3　规划的总体目标、指导思想及基本原则

1.4　规划编制的依据及基本任务

1.5　规划的技术路线

1.6　规划主要成果介绍

2. 水资源调查评价

2.1　降水

2.2　蒸发能力及干旱指数

2.3　河流泥沙

2.4　地表水资源量

2.5　地下水资源量

2.6　地表水水质

2.7　地下水水质
2.8　水资源总量
2.9　水资源可利用量
2.10　水资源演变情势分析
3.水资源开发利用情况调查评价
3.1　经济社会资料分析整理
3.2　供水基础设施调查统计
3.3　供水量调查统计
3.4　供水水质调查分析
3.5　用水量调查统计
3.6　用水消耗量分析估算
3.7　废污水排放量调查分析
3.8　供、用、耗、排水成果合理性检查
3.9　用水水平及效率分析
3.10　水资源开发利用程度分析
3.11　河道内用水调查分析
3.12　与水相关的生态与环境问题调查评价
3.13　现状水资源供需分析
4.需水预测
4.1　经济社会发展指标分析
4.2　经济社会需水预测
4.3　生态需水预测与水资源保护
4.4　河道内其他需水预测
4.5　需水预测汇总
4.6　成果合理性分析
5.供水预测
5.1　地表水供水
5.2　地下水供水
5.3　其他水源开发利用
5.4　供水预测与供水方案
6.水资源配置
6.1　基准年供需分析
6.2　方案生成
6.3　规划水平年供需分析
6.4　方案比选与推荐方案评价
7.总体布局与实施方案
7.1　总体布局
7.2　工程实施方案

7.3　非工程措施

（四）应该向参加设计的学生提供的基础资料

为了保证课程设计的顺利进行，在课程设计开始前，指导教师应针对某一研究区收集一些基础资料，提供给参加设计的学生，主要基础资料包括以下内容：

（1）自然地理。包括研究区地形地貌、水文地质、土壤、植被覆盖条件、水文气象、河流水系等资料。

（2）经济社会。包括研究区行政区划及人口、经济发展状况、工业、耕地及农业等资料。

（3）水资源调查资料。包括降水量观测、蒸发量观测、河流泥沙、地表水资源量、地下水资源量、水质监测等相关资料。保证通过这些资料的分析和计算能够初步评价水资源数量、质量、水资源可利用量。

（4）水资源开发利用情况调查资料。包括供水基础设施、供水量、供水水质、用水量、耗水量、污废水排放量等的调查统计资料。

另外，资料可能还有一些不足，建议学生到图书馆、网络甚至到现场再查阅或收集。

二、课程设计案例2——水资源保护规划

（一）课程设计目的

（1）掌握水资源保护规划编制过程中涉及到的基本理论和基本方法。

（2）熟悉水资源保护规划报告编写内容及要求，并在教师指导下学习编写水资源保护规划报告。

（二）水资源保护规划工作内容

水资源保护规划是在完成所要求的分析计算工作基础之上，提交一份《水资源保护规划报告书》及其附图、附表，作为水资源保护规划工作的最终成果。

水资源保护规划是在水环境系统分析的基础上，合理地确定水体功能，进而对水的开采、供给、使用、处理、排放等各个环节作出统筹安排和决策。

水资源保护规划从理论上应涵盖水质控制规划和水资源利用规划两部分内容。前者以实现水体功能要求为目标，是水资源保护规划的基础；后者强调水资源的合理利用和水环境保护，它以满足经济和社会发展的需要为宗旨。进行规划时，首先必须了解被规划水体的种类、范围、深度要求和规划的任务等，根据方案所形成的原则和方法，拟订比较方案，然后对比较方案根据一定的准则进行优选。因此，规划的内容可列为：

（1）通过调查及评价水体的现状和功能，明确水体的主要污染源及污染物；

（2）对水体功能进行区划，拟订水质目标和设计条件；

（3）按规划的不同水平进行污染预测；

（4）根据水体稀释自净特性、环境容量、污染物总量控制以及技术经济比较指标拟订几个比较方案；

（5）优选方案；

（6）拟订分期实施程序并计算分期效益。

（三）水资源保护规划编制依据、原则及要求

1. 规划依据

1）国家法律法规

《中华人民共和国水法》、《中华人民共和国环境保护法》、《中华人民共和国污染防治法》、《中华人民共和国河道管理条例》、《取水许可制度实施办法》。

2）技术规范与标准

《地表水环境质量标准》（GB 3838—2002）、《生活饮用水卫生标准》（GB 5749—85）、《渔业水质标准》（GB 11607—89）等。

3）经济社会发展规划

流域综合利用规划、水资源规划、水中长期供求计划、国土整治规划、国民经济发展规划。

2. 规划基本原则

1）全面规划、统筹兼顾、突出重点的原则

水资源保护规划是将水系内干流、支流、湖泊、水库以及地下水作为一个大系统，充分考虑河流上下游、左右岸，省际间、市际间，湖泊、水库的不同水域，远、近期经济社会发展对水资源保护规划的要求进行全面规划。坚持水资源开发利用与保护并重的原则。统筹兼顾流域、区域水资源综合开发利用和经济社会发展规划。对于城镇集中饮用水水源地保护等重点问题，在规划中应体现优先保护的原则。

2）水质与水量统一考虑的原则

水质与水量是水资源的两个主要属性。水资源保护规划的水质保护与水量密切相关。规划中将水质与水量统一考虑，是水资源的开发利用与保护辩证统一关系的体现。在水资源保护规划中应从水污染的季节性变化、时程分布的差异、设计流量的确定、最小生态环境需水量等方面反映水质和水量的规划成果。

3）地表水与地下水相统一的原则

在水资源系统中，地表水与地下水是紧密相联的。水资源保护规划应注意地表水与地下水相统一，为水资源全面统一管理提供决策依据。

4）突出水资源保护监督管理的原则

水资源保护监督管理是水资源保护工作的重要方面。

5）与全国水资源保护规划相一致的原则

水资源保护规划的指导思想、水平年、指标体系、目标、要求、方法和成果方式等都必须与全国水资源保护规划相一致。

3. 对规划的要求

（1）总结以往水资源保护规划工作经验和成果。根据近几年水资源保护工作中出现的新情况和新问题，采用新的基础资料、分析技术与手段，编制水资源保护规划。

（2）规划要紧密结合当地实际。分析研究与水资源保护相关的重要问题，规划应突出重点并具有可操作性。

（3）要保证规划的先进性。应重视采用新技术、新方法，提高水资源保护规划成果的科技含量。

(四)水资源保护规划报告书的编写提纲

对照全国水资源综合规划大纲和水资源保护规划大纲,列出水资源保护规划报告书编写的一般内容如下:

1. 总则

1.1　规划目的与意义

1.2　规划指导思想

1.3　规划编制依据

1.4　规划基本原则

1.5　规划范围

1.6　规划水平年

1.7　规划指标体系

1.8　规划要求

1.9　规划目标

1.10　规划程序

2. 基本资料收集与数据库建立

2.1　收集规划区内基本资料

2.2　基本资料的“三性”分析

3. 规划水域污染调查和水质现状评价

3.1　污染源的调查、监测与评价

3.2　水域水质现状的资料收集、监测与评价

3.3　规划水域污染危害及逐年水质变化趋势分析

4. 水功能区划与水质目标确定

5. 规划水域受纳污染物预测与水质预测

5.1　规划区域工业废水、生活污水等主要污染物排入量预测

5.2　规划河段、水域水质预测

6. 规划水域水体纳污能力分析

6.1　分析河流水文变化规律及水体污染物的降解规律

6.2　水体纳污能力计算

6.3　位于敏感区域河流、湖泊生态环境需水量的估算

7. 规划水域纳污总量控制方案

8. 主要饮用水水源地保护规划

9. 地下水保护区水资源保护规划

9.1　地下水污染源及水质监测评价与分析

9.2　地下水资源质量评价与预测

9.3　地下水水质目标与功能区划分

9.4　地下水污染防治及合理开发利用对策

9.5　地下水资源保护监督管理

10. 水质监测站点建设规划

10.1　全省现行水质监测站点调查及存在的主要问题分析

10.2　水质监测站点设置与建设的基本要求和原则

10.3　水质监测站点管理与监督办法

11. 水资源保护对策措施

11.1　工程措施

11.2　管理措施

11.3　法律法规措施

(五)应该向参加设计的学生提供的基础资料

为了保证课程设计的顺利进行,在课程设计开始前,指导教师应针对某一研究区收集一些基础资料,提供给参加设计的学生。

1. 收集规划区内基本资料

(1)自然环境资料:自然地理、气候与气象、生态环境状况、水系状况等。

(2)经济社会资料:人口分布、工业状况、农业与土地利用情况、渔业状况、行业状况以及其他经济社会资料。

(3)水资源及其开发利用状况:简要描述水资源量及其分布、水资源开发利用现状和供需状况、重要水利水电工程及其运行方式、取水口、城镇饮用水水源地等。

(4)水污染状况:水污染资料包括污染源、入河排污口、水域水质、河流底质状况、水污染事故等。

(5)资料的主要来源及方法:以行政区为单位,收集有关水资源开发利用、水环境保护等地方性法规;流域综合利用规划、水中长期供求计划、统计年鉴、经济社会发展规划、水环境功能区划、国土规划、农业区划等规划;自然保护区名录、规划;区域水资源分布和开发利用以及进出境水质要求等。

2. 基本资料的"三性"分析

所有收集的资料应以近期通过验收、鉴定、审批的规划、调查、统计、监测整编等成果为主。对收集到的基本资料按重点与一般区域分析检查资料是否全面、完整,对缺乏资料的区域应及早制定相应的补救措施。

对收集到的基本资料需从代表性、合理性、可靠性("三性")等方面进行分析。

对主要干、支流和重点城市资料应以较高要求收集,若不能满足规划需要时,应做必要的补充调查,以突出规划重点,加深工作深度。

三、课程设计案例3——节约用水规划

(一)课程设计目的

(1)掌握节约用水规划编制过程中涉及到的基本理论和基本方法。

(2)熟悉节约用水规划报告编写内容及要求,并在教师指导下学习编写节约用水规划报告。

(二)节约用水规划工作内容

1. 现状用水水平分析评价

说明对各用水部门现状用水与节水调查的情况以及典型城市、典型灌区、典型行业与

用水户的调查情况，收集有关用水和节水情况的基础资料并进行整理与分析。

总结节水发展历程与节水发展现状，包括节水灌溉面积发展、工艺设备改造更新、节水器具普及程度、节水管理与能力建设、节水政策法规建设、节水宣传教育、节水新技术推广应用等。结合当地的条件与特点，分析所采取的主要节水措施（包括工程措施与非工程措施）及其效果与技术经济合理性。

在现状用水情况及节水情况调查的基础上，根据对用水定额、用水效率及反映节水情况的各项指标的分析，进行不同时期、不同地区间的比较，特别是与国内外先进水平的比较，找出与先进标准的差距和现状用水与节水中存在的主要问题及其原因。对现状用水水平与节水水平进行评价。

2. 经济社会发展对水资源高效利用的要求

通过对未来经济社会发展前景的预测，分析未来不同时期人口及城镇化发展进程，国民经济发展总体目标，产业布局与结构调整的趋势，农业发展及灌溉面积发展状况等。

根据未来经济社会发展的总体趋势与基本格局，结合对水资源条件的分析，预测未来水资源的供需态势。在水资源紧缺的地区，通过对缺水的程度、缺水性质、缺水地区分布、缺水原因的分析，以及相应对策措施的分析，认识水资源高效利用的作用。明确经济社会发展、生态环境保护对节约用水、提高水资源利用效率的具体要求。在水污染问题突出的地区，通过对节水减污的作用和效果的分析，认识节水对保护水环境、保障水资源可持续利用的作用。

经济社会发展和生态环境保护对水资源高效利用、可持续利用不断提出更新更高的要求，节水作为一项长期坚持的战略方针和基本国策，得到全社会的关注与参与，节水型产业、节水型城市和节水型社会的发展与建设被提到更加突出的位置。

3. 指导思想与原则

节约用水的核心是提高水资源利用效率。水资源高效利用不仅减少水资源的无效消耗量，提高水的生产效率，还可以减少污废水的排放量，减少治污的投入，降低水利用成本，提高水资源的产出效率。

节约用水突出“节流优先”。提倡“节流优先”不仅是根据我国水资源紧缺情况采取的战略措施，也是集约型内涵式发展模式的需要，是降低供水投资、减少污水排放、提高资源利用效率的最合理选择，是世界各发达国家水资源利用的主体方向。

节约用水强调全社会公众参与，节水的目的不仅是节约资源、保护环境，还要培养人们珍惜资源、高效利用和对水的忧患意识。

节约用水规划要按照中央新时期的治水方针和新水法的要求，把节水作为一项长期坚持的战略方针，贯彻新水法的节水思路，“国家厉行节约用水，大力推行节约用水措施，推广节约用水新技术、新工艺，发展节水型工业、农业和服务业，建立节水型社会”。

节约用水规划是水资源综合规划的重要组成部分，按照水资源综合规划的总体思路和具体要求，突出资源规划与宏观战略规划的特色。

节约用水规划要强调协调发展的原则，在体现以人为本和遵循自然规律的基础上，做到人与自然的和谐协调；在水资源可持续利用的基础上做到水资源开发利用与经济社会协调发展；在促进流域区域之间协调发展的基础上，协调好流域区域之间、各部门之间，以及局部与全局、近期与远期的关系。

节约用水规划要在水资源综合规划有关节约用水工作基础上进行，并且要根据节水工作的特点编制专项规划。要充分吸收水资源综合规划相关部分的成果，还要注意充分利用各部门编制的有关节水的专业规划，以及流域和区域编制的相关专业规划成果。

4. 节水标准与节水潜力

在现状用水调查和各部门、各行业用水定额、用水效率指标分析的基础上，根据对当地水资源条件、经济社会发展状况、科学技术水平、水价等因素的综合分析，参考流域、区域内外、国内外先进用水水平的指标与参数，以及有关部门制定的相关节水标准与用水标准，通过采取综合节水措施，确定各地区的节水标准，即分类用水定额、用水效率等指标可能达到的下（上）限。

参照节水标准，并根据现状实物量指标，计算节水潜力。节水标准与节水潜力计算，首先，分析确定分类分行业分作物的节水标准；其次，计算分行业分作物的节水潜力；最后，汇总农业节水潜力、工业节水潜力、城镇生活节水潜力、其他行业节水潜力，最终得出流域或区域综合节水潜力。

根据我国今后节水发展的总体方向与目标，按照用水总量控制与定额管理相结合的要求，遵循节水优先、全社会参与、因地制宜、突出重点的原则，提出流域及区域节水发展的总体目标。在此基础上，结合各部门节水发展目标，提出不同地区、不同时期、不同行业部门节水发展目标。

5. 农业节水

根据各地自然地理与水资源条件，在未来农业发展及生产布局、产业结构趋势预测的基础上，通过对节水潜力的分析，确定不同地区、不同时期农业节水的目标与重点，提出不同水平年节水型农业用水定额指标体系与用水效率控制指标。

针对不同时期的节水目标，采取适合当地条件的多种农业节水措施，组成多组农业节水方案，包括保持现状节水力度的不同水平年节水基本方案，以及不同节水力度的节水方案。对每组节水方案要落实节水措施，并对各项节水措施的节水效果与相应投入进行初步分析。

对各节水方案的主要用水定额、用水效率指标、技术经济参数，以及各节水方案的综合节水效果与相应投入进行分析比较，并在此基础上进行方案比选。在北方平原地区要分析各节水方案对地下水补给条件等可能造成的影响。

6. 工业节水

在各地工业布局与产业结构及其变化趋势分析的基础上，根据对工业各行业，重点对冶金、石化、化学、纺织、造纸、食品等高用水、高污染工业的节水现状及节水潜力的分析，以及与国内外工业节水先进水平的比较分析，确定不同地区、不同时期工业节水的目标与重点，提出不同水平年节水型工业用水定额指标体系与用水效率控制指标。

根据各地的具体情况和工业发展的特点，针对不同时期的工业节水目标，采取多种工业节水措施，组成多组工业节水方案，包括保持现状节水力度的不同水平年节水基本方案，以及不同节水力度的节水方案。对每组节水方案要落实节水措施，并对各项节水措施的节水效果与相应投入进行初步分析。

对各节水方案的主要用水定额、用水效率指标、技术经济参数，以及各节水方案的综合节水效果与相应投入进行分析比较，并在此基础上进行方案比选。对节水减污效果显著的地区，要对各组方案对改善水环境的作用与综合效益进行评价。

7. 城镇生活节水

在对未来城镇化发展情景预测分析的基础上，根据各地水资源条件、生活习惯，以及节水宣传教育、节水意识及节水普及情况，结合对国内外先进节水城市的比较分析、城镇生活节水潜力的分析，确定不同时期城镇生活节水的目标与重点。提出不同水平年节水型城镇生活用水定额指标体系与用水效率控制指标。

根据不同时期城镇生活节水目标，采取多种节水措施，组成多组城镇生活节水方案，包括保持现状节水力度的不同水平年节水基本方案，以及不同节水力度的节水方案。对每组节水方案要落实节水措施，并对各项节水措施的节水效果与相应投入进行初步分析。

对各节水方案的主要用水定额、用水效率指标、技术经济参数，以及各节水方案的综合节水效果与相应投入进行分析比较，并在此基础上进行方案比选。

8. 其他行业部门节水

其他行业部门节水是指城镇中建筑业、第三产业及生态环境节水。根据未来城镇发展、城市功能及行业组成的状况，通过对建筑业、第三产业、城镇生态环境节水潜力的分析，确定各类城镇不同时期建筑业、第三产业、城镇生态环境节水的目标和重点。提出不同水平年节水型建筑业、第三产业、城镇生态环境用水定额指标体系与用水效率控制指标。

根据不同时期建筑业、第三产业、城镇生态环境节水目标，采取多种节水措施，组成多组节水方案，包括保持现状节水力度的不同水平年节水基本方案，以及不同节水力度的节水方案。对每组节水方案要落实节水措施，并对各项节水措施的节水效果与相应投入进行初步分析。

对各节水方案的主要用水定额、用水效率指标、技术经济参数，以及各节水方案的综合节水效果与相应投入进行分析比较，并在此基础上进行方案比选。

9. 总体布局与实施方案

根据不同水平年水资源配置提出的推荐方案，对相应的节水推荐方案进行综合与汇总。在此基础上，提出不同地区、不同时期水资源高效利用的总体布局、实施方案与管理方式。

总体布局要根据不同地区的自然特点、水资源条件、经济社会发展和生态环境保护及其对水资源高效利用的要求，因地制宜、突出重点，统筹考虑开源、节流、保护、治污，协调区域之间、部门之间的关系，工程措施与非工程措施结合，合理安排大型骨干性控制工程与一般中小型工程。

实施方案要根据流域、区域经济社会发展以及生态环境保护的目标与要求，按照经济社会发展水平，考虑需要与可能，制定分期、分部门的实施方案。制定实施方案要做到总体目标、任务与措施相协调，建设规模与发展机制和生产力发展水平相协调。节水实施方案要提出适宜的分区节水模式与措施，节水发展步骤、规模、进度、投资及发展机制，基础设施建设、非工程措施制定，投资规模，预期效果等。

10. 实施效果评价

采取定性与定量结合的方法，对流域和省级行政区进行规划推荐方案实施后可达到的经济社会、生态环境的预期效果与效益进行综合评价。

实施效果评价按三个层次进行。第一层次评价节水推荐方案实施后与经济社会发展和生态环境保护的协调程度，及所产生的社会效益、经济效益和生态效益；第二层次评价实施后的总体效果，包括对提高水资源利用效率、水资源承载能力的作用，对水资源配置格局的改善程度，对缓解重点缺水地区和城市水资源紧缺状况以及改善生态环境的效果；第三层次评价实施后的经济效益，分析农业、工业、城镇生活等各类用水指标和用水效率，以及综合的用水指标和用水效率提高的程度，节水、节能、降耗、增效的综合效益，节水措施的投资与总体经济效益等。

11. 保障措施

主要从加强领导，全社会关注、重视节水工作，加强宣传教育，增强节水意识；加强节水机制建设，完善节水管理制度，改革水价，建立有利于节水的水价体系，建设促进节水的激励机制和节水器材产业化发展的机制；增加节水投入，建立稳定的投入保障机制；依靠科技创新，推进节水事业的普及与发展。

（三）节约用水规划编制依据、原则及成果

1. 规划编制依据

(1)《中华人民共和国水法》、《中华人民共和国防洪法》、《中华人民共和国水土保持法》、《中华人民共和国水污染防治法》、《水利产业政策》等国家法律法规。

(2)国民经济和社会发展五年计划纲要、水利发展五年计划和中长期规划、全国节水规划纲要、全国节水灌溉五年发展计划及中长期规划、中国城市节水技术进步发展规划、其他相关行业计划和规划，各省（自治区、直辖市）国民经济发展计划和规划等。

(3)工业用水分类及定义、工业企业水量平衡测试方法、工业用水考核指标及计算方法、节水型企业目标导则、节水型城市目标导则等有关规程规范和技术标准。

(4)全国水资源综合规划技术细则，各流域、省（自治区、直辖市）水资源综合规划技术细则。

2. 规划编制原则

1)贯彻新时期治水方针

节约用水规划要按照中央新时期的治水方针和新水法的要求，把节水作为一项长期坚持的战略方针，把节水工作贯穿于国民经济发展和群众生产生活的全过程，积极发展节水型产业，建设节水型城市和节水型社会。

2)突出水资源高效利用

节约用水的核心是提高水资源利用效率。提高用水效率不但是保证我国水资源可持续利用所必需的，也是建设现代化工农业和城乡健康生活的重要内容，是从传统工农业和城乡建设转到现代化工农业和城乡建设的一场革命。

3)强调和谐与协调发展

节约用水规划要强调协调发展的原则，做好水资源安全保障系统与经济社会发展和生态环境保护的协调，流域、区域间的协调，行业部门之间的协调，以及与水资源综合规划其他部分的协调。

4）全面规划统筹兼顾

坚持全面规划、统筹兼顾、标本兼治的原则，坚持开源、节流治污并举，对供水、用水、节水、治污、水资源保护等方面进行统筹安排。统一规划各部门的节水，统筹安排各项节水措施，工程措施和非工程措施相结合，近期与远期统筹安排，城市与农村综合考虑。

5）因地制宜突出重点

根据各地水资源条件、供需平衡态势和经济社会发展水平等综合因素，按照因地制宜、突出重点、注重实效的原则，综合考虑需要与可能、投入与效果等诸多方面，确定节水工作的重点，需采取的主要措施及优先次序，制定不同时期的节水方案。

3. 主要成果

充分利用水资源综合规划已调查收集的资料和水资源调查评价及开发利用评价成果。节约用水规划要与水资源综合规划的需水预测、供水预测和水资源配置部分密切结合，在完成综合规划节约用水部分成果的基础上，形成节约用水规划成果，主要包括：①节约用水规划报告；②节水指标体系与控制指标；③节水实施方案总体布局图。

（四）节约用水规划的编写提纲

前言

1. 现状用水与节水

1.1　自然、经济、社会发展概况

1.1.1　自然地理概况

1.1.2　水资源概况

1.1.3　国民经济与社会发展基本情况

1.2　现状用水分析评价

1.2.1　用水变化历程

1.2.2　农业用水现状分析

1.2.3　工业用水现状分析

1.2.4　生活用水现状分析

1.3　现状节水及存在问题

1.3.1　用水总体效率分析

1.3.2　农业用水效率与节水水平分析

1.3.3　工业用水效率与节水水平分析

1.3.4　生活用水效率与节水水平分析

1.3.5　节水工作存在问题

2. 经济社会发展对水资源高效利用的要求

2.1　经济社会发展趋势

2.1.1　人口及城镇化进程

2.1.2　国民经济发展

2.2　水资源供需态势

2.2.1　需水要求

2.2.2 供需分析

2.2.3 解决缺水问题的途径

2.3 节水型社会建设

2.3.1 经济社会发展对节水的要求

2.3.2 节水型社会建设

3. 指导思想与原则

3.1 指导思想

3.1.1 提高水资源利用效率

3.1.2 节水优先

3.1.3 全社会参与

3.2 规划原则

3.2.1 贯彻新时期治水方针

3.2.2 突出资源与宏观战略规划

3.2.3 强调协调发展

3.2.4 反映节水工作的特点

4. 节水标准与节水潜力

4.1 节水标准

4.1.1 农业指标节水标准

4.1.2 工业指标节水标准

4.1.3 城镇生活指标节水标准

4.1.4 其他行业指标节水标准

4.1.5 综合指标节水标准

4.2 节水潜力

4.2.1 农业节水潜力

4.2.2 工业节水潜力

4.2.3 城镇生活节水潜力

4.2.4 其他行业节水潜力

4.2.5 综合节水潜力

4.3 综合节水目标

4.3.1 近期目标

4.3.2 中期目标

4.3.3 远期目标

5. 农业节水

5.1 节水目标与控制指标

5.1.1 近期目标与控制指标

5.1.2 中期目标与控制指标

5.1.3 远期目标与控制指标

5.2 节水方案比选

5.2.1　基本节水方案
5.2.2　不同节水力度方案
5.2.3　节水方案比选
5.3　节水措施
5.3.1　工程措施
5.3.2　非工程措施
6. 工业节水
6.1　节水目标与控制指标
6.1.1　近期目标与控制指标
6.1.2　中期目标与控制指标
6.1.3　远期目标与控制指标
6.2　节水方案比选
6.2.1　基本节水方案
6.2.2　不同节水力度方案
6.2.3　节水方案比选
6.3　节水措施
6.3.1　工程措施
6.3.2　非工程措施
7. 城镇生活节水
7.1　节水目标与控制指标
7.1.1　近期目标与控制指标
7.1.2　中期目标与控制指标
7.1.3　远期目标与控制指标
7.2　节水方案比选
7.2.1　基本节水方案
7.2.2　不同节水力度方案
7.2.3　节水方案比选
7.3　节水措施
7.3.1　工程措施
7.3.2　非工程措施
8. 其他行业节水
8.1　节水目标与控制指标
8.1.1　近期目标与控制指标
8.1.2　中期目标与控制指标
8.1.3　远期目标与控制指标
8.2　节水方案比选
8.2.1　基本节水方案
8.2.2　不同节水力度方案

8.2.3　节水方案比选

8.3　节水措施

8.3.1　工程措施

8.3.2　非工程措施

9. 总体布局与实施方案

9.1　总体布局

9.1.1　近期布局

9.1.2　中期布局

9.1.3　远期布局

9.2　实施方案

9.2.1　近期实施方案

9.2.2　中期实施方案

9.2.3　远期实施方案

10. 实施效果评价

10.1　与经济社会和生态环境保护的协调程度

10.1.1　与经济社会发展协调程度

10.1.2　与生态环境建设协调程度

10.1.3　社会、经济和生态效益综合评价

10.2　总体效果

10.2.1　提高水资源利用效率

10.2.2　缓解水资源紧缺状况

10.2.3　改善生态环境

10.3　经济效益评价

10.3.1　农业节水投入效益分析

10.3.2　工业节水投入效益分析

10.3.3　城镇生活节水投入效益分析

10.3.4　其他节水投入效益分析

10.3.5　节水投入效益综合分析

11. 保障措施

11.1　增强节水意识

11.2　强化节水管理

11.3　完善节水机制

11.4　保障节水投入

11.5　依靠科技创新

(五)应该向参加设计的学生提供的基础资料

指导教师应针对节水规划编制工作，向学生提供如下基础资料：

(1)自然环境资料：自然地理、气候与气象、生态环境状况、水系状况等。

(2)经济社会资料：人口分布、工业状况、农业与土地利用情况、渔业状况、行业状况

以及其他经济社会资料。

(3)用水现状资料:包括各行业用水现状,以及相似地区及发达地区用水水平等基础资料。

(4)相关经济社会发展规划报告:包括农业、工业及其他行业的发展规划报告。

(5)资料的主要来源及方法:以行政区为单位,收集有关水资源开发利用、水环境保护等地方性法规;流域综合利用规划、水中长期供求计划、统计年鉴、经济社会发展规划、水环境功能区划、国土规划、农业区划等规划;区域水资源分布和开发利用以及进出境水质要求等。

四、课程设计案例4——建设项目水资源论证

(一)课程设计目的

(1)掌握建设项目水资源论证报告编制过程中涉及到的基本理论和基本方法。

(2)熟悉建设项目水资源论证报告编写内容及要求,并在教师指导下学习编写建设项目水资源论证报告[103]。

(二)建设项目水资源论证工作内容

(1)建设项目所在区域水资源状况及开发利用分析。分析范围内的水资源情况、水功能区划情况,开发利用程度和用水水平分析评价是重点,选取的指标要有针对性。

(2)建设项目取用水合理性分析。取水合理性分析:水功能区管理要求,产业政策,与规划的关系,并注意生态用水。用水合理性分析:用水工艺、用水指标,注意用水指标的比较(同行业、国内外),改扩建前后指标的比较。

(3)建设项目取水水源论证。地表水源可供水量计算、地下水资源量和可开采量计算。取水可靠性分析:地表水主要考虑规划水平年来水量与用水量的变化,重点是用水量的变化;地下水重点是补给条件和开采条件的变化的论证。

(4)建设项目取水和退水影响论证。

(三)建设项目水资源论证报告编制依据、原则及要求

1. 编制依据

(1)《中华人民共和国水法》、《中华人民共和国水污染防治法》、《取水许可制度实施办法》、《建设项目水资源论证管理办法》;

(2)建设项目主管部门对开展项目前期工作的有关批复文件;

(3)国家制定的有关水资源的规程、规范、技术原则;

(4)建设项目所在地国民经济发展计划;

(5)建设项目所在地已审定的水资源流域规划、区域规划、综合规划、专业规划;

(6)建设项目所在地已审定的水中长期供求计划、水功能区划报告。

2. 编制原则

(1)合理开发、节约使用和有效保护水资源;

(2)符合国家法律、法规和相关政策的规定;

(3)符合国家和行业有关技术标准与规范、规程;

(4)符合流域或区域的综合规划及相关专业规划;

(5)遵守经批准的水量分配方案或协议。

3. 编制要求

建设项目水资源论证报告书必须按照《建设项目水资源论证导则(试行)》(SL/Z 322—2005)的规定进行编制,做到内容全面,重点突出,论证充分,结论明确。

(四)建设项目水资源论证报告的编写提纲

1. 总论

1.1　编制论证报告书的目的

1.2　编制依据

1.3　项目选址情况及有关部门审查意见

1.4　项目建议书中提出的取水水源与取水地点

1.5　论证委托书或合同情况

2. 建设项目概况

2.1　建设项目名称及性质

2.2　建设地点及占地面积情况

2.3　建设规模及分期实施意见

2.4　主要产品及用水工艺

2.5　建设项目用水保证率及对取水要求

2.6　建设项目污废水排放情况

3. 建设项目所在流域或区域水资源开发利用现状

3.1　水文及水文地质条件

3.2　现状供用水情况及开发利用程度

3.3　水资源开发利用中存在的主要问题

4. 建设项目取水水源论证

4.1　地表水源论证

4.2　地下水源论证

5. 建设项目用水量合理性分析

5.1　建设项目用水过程及水平衡分析

5.2　产品用水定额、生活区生活用水定额及用水水平分析

5.3　节水措施与节水潜力分析

6. 建设项目退水情况及其对水环境影响分析

6.1　退水系统及其组成概况

6.2　污染物排放浓度、总量及达标情况

6.3　污染物排放时间变化情况

6.4　对附近河段环境的影响

6.5　论证排污口设置论证

(五)应该向参加设计的学生提供的基本资料

根据论证等级,指导教师需提供以下全部或者部分基本资料:

(1)自然地理、水文气象、经济社会、水资源开发利用现状与规划、已有水资源评价和

科研成果，以及与水资源开发、利用和保护有关的流域或区域规划等资料；

(2)实测水文资料系列，当实测径流资料系列不足时，应按规划插补延长系列；

(3)应提供一定年限的用水量系列资料；

(4)现有水利工程和规划水利工程资料；

(5)水功能区水质与污染源实测资料；

(6)建设项目可行性研究报告。

五、课程设计案例5——水资源评价

(一)课程设计目的

(1)掌握水资源评价的技术方法。

(2)熟悉水资源评价报告编写内容及要求，并在教师指导下学习编写水资源评价报告[104]。

(二)水资源评价工作内容

按照行业标准，水资源评价应包括水资源数量评价、水资源质量评价、水资源开发利用及其影响评价3部分内容。

1. 水资源数量评价

水资源数量评价是在收集的基本资料基础上，进行地表水资源量计算、地下水资源量计算以及水资源总量等分析计算工作。

2. 水资源质量评价

水资源质量评价是根据评价目的、水体用途、水质特性，选用相关参数和相应的国家、行业或地方水质标准对水资源质量进行评价。其内容包括河流泥沙分析、天然水化学特征分析、水资源污染状况评价。

3. 水资源开发利用及其影响评价

水资源开发利用及其影响评价是对水资源开发利用现状以及存在问题的调查分析，是水资源评价工作的重要组成部分，是开展水资源保护、规划和管理的基础性前期工作。其目的是通过对评价区经济社会现状调查、供水与用水现状调查、水资源开发利用对环境影响评价以及区域水资源综合评价，对全区的水资源开发利用状况以及对社会、经济、环境等各方面带来的影响进行全面、系统的评价，为区域水资源规划和管理工作的顺利开展提供技术支持。

(三)水资源评价报告编制依据、原则及要求

1. 编制依据

除将《水资源评价导则》(SL/T 238—1999)作为主要技术依据之外，还需参考以下技术规则：

(1)《全国水资源综合规划工作大纲》(水利部水利水电规划设计总院，2002)；

(2)《全国水资源综合规划技术细则(试行)》(水利部水利水电规划设计总院，2002)；

(3)《全国水资源综合规划地表水水质评价及污染物排放量调查估算工作补充技术细则》(水利部水利水电规划设计总院，2003)；

(4)《全国水资源综合规划调查评价阶段工作技术细则有关补充说明》(水利部水利水电规划设计总院,2003);

(5)《地下水资源量及可开采量补充细则(试行)》(水利部水利水电规划设计总院,2003);

(6)《全国水资源综合规划地下水水质调查评价汇总工作有关事项的说明》(水利部水利水电规划设计总院,2003)。

2. 编制原则

水资源评价工作要客观、科学、系统、实用,遵循的技术原则有:

(1)地表水与地下水统一评价;

(2)水量水质并重;

(3)水资源可持续利用与经济社会发展和生态系统保护相协调;

(4)全面评价与重点区域评价相结合。

3. 编制要求

编制一般要求:

(1)水资源评价工作应该调查、收集、整理、分析利用已有资料,在必要时再辅以观测和实验工作;

(2)水资源评价应分区进行。各单项评价工作在统一分区的基础上,可根据该项评价的特点与具体要求,再划分计算区或评价单元;

(3)全国及区域水资源评价应采用日历年,专项工作中的水资源评价可根据需要采用水文年;

(4)应根据经济社会发展需要及环境变化情况,每隔一定时期对前次水资源评价成果进行全面补充修订或再评价。

(四)水资源评价报告的编写提纲

前言

1. 综述

1.1　水资源评价的目的和意义

1.2　指导思想与目标任务

1.3　基本原则与技术路线

1.4　评价范围及分区

2. 自然地理及经济社会概况

2.1　自然地理

2.2　经济社会概况

3. 地表水资源量评价

3.1　降水量评价

3.2　水面蒸发量及干旱指数

3.3　地表水天然径流量的计算及一致性修正

3.4　地表水资源的时空分布特征

3.5　分区地表水资源量评价成果

3.6　气候变化对水资源量的影响分析
3.7　地表水可利用量的估算
4. 地下水资源量评价
4.1　评价分区及评价系列
4.2　地下水开发利用现状
4.3　水文及水文地质参数分析计算与确定
4.4　盆地平原区地下水资源量计算
4.5　山丘区地下水资源量计算
4.6　地下水资源量计算
4.7　地下水可开采量评价
4.8　岩溶大泉水资源量评价
5. 水资源总量及水资源可利用量评价
5.1　水资源总量
5.2　重复量的计算
5.3　分区水资源总量
5.4　水资源总量特征分析
5.5　水资源可利用量估算
5.6　水资源特点分析
6. 地表水水质评价
6.1　河流泥沙
6.2　地表水天然水化学特征分析
6.3　入河排污口调查与分析
6.4　地表水水质现状评价
6.5　主要河流、水库水质状况
6.6　水污染动态分析
6.7　水功能区水质分析
7. 地下水水质评价
7.1　地下水天然水化学特征
7.2　地下水水质评价
7.3　地下水污染概况
7.4　重点水源地水质评价
7.5　不同质量的地下水资源量计算
8. 水资源开发利用现状调查评价
8.1　供水工程及供水量
8.2　用水量调查评价
8.3　耗水量及排水量
8.4　现状用水水平分析
8.5　水资源开发利用程度分析

9. 节水潜力分析
9.1　农业灌溉渠系节水潜力分析与研究
9.2　田间水利用系数测定与节水潜力研究
9.3　工业节水潜力分析
9.4　城镇生活节水潜力分析
10. 水资源开发利用潜力初步分析
10.1　开发新水源的必要性和紧迫性
10.2　地表水源开发潜力分析
10.3　地下水源开发潜力分析
10.4　非传统水源开源潜力分析
11. 结论与建议

(五)应该向参加设计的学生提供的基础资料

(1)降水、蒸发、径流、水文地质等资料;
(2)评价区的相关图件;
(3)河流泥沙、天然水化学特征、水资源污染等水质资料;
(4)经济社会资料;
(5)区域供用水资料;
(6)相关的规划报告。

思考题

15-1　通过课程学习和对本指导书的理解,简述课程设计的重要性。
15-2　针对你所完成的课程设计内容,谈谈你对课程设计的心得体会。

参考文献

[1] 左其亭,窦明,马军霞. 水资源学教程[M]. 北京:中国水利水电出版社,2008.
[2] 陈家琦,王浩. 水资源学概论[M]. 北京:中国水利水电出版社,1996.
[3] 张凯. 水资源循环经济理论与技术[M]. 北京:科学出版社,2007.
[4] 左其亭,王中根. 现代水文学[M]. 2 版. 郑州:黄河水利出版社,2006.
[5] 陈志恺. 中国水利百科全书(水文与水资源分册)[M]. 北京:中国水利水电出版社,2004.
[6] 左其亭,陈曦. 面向可持续发展的水资源规划与管理[M]. 北京:中国水利水电出版社,2003.
[7] 左其亭,窦明,吴泽宁. 水资源规划与管理[M]. 北京:中国水利水电出版社,2005.
[8] 何俊仕. 水资源概论[M]. 北京:中国农业大学出版社,2006.
[9] 陈家琦,王浩,杨小柳. 水资源学[M]. 北京:科学出版社,2002.
[10] 詹道江,叶守泽. 工程水文学[M]. 北京:中国水利水电出版社,2001.
[11] 魏永霞,王丽学. 工程水文学[M]. 北京:中国水利水电出版社,2005.
[12] 高健磊,吴泽宁,左其亭,等. 水资源保护规划理论方法与实践[M]. 郑州:黄河水利出版社,2002.
[13] 王树谦,陈南祥. 水资源评价与管理[M]. 北京:水利电力出版社,1996.
[14] 赵宝璋. 水资源管理[M]. 北京:水利电力出版社,1994.
[15] 何俊仕,林洪孝. 水资源规划及利用[M]. 北京:中国水利水电出版社,2006.
[16] 施嘉炀. 水资源综合利用[M]. 北京:中国水利水电出版社,1999.
[17] 徐恒力. 水资源开发与保护[M]. 北京:地质出版社,2001.
[18] 尚守忠. 水资源及其开发利用[M]. 北京:地质出版社,1993.
[19] 刘福臣,张桂琴,杜守建,等. 水资源开发利用工程[M]. 北京:化学工业出版社,2006.
[20] 李广贺. 水资源利用与保护[M]. 北京:中国建筑工业出版社,2002.
[21] 严煦世,范瑾初. 给水工程[M]. 3 版. 北京:中国建筑工业出版社,1995.
[22] 严煦世,范瑾初. 给水工程[M]. 4 版. 北京:中国建筑工业出版社,1999.
[23] 刘自放,张廉均,邵丕红. 水资源与取水工程[M]. 北京:中国建筑工业出版社,2000.
[24] 吴俊奇,付婉霞,曹秀芹. 给水排水工程[M]. 北京:中国水利水电出版社,2004.
[25] 董辅祥. 给水水源及取水工程[M]. 北京:中国建筑工业出版社,1998.
[26] 邢丽贞. 给排水管道设计与施工[M]. 北京:化学工业出版社,2004.
[27] 谢水波,余健. 现代给水排水工程设计[M]. 长沙:湖南大学出版社,2000.
[28] 宋祖诏,张思俊,詹美礼. 取水工程[M]. 北京:中国水利水电出版社,2002.
[29] 严煦世. 给水排水工程快速设计手册[M]. 北京:中国建筑工业出版社,1995.
[30] 黄明明,张蕴华. 给水排水标准规范实施手册[M]. 北京:中国建筑工业出版社,1993.
[31] 王继明. 给水排水管道工程[M]. 北京:清华大学出版社,1993.
[32] 孙慧修. 排水工程(上册)[M]. 4 版. 北京:中国建筑工业出版社,1999.
[33] 王增长. 建筑给水排水工程[M]. 北京:中国建筑工业出版社,1998.
[34] 高明远,岳秀萍. 建筑给水排水工程学[M]. 北京:中国建筑工业出版社,2003.
[35] 盛海洋,孟秋立,朱殿华,等. 我国地下水开发利用中的水环境问题及其对策[J]. 水土保持研究,2006,13(1):51-53.

[36] 侯景岩. 我国地下水资源开发利用及其存在的问题[J]. 北京地质,1994(1):28-31.
[37] 王玉平,金晓媚,刘金武. 中国地下水资源合理开发利用研究[J]. 石家庄经济学院学报,2000,23(2):199-210.
[38] 李广贺,柳萍. 水资源利用工程与管理[M]. 北京:清华大学出版社,1998.
[39] 李广贺,张旭,张思聪,等. 水资源利用与保护[M]. 北京:中国建筑工业出版社,2002.
[40] 郑在洲,何成达. 城市水务管理[M]. 北京:中国水利水电出版社,2003.
[41] 关鸿滨. 浅谈城市生活用水及节水[J]. 山西建筑,2002(4):88-89.
[42] 舒春敏. 城市生活用水及其节水对策[J]. 内蒙古水利,2002(2):61-63.
[43] 黄仲杰. 我国城市供水现状、问题与对策[J]. 给水排水,1998,24(2):18-20.
[44] 张启海. 城市给水工程[M]. 北京:中国水利水电出版社,2003.
[45] 宋序彤. 我国城市用水发展和用水效率分析[J]. 中国水利,2005(13):40-43.
[46] 袁宝招,陆桂华,郦建强. 我国生活用水变化分析[J]. 水资源保护,2007(7):48-51.
[47] 张会艳. 我国城市生活节水对策及其有效性分析[J]. 北方环境,2004,29(5):12-14,17.
[48] 董辅祥,董新东. 节约用水原理及方法指南[M]. 北京:中国建筑工业出版社,1995.
[49] 赵宝璋. 水资源管理[M]. 北京:中国水利水电出版社,2005.
[50] 李远华. 节水灌溉理论与技术[M]. 武汉:武汉水利电力大学出版社,1999.
[51] 郭元裕. 农田水利学[M]. 3 版. 北京:中国水利水电出版社,1997.
[52] 杜成义. 灌区供水工程[M]. 郑州:黄河水利出版社,1999.
[53] 吴士章,朱文孝,苏维词,等. 贵州水资源状况及节水灌溉措施[J]. 贵州师范大学学报(自然科学版),2005,23(3):24-28.
[54] 山仑,黄占斌,张岁歧. 节水农业[M]. 广州:暨南大学出版社;北京:清华大学出版社,2000.
[55] 李远华. 灌区高效用水[J]. 中国农村水利水电,2003(8):19-22.
[56] 康绍忠,许迪,李万红,等. 关于西北旱区农业与生态节水基本理论和关键技术研究领域若干问题的探讨[J]. 中国科学基金,2002(5):274-278.
[57] 贾大林. 发展节水农业的若干问题[J]. 水利发展研究,2001(1):9-12.
[58] 秦大庸,于福亮,李木山. 宁夏引黄灌区井渠双灌节水效果研究[J]. 农业工程学报,2004,20(2):73-77.
[59] 沈振荣,汪林,于福亮,等. 节水新概念——真实节水的研究与应用[M]. 北京:中国水利水电出版社,2000.
[60] 蒋礼平. 地下水资源可持续利用——资源节水基本概念[M]. 北京:中国农业科学技术出版社,2003.
[61] 裴源生,赵勇,陆垂裕,等. 经济生态系统广义水资源合理配置[M]. 郑州:黄河水利出版社,2006.
[62] 谢贤群. 农田生态系统水分循环与作物水分关系研究[J]. 中国生态农业学报,2001,9(1):9-12.
[63] 段爱旺,信乃诠,王立全. 西北地区灌溉农业的节水潜力及其开发[J]. 中国农业科技导报,2002.
[64] 白清俊,董树亭. 农业高效用水与节水农业的可持续发展[J]. 山东大学学报(自然科学版),2001,32(3):331-335.
[65] 姚治君,林耀明,高迎春,等. 华北平原分区适宜性农业节水技术与潜力[J]. 自然资源学报,2000,156(3):259-264.
[66] 裴源生,张金萍,赵勇. 宁夏灌区节水潜力的研究[J]. 水利学报,2007,38(2):239-243.
[67] 建设部给水排水产品标准化技术委员会. 工业用水分类及定义(CJ 40—1999)[M]. 北京:中国标

准出版社,2000.
[68] 魏群.城市节水工程[M].北京:中国建材工业出版社,2006.
[69] 鞠美庭.环境学基础[M].北京:化学工业出版社,2004.
[70] 王欢,马小凡,郭平.城市绿化的结构和生态环境功能[J].环境科学,2005,26(4):205-208.
[71] 杨志峰,崔保山,刘静玲,等.生态环境需水量理论、方法与实践[M].北京:科学出版社,2003.
[72] 左其亭.论生态环境用水与生态环境需水的区别与计算问题[J].生态环境,2005,14(4):611-615.
[73] 杨爱民,唐克旺,王浩,等.生态用水的基本理论与计算方法[J].水利学报,2004(12):1-8.
[74] 王超,王沛芳.城市水生态系统建设与管理[M].北京:科学出版社,2004.
[75] 翁文斌,王忠静,赵建世.现代水资源规划——理论、方法和技术[M].北京:清华大学出版社,2004.
[76] 水利部水利水电规划设计总院.全国水资源综合规划大纲[R].2002.
[77] 石秋池.关于水功能区划[J].水资源保护,2003(3):58-59.
[78] 王超,朱党生,程晓冰.地表水功能区划分系统的研究[J].河海大学学报(自然科学版),2002(9):7-11.
[79] 袁弘任.水功能区划方法及实践[J].水利规划与设计,2003(2):19-24.
[80] 李怡庭.全国水质监测规划概述[J].中国水利:B刊,2003(7):11-13.
[81] 陈家琦,张宏仁,贺伟程,等.水资源管理[R]//中国大百科全书——大气科学、海洋科学、水文科学分卷.北京:中国大百科全书出版社,1987:741-742.
[82] 何士华,徐天茂,武亮.论我国水资源管理的组织体系和管理体制[J].昆明理工大学学报(社会科学版),2004,4(1):33-36.
[83] 吴季松,石玉波.水务知识读本[M].北京:中国水利水电出版社,2003.
[84] 林家彬.日本水资源管理体系及借鉴[J].中国水利,2002(10):160-163.
[85] 何大伟,陈静生.我国实施流域水资源与水环境一体化管理构想[J].中国人口·资源与环境,2000,10(2):31-34.
[86] 俞衍升.中国水利百科全书——水利管理分册[M].北京:中国水利水电出版社,2004.
[87] 姜文来,唐曲,雷波.水资源管理学导论[M].北京:化学工业出版社,2005.
[88] 姜文来,韩国刚.水资源价格上限的研究[J].中国给水排水,1993,9(2):58-59.
[89] 沈菊琴,孙济惠,薛亚云.水价探析[J].水利经济,2007,25(3):44-47.
[90] 董文虎.水价形成机制探析[J].中国水利,2001(8):30-32.
[91] 俞海宁,俞国平,段焕丰.关于水资源管理经济手段的探讨[J].水利经济,2005,23(4):10-12.
[92] 林洪孝.水资源管理理论与实践[M].北京:中国水利水电出版社,2003.
[93] 王亚华.关于我国水价、水权和水市场改革的评论[J].中国人口·资源与环境,2007,17(5):153-158.
[94] 李原园,刘戈力,高弋组.水市场和水权交易[J].水利规划与设计,2004(2):9-12.
[95] 邬伦,刘瑜,张晶,等.地理信息系统[M].北京:科学出版社,2001.
[96] 万众华,武云志.水质监测技术的应用解决方案[J].中国水利,2004(1):32-33.
[97] 陈晓燕,陆桂华,秦福兴,等.国外节水研究进展[J].水科学进展,2002,13(4):526-532.
[98] 高从阶.海水利用浅谈[J].资源与发展,2004(2):19-21.
[99] 夏军,左其亭,邵民诚.博斯腾湖水资源可持续利用——理论·方法·实践[M].北京:科学出版社,2003.

[100] 水利部水资源司．建设项目水资源论证培训教材[M]．北京:中国水利水电出版社,2007.
[101] 中华人民共和国水利部．建设项目水资源论证导则(试行)[M]．北京:中国水利水电出版社,2005.
[102] 樊景．建设项目水资源论证实务操作手册[M]．北京:科大电子出版社,2003.
[103] 水利部水资源管理司,水利部水资源管理中心.建设项目水资源论证培训教材[M].北京:中国水利水电出版社,2005.
[104] 水利部水资源水文司.SL/T 238—1999 水资源评价导则[M]．北京:中国水利水电出版社,2000.